FINE WINE シリーズ

A Regional Guide to the Best Châteaux and Their Wines

ボルドー

ボルドーワインの文化、醸造技術
テロワールそして所有者の変遷

ジェイムズ・ローサー 著

山本 博 監修

序文 ヒュー・ジョンソン
写真 ジョン・ワイアンド
翻訳 乙須 敏紀

今、ボルドーでなにが起きているのか？
――古き伝統の中での新研鑽――

1976年、パリでフランスの高級ワインとカリフォルニアの新興ワインとの比較試飲会が行われた。当時、誰もがフランスに栄冠が輝き、生意気なアメリカのワインは惨敗して恥をかくだろうと思った。ところがである。圧倒的勝利を勝ちとったのはカリフォルニア勢だったのである。衝撃が世界中のワイン業界を走った。「パリスの審判」と評されたこの事件は長いワインの歴史の中でエポック・メーキングの役割を果した（『パリスの審判』ジョージ・M・テイパー著、日経BP社）。世界中のワイン生産者が、アメリカが出来るならば自分も出来るだろうと奮いたち高級ワイン造りに励みだした。20世紀の最後の25年(クォーター)で、世界のワイン地図が塗り替えられたと言ってもよいほどなのである。有名なヒュー・ジョンソンの『ワールド・アトラス・オブ・ワイン』(邦題『世界のワイン』産調出版)の第4版と第6版が根本的に書きあらためられたのは、こうした動向を背景としている。

1855年に有名な格付けが行われて以来、ボルドーの一流シャトーは世界最高のワインとしてワイン愛好家達の崇敬の的だった。それだけに「パリスの審判」を過大評価して「ボルドーワインの神格化はカリスマだった。これからは新世界のワインの時代に入った」と囃したてるジャーナリストも少なくなかった。

はたしてそうだったろうか？　ボルドーワインの名声は地に墜ちただろうか？　ところが、そうはならなかったのである。偉大な伝統というものは、1年や2年で築きあげられるものではない。伝統だけが醸し出せる理想美というものは、決して金鍍金(めっき)のように剥げるものでなかったのである。

その後、カリフォルニアでも優れたワインが生まれ、時代の篩(ふるい)にかけられて秀逸なワインが着実に地盤を固めつつある。しかし、全体として一時のような威勢の良さは姿を消している。逆に、ボルドーの高級シャトーは陽の昇るような勢いである（もっともそのための高値には世界中のワイン愛好家が辟易しているが…）。

何故だろうか？　ひとつはボルドーの一流シャトーが身につけている傑出性というのは精妙・高尚・気品・典雅、ひと口に言えばその「フイネス」なのである。それはアメリカ勢が得意とする濃厚(ヘビー)・豊満(リッチ)・力強さ(パワフル)というものとは別世界なのである。こうした伝統が生んだ傑出性は、ワインの世界の究極の理想美というべきものなのであって、成り上がり者がそう簡単に身につけられるものではないからである。もうひとつは、ボルドーのシャトー側の反省、自己改革へむけての努力の積み重ねが行われているということである。

もともと、ボルドーの1855年の格付けについても、出来た当時から批判が多かった。その後100年を越す歳月の中に変動も多かったが、名声の上に胡坐(あぐら)をかいているシャトーも少なくなかった。そうしたことに対する厳しい反省というものが、シャトー・グループ全体の中で起こった。そして新時代の中での栄光を維持するための努力を真剣に取り組むという自己浄化作用が起きているのである。

本書は、そうしたボルドーの一流シャトーの中で、現在どんなことが行われているか――畑での栽培にどのような改良を行っているか、醸造については伝統的技法に現代醸造学の成果をどのように取り入れて組合せて行くか――そうした変化の全体的な流れを、網羅的であると同時に克明かつ正確に紹介している。

それはワイン造りにおける理想美を追及するための英知と研究と努力の積み重ねに外ならない。ボルドーの一流シャトーのような大規模なワイン製造においては、それは優れた才能を持った人間がリーダーとしての役割の発揮することと、改善のためのおびただしい資本の投下が合(あい)またないとなし得ないことなのである。その厳しい現実も本書は手にとるように見せてくれている。

ワイン造りが文化だとすれば、今、ボルドーのシャトーでは新ルネッサンスともいうべき時代に入っている。ボルドーワインの秀逸性の維持の鍵というのを悟らせてくれるのが、本書なのである。

山本　博

目 次

今、ボルドーでなにが起きているのか？　山本　博 2
序文　ヒュー・ジョンソン 4
まえがき 5

序　説
1　歴史・文化・市場：貴族の血、新しい血、そして投資 6
2　気候・土壌・品種：ボルドーのDNA 16
3　葡萄栽培：原点への回帰 26
4　ワインづくり：テロワールの翻訳 36
5　格付け・規制・商業：パリ1855年からパーカー100点まで 46

最上のつくり手と彼らのワイン
6　メドック 56
7　ペサック、グラーヴ、アントル・ドゥー・メール 138
8　サン・テミリオン 172
9　ポムロール 224
10　その他の右岸地区 256
11　ソーテルヌとバルサック 272

ワインを味わう
12　格付け：メドック、ソーテルヌ、サン・テミリオン、グラーヴ、Liv-ex 302
13　ヴィンテージ：2009～1982 308
14　上位10傑×10一覧表：極上ワイン100選 314

用語解説 316
参考図書 317
索　引 318
※ワインの銘柄で引く場合は、こちらをご参照ください。

序　文

ヒュー・ジョンソン

優れたワインが、自らを他の平凡ワインから峻別させるのは、気取った見せかけではなく、「会話」によってである——そう、それは、飲み手達がどうしても話したくなり、話し出しては興奮させられ、そしてときには、ワイン自身もそれに参加する会話。

この考えは、超現実主義的すぎるだろうか？　真に創造的で、まぎれもなく本物のワインに出会ったとき、読者はそのボトルと会話を始めていないだろうか？　いま、デカンターを2度もテーブルに置いたところだ。あなたはその色を愛で、今は少し衰えた新オークの香りと、それに代わって刻々と広がっていく熟したブラックカラントの甘い香りについて語っている。すると、ヨードの刺激的な強い香りがそれをさえぎる。それは海からの声で、いま浜辺に車を止め、ドアを開けたばかりのときのように、はっきりと聞こえてくる。「ジロンド川が見えますか？」とワインが囁きかけてくる。「白い石ころで覆われた灰色の長い斜面が見えるでしょ。私はラトゥール。しばらく私を舌の上で含んで。その間に私の秘密をすべてお話しします。私を生み出した葡萄たち、8月にほんの少ししか会えなかった陽光、そして摘果の日まで続いた9月の灼熱の日々。私の力が衰えたって？　そう、確かに歳を取ったわ。でもそのぶん雄弁になったわ。私の弱みを握った気でいるの？　でも私は今まで以上に性格がはっきりでたでしょ。」

聴く耳を持っている人には、聞こえるはずだ。世界のワインの大半は、フランスの漫画サン・パロール（言葉のない漫画）のようなものだが、良いワインは、美しい肢体とみなぎる気迫を持った——トラックを走っているときも、厩舎で休んでいるときでさえも——サラブレッドのようなものだ。不釣り合いなほどに多くの言葉と、当然多くのお金が注がれるが、それはいつも先頭を走っているからだ。理想とするものがなくて、なにを熱望できるというのか？　熱望はけっして無益なものではない。われわれにさらに多くのサラブレッドを、さらに多くの会話を、そしてわれわれを誘惑する、さらに多くの官能的な声をもたらしてきたし、これからももたらし続ける。

今からほんの2、30年ほど前、ワインの世界はいくつかの孤峰をのぞいて平坦なものだった。もちろん深い裂け目もあれば、奈落さえもあったが、われわれはそれを避けるた

めに最善を尽くした。大陸の衝突は新たな山脈を生みだし、浸食は不毛の岩石を肥沃な土地に変えた。ここで、当時としては無謀に思えた熱望を抱き、崖をよじ登るようにして標高の高い場所に葡萄苗を植えた少数の開拓者について言及する必要があるだろうか？　彼らは最初語るべきものをほとんど持たないワインから始めたが、苦境に耐えた者たちは新しい文法と新しい語彙を獲得し、その声は会話に加わり、やがて世界的な言語となっていった。

もちろん、すでにそのスタイルを確立していた者たちの間でも、絶えざる変化があった。彼らの言語は独自の文学世界を築いていたが、そこでも新しい傑作が次々と生み出された。ワイン世界の古典的地域というものは、すべてが発見されつくし、すべてが語りつくされ、あらゆる手段が取りつくされた、そんな枯渇した場所ではない。最も優れた転換・変化が起こりえるところなのである。そして大地と人の技が融合して生み出される精妙の極みを追究するために最大の努力を払うことが経済的に報われる場所である。

ボルドーはあまたのワインの原型であり、縮図でもある。毎年そのヴィンテージが市場に出されると、極上ワインの世界に波紋が広がり、他の地域のヴィンテージの評価さえ決めてしまう。名声とはそんなものだ。

しかしボルドーはまた、誤解されてもいる。遠くから来た、あるいは注意の散漫な観察者にとっては、ボルドーは、石——鍛鉄のバルコニーのある乳白色の石灰岩の外壁——に閉じ込められ、まったく変化していないかのように見えるかもしれない。しかし実際は、石灰岩と砂利を除いて、ほとんどすべての分野で、数多くの変化が生み出されてきたのである。文化、技術、葡萄品種、そしてとりわけ所有者の変遷。

1855年のボルドーの格付けは、ロールスロイスの時計の音（室内の静粛性を際立たせたCMのこと）と同じく、ボルドーの名声を高める手段としては大成功であった。しかしそのような記憶に残る物語の問題点は、それを脳裡から除去するのが難しいという点だ。現在どの地区の、どのシャトーの、何という生産者が、どのような哲学と技術を持って極上ワインを生み出しているのかについての物語は、常に改訂を加えながら、たびたび書き換えられる必要がある。

まえがき
ジェイムズ・ローサー

ボルドーに関する書物の大半が、ここが傑出したワイン生産地域になっている原動力に注目している。本書もその例外ではなく、ボルドーの歴史と、あの特別なフランス語である"テロワール"（これが"the concept of place"「場所の概念」と大まかにしか英訳されていない）について述べる。しかし本書はまた、ボルドーのボルドーたる所以である完全性の追求と、その究極の目標を達成するために必要な手法についても注目した。

序説の「歴史」、「気候・土壌・品種」で述べるように、ボルドーが偉大な極上ワイン生産地域として歴史の舞台に登場できたのは、気候と土壌に負うところが大であるが、それと同じくらいに、その成功には、地理的状況、歴史、そして不断の人間的介入が貢献しているのである。気候と土壌という2つの要素は、偉大なワインとなる潜在能力であるという意味で不可欠のものであり、ワインのスタイルと"品質階級構成"を決定づける。しかし高名なシャトーをそこからさらに前へと進めるのは、その富であり、一貫性であり、たゆまぬ努力である。

それゆえ、最上のシャトーを選択するにあたっては、多くの場合、葡萄畑のテロワールについてだけでなく、数世代にわたってそこに投下されてきた投資という輸血の効果にも着目した。21世紀の今日、どれほどの資本が投下されているのかを見る最もわかりやすい視覚的指標は、最新式のセラーであり、最先端の技術であろう。しかし葡萄栽培の章で述べるように、近年のワインの品質に差異をもたらしているのは、第一に、葡萄畑に注がれた資源――なかでも人的資源――なのである。

読者は、本書のために選んだワイン生産者の多くが、選ばれて当然だと賛同してくれると確信しているが、多少疑問に感じられる生産者もあるかもしれない。ボルドーという小宇宙に局限されている限り、これは仕方のないことである。とはいえ、最新（2008年）の統計によれば、ボルドーの葡萄畑の総面積は11万8900ヘクタールで、9100のワイン生産者がおり、1年に、合わせて4800万ヘクトリットル、ボトルにして6億4000万本（これでもここ数年減少している）のワインが生産されている。

最初の数章と各地区の解説でボルドーの全体像を紹介し、そのあと、最上のシャトーを1軒1軒じっくりと検討していく。シャトーの規模や地区の多様性に応じて、時に費やす紙数が多くなっている場合もある。また、いわゆる"マイナー"なアペラシオンにおける投資とその見返りの内容が、より高名なアペラシオンのそれとは異なった次元にあるのは当然であるが、選択の基準は同じである。つまり、テロワールと投資の影響、そしてアイデンティティと完全性の追求である。

私はこの本を書くにあたって、掲載されているすべてのシャトーを、改めて、そして時には何度も訪問した。それもすべて2009年度中にである。幸運なことに多くの場合、私は若いワインと古いワインの両方を幅広くテイスティングすることができた。私にとって"極上ワイン"とは、本シリーズの定義と同じである。すなわち最も書くに値すると考えるもの――その絶対的品質、その他の本源的な影響、そして健全な価格――である。最近テイスティングした（大半が2009）ワインが脚光を浴びている。広告宣伝文の中では、太字で書かれたヴィンテージの年号が踊っている。ついこの前までは、ヴィンテージの年号と生産地名が普通の字体で書かれていただけだったのだが。

James Lawther

1 | 歴史・文化・市場

貴族の血、新しい血、そして投資

ボルドーは、世界の極上ワイン生産地域の中でも、疑いもなく最も偉大で、最も高名な地域であるが、そこはまた最も不正に戯画化されている地域でもある。ボルドーについて考えるとき、われわれの誰もが崇敬の念を持って、偉大なシャトーと、彼らが生み出す超絶したワインを思い浮かべる。そのワインは、西洋文化の（ワインに関してはいうまでもなく）最高峰の1つであり、ワインを生産する世界中の地域が、羨み、模倣しようとするものである。しかし、ラトゥール、ペトリュス、ディケムなどのシャトーが、世界のワイン愛好家や蒐集家の間で信仰の対象に近い地位を獲得しているにもかかわらず、ボルドーという地域そのものは、偏屈で愛らしくない印象を与えている。ボルドーはこれまで、あまりにも多く、頑固なブルジョアとして、そして保守的で島国根性と時代遅れの考え方の入り混じった、人を寄せつけない場所として自分自身を表現してきたし、またそのように紹介されてもきた。

しかし歴史が示すように、ボルドーは視野の狭い偏狭な地域などではないのである。たとえば、しばしば忘れられ、あるいは単に見過ごされてきたことであるが、実はボルドーはかつてフランスで最も重要な、そして17世紀の世界ではロンドンに次ぐ繁栄した港町だったのである。当時ボルドーは、大西洋をまたぐ交易と北欧航路のため

上：1759年のボルドー港。オランダの国旗が外国人商人の活躍を物語っている。(クロード・ジョセフ・ヴェルネ、1759年)

の最重要ハブ港であり、ワインだけでなく、布地、香辛料、砂糖、コーヒー、穀物、それに鯨油までもの商品が活発に取り引きされ、仲買業者や商人が所狭しと飛び回る坩堝のような世界だったのである。イギリス人やオランダ人を介して、北欧の人々が自由にポルトガル人やスペイン人と交際したが、彼らの多くが、自国での宗教弾圧から逃れてきた人々であった。ボルドーは断然自由な、開けた、市場中心の都市だったのである。

実際、商業は常にボルドーの存在理由(レゾンデイトル)であり、ワイン造りの進化の物語の伏線となっているのである。大西洋への水路が貿易の基盤を形成し、ワインは主要輸出品目の1つとなった。その結果、葡萄畑が投資の対象となり、所有権の輪は広がる一方であった。個人のシャトーの評判が高まると、それを所有したいという需要も高まり、所有権は農業に携わる人々の手から離れ、官僚、貴族、商人、銀行家、手工業の親方、外国投資家、そしてついには企業の手へと移っていった。投資の輪の広がりはボルドーに——多くの場合、病害で苦しむ葡萄畑にとって——有利に作用し、それは今日まで続くボルドーの優位性の源泉となっているのである。

これは現在もまったく変わらない。21世紀の幕開けと共に、ボルドーの高名なシャトーの買収劇が活発に繰り広げられ、2000年以降所有者を変えたシャトーの中には、メドックの格付けシャトーであるモンローズ、ピション・ロングヴィル・コンテス・ド・ラランド、マルキ・ダレム・ベッカー、そしてサン・テミリオンでは、格付けシャトーのスタール、名前を変えたベレール・モナンジュなどがある。パリに拠点を置くビジネス界の大物やシャンパン・ハウス、保険会社などが、それらのシャトーの買い手として名を連ねている。新しい血液、新たな投資——しかしいつの時代もボルドーがこうであったとは言えないのではないだろうか？

貴族の血、新しい血、そして投資

中世の始まり

　この地域の歴史は、BC3世紀にビトゥリゲス・ウィヴィスキ族によってブルディガラ（ラテン語でボルドー）の町が築かれたことから始まる。このケルト部族は葡萄栽培をしていたようで、特に、かつてはカベルネ種の先祖と考えられていたビトゥリカ種を栽培していたようだ。その後BC1世紀には、ローマ人が葡萄畑をさらに拡大していったが、揺籃期のボルドーの経済が形をなしてきたのは、それから数世紀たった中世の時代であった。ボルドーにおける商業取引が本格化するのは、婚姻関係を通じたイングランドとフランスの同盟が成立してからであった。

　この同盟関係は、後のイングランド王ヘンリー2世とアキテーヌ伯の娘エレアノールが結婚した1152年に成立し、フランス南西部の広大なガスコーニュ地方と、ボルドーとバイヨンヌの両港、そしてその後はリブルヌの港（1270年に完成）までもが、イングランドの手に渡ったのである。海峡を挟んだワインと布地の交易が活発に行われ、ボルドー人には特別に、ある種の税の免除や種々の特権が与えられた。商業の拡大は緩やかであったが、それでも14世紀初めには、ワインの年間総輸出量は、平均75万ヘクトリットルにも及んだ。

　ワイン生産という面では、ボルドーはまだ下位に属していた。葡萄畑は主に、現在のペサック-レオニャン地区の町の周囲、川に近い湿地（パリュスという）、ジロンド川河口対岸のブールやブライ、そしてアントル・ドゥー・メールに広がっていた。その後、"オー・ペイ"地区——ベルジュラック、カオール、ガイヤック——からのワインが市況の低迷をもたらしたが、これは遠方の生産地に特権を与えたボルドー市の役人によって画策された動きであった。この分岐点にあたる時期のボルドー・ワインは、色や骨格が軽く、ロゼやクレーレ（英語のclaret「クラレット」はここから出た）よりももっと薄い赤色をしており、劣化が急速に進むため、すぐに飲まなければならない代物だった。

　シュールズベリー公ジョン・タルボ率いるイングランド軍が、カスティヨン・ラ・バタイユにおける戦闘でフランス王シャルル7世により敗北させられた結果、イングランドはボルドーを失い、イングランド商人による市場の独占は終わりを告げた。ボルドーは特権的な地位は維持し続けたが、イングランド商人が取引相手をもっと友好的なスペインやポルトガルの新興地域に移したため、イングランドとの交易は減少していった。16世紀には、イングランドへの輸出量は年間9万ヘクトリットルにまで落ち込み、ボルドーはオランダ、フランドル、ハンザ同盟、スコットランドの商人との交易に望みを託した。

下：イングランド王ヘンリー2世とアキテーヌのエレアノールの塑像。
2人の結婚によって、ボルドーは300年の長きにわたり、イングランドの支配下にあった。

オランダの独壇場、シャトーの誕生

　16〜17世紀、イングランド商人が一時的に後景に退いている間に、この地域で徐々に大きな影響力を持つようになったのが、オランダ商人であった。蒸留酒用に大量の白ワインを求めるオランダ商人の要望にこたえて、シャラント、ブライ、アントル・ドゥー・メールの葡萄畑が拡張された。甘口白ワインの価格も高騰し、ベルジュラックやソーテルヌのワインに対する需要が増大した。

　オランダ商人の多くが、ボルドーに拠点を据えた。その最も古い邸館は今でも残っているが、バイエルマンは1620年に、ワインを確保するため、シャルトロン河岸45番地に貿易事務所を開いた。その最初の数年間、彼はこの時代を象徴する寵児であった。ロッテルダムに本拠地を置くバイエルマン船団は、ある時は捕鯨をし、ある時は香辛料、ワインを積み込み、鯨油の大樽とワインの大樽を入れ替えながら、オランダ、ベルギー、ドイツ、スカンディナヴィアの港々を巡航した。

　赤ワインのための葡萄畑は、依然としてボルドー市の周囲の湿地帯やグラーヴの石の多い場所に狭く限定されていた。この頃の記録を見ると、個人的なドメーヌが散発的に設立されていったことがわかる。1533年には、ジャン・ド・ポンタックがオー・ブリオンにワイン醸造所を開き、1540年にはその義理の兄弟で裕福な商人であったアルノー・ド・レストナックが、Arrejedhuysと呼ばれていた葡萄畑を入手し、ラ・ミッション・オー・ブリオンを設立した。ほぼそれと同じ頃、ド・フェロン家はレオニャンの近くの葡萄畑を拡張し、ジャン・シャルル・ド・フェロンは、セニョール・ド・カルボニューの商標を取得した。また14世紀初め以降カトリック教会の所有であったパプ・クレマンの葡萄畑は、1561年に初めてこの名前で呼ばれるようになった。

　それから1世紀後、ジャン・ド・ポンタックの子孫で、富裕で政治力のあるアルノー3世・ド・ポンタック（彼は1653年にボルドー議会の初代議長となった）は、生産地名の名前でワインを売り出したボルドー最初の生産者となった。その名前はイングランド王チャールズ2世の1660年度セラー台帳（現在もロンドン国立公文書館に保存されている）に見ることができ、また日記で有名なサミュエル・ピープスが1663年に酒場から戻った後に記した

上：アルノー3世・ド・ポンタックの肖像画。彼は自分の葡萄畑の名前をワインの名称とし、それを売るための酒場をロンドンに開いた。

有名な文章にも書かれている。「オー・ブリオン（原文ではHo Bryanとなっている）と呼ばれるフランスワインを飲んだ。素晴らしい味わいで、こんなワインは今まで飲んだことがない」と。

　オー・ブリオンは、われわれが今日知っているシャトー・システムの原型となっただけでなく、ボルドーの新たなスタイルを打ち立てた。「ニュー・フレンチ・クラーレット」として知られるようになったそのワインは、18世紀イギリスの拡大しつつあるワイン市場において多くの愛好者を獲得し、その品質によって、他の追随を許さない高い割増価格で取引された。オー・ブリオンは、当時としては最先端を行く、澱引き、二酸化硫黄の添加、トッピング・アップ（目減りしたワインを注ぎ足して樽を満杯にしておくこと）などの手法を導入すると同時に、葡萄畑では今まで以上に入念な手入れを行った。そのワインはそれまでの赤ワインにくらべ、色が濃く、ボディーはよりしっかりしており、一晩で劣化するというようなことはなかった。使用された葡萄品種についての確かな記述はないが、ブレンドされた品種の中には、カベルネ、メルロー、マルベックが含まれていたようだ。

　メドックが葡萄栽培地区として歴史の表舞台に登場す

るのは、比較的遅かった。そこは荒涼とした湿地帯で、そこへ行くには主に河口から小舟で渡る方法に頼っていた。その地に葡萄樹が本格的に植えられるようになったのは、17世紀にオランダ人技術者が干拓を行った後であった。文献によれば、ラ・モット・ド・マルゴーの砂利の多い露頭のまわりの土地（後のシャトー・マルゴー）をピエール・ド・レストナックが取得したのは1570年代のことであり、もう一方の雄であるラトゥールとラフィットという偉大な畑が設立されたのは、それよりも少し後のことだった。しかしこの3つの葡萄畑は、17世紀半ばにはすでに現在見られるような名声を確立していた。

1700年代——光明の世紀

18世紀は、ボルドーが未曾有の繁栄を謳歌した時代であった。17世紀後半に開始された西インド諸島（主に現在のドミニカ共和国とハイチ）との交易が、この世紀に全面的に開花した。砂糖、コーヒー、ワインが主な交易品目であった。そして奴隷も。ボルドーはフランス商人による奴隷貿易においてナントに次ぐ重要拠点で、アフリカを経由した大航海が定期的に行われた。交易品目としてのワインの重要性は変わらず、特に北欧（ドイツ、スカンディナビア）や、ブルターニュ、ノルマンディ、そして北フランスへの輸送は活況を呈した。

メドックではその後も葡萄苗の植樹が盛んに行われる一方で、個々の生産者は、「ニュー・フレンチ・クラレット」の波に乗ってグラン・クリュの名声を確立しつつあった。それらの畑の持ち主は、主として法服貴族——法律家、貴族出身の地方政治家、それに準貴族——であり、その代表ともいうべきニコラ・アレクサンドル・ド・セギュール伯爵は、18世紀前半には、ラトゥール、ラフィット、ムートン、そしてカロン・セギュールを所有していた。当時ボルドーのワイン輸出全体に占めるイギリスの割合は5パーセント前後まで落ち込んでいたが、これらのグラン・クリュの主な得意先はやはりロンドンであった。

ボルドー市は18世紀まで、周囲を城壁で囲まれた中世風の都市であったが、莫大な富の流入により、その外観を大きく変えた。この時代に市の主要な建造物、公園、記念碑が建設、建立されたが、それにはグラン・テアトル、プラス・ド・ラ・ブルス、海岸通り、パレ・ロアン、ジャルダン・ピュブリック、ヴィクトワール広場などが含まれ、それらはすべて現在も市の誇りとなっている。

フランス人以外のワイン商人は、旧市街地の外側で商売をするように義務付けられていたため、彼らはシャトー・トロンペット（現在のカンコンス広場）よりも河口に近い海岸沿いに拠点を構えた。18世紀にワイン取引が活発になるにつれて、14世紀に設立されたカルトジオ修道院にちなんで名付けられたシャルトロン地区は発展し、膨張していった。シャルトロン河岸は、ネゴシアンとクルティエ（ワイン生産者とネゴシアンを仲介する仲買人）の主な住所となり、オランダ、イギリス、アイルランド、ドイツ、スカンディナヴィア出身の商人の名前が軒を連ねていた。ハウス、セラー、倉庫が立ち並び、かなりの数の人々が、ワイン製造、熟成、船積みのために雇用された。今日でも、保存されてきたこれらの建築物が当時の栄光を偲ばせ、またバイエルマン、シーラー、バートン、ジョンストンなどの名前が、ボルドーでのワイン取引の交渉中にたびたび登場する。ネゴシアンのエミール・カステージャが、「ボルドーはよそ者だけが入会を許されるクラブのようなものだ」と結論付けるのもうなづける。

革命後の変化と黄金時代

フランス革命の後、カトリック教会、貴族、宮廷政治家たちは所有地を没収され、その土地は国有財産として競売にかけられた。その結果、ボルドーに新しいタイプの土地所有者が登場した。ボルドーの商業的発展から利益を得た銀行家、企業家、商人などである。もちろん、一財産築こうとボルドーにやってきた外国人ワイン商も、シャトーへの投資に意欲を燃やしていた。外国人ワイン商は、シャトーを買収するのに必要な十分な資産を有していたが、それは単純にお金だけの問題ではなかった。彼らはワイン取引を通じて、ワインに関する豊富な知識を蓄積しており、彼らが思い切った買収を仕掛けるとき、そこはたいてい最高のシャトーであった。

革命後の時代を象徴する人物が、ポルトガル出身のユダヤ人銀行家チャールズ・ペイショットである。彼は1791年にシャトー・パプ・クレマンを買収した。その他にも新しい血を代表する人物がいる。バイエルマンが経営するオランダの会社は、1825年にシャトー・オー・ブ

歴史・文化・市場

上：燦然と輝くプラス・ド・ラ・ブルス。18世紀の栄光を物語る数多くの歴史的建造物の1つ。

リオンを取得し（しかし1836年にはパリの銀行家マルキ・ド・ラス・マリスマスに売却した）、スコットランド人の血筋を引くメゾン・ナサニエル・ジョンストンは、1840年にシャトー・ラトゥールの共同所有者となり、1865年にはシャトー・デュクリュ・ボーカイユとドーザックの単独所有者となった。またアイルランド出身のバートン家は、1821年にシャトー・ランゴアを、次いで1826年にはシャトー・レオヴィルの一部を買収した。この2つのシャトーは、現在でもバートン家の所有である。

　19世紀の半ばから末まで続いた黄金時代には、さらに多くの資金がボルドーに流入し、偉大な葡萄畑、特にメドックのそれが、投資に値する第一級の取得対象として

貴族の血、新しい血、そして投資

望まれていることを裏付けた。そして1855年の格付けがそれを追認した。祖父が1741年にポルトガルから亡命してきたイサークとエミールの2人のペレール家の兄弟は、1853年にシャトー・パルメを買収し、同じ年、ロートシルト（英語読みではロスチャイルド）家のイギリス分家であるナサニエル・ド・ロートシルトは、現在のムートン・ロートシルトの前身であるシャトー・ブラーヌ・ムートンを取得した。その後1868年には、彼のフランス人のいとこであるジェームズ・ド・ロートシルトがシャトー・ラフィットを買収した。富裕な企業家や金融資本家がボルドーに投資するというパターンはこの頃確立され、今日まで変わることなく続いている。ボルドーは「商人の葡萄園」で

上：兄弟のエミールと共に1853年にシャトー・パルメを買収したイサーク・ペレールの肖像（ボナ作）。

あり、それはブルゴーニュの「農民の葡萄園」の対極に位置する。

ウドンコ病、ベト病、フィロキセラ（ボルドーには1865年頃に伝来）などの問題はあったにせよ、市場は上昇気流に乗り続け、ボルドーはかなりの繁栄を維持し続けた。北欧との貿易は相変わらず堅実で、アメリカ合衆国や南アメリカ（特にアルゼンチン）などの新興市場も重要性を増した。新たな資金は流入し続け、偉大な葡萄畑はアルシド・ベロット・ド・ミニエールのような新しい投資家を魅惑し続けた。彼はアメリカの大規模農場で財産を築き、1872年にシャトー・オー・バイィを買収した。また銀行家のアシル-フールド家は、1890年にシャトー・ベイシュヴェルを入手した。

サン・テミリオンとポムロールについては、これまでほとんど述べてこなかったが、両地区はこの時点ではまだ、商業活動においても、外部からの投資を引きつけるという点からも、周縁部にとどまっていた。注目されるようになったのは、19世紀末になってからのことであった。革命前、この地域の多くの土地がカトリック教会の所有であったが、革命後は小さく分割されて売却された。そのためこれらの地区の葡萄畑の規模は小さく、またボルドーの商業的中心地からは2つの大きな川で隔てられ（ガロンヌ川をまたぐ最初の橋、ポン・ド・ピエールが完成したのは1821年であった）、地理的にも文化的にも遠隔地としてとどまっていた。そのうえ、この地区の利益を擁護すべき商工会議所は1910年まで設立されていなかった。サン・テミリオンとポムロールが1855年の格付けに入れられなかったのはこのような理由からである。しかし外部との交易が全然なかったわけではなく、主にベルギーと北部フランスへは出荷されていた。この両地域は、20世紀後半に至るまで、サン・テミリオンとポムロールのワインの主な取引先であった。

灰色の時代

世界経済と直結している市場依存型の経済であるボルドーは、常に世界経済の循環的変化の影響を受けてきた。好景気と不景気の波は直接的にボルドーに影響を与え、人々が顔を合わせるとすぐその話題になったが、それでも20世紀の初めに始まった長く続く不況に備えていた者はほとんどいなかった。フィロキセラは葡萄畑の面積を減少させ続け、資源を奪い去った。それに続く、国内的、国際的、政治的、そしてワイン界におけるさまざまな出来事が、事態をさらに悪化させた。

不良なヴィンテージの連続——一握りの例外を除いて1945年まで続いた——が、この灰色の時代の背景をなし

た。2つの世界大戦、1930年代の大恐慌という小さくない出来事もあった。そしてアメリカの禁酒法、ロシア革命、ワインの出自と信憑性に対する信頼の揺らぎ（そのため1935年に原産地規制呼称〈アペラシオン・コントローレ〉が生まれた）等々。特に最後に挙げた出来事は、ゆっくりとではあったが、市場に深刻なダメージを与え、それを衰弱させた。投資として流入する資金はほとんどなかった。所有者たちは、こぞってネゴシアンと長期契約を結び、暴風雨を何とか乗り切ろうとした。多くのシャトーが売りに出されたが、それを買う資金と意志を持つ買い手はほとんどいなかった。数少ない例外の1つが、シャトー・オー・ブリオンで、それは1934年に、アメリカのディロン家（銀行家を多く輩出）によって買収された。

第2次世界大戦の後、状況は少しずつ改善されたが、途切れ途切れの前進であった。品質の高いヴィンテージの数は多くなっていったが、資金は依然として逼迫しており、1974年にはオイルショックの波に直撃されて市場は暴落し、ネゴシアンは1972と1973の買い手のいない高価なヴィンテージのストックを大量に抱えざるを得なかった。さらに状況を悪化させたのが、いわゆるクルーズ・スキャンダルであった。ただのテーブル・ワインがAOCボルドーのラベルで販売され、クルーズを含むいくつかのネゴシアンがその詐欺商法に加担しているという噂が広まった。

シャトーの買収に関しては、1950年代から60年代にかけて、少数の孤立したグループが沈滞した市場の中で有利な取引を行った。ジャン・ピエール・ムエックスなどのネゴシアンが、ポムロールとサン・テミリオンで買収を開始した。またアルジェリア戦争の結果、帰還せざるを得なくなったフランス人植民者（ピエ・ノワールという）がボルドーにやってきて、かの地で没収された土地資産に代わる資産を探し始めた。そのような例としては、シャトー・カルボニューを取得したペラン家、シャトー・ジスクールを買収したタリ家などがある。イギリスのピアソン・グループは、当時非常に疲弊していたシャトー・ラトゥールを手に入れ、その一方でボルドー生え抜きのアンドレとルシアンのリュルトン兄弟は、メドックとグラーヴの多くの葡萄園を復活させた。とはいえ、以上はボルドーにとっては、ほんの慰めにしか過ぎず、本格的な改善のための資金は相変わらず逼迫したままだった。そのうえ1956年には壊滅的な霜害に襲われ、葡萄畑の多くが荒廃した。

1982、そしてその他いろいろ

あの奇跡の1982についてはすでに多くが書かれているが、実際それは多くの意味で分岐点となるヴィンテージであった。1982は1970以来の真に偉大なヴィンテージであった。成功はボルドー全体にわたり（ソーテルヌだけは例外であった）、しかも収穫量も桁はずれの多さだった。それはボルドーの、より豊饒で、より完熟した、より現代的なスタイルの先駆けとなった。1982は、品質においても、価格においても、消費者を満足させた。またワイン出版界もにわかに活気づいた。アメリカのワイン評論家ロバート・パーカーが、100点満点法を引っさげて華々しく登場したのも、この年である。1982はボルドーを国際舞台に復帰させ、その結果、葡萄畑を修復し、醸造所を革新するために必要な資金が再び流入するようになった。機械が導入され、元気な音が響き始めた。この上昇気流は、それに続く素晴らしいヴィンテージの連続（1983、1985、1986、1988、1989、1990）と、葡萄栽培とワインづくりの技術の発展によって維持された。

ボルドーが華麗なる復活を果たすと同時に、投資家たちがぞろぞろと戻ってきた。それはまるで、19世紀の黄金時代の再来のようだった。1980年代後半から始まった偉大なシャトーに対する大型の買収が長い間続き、それがようやく沈静化したのは、2008年の金融危機の時であった。土地価格の堅実な上昇がグラン・クリュ市場の狂乱状態に拍車をかけた。所有者にとって、土地価格を基本とした相続税は大きな負担であったが、実はそれ以上に大きな問題があった。すなわちナポレオン法典による均等分割相続制度によって、数世代にわたって土地所有が細分化されていったことである。土地価格の高騰によってさらに焚きつけられる家族内のいさかいと、分割所有ではほとんど利益が出ないという状況が、シャトーを売りに出す主な理由であった。この流れを止めるためには、新たな単独所有者が必要であり、彼らの多くが、長期的に見るならば、大きな利益を得ることができるのである。

このような理由で、初めて機関投資家による投資によっ

て、グラン・クリュ市場の一部が主導される状況が生まれた。アクサ・ミレジム（シャトー・ピション・ロングヴィル、スデュイロー、プティ・ヴィラージュ）、GMF（シャトー・ベイシュヴェル、ボーモン）、ラ・モンデール（シャトー・スタール、ラルマンド）などの保険会社がその主な担い手である。投資家の顔触れはさらに広がり、銀行（シャトー・グラン・ピュイ・デュカス、メイネイ、ド・レイヌ・ヴィニョーを買収したクレディ・アグリコール・グラン・クリュ）や年金ファンド（シャトー・ラスコンブを買収したコロニー・キャピタル）、そしてその他の大型多国籍企業（シャトー・ラグランジュを買収したサントリー）なども参入している。

また、自らの資産（ポートフォリオ）に最上位のグラン・クリュを付け加えたいと熱望する富裕な資本家にも不足することはなかった。その先頭を行くのが、フランス実業界の大立者であり、互いにライバルである、フランソワ・ピノーとベルナール・アルノーである。前者は1993年にシャトー・ラトゥールを取得し、後者はアルベール・フレールと共同で、1998年にシャトー・シュヴァル・ブランを購入した。また外国人実業家も参戦している。オランダの起業家エリック・アルバダ・イエルヘルスマはシャトー・ジスクール（1990）とデュ・テルトル（1997）を、そしてシャネルのヴェルトハイマー家（国籍はフランスだが、アメリカに本拠を置く）は、シャトー・ローザン・セグラ（1994）とカノンを買収した。その他、例を挙げればきりがないが、彼らの多くが、短期間に大きな改革を成功させているように見える。その代表がサン・テミリオンにやってきたジェラール・ペレス（シャトー・モンブスケ、パヴィ、パヴィ・ドゥセス）であろう。その他、ペサック・レオニャンで活躍するアルフレッド・アレクサンドル・ボニー（シャトー・マラルティック・ラグラヴィエール）なども比較的短期間で大きな成果を上げている。良いテロワール、動機、そしてかなりの額の軍資金（シャトー・マラルティック・ラグラヴィエールの場合、1500万ユーロが投じられた）があれば、改革は衝撃的なほど短期間で実現する。

今でもワイン界の黄金郷

20世紀末と21世紀の初め、ボルドーはもう1つの黄金時代を経験した。秀逸なヴィンテージが続き（1995、1996、1998、2000、2001、2003、2005、2009）、市場は高揚し続け、アジア市場の拡大が販売戦略の新たな次元を切り拓いた。グラン・クリュは、獲得した利益を最大限に活用して、葡萄畑とワイナリーを改良、革新していった。同様の変化が、ボルドー市自体にも起こった。商業が活況を呈していた18、19世紀と同様に、ボルドー市の化粧直しが活発に行われている。建物は改修され、最新式の路面電車システムが導入され、市の観光の目玉としてウォーター・フロントの再開発が行われている。

この状況は続くのだろうか？ 2005からのヴィンテージは、愛好家やワイン商をほとんど興奮させていない（しかしいまこれを書いている2009は極めて良いヴィンテージになる前兆がある）。また2009年、為替レートはがっかりさせるほどに悪化し、景気後退の波が全世界を覆い、「ボルドー広場（プラス・ド・ボルドー）」の潮は引いている。アメリカ市場における販売もまた、シャトー＆エステートとサザン・ワイン＆スピリッツの両社が、ボルドーの極上ワイン市場から撤退したことの痛手からまだ立ち直っていないようだ。良いニュースとしては、中国本土および香港でのワイン市場の拡大がある。ボルドーが再び荒波に呑み込まれるのか否かは、ただ時間だけが語ることができる。

しかしボルドーが依然として富める人々にとってのワイン界の黄金郷であることは明らかである。土地を所有したいという根源的な欲望、後世のためにフランス文化の最高峰の一端と偉大なワインのボトルを所有するという名誉、そして資産活用、これらのための有力な手段として、ボルドーの魅力は依然として大きく、多様性に富んでいる。振り子は揺れ続けるが、偉大なシャトーの顧客は存在し続ける。顧客、彼らこそがボルドーの保証された生きた血液なのである。

左：芸術性と優雅さがボルドーのシャトーの古典的イメージである。しかしそこには貴族的退廃と享楽もあった。

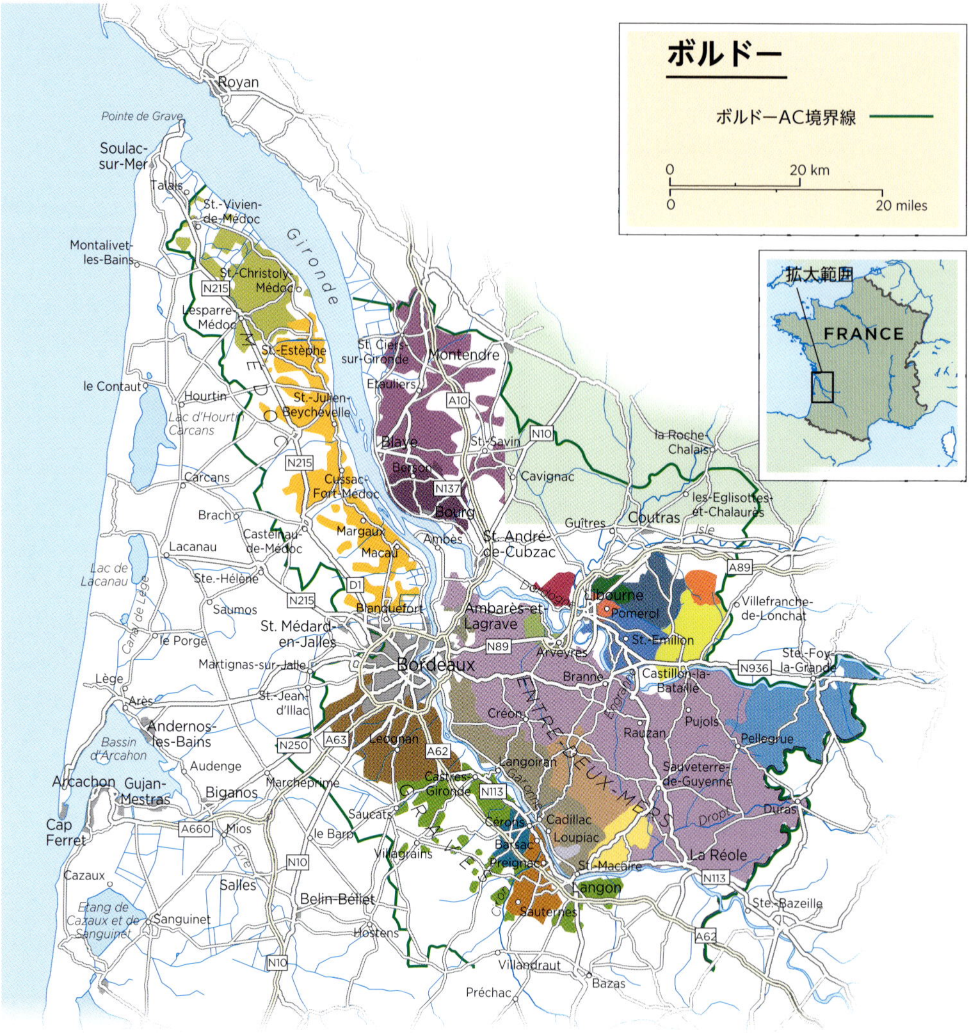

ボルドー

ボルドーAC境界線

拡大範囲

FRANCE

AC／小地区

- オー・メドック
- サン・テミリオン
- ポムロール
- サン・テミリオン周辺
- フロン・サックとカノン・フロンサック
- コート・ド・カスティヨン
- ラランド・ポムロール
- コート・ド・フラン
- ブライエ、コート・ド・ブライエ、プルミエール・コート・ド・ブライエ
- ブール、コート・ド・ブール、ブルジョア
- プルミエール・コート・ド・ブルジョア
- グラーヴ・ド・ヴェイル
- サント・フォア・ボルドー
- コート・ド・ボルドー・サン・マケール
- ペサック・レオニャン
- グラーヴ
- セロン
- ソーテルヌ、バルサック
- ルーピアック
- サンクロワ・ドゥ・モン
- アントル・ドゥー・メール

2｜気候・土壌・品種

ボルドーのDNA

極上ワインを生産するための土地を、気候と土壌だけで判断しようとする人がいるとしたら、その人はボルドーを選ばないだろう。尊敬すべき元ボルドー大学醸造学部教授ジェラール・セガンが、論文『ボルドーのグラン・クリュのテロワール』で述べているように、ボルドーが極上ワイン生産地域として発展したのは、テロワールによるというよりは、地理、歴史、そしてそこに注ぎこまれた人々の労働によるところが大きいのである。「一見したところボルドーの気象条件は、その地を極上ワインを生産するように運命づけられた土地にするものとは思えない」。

そして、さまざまなデータも、それを裏付けているように見える。年間平均気温は13℃と穏やかで、7月と8月の平均気温は20℃と、十分な高さまで上昇する。日照時間は、雲に覆われる時間があるため、中庸（4月から9月までの合計で、平均1360時間）である。湿度の平均は76%で、春と夏の気温の高さを考えれば、種々のカビ病が発生しやすい状況にある。年間平均降雨量は850mmであるが、夏季にかなりの雨が降り、9〜10月の完熟期6週間の平均降雨量は110mmである。

このようにデータだけを見れば、ボルドーの気象条件は理想からは程遠い。とはいえ、海洋性、大西洋型、温暖などと形容されるこのボルドーの境界型気候は、明らかにボルドー・ワインの性質とスタイルに色濃く投影されている。適度な気温は決定的に重要である。それは"過成熟"の心配をあまりしなくて良いほどの高さであり、しかもこの地域で栽培される葡萄品種がゆっくりと成熟していくにはちょうど良い気温である。こうして一般に言われているように、ボルドーの赤ワインの、深い色調、バランスのとれたアルコール度数、舌先に新鮮さを感じさせる適度な酸味が生まれるのである。香りの面から言えば、赤果実のニュアンス、それに2003のような気象的に最高のヴィンテージに見られ、遅い収穫と長いハング・タイム（熟した葡萄を摘み取らずに枝に残しておく時間）から生まれる良く熟したプルーンやジャムのノートが生まれるのである。一般に、バランスの良さとフィネスは、気象条件によってもたらされる。

ヴィンテージの違い

年ごとのボルドーの気象条件の違いは、葡萄樹の生育状況に影響し、当然のことながら、ヴィンテージの性質とスタイルに大きな違いを生み出す。一般に、夏の暑さが、ヴィンテージの違いを生む最大の要因と考えられているが、ボルドーの湿度と降雨量を考慮すると、より説得力のある説は、"水不足のストレス"が大きく影響する、というものである。言い換えると、降雨量の少ない年ほどワインの質は良くなるということができる。最近、シャトー・シュヴァル・ブランの顧問であり、ボルドー大学(ENITA)の葡萄栽培学の教授であるキース・ファン・リューヴェンがこの理論を検証した。ファン・リューヴェンは、水不足ストレス指標（完熟に至るヴェレーゾン：色づき）を用いて、32ヴィンテージの"水摂取"状況を調査し、水不足のストレスは、ヴィンテージの質を決める無条件的な要因であることを示した。偉大なワインにとって、雨の少ない年は例外なく非常に良いヴィンテージ（1990、1995、1998、2000、2001、2005）であったが、降雨量の多い年は、どれも例外なく不良なヴィンテージ（1992、1997、2002）となった。温暖な年は傑出したヴィンテージ（1989、1990、2005）もあったが、平均から不良までのヴィンテージ（1994、1997、1999）もあった。そして気温のあまり上がらなかった年でも、秀逸なヴィンテージ（1985、1988、1996）が生まれた。この理論を否定するヴィンテージが1982で、それはどちらかといえば降雨量の多い年であった。

ヴィンテージの質に関するもう1つの理論が、2008ヴィンテージを研究したボルドー大学醸造学研究所から発表された。その報告書によると、"完璧な赤のヴィンテージ"が生み出されるためには、葡萄樹の生育期間中に5つの成功要因が連続して生起する必要があるという。早い時期の急速な開花（すでにこの段階で成熟度と収量に影響）、着果時における水分ストレスの低さ（果粒の大きさを決定）、ヴェレーゾン前の葡萄樹生長の一時中断、果粒の完全な成熟を保証するための適度な樹冠、そして最後に、遅れて成熟する区画や品種に完熟をもたらすための、収穫期の温和な気象条件である。

この理論においても、水分バランスが決定的な要因であるように見える。醸造学研究所が指摘する要因の最

17

初の2つが実現するためには、比較的温暖な乾燥した春の季節が必要である。3番目の、そして最も重要な要因は、7月が乾燥していることが必要条件である。そして4番目の要因は、光合成を促進させるための、最適な量の雨を伴う8月の適度な高温を必要とし、最後の要因は、秋の成熟の減衰を避けるために9月と10月に台風の直撃を受けないことが必要条件である。この研究に基づき報告書は、2005は上の5つの要因のすべてを満たしているので"完璧"であり、2006は最初の3つの要因を満たしているので"非常に良い"であり、2007は5番目の要因だけしか満たしてないため（それは救いだった）"好ましい"であった。そして報告書は、2008は3番目（最重要）と4番目（少なくとも地域的に）、そして5番目の要因を満たしているので、"例外的"とまではいかないが、"良い"としている。

気候変動の影響

気象学者が、今世紀中にボルドーの平均気温が3〜4℃上昇すると予見しているのが心配だ。ボルドー・ワインが、グラン・ヴァンの品質証明である特有のバランスとフィネスを失うのではないかということが懸念される。果粒が早く成熟しすぎると、糖分含有量が高くなり、その結果ワインがスタイル的に南方的（*méridional*）になる可能性がある。

ボルドー地区のワインのスタイルに、温室効果がすでにある程度の影響を与えていることを示す証拠が存在している。ここで、わずか40年前までは、ボルドーの赤ワイン品種は、普通の気候条件では成熟するのが遅すぎるくらいであったということを思い出すことが重要である。それに反して1980年代以降、葡萄畑の管理が改善され、この面で大きな前進が成し遂げられたとはいえ、成熟度があまり大きな問題となっていないのは、やはり気候の変化が最大の要因である。今日、平均的なアルコール度数は、自然のままで13％に迫っており、過去一般的であったシャプタリゼーション（発酵前の果醪に砂糖を加え、アルコール度数を高める技法）によってようやく12％を達成した頃とは大違いである。今のところこの気候変動が、晩熟品種であるカベルネ・ソーヴィニヨンとカベルネ・フランに有利に作用しているとは言える。

しかし、これがさらに進むと、どうなるのだろうか？　最初に犠牲になる品種は、ボルドーの赤ワイン用葡萄樹の63％を占める早熟のメルローであろう。成熟を遅らせるために、特殊な台木や株を使う、除葉の量を減らす、そして葡萄樹の背丈を低くするなどの方策を取る必要が出てくるかもしれない。カベルネ・ソーヴィニヨンの作付面積を広げることが必要だろう。良いワインを生み出すための成熟した葡萄畑を作り出すことは一生をかけた大仕事なのだから、今すぐ必要な行動が取られるべきだ。

気象災害

ボルドーを襲う気象災害のうち、最も重大な影響を及ぼすのが降霜と降雹である。冬の気温が葡萄畑を壊滅させるほどに下がることはめったにない（1956年が、冬の大霜が葡萄畑を、特に右岸のそれを壊滅状態にした最後の年である）。しかし春霜は時々この地を襲っている。最後の春の大霜は1991年であるが、それ以降も、1994年と1997年に地域的に春霜が襲った。霜に襲われやすい地域で、巨大扇風機を設置したところ（たとえばペサック・レオニャン地区のドメーヌ・ド・シュヴァリエの白ワイン品種の区画）もあるが、それはまだ限定的である。

降雹は降霜以上に偶発的で予測しがたい災害である。しかしそれがワインの量と質に及ぼす被害は、決定的である。降雹は地域的に起こり、葡萄畑の破壊は帯状に広がる。その通り道からほんの数センチ離れていただけで、葡萄樹が無傷で済んだといった例が多くある。それが発生する時機と場所は、いわば無作為的である。1999年9月初め、雹はサン・テミリオンの550haの葡萄畑を襲い、2009年5月には、ボルドーは1週間のうちに2度の降雹に襲われた。最初の雹は、メドック南部からマルゴー、そしてブール、ブライへと移動した。2度目の雹は、グラーヴを起点とし、その後アントル・ドゥー・メール、サン・テミリオン、コート・ド・カスティヨンへと移動した。その暴風雨は突然発生し、これまでになく凶暴で、ゴルフボール大の雹を降らし、1万2000haもの葡萄畑が被害を受けた。まったく収穫できなかった葡萄畑もあった。

右：ボルドーは今でも灰色の霧の立ち込める日が多いが、ここシャトー・マルゴーでも気候変動の影響は明らかである。

ボルドーのDNA

河の存在

　ボルドーは、ブルゴーニュとは対照的に、比較的平坦な土地である。サン・テミリオンの最も高い地点でも、標高はわずか100mであり、メドックではリストラックの44mが最高である。そのため、ボルドーの標高、景観、斜面は全体的にそれほど劇的なものではない。しかし小区画ごとに影響を与える、この地域ならではの気候的特徴がある。それは言うまでもなく、河の存在である。メドック地区を見ると、気温はジロンド河との距離によって微妙な差がある。河に近いほど最低気温が上がり、最高気温はやや低めである。その結果、成熟は早くなり、河に近い葡萄畑は、河から10kmほど内陸に入った葡萄畑に比べると、1週間ほど早く完熟する。気温が高いということはまた、霜の害を受けにくいということを意味する。ソーテルヌは、ガロンヌ河とシロン河（狭く、水温も低い）に近接しているため、霧が定期的に発生し、その霧は秋の貴腐菌の定着を促進させる。

土　壌

　ボルドーの土壌は変化に富んでいる。多様な地勢的区域に、粘土、砂利、石灰岩、シルト、砂が、異なった構成比で混ざり合って存在している。土壌が多様性に富んでいるということだけでは、ボルドー・ワインのスタイルを定義することはできないが、土壌の多様性は2つの重要な結論を支持している。先述の論文で、ファン・リューヴェンは次のように述べている。「ある種の土壌が他の土壌と比較して、偉大なワインを生み出すためのより大きな能力を有しているということは事実だ。だからこそ品質階級構成という概念が適用できるのだ。テイスティング調査もまた、ボルドーのテノール的な味わいの中にも、異なった土壌からは異なった響きが生まれる、ということを示した。」

　ボルドー大学醸造研究所の前所長イヴ・グロリエは、これに関して3年間（1992〜1994）をかけてある実験を行った。サン・テミリオンで、同じ樹齢の、異なった土壌に育った葡萄樹から生まれた葡萄を、同じ方法で、別々に

右：「最上のシャトーは河を見る」という古い格言は、ジロンド河の恩恵を雄弁に物語っている。

20

上：粘土、砂利、石灰岩を問わず、土壌で最も重要なことは、葡萄樹への水の供給を制御する能力である。

醸造し、ワインのテイスティングを行った。「すべてが衝撃的なほどに違っていた」とファン・リューヴェンは述べている。結論は、粘土質の土壌は、色が深く、タンニンの強いワインを生み出すが、タンニンがこなれてくると、口中に芳醇でまろやかな味わいをもたらす。それとは対照的に、砂利の多い土壌からは、豊かな果実味、複雑なアロマの、後味が長く持続するワインが生み出されるが、若い時はタンニンがやや不快に感じられる。石灰岩土壌は、ワインにフィネスをもたらし、タンニンはやや控えめで、酸味の強い（それゆえ新鮮）、あまり重くないワインを生み出すが、そのワインは年齢とともに精妙さを増していく。

ボルドーの良い土壌の品質基準は、葡萄樹への水の供給を抑制し、それによって葡萄樹の樹勢と果粒の大きさを抑え、色素とタンニンを凝縮させることができる能力ということができる。この点で、土壌と気象は手を携えて進み、ヴィンテージの違いは、ボルドーの土壌の水分貯留量に左右される。生育期間中の土壌の水分貯留量が低ければ低いほど、良いワインが生まれるということができる。

水の供給を抑制するという観点からボルドーの土壌の上位3位を挙げると、次のようになる。第1位は砂利（シルト、砂、粘土と混ざった）、第2位は密度の濃い粘土、そして第3位はヒトデ石灰岩（棘皮動物の死骸が堆積してできた地層）。第1位の砂利は、言うまでもなくメドックの土壌で、そこに含まれる小石のおかげで、水捌けがよく、そのうえ必要な時に水分を摂取するための根を土中深く張ることができる。第2位の密度の濃い粘土は、ポムロール台地に特有の土壌である。粘土は水分を貯留する能力が高く、雨が多く降った時は膨張して毛細根を押しつぶし（同時に素早い排水を生じさせる）、逆に乾季には、生育するために必要な水分の摂取を助ける。第3位のヒトデ石灰岩の土壌は、サン・テミリオン石灰岩台地に最も多く見られる土壌である。表土は薄く、葡萄樹の根は岩盤まで到達するが、そこで多孔質の石灰岩が水の供給を調節し、雨の多い時期には過剰な水分を吸収し、乾燥した時期には毛細管現象を通じて水を供給する。

ボルドーのテロワールを語る時に大切なことは、人間の介在を見落とさないことである。気象学的にあまり恵まれていない地域では、最良の土壌、最適葡萄品種の選択、適切な耕地管理、これらが一体となって進むことが非常に大切になってくる。そしてその動機もまた非常に人間的なものである。商売と貿易である。

葡萄品種

　気候と土壌と共に、ワインの性質を決定する三頭政治の最後に登場するのが、葡萄樹である。フレーバーとフォルムを決定するのは、明らかに葡萄樹であり、土壌がそれに更なるニュアンスを加味する。ボルドーでは一般に、クリュの独自性（typicité）は、どれか1品種の葡萄樹から生み出されるのではなく、いくつかの葡萄品種のさまざまなブレンドを通じて表現される。ボルドーで栽培されている品種は、赤ワイン用では、メルロー、カベルネ・ソーヴィニヨン、カベルネ・フラン、プティ・ヴェルドー、マルベックであり、白ワイン用では、セミヨン、ソーヴィニヨン・ブラン、ムスカデルである。

　18世紀までボルドーでどのような品種が栽培されていたかについての記述は、ほとんどない。しかし多くの品種（60を超える）が栽培され、その中にヴィデュールまたはビデュール（カベルネ・ソーヴィニヨンの別名）が含まれていたことは確かなようだ。それは当時、BC3世紀頃にガリア人のビトゥリゲス・ウィヴィスキ族に栽培されていたビトゥリカ種の子孫と考えられていた。

　19世紀に、葡萄品種を分類する数冊の書物が出版されている。パギュール（Paguierre）（1829）の著作、また彼の『アンペログラフィー・ユニヴェルセル（植物図鑑）』（1841）の中の『コンテ・オダール』、さらには『プティ・ラフィット』（1850）、『フェレ』（1874）などである。最後の報告書は、フィロキセラが発生した時のものであるが、基本的な葡萄品種（セパージュド・フォン）として以下のものを上げている。マルベック、カベルネ種（カベルネ・フラン、カベルネ・ソーヴィニヨン、カルメネール）、メルロー、プティ・ヴェルドー、シラー。またこの報告書は、地域ごとのブレンド比率も紹介している。それによると、

- オー・メドックとグラーヴのグラン・クリュ：小地区、コミューンごとに違うが、2分の1から4分の3がカベルネで、残りがメルローとマルベック。
- リブルネ（サン・テミリオン、ポムロール、フロンサック、カスティヨン、リュサック）：カベルネとメルロー、マルベックを3分の1ずつ。

　フィロキセラ禍の後、生産者たちが新しい接ぎ木方法、台木、そして新しい商業環境に適応していった結果、葡萄栽培風景は劇的に変わった。全面的に消えていった品種（シラー、ピノ・ノワール）や劇的に減少した品種（マルベック、プティ・ヴェルドー）もあれば、二次的な品種（カルメネール）になったものもあった。その一方で、多くの地区で、メルローがめざましい勢いでマルベックに代わり、カベルネ・ソーヴィニヨンの存在感が増し、特にメドックで顕著であった。

　メルローの勢いは現在まで続いているが、最大の変化は、たぶん白葡萄品種から赤葡萄品種への転換であろう。1970年代まで、ボルドーの葡萄畑は、赤白半々であったが、現在では赤ワイン用の葡萄品種が全面積の89％を占めている。現在、その赤葡萄の面積中、メルローが63％を占め、次いでカベルネ・ソーヴィニヨンが25％、カベルネ・フランが11％、その他が1％となっている。一方白ワイン用葡萄樹では、セミヨンが最大で53％、次いでソーヴィニヨン・ブランが38％、ムスカデルが6％、その他が3％となっている。

赤ワイン用品種

メルロー　ボルドーで最も多く栽培されているメルロー、この地域の万能選手となっている。それはカベルネよりも早く成熟し（しかし早い発芽と開花のため、春霜と着果不良（coulure）に襲われやすい難点がある）、さまざまな土壌に適応することができ、早いうちに味わえる滑らかで大衆的なスタイルのワインに適している。糖分濃度とアルコール含有量は概してカベルネ・ソーヴィニヨンよりも高い。そのため、今後も気候変動が続いた時、この品種がそれにどう反応するのかについて若干の不安が生じている。肥沃な土壌の上で旺盛な樹勢を見せ、多くの収穫を生むメルローは、その最高の表現（豊潤で力強く、色が濃く、表現力豊かな果実味）を、粘土質を多く含む土壌か、亀裂の多く入った石灰岩（寒い時も降水量の多い時も）で見せる。その最も良い例が、サン・テミリオンとポムロールである（ペトリュスとル・パンは、ブレンドしない単品種ワインでも成功している）。リブルネ地区は全体として、現在もこの品種の揺籃の地となっており、全栽培面積の75％を占める。しかしメドックとグラーヴでもメルローはかなりの躍進を見せ、現在それぞれ、全面積中、41％と53％を占めている。メルローは、最適な摘果期間がカベルネに比べ短く、摘果の時期の決断が非常に重要であ

ボルドーのDNA

る。摘果を遅らせすぎると、腐れと酸の低下の危険性が高まる。

カベルネ・ソーヴィニヨン　メドックの古典的品種であり、グラーヴでもある程度そうであるカベルネ・ソーヴィニヨンは、作柄が最上の時、ボルドーのグラン・ヴァンに求められるすべての属性をもたらす。すなわち、色、タンニンの骨格、新鮮さ、歳と共に深まるアロマの精妙さ。メドックの最上のつくり手たち──ラフィット、ラトゥール、マルゴー、ムートン──は、ブレンドの90％までもこの品種を使う。果粒が小さく、果皮が厚く、果肉中の種子の割合が高いこの品種は、ポリフェノールの含有量が非常に高い。しかし、エスカ病、ユーティピオス病、ウドンコ病にかかりやすいという欠点がある。晩熟品種のため、暖かく、乾燥している、排水の良い土壌に適し、ボルドーの温暖な気候の下では、季節の循環がやや遅れることが好ましい。若い時そのアロマは、ブラック・カラントや黒果実のようであるが、完熟しきれなかった時は、野菜やグリーン・ペッパーのノートがある。

カベルネ・フラン　リブルネではブーシェとしても知られているカベルネ・フランは、失望させる時もあれば、飛び抜けて素晴らしい時もある品種である。この品種をこよなく愛するサン・テミリオンとポムロールのつくり手（オーゾンヌ、アンジェリュス、シュヴァル・ブラン、ル・ドーム、フィジャック、ラフルール、ヴュー・シャトー・セルタン）は、その色、エレガントさ、フィネス、骨格を称賛し、ブレンドに高い割合で使う。メドックではこの品種は、色が薄く、骨格に欠けることがあり、成功は不安定であることから、使用はわりと控えられている。

メルローよりも遅く、カベルネ・ソーヴィニヨンよりも早く成熟することから、カベルネ・フランの栽培を成功させるには、特別な条件がある。低い収量（40hℓ/ha）、葡萄樹の樹齢が高いこと、土壌と底土に粘土が一定程度含まれることなどである。また苗木の選定も重要である。販売されているカベルネ・ソーヴィニヨンとメルローの株は満足できるが、カベルネ・フランの株はあまり良くないという生産者が多い。成功している作り手は、自家生産の株を用いている。

プティ・ヴェルドー　かつてパル（palus）と呼ばれた河岸沖積層で栽培されていたボルドーの伝統的品種であるプティ・ヴェルドーは、現在は主にメドックでわずかに目にするぐらいである。晩熟で、水のストレスに弱く、栽培の難しいプティ・ヴェルドーは、完熟したものを少ない比率（せいぜい10％まで）で、ソーヴィニヨンとメルローにブレンドするために使われている。色、タンニン、酸、スパイシーなアロマが特徴である。非常にまれだが、単品種赤ワインとして醸造されることもある（シャトー・ムット・ブラン、ミランボ・パパン）。

マルベック　フィロキセラ禍前までは、マルベック（リブルネではプレサック、カオールではコットと呼ばれていた）は、ボルドーで最も多く栽培されていた赤ワイン用品種──今日のメルローのような──だったようだ。そのマルベックは今、グラン・ヴァンではめったに使われることがなく、主にブールとブライで、そしてサン・テミリオンとポ

24

ムロールでわずかに見られるだけである。粘土と石灰岩の混ざった土壌で良く育ち、早熟で、実が大きいが、ウドンコ病、着果不良、腐れなどの病害に襲われやすい。

白品種

セミヨン　かつてはボルドーで最も多く栽培されていた品種であったセミヨンは、現在でもこの地区の白ワイン用品種の首位にある。良好な生育を遂げると、その黄金の果粒は、ボディーのしっかりした、芳醇でまろやかな、そして繊細なアロマを持ち、ほど良い酸と歳を重ねる能力を持った、秀逸な辛口と甘口の白ワインを生み出す。またその果粒の成分は、ボトリティス（貴腐）菌の付着を招き、ソーテルヌやバルサックなどのヴァン・リキュールのための貴重な原料となる。それは秀逸な単品種白ワインとなることもできる（シャトー・クリマン）が、より生き生きとしたソーヴィニヨン・ブランとブレンドされることが多い。辛口スタイルの、多くがブレンドした極上白ワインが、グラーヴとペサック・レオニャンに見られる。最も個性的なワインが、この品種を80%使用したシャトー・ラヴィル・オー・ブリオンである。

ソーヴィニヨン・ブラン　ピリッとした風味、豊かなアロマ（ツゲの木からパッション・フルーツまで）、飲みやすさで、主にアントル・ドゥー・メールで栽培されているソーヴィニヨン・ブランは、熟成させる価値のある白ワイン用としても栽培されている。たとえば、ペサック・レオニャンのドメーヌ・ド・シュバリエ、シャトー・クーアン・リュルトン、スミス・オー・ラフィットなど。醸造技法（木樽による発酵と熟成）にもよるが、ワインの質は、この葡萄品種の成熟度に関係している。セミヨンと同じく、辛口のワインのためには、赤品種よりも早く収穫するが、ソーテルヌなどのヴァン・リキュール用としては、遅く摘み取られることもある。灰色カビ病などのカビ病にかかりやすい。

ソーヴィニヨン・グリ　ソーヴィニヨン・ブランの変異種と思われるソーヴィニヨン・グリは、20世紀初めまでは存在していたが（1910年のViala & Vermorelの『植物図鑑』で確かめられる）、それ以降は実質的に消えていた。1973年に南部グラーヴで再発見され、ボルドー農業会議所の手によってその樹から商業用の株が育てられ、1980年代末まで販売されていた。早熟型で、しっかりしたボディーを持ち、糖分濃度は高く、これといったアロマ的特徴を持たないため、ペサック・レオニャンとグラーヴを先頭に地域全体で、辛口白ワインのためのソーヴィニヨン・ブランの補完品種として栽培されている。

ムスカデル　ジャコウジカのアロマを持つことで人気の高いムスカデルは、多くの実を結ぶが、栽培することが難しい品種である（灰色カビ病などのカビ病にかかりやすいことから）。そのためボルドーではあまり多く栽培されていない。主に甘口白ワイン用に栽培されるが、ソーテルヌではほとんど栽培されていない。

原点への回帰

葡萄栽培の現場は、華麗な散文の似合わない場所であり、ボルドーのワインを語る上で二次的な役割しか果たしていないように見える。近年のボルドーの変化を描写する時、人気の高いコンサルタントの横顔や新オーク樽の列を写した方が、葡萄畑で地味な服装をして、黙々と剪定、棚作り、除葉をする人々を写すより、はるかに見映えのするレポートが出来上がるだろう。しかし1990年代以降のボルドーの前進を生み出した原動力が、葡萄畑における改良であったということは、議論の余地のない事実である。

変化は1980年代に始まった。数人の先進的な作り手たちが、収量を減らすために、肥料の使用を抑え、グリーン・ハーベスト（摘房）を導入した。シャトー・アンジェリュスのユベール・ド・ブアールと、ペトリュスのクリスチャン・ムエックスが先駆者的な存在である。注文仕立てのワインづくりを唱えるガレージ・ワインの造り手達の几帳面な葡萄栽培に刺激されて、この動きは1990年代にさらに加速した。この動きを先導したのは確かに右岸のつくり手であったが、左岸はすぐにそれに追いつき、その大きな資金力を用いて、これをさらに急速に進展させた。

偉大なワインの根源は葡萄畑にあるということが明瞭になり、いま焦点は葡萄畑に絞られている。そのために取られた方策の多くが、単純に過去に回帰する（除葉、鋤き返しなど）ことであったが、同時に最先端の科学も栽培方法の改良に貢献している。費用が常に問題であり、この章で取り扱っている技術の多くは、グラン・クリュだけに許されるものかもしれない。また葡萄果実の品質を高めるのは、ある1つの技術ではなく、一連の作業工程であるということを頭に入れておくことも大切だ。

クローンおよびクローン研究

ボルドーの主要品種のための商業的クローン開発の多くが、1960年代に進められ（ボルドーの農業会議所と国立農業研究所によって）、1970年代には国による認定（アグレマン）を受けることができた。現在使われているクローン（カベルネ・ソーヴィニヨンのクローン169、191、337、メルローのクローン181）はこの時期に出来たもので、それ以上に優れたものはまだ出来ていない。

カベルネ・ソーヴィニヨン、メルロー、それにソーヴィニョン・ブランのクローンは品質が良いと評価されているが、カベルネ・フランとセミヨンのクローンは不評だ。現在、カベルネ・フランのための新しいクローンが、ボルドー農業会議所のマリー・カトリーヌ・デュフールのプロジェクトによって開発されている。1999年に始まったそのプロジェクトは、2013〜14年には、販売できる体制が整うと見込まれている。

多くのシャトーがすでに独自のクローン選抜を保有しており、その多くが自家の葡萄畑の葡萄樹以外のものから採取したものである。その代表的なものが、シャトー・シュヴァル・ブラン、シャトー・オーゾンヌ、アンジェリュス、カノン・ラ・ガフリエール、パヴィ・マカンである。その一方で、シャトー・トロット・ヴィエイユは、1890年から95年の間に植えられた接ぎ木されていないカベルネ・フランの小区画を保有しており、2004年以降、特別なボトルを生産するときにその果実を使用している。

生産者が単独で行っているクローン選抜で最も大掛かりなものが、おそらくシャトー・オー・ブリオンのものだろう。その研究は1970年代に、ジャン・ベルナール・デルマの強い要望により始められたもので、最初はINRA（フランス国立農業研究所）によって認定されたクローンを用いていたが、その後自家の葡萄畑の株を使うようになった。カベルネ・ソーヴィニヨン、メルロー、カベルネ・フランの選抜された株が、小規模醸造によって、収量、糖分濃度、酸、色、タンニンが評価され、1980年代末にはいくつかの興味深い結論が導き出された。

どの品種も10%のクローンが継続的に良好な成績を残し、80%がヴィンテージごとにばらつきがあり、残りの10%が、常に不良であった。またクローンをいくつか混ぜて栽培する方が良い結果が出ることが分かった。こうして、区画の植え替えには以下の方法が適用されることになる。常に良好な成績を残した10%のクローンを畑の3分の1に植え、ヴィンテージごとにばらつきのある80%のクローンを次の3分の1に植え、残りを国や会議所で認定された株を植えるという方法である。現在、オーブリオンの葡萄畑の40%が、独自のマサル・セレクション（自分

右：より自然な形に近い栽培方法に回帰するという点で、ポンテ・カネは他のシャトーよりも先を行っている。動力は馬だ。

の畑で選抜したクローンを台木に接ぐ方法）で栽培されており、ラ・ミッション・オー・ブリオンも近いうちに同じ比率になる予定である。

台木

文献によると、1869年に来襲したフィロキセラと戦うためにアメリカ産の台木にヨーロッパ原産葡萄品種の苗を接ぎ木することを最初に提案したのは、ボルドーの生産者のレオ・ラリマンである。現在フランス政府によって認定されている30種の台木の大部分が、19世紀末までに開発されたもので、残りの2つが、1970年代にボルドーのINRAによって新しく開発されたものである。

ボルドーで実際に使用されている台木は13種類しかなく、品質評価を考慮すると、その数はさらに減る。台木の選定にあたって、生産者はさまざまな要素を考慮しなけらばならない。どの台木にどの品種を接ぎ木するか、どの葡萄畑の土壌にどの台木がうまく適応できるか、さらには、樹勢の強さや成熟の速さ遅さを調整する台木の能力などである。葡萄果粒の質を高めるということと、樹勢の弱い台木を選択するということが同義とみなされるようになり、1960年代に高収量を目指して導入された樹勢の強いSO4は徐々に使われなくなった。5BBも同様である。

樹勢の弱さで好まれている台木には、リパリア・グロワール・ド・モンペリエ、420A、101-14がある。最後の101-14は、カベルネ・ソーヴィニヨンによく適合するが、乾燥には弱いという欠点がある。420Aはメルローによく適合し、晩熟である。一方リパリアは、早熟である。シャトー・シュヴァル・ブランは、1990年代初めからリパリアを使ってきたが、気候変動に合わせて、現在では晩熟の420Aを使っている。台木の選択は、生産者にとって慎重を要する決断である。なぜなら台木は一度選択されたら、少なくとも1世代は使われ続けなければならないからである。

葡萄樹の植栽密度

新世界の競争相手とは対照的に、フランスの生産者は、ボルドーを含め、葡萄樹の植栽密度については、所属するAOCの規定を順守している。たとえば、サン・テミリオンでは1ha当たり最低5000本、メドックでは6500〜

上：19世紀に著された葡萄栽培に関する書物は、当時行われたさまざまな革新がいかに根本的な重要性を持つものであったかを語っている。

10000本植えることが要求される。

多くの研究で、植栽密度を上げると、許される範囲内で収量は減少するが、葡萄の品質は向上することが証明されている品質は太陽光線を受け取る葉面積、すなわち樹冠を大きくして、光合成を最大限に利用することによって良くなり、一方、樹勢は、より良い蒸散と水分限定によって弱められる。

高い植栽密度に関する唯一の障害は、栽培に、より多くの費用がかかるということである。なぜなら植栽密度を高くすると、より多くの労働力と機械を投入する必要があるからである。2008年にキース・ファン・リューヴェンとジャン・フィリップ・ロビーが示した数字によれば、1ha当たり3333本の葡萄樹を植えた畑の必要経費は、

1ha当たり4200ユーロであったが、5000本植えた畑の必要経費は、6300ユーロであった。この金額はもちろん、販売するワインの価格と総合して考えなければならない。

歴史的にみると、メドックのグラン・クリュは、1ha当たり8000～10000本の植栽密度（株間1m、畝間1.2mまで）である。土壌はやせているが（肥沃な土壌では、この植栽密度では樹勢が旺盛になりすぎる）、葡萄葉の樹冠を広げることによって1ha当たりの収量を増加することができ（50hℓ/1haは容易に達成できる）、品質にほとんど影響を与えることがない。ワイン生産という観点から見ると、これにワインの小売価格を考慮すると、非常に興味深い等式が出来上がる。

サン・テミリオンは伝統的に植栽密度の低い土地であるが、上質のワインを造るためには、最低でも1ha当たり5000本を植える必要があるという認識で一致している。資金と植え替えの意志があれば、この数字はもっと上昇する。シャトー・シュヴァル・ブランは、2000年以降、1ha当たり7700本植えている。一方、シャトー・オーゾンヌでは、経営者のアラン・ヴォーティエは、1ha当たり1万2600本もの葡萄樹を植えた。彼は言う。「品質と収量を上げるという両方の観点から、オーゾンヌの植栽密度を上げたことは私の利益となっている。また植栽密度を上げたもう1つの葡萄畑、シャトー・シマールについては、結論は最終的な利益がどれだけ出るかにかかっている。」

整枝法と剪定

葡萄葉の表面積を広げる代替的な、あるいは補完的な方法が、垣高を高くする方法である。葡萄葉が受ける日照量を最大にしようとする時、樹冠の高さと畝間の長さは相関関係にある。指数（樹冠の高さを畝間の長さで割った数字）が0.6以下だと、樹冠は十分な光合成をおこなうことができない。また1以上だと、樹冠が高すぎて、隣の畝の株に陰を作る恐れがある。結論的に言うと、この点ではこれが最善という値はなく、適切な指数を見出すのは、すべて生産者の裁量に任されている。だが一般に、ボルドーでは高い垣高が好まれており、葡萄葉の樹冠は地表1.2m前後の高さにある。

上：メドック北部の植栽密度の高い葡萄畑に育つ、タイユ・ボルドレーゼで剪定された古樹。

剪定の形もAOCの規則によって定められている。メドックとグラーヴでは、伝統的に2本の果実のなる枝（ケーン）を残し、それを葡萄樹の主幹の両端から1本ずつ直角に伸ばすようにし、1本の枝に芽が3～5個付いているように剪定する。その形はギュヨー・ドゥーブル整枝法に似ているが、ギュヨー法で残すように指示されている追加的な小さい若芽（スパーまたはコット）も除いている。この剪定法は、ボルドーでは地方的にタイユ・ボルドレーゼと呼ばれ、現在は右岸でも行われている。この方法の良い所は、枝と葉が均等に広がることと、摘房（グリーン・ハーベスト）や除葉が容易にできるという点である。

ギュヨー・サンプルもギュヨー・ドゥーブルも、ボルドー以外で、品質重視の生産者によって選ばれている方法で

ある。グラン・クリュのレベルでは、スパー・プルーニング（スパーを残す方法）やコルドン・トレーニング（主幹から左右に伸びた太い枝を長く残す方法）をめったに見ることはないが、規則には例外がある。サン・テミリオンのシャトー・テルトル・ロートブッフのフランソワ・ミジャヴィルは、この方法を採用し、好結果を残している。主幹の高さを地面近くまで低くし（20〜30cm）、それによって土壌からの熱を吸収し、その一方で垣高を1.3mまで高くして十分な樹冠を広げさせ、良好な光合成を図るというものだ。植栽密度は当然ながら、伝統的な1ha当たり5555本にしている。

土壌管理

　土壌分析または土質分析図は、栽培方法を決定する1つの方法である。葡萄畑の土壌の種類と成分構成比を記した詳細な平面図があれば、灌水、台木・品種の選定、剪定方法、芝生、堆肥などを、小区画ごとに細かく計画することができる。多くの場合、ドリルを使って入手した土壌サンプルを研究所で試験することによって、詳細な土壌分析報告書を入手することができる。しかし2006年、シャトー・コス・デストゥルネルは、"電気探査比抵抗法"（GPSと連動させた）と呼ばれる、鉱山探索用の画期的なシステムを利用して、サン・テステーフの89haの葡萄畑の詳細な土壌分析地図を作製した。

　土壌分析が行われるようになった結果、肥料の使用がかなり適正に行われるようになった。分析によって、鉱物の含有量を調節する必要があるという結論が出されると、そのための行動が取られる。その必要がないという結論が出された場合は、土壌には手は加えられない。また、今多くの畑で、化学肥料に代わって、有機堆肥が使われるようになった。

　現在、除草剤の使用を減らしながら、土壌の空気含有量を増やし、根をより深く張らせるために、畝間の鋤き返しが広く行われるようになっている。通常、秋と3〜4月に、深く鋤き起こして土を積み上げ、その後葡萄樹のまわりの土をほぐし、次いで、晩春と夏に軽く鋤くという形を取る。ここでも費用が問題であり、適当な道具が必要となる。葡萄樹の株間の土を鋤き返すための機械がさまざまなメーカーによって開発され、地元ボルドーの会社も、自動的に深さを調節する空気式鋤き起こし機を開発した（その機械は、2008年の『ボルドー葡萄栽培技術展覧会』で最優秀発明賞を受賞した）。

　畝間を天然芝で覆う手法が最近よく見られるようになり、特に右岸では盛んに行われている。その手法には2つの特殊な利点がある。1つは、傾斜地にある葡萄畑の浸食を防ぐという点であり、もう1つは、葡萄樹の樹勢を弱めるという点である。後者が可能になる理由は、天然芝と葡萄樹の間に水をめぐる争いが起こるからであり（特に晩夏の雨を吸収する時に）、またそれが、土中の窒素の含有量を減らすためである。天然芝は、放置しておく場合もあれば、特に乾燥した年には、短く刈ったり、あるいは引き抜いてしまう場合もある。最近よく行われている方法は、たとえばサン・テミリオンのピエ・ド・コートにあるシャトー・カノン・ラ・ガフリエールで見られるように、1畝間おきに芝で覆い、毎年入れ替えるというものである。天然芝に替えて他の作物を植える方法も研究されているが、シャトー・テルトル・ロートブッフのフランソワ・ミジャヴィルが知る限り、まだ結論は出ていない。彼は言う。「優位性がはっきりするまでは、これまで30年間やってきたように、天然芝でやっていくつもりだ」。

新梢の管理（グリーンワーク）
travail en vert

　新梢の管理は、ほぼ年間を通じて行われる仕事で、ボルドーのグラン・クリュでは、葡萄栽培の精密度を高めるために精力的に行われている。その仕事は一般に
キャノピー・マネジメント
樹　冠　管　理 といわれているが、実際はそれにとどまらず、収量と成熟度を決定し、病害を予防する非常に重要な仕事である。それはまず、熟練技術者による剪定から始まる（12月〜3月）。ボルドーでは、年間を通して、小区画ごとに担任制にしているところもある。そうすれば、仕事に一貫性が生まれ、畑に対する愛情が増し、より効果的な作業が行われるからだ。次の大きな仕事が、5
épamprage
月と6月のむだ芽摘みである。それは幹に生える徒長

右：ヴェレーゾンが始まった時期に、色付きの悪い果房を摘除するグリーン・ハーベストは、今では収量を抑える一般的な方法となっている。

枝と不要な枝を摘除する作業である。それらの枝は葡萄の成熟に何の肯定的役割も果たさないばかりか、不要な陰を作る要因にもなる。余分な芽や複芽も摘除する(芽掻き)。
ébourgeonnage

収量を抑えるために行う果房の摘除、グリーン・ハーベストは、ボルドーでは1980年代に始まり、現代ではかなり体系化された作業(特にグラン・クリュのレベルでは)になっている。それは開花の後、ヴェレーゾンの前の7月に行われる。次いで、果房の大きさを見ながら、必要な時は、2度目の果房の摘除を、8月末までに行う。シャトー・ソシアンド・マレなど最近注目を集めている生産者の中には、果房の摘除を一切行わず、その代わり収量の抑制を主に剪定に頼っているところもある。
éclaircissage

果房のまわりの葉を除葉することも、7月に行う大切な作業である。それによって風通しを良くし、成熟を促進し、病害を防ぐことができる。通常、"朝日のあたる側"にある葉を摘み取ることが多いが、天候を見て必要なら、8月または9月に逆の側を除葉することもある。灼熱の2003ヴィンテージは、除葉は必ずしも毎年行わなければならない作業ではなく、年によっては悪い影響を与える場合があることを教訓として残した。

葡萄畑の仕事は、本質的に労働集約型の仕事である。そのため労働者を雇う必要があるが、そのための費用はワインの価格に反映することができる。シャトー・ラフィット・ロートシルトの場合、114haの葡萄畑に、常雇いの労働者を45人配置しているが、生れてくるワインの価格は、そのための費用が価値のあるものであることを証明している。そこではその他、夏季に、グリーン・ハーベストと除葉のために臨時に40人の労働者を雇っている。

有機農法と病害

ボルドーの気候は湿度が高いため、真菌類による病害に襲われやすい。ウドンコ病とベト病が頻繁に発生する病害で、2007年と2008年の生長期にはベト病が広がった。とはいえ、それらの病害は、硫黄(ウドンコ病対策)、銅を主成分とする溶液(ベト病対策)などの抗真菌薬剤の散布によって拡大を防ぐことができ、ボルドーの生産者はそれらの病害と戦う体制をすでに整えている。地元の気象台も、薬剤散布の時機を知らせるなどの支援を行っている。

ボトリティス菌も厄介な病害である。ある状況では、それは貴腐を生み出し、ソーテルヌの生産にとっては必要な状態でもある。しかしそれ以外では、ボトリティス菌は憎むべき灰色カビ病を引き起こし、葡萄果実の質や収量に大きく影響する。新梢管理も予防に役立つが、ほとんどの生産者が開花とヴェレーゾンの後に、抗ボトリティス剤を散布している。

主幹の病害も起こりやすく、現在ボルドーでは、エスカがユーティピオスを抜いて大きな脅威になっている。カベルネ・ソーヴィニヨンとソーヴィニヨン・ブランがその病気に襲われやすく、応急処置は出来るが、根本的な治療薬はない。そのためこの病害は、経済的(収量の減少と植え替えの必要性)にも、質的(葡萄樹の平均樹齢を引き下げる)にも大きな打撃を与える。

このような状況のため、ボルドーでは有機栽培について考えることが難しい状況にあり、採算を考えると、真剣に取り組める状況ではないように思える。ボルドーの葡萄畑12万haのうちの2000haが正式に有機栽培と認定されているが、全面積の2%にすぎない。有機栽培に真剣に取り組んでいる少数の生産者もいるが、主に右岸の小さな(面積の点で)生産者に限られている。例外がポーイヤックのシャトー・ポンテ・カネで、そこは2004年にビオディナミへの転換を開始した。しかし大々的に喧伝しなかったのが良かった。というのも、2007年に悪性のウドンコ病が発生し、従来の栽培方法に戻ることを余儀なくされ、ビオディナミへの転換を最初からもう一度やり直さなければならなくなったからである。

とはいえ、多くの先進的生産者が、小区画で有機栽培またはビオディナミを実験しており、またほとんどの生産

左:性撹乱ホルモン法(下段中央)から、手作業による摘み取りまで、葡萄畑では今まで以上に人力が投入されている。

者が、持続可能な葡萄栽培（リュット・レゾネ ： 減農薬農法）に取り組んでいる。具体的には、薬剤散布の回数を減らし（気象台の助けを借りて）、また出来るだけ侵攻性の弱い薬剤を使うようにしている。また除草剤の使用の中止、有機堆肥の使用、その他の生態系を回復する措置なども行われている。その例の1つが、殺虫剤を使う代わりに、葡萄葉に卵をうみつける蛾の飛来を阻止するために、葡萄畑に小さな雌蛾のフェロモンの入った瓶を置く方法である。それはINRAとペサック・レオニャンのシャトー・クーアンが協力して開発した方法で、性撹乱ホルモン法と呼ばれており、1995年に政府によって認可された。

収穫 ： いつそしてどのように

収穫期に問題となるのは、言うまでもなく、最適な成熟度に達した果粒を摘果することである。過去においては、糖と酸の濃度（そしてPH）が、摘果日を決める指標であり、現在もある程度はそうであるが、現在では、ポリフェノール成熟度（生理学的成熟度ともいう）が主要な指標（アントシアニンとタンニンの成熟度）となっている。ポリフェノールの量は化学的に測定することができ、アン・プリムール（樽詰初出荷ワイン、p.52参照）の試飲会で、アルコール濃度と並んで、誇らしげに手渡される指標の1つ（IPT ： indice des polyphénols totaux）となっている。数値も1つの事実であるが、果肉、種、果皮などを試食することによって、味覚的な分析を行うことができ、それが最終的な決め手となる場合も少なくない。

ポリフェノール成熟度を高めるためには、出来るだけ成熟した果房を、出来るだけ長く枝に留めておくことが必要であり、そのためには新梢管理が重要となってくる。すなわち、最終的な収穫時期の雨に耐えられるだけの、また収穫時期直前のインディアン・サマーの日照の恩恵を十分受けることができるだけの、強い果房を育てる必要がある。理論的には、開花の中間点から数えて110日目が理想的であるといわれている。しかしこれは、2008年の135日という記録によってあっさり退けられてしまった。この年生産者たちは、この天候不良の年の遅れてきた日照を出来る限り長く利用しようとしたのである。また、スタイル的に、過成熟の限界ぎりぎりまで摘果日を延ばす生産者もいる。気象条件によって違うが、赤ワイン用葡萄の収穫時期は3週間ほどの幅がある。最も早い時期が、9月半ばであり、最も遅い時期は10月末まで延びる。アルコール濃度も枝に留まっている時期が長いほど高まる。シャプタリゼーションは、1999以降まったく見られなくなった。

品種や小区画ごとに成熟度が違うため、収穫作業期間が長くなる場合もある。小区画ごとの成熟度に合わせて収穫を行うため、今では摘果作業は、飛び飛びに断続的に行われる作業になっており、時には次の小区画との間に3週間の間隔があく場合もある。オー・ブリオンでは、白ワインのオー・ブリオンとラヴィル・オー・ブリオンのための5haの畑の果房を摘むのに、2週間かけている。その反対に、極端に短時間で摘果を終える場合もある。フランソワ・ミジャヴィルは、今が摘果に最適な時だと判断すると、即刻通知を出し、70人前後の摘み手たちを使って、5haのテルトル・ロートブッフの畑のメルローを、たった1日で摘み取らせる。しかしこれは、シャトー・ラフィットやムートン・ロートシルトのような広大な葡萄畑では無理である。そこでは300～400人の摘み手（多くがボルドー市内からバスに乗ってやってくる）が、まるで軍隊の作戦行動のように作業を進めていく。

機械による摘み取りも、もう一つの信頼できる選択肢ではあるが、少なくともグラン・クリュのレベルでは、全部でないまでもほとんどの摘果作業が、今後も手作業で行われることが予想される。葡萄畑における作業に重点が置かれ、果房を優しく手で摘み取るということが、ある種の強迫観念に近いものになっている。あるグラン・クリュでは、葡萄房が傷がついたり潰れたりするのを避けるため、浅いプラスチックの枠箱あるいはカゲットと呼ばれる木箱に入れて運ぶ。大きなトラクターが、葡萄房のぎっしり詰まった籠を積んで、果汁を滴らせているトレイラーを引っ張っている光景は、これらのトップ・クラスの生産者では、遠い過去の話になっている。選果も今では葡萄樹に付いたままの時に、あるいは葡萄畑の選果テーブルの上で行われる。

右：良心的な生産者の間では、果粒を守るため、かつて見なかったような小さな木箱で収穫を行うことが広まっている。

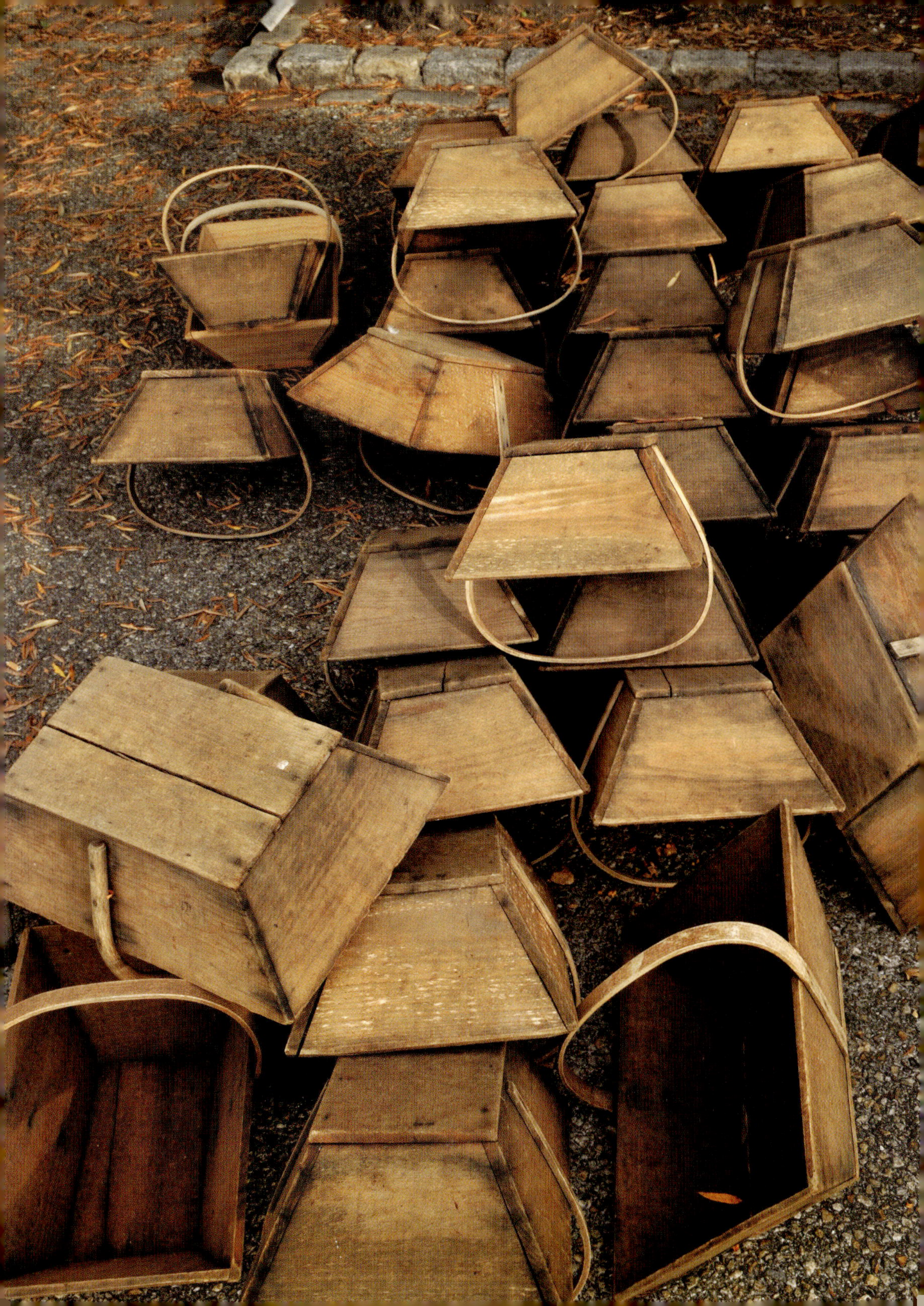

CHATEAU LATOUR

4｜ワインづくり

テロワールの翻訳

　偉大なワインは葡萄畑で生まれ、果実の質こそが決定的要因だ、ということは今では広く受け入れられている考えだ。とはいえ、果実がワインになるためには、醸造という工程を経なければならない。醸造学部のある大学を持ち、研究施設（2009年には、「ブドウ及びワインの総合研究機関」も開設された）も多く設立されているという恵まれた環境にあるボルドーは、常にワイン製造技術の最先端を行き、そこで確立された技術や開発された機械は、グラン・クリュのシャトーに次々に導入されている。とはいえ、ワイン製造工程は画一的なものではなく、そこには多くの選択肢もあれば、微妙な調整もあり、しばしばセラーにおける細部への気配りの度合いが、ただの美味しいワインと例外的なワインの分かれ目となる。イタリアのテヌータ・デル・オルネッライアの前醸造長であり、現在シャトー・パルメの総支配人をしているトーマス・デュローは語る。「われわれはテロワールだけに頼っているのではない。技術も偉大なワインづくりには欠かせない重要な役割を担っている。」

選果と取り扱い：あくまでも優しく

　葡萄畑の果実の質を最重要視する姿勢は、そのままワイナリーにおける果実の取扱い方に貫かれる。あくまでも優しく取り扱うということが至上命令であり、望まれない物質（葉、果梗、傷のある果粒、未成熟の果粒など）が几帳面に選別され、除去される。選果テーブル（振動するものもある）、蠕動ポンプ、コンベヤベルト、果粒を傷つけることの少ない除梗機などが、葡萄果実を受け入れ、手入れしていくための最新兵器である。1例をあげると、シャトー・パルメは、2005年に選果システムを全面的に入れ替え、現在は、有孔振動テーブル（水分を落とし、小さな結実不良の実を除去するため）から始まり、コンベヤベルト式選果テーブル（8人が並んで選果する）、除梗機（2009年の新鋭機）、第2次振動テーブル、そして第2次選果テーブル（14人が並んで選果）へと続く工程になっている。

　技術の進歩はこれだけではない。選果の精度を高め、なおかつ少ない人手でそれが可能になるように、農機具産業の知恵を借りていくつかの先進的機械が開発された。2006年、シャトー・アンジェリュスは選果工程にミストラルという機械を導入した。それは元々は豆を選別する機械であったが、選果振動テーブルの上に大きなファンが付いており、良い果粒を溝に入れていく過程で、果粒以外の物質や不良果粒を強い風で吹き飛ばすものである。

　トリベという画期的な機械も導入された。それは比重と糖分濃度を使って果粒を選別するもので、まず内側が粘着性になっているドラムを回転させて葉や果梗を取り除き、次に残った果粒を、一定の比重のある果汁の中に流し入れる。すると果粒は、ばらばらになって流れていく過程で、熟したものは下に沈み、一定の方向に誘導され、未熟なものは浮いたまま別の方向に誘導されるというものである。このシステムはサン・テミリオンの醸造家であるフィリップ・バルデによって考案されたもので、現在シャトー・ロシュモランのアンドレ・リュルトンによって使われている。またシャトー・ヴァランドローも最近（2008年）導入した。「トリベは1バット中5〜10%の未熟な果粒を除去する。それは選果作業に革命を起こし、ワインの質を劇的に高めた」と、ジャン・リュック・テュヌヴァンの醸造長レミ・ダルマッソは言う。

　最近、実際に販売されるようになった機械（2つのライバル会社からほぼ同時に発売された）が、光学式果粒選別システムというものである。それは人工的な眼と連動したソフトウェアが、人間の代わりに果粒の色と形を判別し、不良な果粒を強い風によって吹き飛ばすというものである。シャトー・スミス・オー・ラフィットは2008年にこのシステムを試験的に導入し、2009年に正式に購入した（シャトー・レオヴィル・ラス・カーズ以下数社もこれに続いた）。「この機械は人間の眼よりも正確に果粒の微妙な色の違いを見分けることができ、人間のように1日のうちに何組も選果チームが交代するということもない」と、スミス・オー・ラフィットの技術主任であるフェビアン・ティトゲンは説明する。

　発酵槽に行くまでの流れの中でも、果実は引き続きあくまでも優しく扱われる。人間の手による除梗は、機械が

左：科学技術が伝統を裏付け強化していくにつれ、ワインづくりはこれまでになく管理されたものとなっている。

導入される以前はあたりまえの作業であったが、最近、ベルナール・マグレがオーナーであるシャトー・パプ・クレマンをはじめとするいくつかのシャトーで、新しい方式で再導入された。2009年にはシャトー・アンジェリュスもこれにならった。アンジェリュスではまた、果粒を発酵槽の上まで運ぶ最新式のコンベヤベルトが導入されたが、それは果粒を発酵槽に入れる前に、軽く破砕する機能が付いている。破砕は全般的に、昔に比べ軽くおこなわれ、場合によってはまったく行われない場合もある。発酵槽への果粒の投入は、理想的にはポンプを避け、自重式送り込みシステムを使うことが望ましい。シャトー・コス・デストゥルネルやマラルティック、ラグラヴィエール、そしてフォジュールといった新しく建設されたセラーでは、この方式が採用されている。現代的な設備と組み合わされたそのシステムは独創的に見えるが、実はそれほど新しいものではなく、シャトー・ランシュ・バージュの19世紀博物館でも見ることができる。ここでも費用が問題で、その設備を導入する余裕のないところ、あるいは望まないところは、ホッパーとポンプ、そして葡萄畑での徹底した選別に頼っている。

発酵技術

発酵と成分抽出の技術に関しても、ボルドーの生産者の前には多くの選択肢が開かれているが、ここでも決定要因となるのは、ヴィンテージの質であり、求めるワインのスタイルである。最初の決断が、発酵槽の選択である。小区画ごとの葡萄畑管理という傾向に合わせて、ここでも小さめの槽が主流になりつつある。トーマス・デュローが2004年にシャトー・パルメの支配人に就任した時、彼が最初に出した指示は、200hℓのステンレスタンクを90hℓのタンク2基にすることであった。同じ頃シャトー・オー・ブリオンでも、槽の数を4倍にして、33haの畑のために、30基の発酵槽を用意した。

ボルドーで使われている発酵槽には、材料的に、ステンレス、オーク、セメントの3種類があり、この3種類とも使っているシャトーもある。どれも温度管理システムを装着することが可能で、また抽出に好都合な円錐型にすることも可能だ。それぞれ長所と短所があるが、衛生の観点からステンレス槽の方が管理が楽なため、こちらが広く使われている。セメント槽は主に右岸で使用され、一定の温度を保つのに効果的である。オーク樽による発酵は、木を通して自然の通気が行われ、抽出にとっては好ましい。新オーク樽の場合、それはワインにスクロシテ（甘さ：sucrosité）と骨格を付け加えるが、費用がかかり、手入れも大変である。

アルコール発酵が始まる前の選択肢として、発酵前低温浸漬がある。これは果醪の酸化を防止するために、亜硫酸ガスまたはドライアイスで8〜12℃の低温に一定時間保っておくものである。賛同者は、この技法を用いることによって、アルコールが生成する前に、色とアロマを抽出することができると主張する。反対者は別の見方をしている。「果実のアロマは、どちらにしろ最終的な樽熟成の酸化の過程で消えていく。低温浸漬をすると、逆にタンニンの質が劣化し、収斂性のある味になってしまう」と、醸造コンサルタントのエリック・ボワスノは言う。

アルコール発酵の過程における選択肢としては、ワイン酵母の植菌の有無、発酵温度（通常は24〜28℃）、抽出方法（ルモンタージュ＝果液循環、ピジャージュ＝櫂入れ、デレスタージュ＝液抜き静置法）、マセラシオン（浸漬）の期間（通常は15〜21日）などがある。最後の選択が、抽出の度合いである。濃縮に関しては、発酵前に果汁の一定量を発酵槽から抜くセニエ法や、濃縮器を使う方法がある。グラン・クリュのレベルでは、果汁を循環させながら数回濃縮器（多くが逆浸透膜法を用いる）に入れるが、常に行われるというわけではなく、ヴィンテージを見ながら控え目に行われる。その手法は合法的ではあるが、生産者たちはそれについてはあまり多くを語りたがらない。濃縮は、発酵前の果醪の段階で行われなければならない。もう1つの通常行われている手法が、マイクロ酸素処理法である。これは発酵中の果醪にホメオパシー療法的に酸素を投与するもので、野菜の感じの初印象を抑え、タンニンを安定させる効果がある。

発酵が終わったら、フリーラン・ワインの抜き出しと、圧搾が行われる。現在行われている圧搾法——伝統的な圧搾法を現代的にしたものと、空気圧搾法がある——は、

右：古いオークの発酵槽は、ここレヴィル・ラス・カスに見られるように、まだ広く使われている。しかしそれを使うには熟練した腕が必要だ。

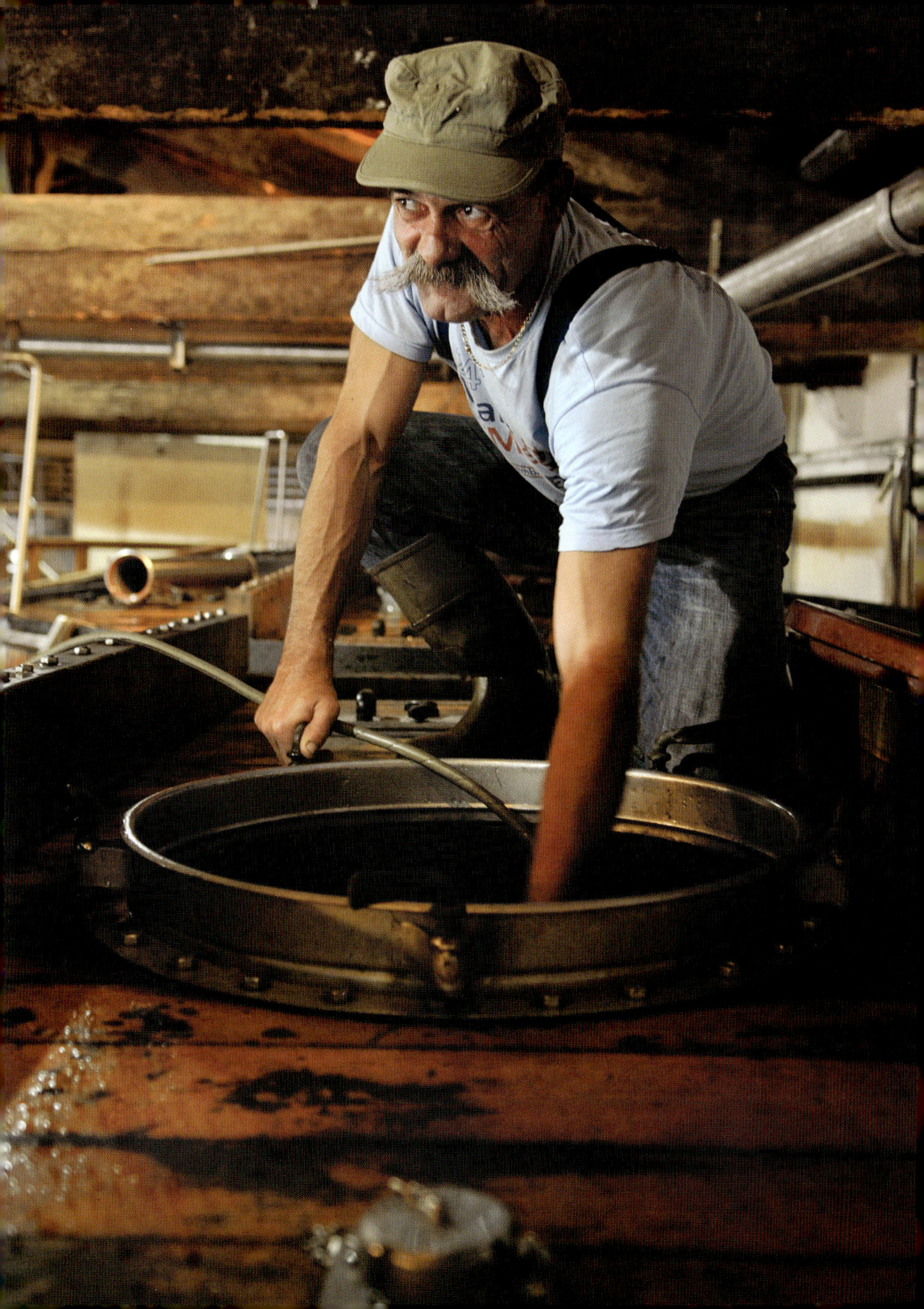

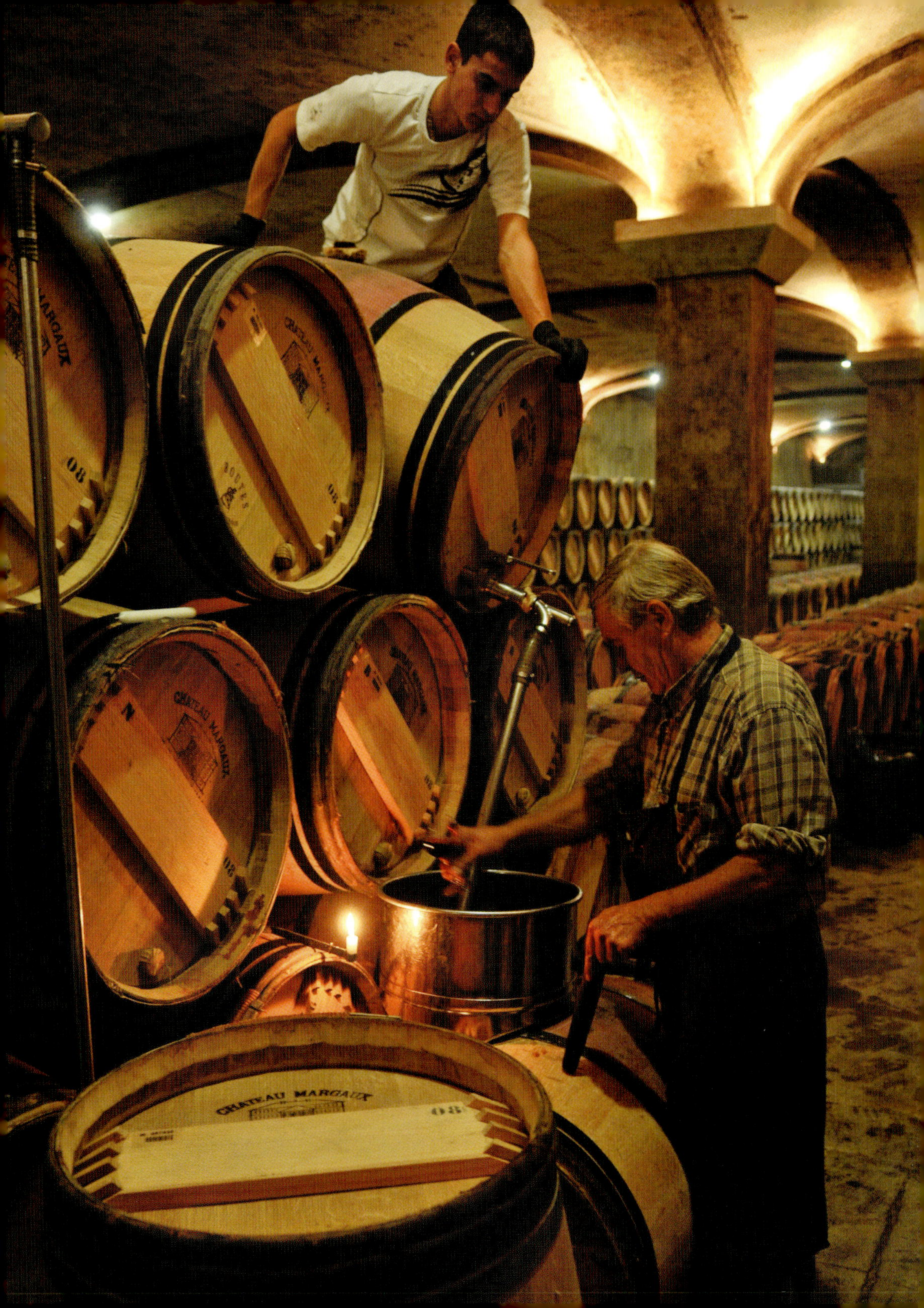
CHATEAU MARGAUX
08

いずれも昔の方法よりも優しく行うようになっており、かなり上質の圧搾ワインが得られるようになっている。それは最終的なブレンドの段階で重要な構成部分となる。ところが、オー・バィイでは、圧搾ワインはあまりにも粗野とみなされ、グラン・ヴァンに使われることはない。

樽熟成

先進的なシャトーでは、また規模の許すところでは、マロラクティック発酵は、通常オーク樽（それも新樽）で行う。それにより、早い段階でオークとの融合が進み（おそらくワインが樽の中で、"ホット"になるからだと思われる）、果実風味が強化される。これは商業的には、4月のアン・プリムールにお目見えする若いワインの、人目を引く魅力の1つとなる。しかし研究者たちは、マロラクティック発酵をオーク樽で行おうとステンレス・タンクで行おうと、長い目で見れば風味にほとんど関係ないと見ている。マロラクティック発酵を6月まで遅らせた実験では、それはワインにとっては有利に作用するという結論が出た。なぜなら、追加的な亜硫酸ガスの添加を避けることができるからである。しかし慣習的なアン・プリムールの商業的プレッシャーに負けて、この方法はまだ一般的になりそうにない。

樽熟成に関しては、今でもグラン・クリュ・ワインは225リットルのボルドー樽を使うのが主流だ。ワイン生産者は、いくつかの樽製造業者の樽を混ぜて使い、新オーク樽の比率もまちまちである。1980年代（実際は1995年まで）と比較すると、シャトーの使う新オーク樽の比率は一般に下がっており、また樽の焼き具合も穏やかになっている。とはいえ、グラン・クリュやジャン・リュック・テュニュヴァンのような生産者にとっては、今でも100％新オーク樽を使うというのは選択肢の1つである。「新樽はワインに、色の深み、アロマ、新鮮さ、スクロシテ（甘さ：sucrosité）をもたらし、オークのタンニンを付け加え、微生物学的な面からもより衛生的である」と、テュニュヴァンの醸造長レミ・ダルマッソは言う。とはいえ、新樽の価格は1樽600ユーロ前後（税抜きで）し、決して安い買い物ではない。

左：ここシャトー・マルゴーで行われているような、伝統的なエルヴァージュにおいては、定期的なラッキングはとても骨の折れる作業ではあるが、必要不可欠な工程である。

樽熟成（エルヴァージュ）の過程で、ワインはゆっくりと、散発的に空気と接触させられる。それによって、空気中の酸素が色の定着を促進し、タンニンをまろやかにする。またこの過程で、ワインの透明度が増し、フレーバーが開かれる。ボルドーの伝統的なエルヴァージュでは、3〜4カ月おきにワインを別の樽に移し替えるラッキングを行い、この過程で、ワインを空気と触れさせ、透明化していく。最近の樽熟成期間は、概ね、16〜22カ月である。現在行われているもう1つの意見の分かれる方法が、ワインをラッキングせずに微細な澱の上で熟成させ（バトナージュ）、ラッキングの代わりにマイクロ酸素処理法を行うというものである（クリカージュという）。ワイン・コンサルタントのステファン・デュルノンクールの友人である醸造家のシモン・ブランショーは言う。「バトナージュはワインに肉付けをし、それを豊かにまろやかにし、オークとの統合をさらに深化させる。しかしこの方法は、還元を速めてしまう。だからわれわれは、それをクリカージュで補うんだ。」

デュルノンクールはこの方法の強力な推進者で、有力シャトーを含め、彼の指導を受ける数多くの生産者が、この方法に習熟している。しかしシャトー・アンジェリュスのユベール・ド・ブアールやシャトー・ヴァランドローのジャン・リュック・テュニュヴァンのような先進的な考えを持つ生産者も含めて、この手法に疑問を抱き、従来からのラッキング・システムを続けている生産者もいる。「正しく行うなら、ラッキングはとても優しい方法だ。その過程で樽を消毒することができるので衛生的であり、澱の上で熟成させるバトナージュほど過激ではない」と、エリック・ボワスノは言う。

いくつかのシャトー（とデュルノンクールやミシェル・ロランのようなコンサルタント）が実践しているもう1つの中間的方法がある。それは、樽の中に微細な澱を残して熟成させ、最小限のラッキング（おそらく1年に1回）を行うというものだ。ここでの目的も、亜硫酸ガスの量を減らすことによって、フレーバーと触感を豊かにすることである。しかしこの方法は、微生物学的不安定を回避し、揮発性の酸を発生させないようにし、ブレタノマイセス（悪性の酵母）に汚染されないようにするためには、非常に慎重に行う必要がある。

エルヴァージュの最終工程で一般的に行われているのが、清澄化および／または濾過である。伝統的なボルドーのシャトーは、今でも新鮮な卵の白身を使って清澄化する方法を取っているが、粉末のアルブミンや、ベントナイト（火山灰を分解して出来た粘土）などの触媒を使って行う方法も広く採用されている。グラン・クリュのレベルでは、濾過は一般に、軽くしかかけず、透明度を出すために薄膜を使っている。

ブレンドとセレクション

出来たてのワインをブレンドする時、ボルドーには大きく分けて2つの流派がある。古くから唱えられている説は、異なったワインが融合する時間が十分取れるように、ブレンドは早く行う方が良いというものである。異なった葡萄品種で出来た、さまざまなキュヴェからのワインが味見され、セレクションが決まると、2月か3月の最初のラッキングの時に、ブレンドが行われ、その後圧搾ワインが加えられる。これが第1の方法であるが、醸造コンサルタントのミシェル・ロランなどの人々が推奨している第2の方法は、各ワインを別々に熟成させ、その経過を観察し、瓶詰めする直前にブレンドするというものである。どちらの方法も確かに説得力はあるが、アン・プリムールで出された出来立てのワインと最終的なワインとの関係という点に関しては、明らかに問題がある。

セカンドワイン、さらにはサードワインを創造することは、シャトーにとっては、グラン・ヴァンの質を高める大きな手段となる。そのためのセレクションが、1990年代の半ばからより厳しいものになっている。たとえばラトゥールは、出来たワインの40％だけをシャトー・ラトゥールとし、47％をレ・フォール・ド・ラトゥールに、そして残りの13％をサードワインにした。同じ年、シャトー・ベイシュヴェルは、55％をグラン・ヴァンにしたが、その数字は1982年には96％に上っていた。2005のような素晴らしいヴィンテージの時でも、この厳格な基準は放棄されることはなかった。シャトー・オー・ブリオンは55％のワインをセレクトし、シャトー・レオヴィル・ラス・カスはたったの37％しかグラン・ヴァンにセレクトしなかった。セレクションの目的は、もちろん品質の確保であるが、商業的な作戦とブランドの確立ということもその目的に入っている。

辛口白ワイン

ボルドーの極上辛口白ワインを製造することに熱意を燃やすシャトーは、ソーテルヌの生産者の手法を手本にして、葡萄畑の中の最も良く成熟したひと続きの果樹（トリという）の果房だけを手摘みしている。しかし、夕方や早朝の涼しい時間帯に機械で収穫する生産者もいる。赤ワイン用葡萄とちがって、白ワイン用葡萄に夏季に過度の水ストレスを与えることは、決して好ましいことではない。アロマが鈍重になり、バランスが失われるからである。新鮮さと果実風味、調和を維持するためには、ある程度の水分が必要であり、その関係で極上白ワインのためのヴィンテージは、必ずしも赤ワインのためのそれとは一致しない——たとえば2002と2007のように。

醸造の観点から言うと、辛口白ワインづくりの要点は、不活性ガスによる酸化、温度管理、商品化に関連した手段である亜硫酸ガスについてである。現在の傾向では、通常は果房をそのまま圧搾するが、生産者によっては、除梗して軽く圧搾したり、アロマを付け加えワインのボディーをしっかりさせるために、果皮に接触させたまま、微調整しながら圧搾するところもある。この手法のためには、果粒（一般にソーヴィニヨン・ブラン）は良く熟した健康なものでなければならない。

樽発酵の前に、望ましくない固形物（土、不良果粒など）を除去するための低温澱引き（デブルバージュ・フロワ）が行われる。新オーク樽の使用割合は明確に下がりつつあるが、その方法を示したのは、ボルドーにおける現代白ワイン製造の父と呼ばれているドニ・デュブルデュー教授である。1987年、彼は自身の葡萄畑クロ・フロリデーヌで採れたソーヴィニョン・ブランを発酵させた後、新オーク樽比率50％で樽熟させた。1996年には、その比率は15％まで落ち、現在はまったく使用していない。ドメーヌ・ド・シュヴァリエの場合は、新樽比率35％で熟成させているが、微細な澱の上で熟成させることによって、フレーバーと触感を加えている。ここでは、澱は定期的に撹拌され、ワインの中に漂う。瓶詰めは通常、収穫の10カ月後に行われる。

右：樽熟中のワインの味見は非常に大切なことであるが、同じ樽から二度味見することがないように、栓の上にていねいに小石が置かれている。

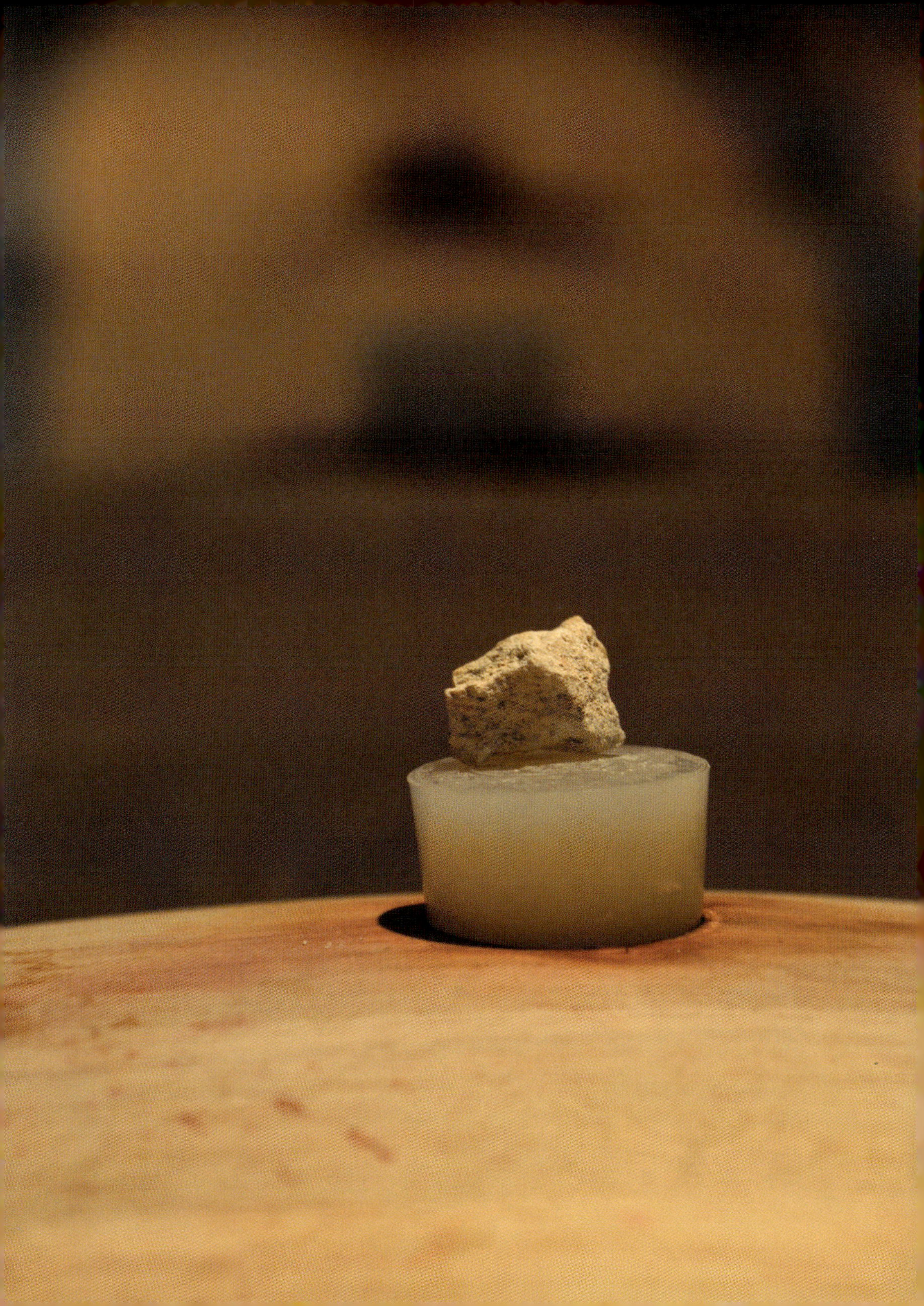

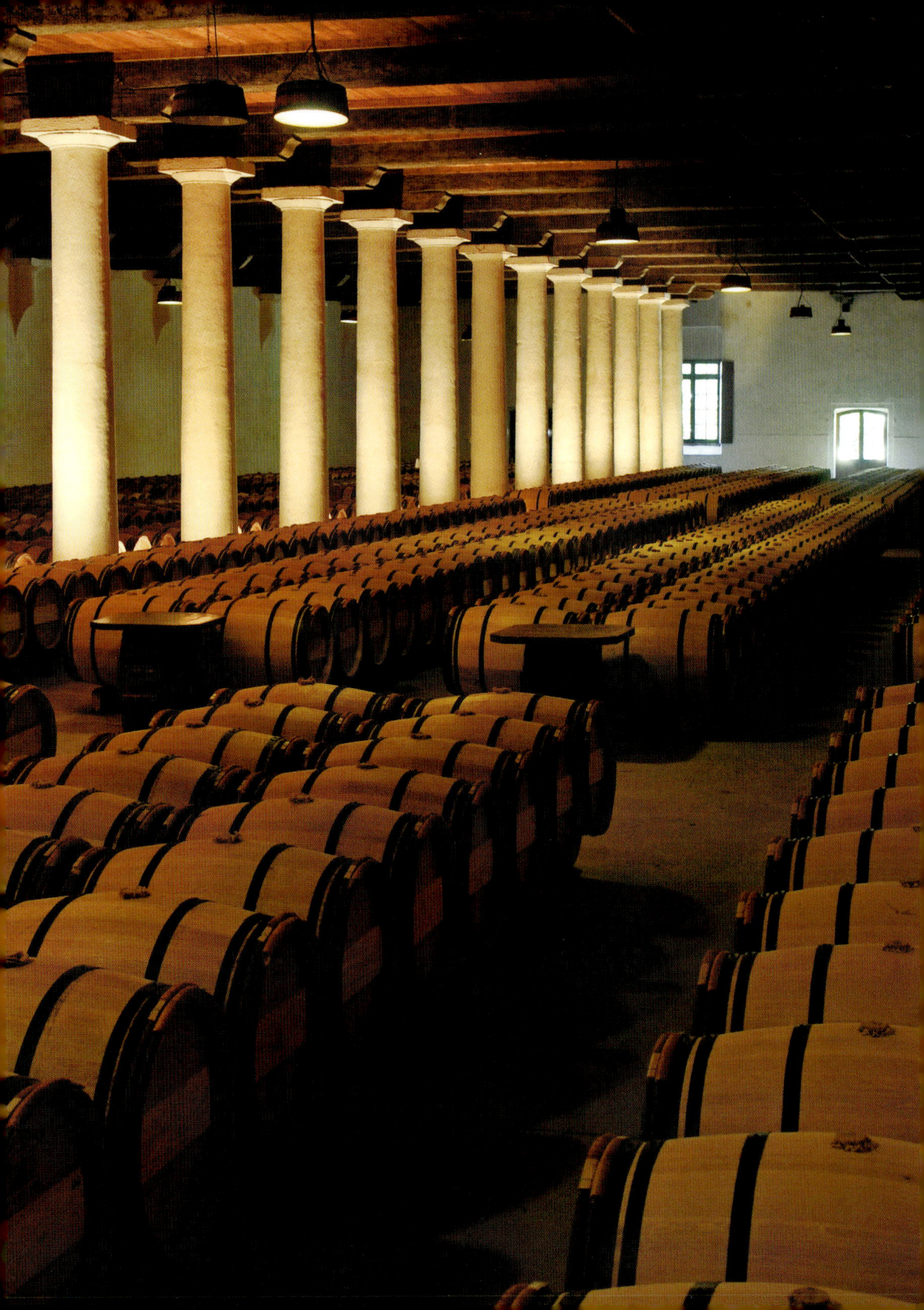

ソーテルヌ

　ソーテルヌのヴィンテージとその他の甘口白ワインの成功の鍵は、ほぼすべてが貴腐菌の付着と収穫時の果粒の状態が握っている——そのため、摘果の時機の決断が重要になってくる。摘果の時期は3ヵ月続くこともあれば、14日間で終わる場合もある。セラーにおける微調整は、圧搾果汁の質を軸に回る。圧搾工程（空気式圧搾と垂直圧搾の2通りある）は長い時間をかけてゆっくりと行われ、徐々に圧力を強めていき、3～4回に分別して果汁を取りだす。最後の圧搾で出てくる果汁が、最もアロマが豊かで、糖分濃度も高いが、他の果汁と配合して、バランスを整え、調和した味にする必要がある。どの果汁をどのくらいの比率でブレンドするか、そして、新オーク樽の割合をどうするか、ここが醸造長の腕の見せ所である。シャトー・クリマンやシャトー・ラフォリ・ペイラゲイのような生産者は、新オーク樽を30％使い（残りは1年物か2年物）、樽熟は16～18ヵ月である。ソーテルヌは、量が少ないにもかかわらず、グラン・ヴァンのレベルではセレクションは必須で、セカンドワインを造ったり（時には35～50％に上ることもある）、廃除分全部をネゴシアンに一括して買い上げてもらったりしている。

コンサルタントとテイスティング

　ボルドーにおけるコンサルタントの役割は、近年多次元的になりつつあり、従来からの葡萄栽培とワイン醸造に関する助言に留まらず、マーケティングに関する助言も行うようになった。市場の厳しさが増し、ボルドー全体からのコンサルタント就任要請が高まるなか、ローランとデュルノンクールのお墨付きは、販売のための大きな道具になりつつある。また、ワイン生産に関わったコンサルタントの名前は、そのワインのスタイルを知る手がかりになる。第2次大戦後に、現在のコンサルタントの先駆けとなった人物が、醸造研究所出身の学者であるエミール・ペイノーである。彼はワインづくりの最高責任者であるセラーの支配人に、基本的なワインづくりの原理（マロラクティック発酵、衛生、温度管理など）を明確な言葉で伝えていった。彼の方法は当時は現代的と評されたが、現在では古典的なボルドー・ワインづくりと呼ばれている。彼が熱心に説いたのは、ワインにとって最も重要なことは、バランス、フィネス、後味の長さ、瓶熟のための骨格である、ということであった。彼の下で長年助手を務めたジャック・ボワスノは、今もその原理を高く掲げている。生来慎重な性格である彼と彼の息子のエリックは、極端なことを嫌う。熟しているが決して過成熟ではない葡萄を使い、抽出はあくまでも優しく、ブレンドは早く、圧搾ワインは慎重に加える等々。彼らの顧客名簿は、メドックの人名録のようだ。一方、ミシェル・ローランは、快活で外向的な性格の持ち主だが、彼が好むワインのスタイルにもそれが反映している。彼は常に、葡萄果粒の成熟度について語り、今でもボルドーの大半の生産者は早く摘果しすぎると考えている。それは、ある種の風刺画のネタになるかもしれないが、彼のトレードマークは、力強さを感じさせる、濃い色調の、豊かで、まろやかなワインである。彼の指導を受けているポムロールやサン・テミリオンの生産者のワインを見れば、それはすぐにわかることだが、彼はメドックやペサック・レオニャンでも精力的に活動している。

　ボワスノ兄弟やローランと違い、ステファン・デュルノンクールは醸造学者ではなく、実践を通して理論を作り上げてきたワイン生産者である。彼の知識は葡萄畑に密着することから生まれたもので、彼もローラン同様に、より遅い、より熟した摘果を提唱している。ピジャージュや、マイクロ酸素処理法を伴う澱の上での樽熟といった技法は、早い段階で飲むワインの果実風味に焦点を絞っている傾向があるようだ。彼の指導を受けている生産者の多くが右岸にあるが、現在彼はその活動をメドックやペサック・レオニャンに広げつつある。その他の重要なコンサルタントしては、白ワインに関する知識の深さで有名であるが、赤ワインの生産者の顧客も多いドニ・デュブルデュー、ジル・パケ（シュヴァル・ブランと契約している）、そして若い世代のオリヴァー・ドガ、ジャン・フィリップ・フォール、クリスティアン・ヴェイリーがいる。

左：シャトー・マルゴーの新オーク樽置き場。自社生産のバリックが整然と出番を待っている。

5 | 格付け・規制・商業

パリ1855年からパーカー100点まで

ボルドーには、プラス・ド・ボルドー（ボルドー市場）と呼ばれる独特の商業システムがある。

組織的には、コンピュータ・ネットワーク上の株式取引所（具体的な建物があるわけではない）によく似ている。ワインは、世界中の顧客に販売される前に、ここでまず一旦ネゴシアンによって買い取られる。またネゴシアン同士の間でも取引される。そしてネゴシアンと生産者の利害の対立や書面による契約よりも人間関係における信頼を重視すること、あるいは膨大な量のワインを取り扱うことなどの理由から、仲買人（クルティエという）がこの取引の中間に入り、仲裁者的な役割を果たす。

当然だが、この三層構造を批判する人々が存在する。彼らは、特にこのシステムは、生産者が直接販売業者に販売することを妨げ、仲買人の手数料が上乗せされることによって、最終的なワインの価格を吊り上げていると非難する。しかし、このシステムが、膨大な量のワインを素早く市場に送り出すための効率の良いシステムであることは、これまでの歴史が実証している。そのためこのシステムは、循環的な景気変動や市場の拡大収縮にもかかわらず、また、そのシステムはすぐに消えてなくなるだろうという予測にもかかわらず、今日までも根強く生き残っている。

このシステムの存在は、ボルドーの社会構造と歴史的な発展過程に大いに関係がある。フランス革命前、ボルドーの、特にグラーヴとメドックの葡萄畑が拡張していくなかで、この社会的な仕組みが発展していった。葡萄畑（なかでも最高の畑）を所有していたのは、教会、貴族、政治家などの力と富を有する人々であった。しかし、商業は、商人階級、それも彼らとは異質な、多くが入れ替わりの激しい商売人たちによって営まれていた。そのため、両者の関係は常に不安定なものであり、取引を円滑に進めていくためには、その間に入るクルティエの存在が不可欠なものになってきた。両方の事情に詳しく、常に現場に足を運んでいるクルティエは、手数料（伝統的に取引額の2％）と引き換えに、ワインを選び、価格を交渉し、取引を円滑に進めるのに大きな力を発揮した。

中世にワインを購入するためにイギリス人がボルドーにやってきた時、そしてその後オランダ人が大量の白ワインと、パリュス（沖積層）から生まれる頑健な赤ワインを買い求めにやってきた時、仲買人が大いに活躍した。しかし、彼らの役割が定着し、不動の地位を確保するようになったのは、さまざまな地区からのワインをさまざまな地方に販売する市場構造が確立されていく過程のなかであった。実際クルティエの活躍により、18世紀の半ば頃から個々の畑の評価や価値がより明確に定まっていった。クルティエは"ボルドー神殿の守護神"となり、ワインの価格がそれを軸に交渉され記帳される中心軸となっていった。成功したクルティエは、その商売を代々子供に継承させた。

クルティエの成功を物語る最高の例が、ボルドーで最も早く活動を始めたタステ＆ロートン社である。アブラハム・ロートンが1739年に故郷のアイルランドのコークを出てボルドーに到着したのは、彼が23歳の時であった。彼はすぐにワインの仲買いを始めた。息子のギョームがそれを継承し、次いで孫のエドゥアールが1830年代に、現住所のシャルトロン通り60番地にタステ＆ロートンと書かれた真鍮の表札を掲げた。この尊敬されている会社は、現在もプラス・ド・ボルドーで活躍している4大クルティエの1つで、今でも家族経営のままである。この会社の記録保管庫には、どのような取引のために、どこのシャトーから、どれだけのトノー（樽）を仲介したかを記した記録が残されているが、それは遠く1806年まで遡ることができる。

1855年の格付け

この流れの延長線上に、有名な1855年のメドックのワイン（シャトー・オー・ブリオンを含む）とソーテルヌの格付けが作成された。ボルドーの極上ワインを1855年のパリ万国博覧会に出品する時、そのワインと合わせて発表されたのが、ボルドー商工会議所の依頼の下、ボルドーの仲買人たちによって作成されたこの格付けであった。メドックの赤ワインが価格に従って5つの等級に分けられ、またソーテルヌの甘口白ワインが2つの等級に分けられた。この時、シャトー・ディケムだけは特別第1級として別格に扱われた（以上第12章「格付け」を参照）。

クルティエが商工会議所の要請に応じてわずか2週間で格付けを作成できたという事実は、すでにその時点で慣習的なシャトーの階層構造が存在し、彼らはただそれを追認し文書化しただけだということを示唆している。

上：1855年パリ万国博覧会の産業館。ここに出品するための準備として、この年メドックの格付けが行われた。

すでに述べたように、個々のクリュの価格は遅くとも18世紀半ばから記録されていることから、1855年の格付けはいかなる意味においても最初の格付けというには当たらない。格付けの歴史はそれ以前に始まっており、ワインの質と市場での強さは、すでに価格によって示されていた。

歴史が証言している通り、1855年の格付けはその後たびたび非難された。しかし、その後行われた変更は、最初の格付け表が作成された直後に、第5級にシャトー・カントメルルが追加されたこと（オランダの商社がここのワインを独占販売していたので、見落とされたためといわれている）と、1973年にシャトー・ムートン・ロートシルトが、フィリップ・ド・ロートシルト男爵の執念が実り、その価格の高さが認められたことによって第2級から第1級に格上げされたことの2件だけである。

シャトーの功労者名簿ともいうべき1855年格付けは、今でもボルドーの強力な原動力であり、宣伝広告におけるその価値は、純金の重さに換算することさえできないほどである。改正を求める強力な反対意見があるにもかかわらず、その格付けは今でもプラス・ド・ボルドーの価格構造の骨格となっている。

その他の格付け

1855年格付けに入らなかったその他のボルドーのシャトーや、メドック以外の地区の階層構造を定めるための補足的な格付けが、それ以降いくつか発表された（第12章参照）。主要なアペラシオンで唯一の例外がポムロールで、ここにはまだ正式な格付けは1つも存在しない。

クリュ・ブルジョワ　クリュ・ブルジョワという言葉は、元々は14世紀終わりに、裕福な中産階級（ブルジョワ）に所有されている葡萄園を、市の貴族が所有しているもの

47

ラベル表示について

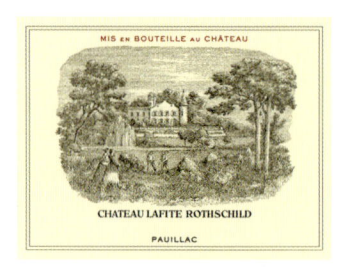

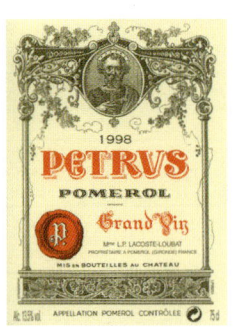

ボルドー・ワインのラベル表示は混乱を招く恐れがある。"グラン・ヴァン"といった用語の使用が法的に規制されているわけではなく、表示は必ずしもワインの質を反映するものではない。上のラベルで示したようなグラン・ヴァンは確かに偉大であるが、"グラン・ヴァン"と書かれていても実際はそうでないものも多い。用語の使用が法的に規制されている場合でも、その適用に一貫性はなく、合法的な抜け道を使うシャトーも多い。たとえば、等級を示さずにクリュ・クラッセとだけ表示するなど。また与えられた等級などの必要な用語を、わざと表示しないラベルも多い。常に最も重要な表示は、生産者であるシャトーの名前である。

上段：メドック地区の外側にあるにもかかわらず、名誉にもオー・ブリオンは1855年の格付けに選ばれた。その価格と知名度が、プルミエール・グラン・クリュ・クラッセにふさわしかったからである。マルゴーのラベルにも、この表示が見える。しかし1855年の格付けで第1級の首位の座にあったラフィットは、その表示をしていない。

2段目：レオヴィル・ポワフェレは誇らしげに2級であることを表示し、その隣のレオヴィル・バルトン（同じく2級）とランシュ・バージュ（第5級）は、単に、クリュ・クラッセ、グラン・クリュ・クラッセとしか表示していない。

3段目：ポムロールの最高位にあるにも関わらず、同じアペラシオン名を非常につつましく表示しているだけである。サン・テミリオンのシュヴァル・ブランは、プルミエール・グラン・クリュ・クラッセ(A)と表示することもできたが、そうしていない。一方、モンドットは地位を表す表示は一切行わず、ただシャトー名を記しているだけである。

最下段：グラーヴも格付けされているが、等級には分かれていない。フルカ・オスタンはクリュ・ブルジョワ・シュペリュールであることに誇りを持っているようであり、ソシアンド・マレは同様の地位を表示することができたにもかかわらず、シャトー名と所有者の名前だけで勝負している。

48

と区別するために生まれた言葉である。メドックでは、貴族以外の人々も多く葡萄園を経営するようになり、彼らは1855年格付けには洩れたが、独自の格付けとして自らをブルジョワと名乗るようになっていた。それが最終的に1932年に、クルティエによってメドック・クリュ・ブルジョワ格付けとして定式化された。

その格付けは、気前よく444ものシャトーを包含し、それを3つの等級（クリュ・ブルジョワ・シュペリュール・エクセプショネル、クリュ・ブルジョワ・シュペリュール、クリュ・ブルジョワ）に分類したもので、その地域は、6地方自治体と現在のメドックの2つの地区に広がっていた。その格付けは、ボルドー全体が大恐慌後の困難な経済的岐路に立たされていたときに、1855年の格付けに入れなかったシャトーのワインの振興を図るために作成されたものだったが、年が経つにつれ、管理の内容と品質基準は低下し、形骸化していった。

最後の格付け（有効期限は10年）が作成されたのは2003年のことで、各シャトーの経営状態と知名度を勘案するだけでなく、指定された多くのヴィンテージのテイスティングを行うことを条件に裁判所によって認可された。総計で247（候補に名乗り出たシャトーは490に上った）のシャトーが、低いランクから上へ、クリュ・ブルジョア（151）、クリュ・ブルジョア・シュペリュール（87）、クリュ・ブルジョワ・エクセプショネル（9）に格付けされた。しかしこの格付けにすべてのシャトーが満足したわけではなかった。洩れたシャトーは、格付けした機関に対しても、その手順に対しても非難の声を上げた。彼らは法的手段に訴え、ついにその格付けは無効とされ、2008年から、ラベルにクリュ・ブルジョワと表示することが禁止された。

2009年、生産者の組合クリュ・ブルジョワ同盟は、新しい格付けの方式の策定に苦しんでいたが、ようやく出した結論は、第三者委員会によるテイスティングをもとに、ヴィンテージごとにクリュ・ブルジョワの認証を与えるというものであった。そのため、1932年や2003年の格付けのような固定された格付け表は存在しない。これが一般に受け入れられ、国が認可するならば、第1号として2008ヴィンテージがテイスティングされ、2010年にクリュ・ブルジョワの表示が復活する運びである（訳注：2010年9月に発表された）。

グラーヴ　ボルドーの中でも最も古い生産地区であったグラーヴが、1953年まで格付けを持たなかったというのは驚きである。1855年の格付けの時、グラーヴのワインはメドックのものよりも低い価格で取引されていた。そのため、シャトー・オー・ブリオンを除いて、その格付けに入ることはできなかった。それからおよそ100年後、INAOの指示の下、クルティエの委員会によって格付け表が作成された。

クルティエは価格をもとに作成したが、"知名度"と"テイスティングに裏付けられた質"も考慮したということも付け加えた。クリュ・クラッセ・ド・グラーヴという1つの等級だけが制定された。他の格付けと違う点は、この格付けが赤と辛口白の両方のワインに適用されたことである。最初、12のシャトーについて、5つの白ワインと11の赤ワインが認定された。その後、1959年に国によって認可された改定では、赤が2ラベル、白が3ラベル追加され、15のシャトーが含まれることになった。その数字は、1968年にシャトー・クーアンが、シャトー・クーアンとシャトー・クーアン・リュルトンの2つに分かれたことにより、16に増えた。

それ以降現在まで、2006年にシャトー・ラトゥール・オー・ブリオンがシャトー・ラ・ミッション・オー・ブリオンに併合されたことを除き、格付けの変更はない。しかし現在その格付けは、やや時代遅れになっているといわざるを得ない。たとえば、現在非常に高く称賛されている白ワインのシャトー・スミス・オー・ラフィットがこの1959年の格付けに入っていないが、それは当時このシャトーがまだほとんど生産をしていなかったからである。シャトー・レ・カルム・オー・ブリオンもまた、その格付けに含まれるべき実力を持っている。ただそこには2つの大きな障害がある。1つは、クリュ・クラッセ・ド・グラーヴはすべてペサック・レオニャン・アペラシオン（1987年に設立）に位置しているが、格付けは公式にはグラーヴの組合によって管理されているため、政治家が大きな影響力を持っているということ、そしてもう1つの障害は、どのような変更であれ、それがすぐさま大きな訴訟になる可能性があり、クリュ・ブルジョアとサン・テミリオン全体を巻き込む大騒動になるかもしれないということである。

サン・テミリオン　サン・テミリオンのワインは、1855年の格付けに入ることはできなかったが、その理由は、それがボルドー商工会議所と市内のクルティエに受け入れられていなかったからである。グラーヴ同様に、サン・テミリオンが格付けを発表するまでに、それから約1世紀が必要だった。最初の格付けは1955年に認可された。4つのアペラシオンが制定された——サン・テミリオン、サン・テミリオン・グラン・クリュ、サン・テミリオン・グラン・クリュ・クラッセ、サン・テミリオン・プルミエール・グラン・クリュ・クラッセである。最後の2つには、それぞれ63と12のシャトーが指名された。重要な現代的変革の試みとして、10年ごとに改定することが定められた。

1958年の改定では、シャトー・オーゾンヌとシャトー・シュヴァル・ブランがプルミエール・グラン・クリュ・クラッセ（A）に格上げされ、その地位はいまも変わらない。残りの10のシャトーは、プルミエール・グラン・クリュ・クラッセ（B）に登録された。1969年の改定では、プルミエール・グラン・クリュ・クラッセは以前のままであったが、グラン・クリュ・クラッセが72に増やされた。

3回目の改定が1979年に行われるはずであったが、行政組織の改編のため、1986年まで延期された。サン・テミリオン・プルミエール・グラン・クリュ・クラッセと同グラン・クリュ・クラッセはAOCの地位からは滑り落ちたが、まだ国によって認可されていて、前者では、シャトー・ボー・セジュール・ベコが降格されて11となり、後者も63に減らされた。メドックの1855年格付けと違い、サン・テミリオンでは新しい葡萄畑に対する監視の目は厳しく、ボー・セジュール・ベコはその管理規則に抵触したのである。

サン・テミリオンの格付けは、当時はまだ、変化と地区振興の原動力として機能しており、ワインの価格と質が専門家委員会による審査の基準に含まれていた。1996年にはさらなる改定が行われ、シャトー・アンジェリュスとボー・セジュール・ベコがプルミエール・グラン・クリュ・クラッセに昇格して合計で13となり、逆にグラン・クリュ・クラッセは55に減らされた。

2006年、委員会はさらに過激な改定を言い渡した。パヴィ・マカンとトロロン・モンドがプルミエール・グラン・クリュ・クラッセに昇格して合計で15となり、グラン・クリュ・クラッセでは11のシャトーが降格し、代わりに6のシャトーが昇格して、最終的に46のシャトーがこの等級に残った。

しかしながら、降格されたシャトーにとっては、この商業的痛手（ワインと土地の価格の低下）は、甘んじて受けるにはあまりにも傷が大きく、そのためそのうちの数軒のシャトーが訴訟を起こし、委員会のやり方は変則的すぎると非難した。訴訟とそれに続く裁判所の裁定という流れは、サン・テミリオンの格付けの存続自体を危機に陥れた。しかし2009年5月、公式の妥協案が示され、1996年の格付けが復活し、2006年に昇格したシャトーは追加することとし（プルミエール・グラン・クリュ・クラッセとグラン・クリュ・クラッセの両方とも）、前者は15、後者は57となった。この格付けは今も有効で、2011ヴィンテージも含まれる。その後、規則の改正を含む新しい格付けが導入されることになっている。

登場人物とアン・プリムール

プラス・ド・ボルドーは、シャトー、ネゴシアン、クルティエを主な登場人物とする閉鎖的な市場として機能している。外部から見れば、その市場は古めかしく、混沌とさえしているように見えるが、その強さは、膨大な量のワインを世界中の市場に分配する集合的な能力にある。ここは"供給と需要"が経済モデルとして適用される市場である。

ボルドーに300〜400からあるネゴシアンが、地域のワインの70％（2007年は570万hℓ）を取り扱い、残りは直接生産者によって販売される。グラン・クリュ部門では、およそ100のネゴシアンが活躍しているが、彼らの大きな取引の場は2つある。1つがヴァン・リヴラブル（瓶詰めワイン）であり、もう1つがアン・プリムールである。「ボルドーにとっての最善の公式はアン・プリムールで売ることだが、ヴィンテージとして販売する量はストックしておくことだ」というのは、シャトー・ローザン・セグラの取締役とネゴシアンのユーリス・カザボーンの社長という2つの顔を持つジョン・コラサである。

右：サン・テミリオンの生産者たちは、祭りの隊列で団結を誇示しようとしているようだが、格付けの改定をめぐって地区内は分裂している。

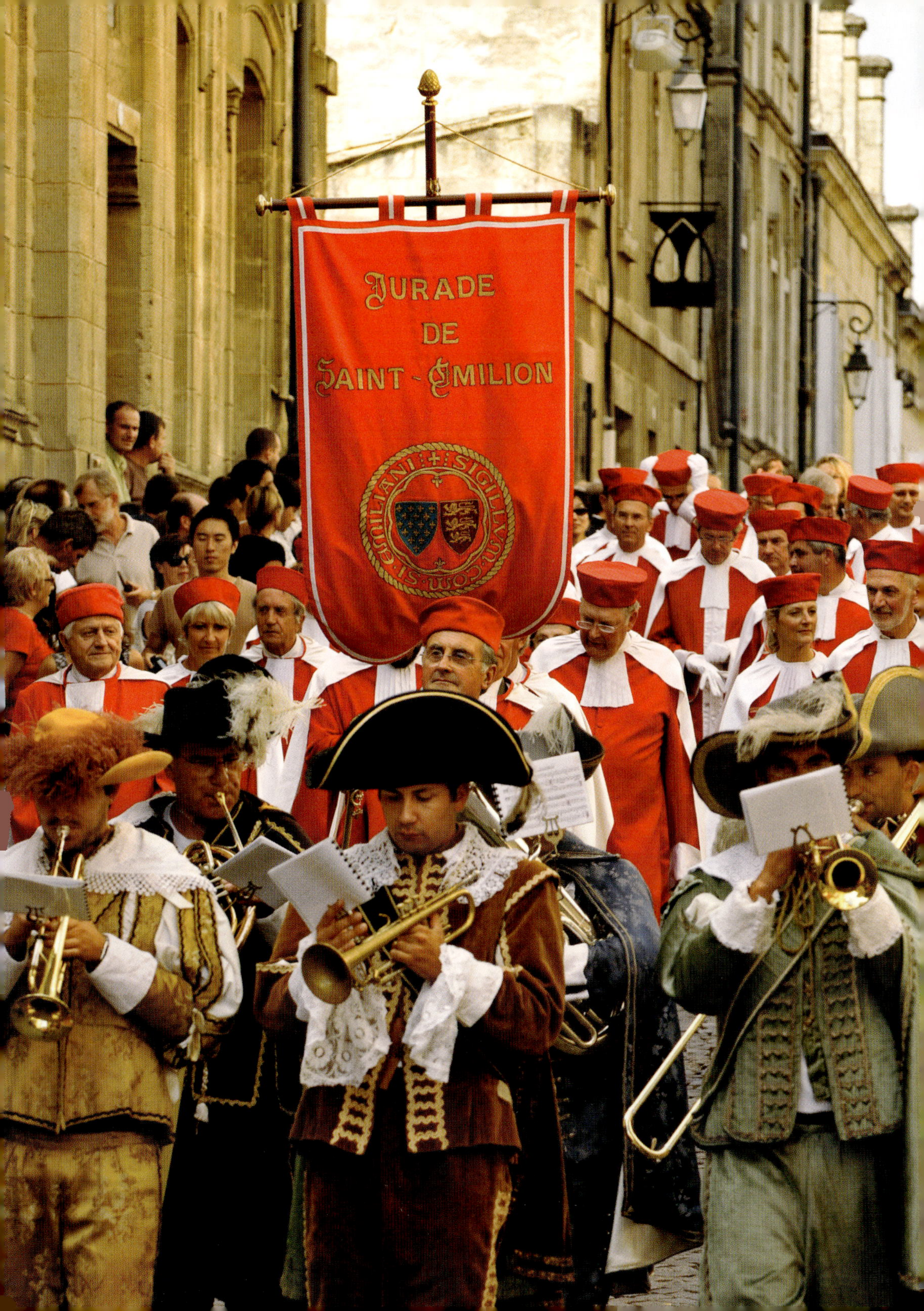
JURADE
DE
SAINT - EMILION

上：ル・パンで樽から出したばかりのワインの香りを確かめているジャック・テイアンポン。毎年恒例のアン・プリムールは、ワインの評価と価格を決める重大な行事だ。

クルティエはこの両方の取引に介入するが、瓶詰めワインに関する彼らの競争は熾烈である。推奨すべきシャトーを発見し、グラン・ヴァンやセカンドワインの量を確保し、また同様に古いヴィンテージも確保するためには、彼らは常に現場に足を運び、ネゴシアンの要望を熟知し、他のクルティエよりも迅速に行動しなければならない。ネゴシアンが行う取引の75%前後、そしてグラン・クリュのアン・プリムール市場の全体が、クルティエの手を介して動いている。130のクルティエが登録されているが、アン・プリムールを取り扱うことができるのは、別格のわずか10のクルティエだけである。

アン・プリムール（先物取引）とは、ワインが瓶詰めされる2年前からワインの取引を可能にするシステムである。そのシステムは、理想的な世界の話としては、シャトーにキャッシュ・フローをもたらし、ネゴシアンに少なくない利益（10〜18%）を、そして消費者には魅惑的な価格をもたらすものである。まだ未完成とも言える若いワインが、そのヴィンテージ直後の4月にワイン商とワイン批評家によって吟味され、その後シャトーによって5月か6月に価格が発表される（そしてクルティエによって正式に発表される）。ネゴシアンはオープン価格（プリ・デュ・ソルティ）で購入するが、その時、シャトーによって提示された販売最低価格を尊重しなければならないことになっている。

過去には、特にワインがシャトー元詰めされるようになる以前には、ネゴシアンが価格支配権を手にしており、クルティエもまた大きな発言権を有していた。しかし1982年以降、市場は売り手市場となり、シャトーが市場の支配権を握った。さらに配分システムによって圧力が加えられた。上位グラン・クリュのワインは割り当てシステムによって配分され、1つのシャトーが100ものネゴシアンに配分することができるようになった。ワインの出来に不安のある年、あるネゴシアンが自分の割り当てを放棄したとすると、そのネゴシアンはその後割り当てを受ける権利を失うか、秀逸なヴィンテージの割り当てを減らされる可能性がある。また割り当て以上のワインを欲しい時は、シャトーに直接交渉するか、ネゴシアン同士で交渉するかしなければならないが、その場合は当然ワインの価格は上昇する。

現在の市場の様子

プラス・ド・ボルドーを通じてアン・プリムールを販売するシャトーの数は、ボルドーには9500もの生産者がいることを考えると、取るに足りない数かもしれない。2005年、約430のシャトーが、そのワインをアン・プリムールで契約したが、そのうち230が格付けシャトーか、それと同等であった。2008年にはその数は332まで落ち、そのうち225が格付けワインであった。これはもちろん、アン・プリムールに出されたワインのすべてが契約できたということを意味するわけではない。2008年には、出されたワインの75%が契約（ネゴシアンと）されたが、その数字は、2005年には実に93%に上っていたのだった（タステ＆ロートン社による）。近年、大多数のネゴシアンは在庫を抱えることに慎重になり、確実なブランド・ワインを購入して、出来るだけ早く販売し、それがたとえ薄い利益であっても、割り当てを確保する方が良いと考えている。市場が停滞すると過剰在庫が増えるのは成り行き上当然のことである。2009年の景気後退により、ネゴシアンは2006、2007、2008の膨大な在庫を抱え込まざるを得なくなった。

本来ボルドーの市場は投機的であり、その傾向は年ごとに高まっている。少数の極上シャトーが確実な利益をもたらす存在として特別扱いされている。そしてプラス（市場）は、この選ばれた50〜60のシャトーの非公式な第1級の集団（1855年のプルミエール・クリュにオーゾンヌとシュヴァル・ブランを加えた）と、メドック、ペサック・レオニャン、サン・テミリオン、ポムロールの少数の選ばれたシャトーのワインの買い手と売り手に2極化しつつある。

ここでは供給と需要の経済モデルは非常に重要な意味を持つ。低い収量、厳選されたセレクションにより、グラン・ヴァンからの供給は、過去に比べ少なくなっている。オーゾンヌの現在の年間生産高1250〜1600ケースは、1980年代初めの約半分であり、ラフィット・ロートシルトは、3万ケースから2万ケースに減少した。一方需要の方は、ベルギー、ドイツ、スイス、イギリス、アメリカといった従来の市場に、アジアと南アメリカの新興市場が加わった。

2009年、Liv-exとして知られる、インターネット上の極上ワイン取引場であるロンドン・インターナショナル・ヴィントナーズ・エクスチェンジは、1855年の格付けシャトーのワインの平均価格を、最近の価格をもとに計算した（第12章参照）。最高級ワインの2003〜2007のケース価格（2000ケース以上を生産するメドックとペサック・レオニャンのシャトーの）の平均値をコンピュータに入力し、60銘柄のワインを1855年と同じ5つの価格帯に分けた。1ケース当たり2000ポンド以上の価格で売れたものを第1級、500〜2000を第2級、300〜500を第3級、250〜300を第4級、200〜250を第5級とした。

結果はかなり衝撃的なもので、現在の市場の様子をより現実的に描き出すものであった。かなり多くの昇格、降格が現れたが、特筆すべきは、ラ・ミッション・オー・ブリオンの1級への昇格と、ランシュ・バージュとパルメの2級への昇格、そしてオー・ブリオン以外の6つのペサック・レオニャンのシャトーの加入、そして1855年格付けのシャトーのうち、10のシャトーが入らなかったということである。Liv-exは後書きに、第1級シャトーのセカンドワインの12ラベルも、この格付けの中に入ることが可能であったが、それらを入れると複雑になりすぎるので今回は除外した、と付け加えていた。

価格はいかなる意味でも、ヴィンテージの質だけで決定されるものではない。元来変動しやすい市場の状況も一定の役割を果たす。1997年は二流のヴィンテージであったが、それより良好であった1996年よりも高い価格が付いた。その理由はおそらく、極東からの需要が高まったためであろう。そのワインはネゴシアンによって購入されたが、その後アジア経済の停滞に伴って、激しい値下げを余儀なくされた。その結果、アン・プリムールで購入した顧客が損失をこうむった。同様のことが、良好であったが平均的であった2007年についても起こりそうである。2005年で最高価格を享受したシャトーのオーナーたちは、2006年と2007年の価格に対しても強気であった。しかし2009年の景気後退の波の中で、より良好であった2008年ヴィンテージの価格を下げることを迫られ、また同時に2006年と2007年の価格の見直しも迫られている。

価格を決めるもう1つの要素が、シャトー間の競争である。価格がワインのブランド力の指標となるため、市場で有利な位置に立つための市場操作が盛んに行われている。グラン・クリュのオーナーにとっては、競合する隣人

に比して自社のワインの価格が下落することは、静観しておくことのできない重大事である。それがブランド力の弱さの現れと受け取られかねないからだ。価格を上げ基調に保つ政策は、たとえそれがその時点の経済情勢の論理やヴィンテージの質に照応しないものであったとしても、市場での立ち位置を守るための自然な防御反応なのである。

年代物ワイン市場もまた、ブランドの価格と地位に大きな影響力を持つ。年齢を重ね希少になった極上シャトーのヴィンテージワインは、投機の対象としては最高の商品であり、そこで実現された価格は、クリュの資産価値そのものを引き上げる力となる。2009年の景気後退の時でさえ、世界中のオークション市場は強気で、ロンドン、ニューヨーク、香港などのいくつかの代表的市場では、落札最高予想額をあっさりと超過した。特にアジアのバイヤーたちは価格の吊り上げに積極的で、2009年6月に北京で開かれた中国初の極上ヴィンテージワイン・オークションでは、ラフィット・ロートシルト1982の2本セットが、1万700ドルで落札された――落札最高予想額の4倍であった。

要約すると、一部の選ばれた極上シャトーのワインに対する投資と投機は極限近くまで突き進み、価格を普通のワイン愛好家の手の届くところから奪い去り、超裕福な少数の人々や職業的な投機筋の人々だけが臨席することのできる隔絶された領域へと持ち去った。2000年以降設立されたワイン・ファンドは、このような状況を良く物語っている。プラス・ド・ボルドーはつまずき、新しく生まれたワインの価格は、ヴィンテージごとの出来不出来や経済情勢に左右されて乱高下を続けるが、極上シャトーのヴィンテージワインは、ファンドの対象として忠実に仕えることができると見なされたのである。その一方で、インターネットは、商社と生産者、あるいは消費者の間の新たなつながりを構築したが、それはプラス・ド・ボルドーから除け者にされていると感じているシャトーと消費者にとっての長期的な解決策となっていくであろう。

批評家の影響

1980年代以降アン・プリムール市場は国際的性格を持つようになり、ワイン批評家の役割を高めた。かつて自国の限られた聴衆にワインの感想を語る脇役的存在であった批評家は、現在では表舞台に登場し、極めて雄弁である。そしてインターネットなどの現代的なコミュニケーション媒体は、彼らの言葉をあっという間に世界中に配信する。それによってシャトー間の競争は一層激しくなり、生産者は顧客に良いニュースを届けるために、品質に一層磨きをかけなければならなくなる。

しかし現在、批評家の「言葉」だけが問題というわけではなくなった。『ワイン・スペクテイター』誌やロバート・パーカーの『ワイン・アドヴォケイト』誌が、アメリカの大学生におなじみの100点満点法を導入して以来、「得点」が幅を利かせるようになった。ワインとそれに捧げられた詩的な文章とは違い、得点は、簡明な情報をはるかに迅速に世界中の消費者に届けることができる。消費者志向のこのシステムは、多くの酒商にも受け入れられ、彼らはその得点を商売の道具として大いに活用している。

彼らの対極にあって、やはり国際的に活躍し尊敬されているワイン批評家がいる。フランスのミシェル・ベタンヌやイギリスのジャンシス・ロビンソンなどである。しかしワインの価格と販売に与える影響という点では、やはりアメリカの批評家ロバート・パーカーがリードしている。彼の付ける得点は、アン・プリムールの価格に大きく影響し、ヴィンテージワイン市場にもそのまま受け継がれている。

パーカーの負の影響について多くが語られている。パーカーの高得点は、ガレージ・ワインを販売する時にはあまり意味を持たないということは確かに真実だ。そして2008年のアン・プリムールのキャンペーンでは、多くのシャトーが、パーカーが点数を発表する前に価格を発表した。しかし2008年のキャンペーンはまた、彼の影響力が依然として大きいことを示した。早めの価格公開と低い価格の提示にもかかわらず、彼が高得点を付けたワインの人気は高く、結果的に高い価格を付けた。「パーカーがワインを売る」という文句は、まださまざまな紙面で頻繁に見ることができる。

右：アン・プリムールの段階での批評家の影響力は甚大だ。しかし地元の酒店の評判もあなどれない。

BORDEAUX
* ST. EMILION
* POMEROL
* MEDOC
* ST. JULIEN
* ST. ESTEPHE
* PAUILLAC
* MARGAUX
* LISTRAC / MOULIS
* GRAVES
* SAUTERNES
* CADILLAC
* COTES DE CASTILLON
* COTES DE FRANCS ...

CAVE CLIMATISEE

EN DEGUSTATION
FREE TASTING

6 | 最上のつくり手と彼らのワイン

メドック The Médoc

メドックは、ボルドー市から北に向かってグラーヴ岬まで延びる半島にある地区で、その先は大西洋である。葡萄畑は、半島の東側ジロンド河の広い河口に沿って延び、河に最も近い畑は、水際の沖積層河岸からわずか500mのところにあり、河から遠い所では、12kmほど内陸部に入っている。葡萄畑の西側には松林が広がり、その向こうは大西洋の波が洗う砂浜である。土地はほぼ平坦で、最も高いリストラックでも標高はわずか44mである。葡萄畑はところどころ、雑木林や牧草地、それに17世紀にオランダ人技術者が築いた排水溝 (jalles) などによって途切れている。最も恵まれている葡萄畑は、主にサン・テステーフ、ポーイヤック、サン・ジュリアン、マルゴーの4つの村に見られる砂利まじりの小丘 (croupes) に広がっているが、それ以外にも固有のAC地区となっている、ムーリ、リストラックの2つの村、そしてACメドックとACオー・メドックの村々の畑も重要である。ジロンド河によって温暖に保たれ、気象の変化によって鼓舞されるこの砂利まじりの土地には、カベルネ・ソーヴィニヨンが良く成熟し、古くから主要品種となっているが、最近ではメルローも多く栽培されるようになった。恵まれた村々では、単調な景色が突如として18〜19世紀に建てられた豪奢な白亜の邸館によって破られるが、それらの多くが1855年の格付けに選ばれたシャトーに属している。格付けに入らなかったシャトーは、古くから自分たちのことを"クリュ・ブルジョワ"と呼び、それをラベルに表示してきた。2003年に改定されたその格付けは、訴訟の後、一時中断されていたが、2008ヴィンテージから、毎年更改される格付けとして再導入されることになった。

サン・テステーフ

サン・テステーフは、メドックの4つの主要行政区名アペラシオンの最北に位置する地区である。この地区の土壌は変化に富んでいる。地区の東側の河岸近くに広がる砂利まじりの小丘 (croupes)、所々に露頭となって現れる石灰岩の岩盤 (the calcaire de St-Estephe)、そして地区の西側と北側に多く見られる砂と粘土の混ざった堆積

右:サン・ジュリアンの典型的なメドック的風景。葡萄畑の海と所々それを遮る牧草地や雑木林。

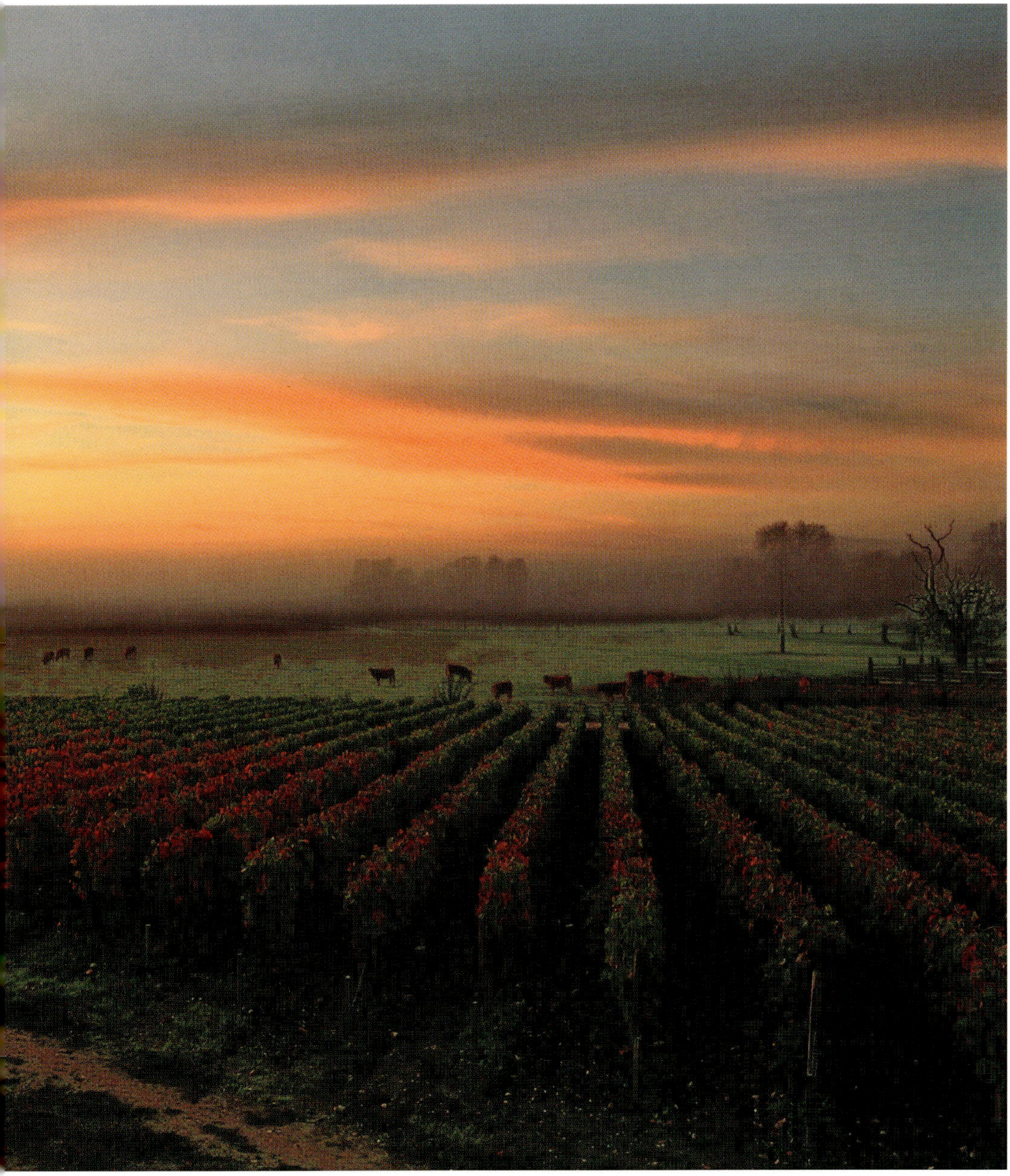

北部メドック
シャトー
村境
0
2 km
0
2 miles
Marque
Quimper
Château Sociando-
Mallet
St-Seurin-
de-Cadourne
Le Trale
Estey d'Un
St-
Corbian
Château Calon-
Ségur
St-Estèphe
Port de
la Chapelle
Pez
Aillan
D204
ST-ESTÈPHE
D2E2
Laujac
Vertheuil
D2E3
Château Montrose
Leyssac
D204
Marbuzet
Blagnac
Blanquet
Cissac-
Médoc
Château Cos
d'Estournel
Chenal du Lazaret
Gironde
Château Lafite
Rothschild
Jalle du Breuil
Milon
Mousset
Loubeyres
Château Mouton
Rothschild
Le Pouyalet
D205
les Carruades
Padarnac
Lescargean
Château Pontet-
Canet
Guérin
Pibran
Pauillac
Saint-
Sauveur
Ste-Croix
PAUILLAC
le Fournas
D104
Artigues
la Naude
Bages
Château
Lynch-Bages
Château Grand-
Puy-Lacoste
Les
Gabarreys
D206
St-Lambert
Daubos
Château Pichon-Longueville
(Baron)
Château Latour
Château Pichon-Longueville
Comtesse de Lalande
D1215
Ballac
Cach
D2
St-Julien-
Beychevelle
D206
Château Léoville-
Las-Cases
Château Léoville
Poyferré
拡大範囲
ST-JULIEN
Château Léoville
Barton
le Long
la Mouline
D101
Château Ducru-
Beaucaillou
Gironde
Château
Lagrange
Beychevelle
Château Branaire-
Ducru
Château St-Pierre
Dordogne
Château Gruaud-
Larose
le
Bourdieu
Château
Beychevelle
Chenal du Milieu
BORDEAUX
Jalle du Sud

層である。土壌の違いによって、栽培される葡萄品種も異なり、ワインのスタイルに個性を付与している。依然としてカベルネ・ソーヴィニヨンが主要品種であるが、冷たい土壌が優勢であることから、メルローも栽培面積を増やし、全葡萄畑面積1230haの40%を占めている。サン・テステーフには、5つしか格付けシャトーがなく、それが全生産量の20%（年間870万本）を占めている。全生産量中、最大の54%を占めているのがクリュ・ブルジョワで、17%が協同組合である。かつては酒質が硬く、厳格な味わいが特徴であったサン・テステーフは、メルローの割合が増え、現代的な醸造技術が導入されたことで、かなり滑らかな口当たりになってきているが、それでもその赤ワインは、豊かで、酒躯（ボディ）がしっかりとしており、壮健で、長く熟成させることができる。

ポーイヤック

　ポーイヤックは、多くの点で、メドックの真髄ともいうべきワインである。力強く、よく凝縮され、長く熟成させることができ、鉛筆の芯のミネラル、ブラックカラント、レバノン杉、タバコの独特のニュアンスがある。1855年格付けの第1級の5つのシャトーのうち3つ——ラフィット、ラトゥール、ムートン——が、そしてそれ以外の格付けシャトーの15がこの村にあるということは、少しも驚きに足りないことであろう。北のサン・テステーフ、南のサン・ジュリアンにはさまれているポーイヤックの1200haの葡萄畑は、2つの地区に区分できる。ポーイヤックの町の北側は、標高30mとやや高くなっており、砂利まじりの土が、砂質の泥灰土と石灰岩の岩盤の上に厚く堆積している。ラフィットとムートンの2つのシャトーがこの土壌の上にある。ポーイヤックの南側は低地で、土壌は石や砂利そして粘土の割合が多く、北側に比べ重くなっている。この土地を代表する葡萄畑が、ラトゥールのアンクロである。ここではサン・ジュリアン同様に、河に近いことが葡萄果実の成熟に大きな役割を果たし、このアペラシオンの西側の畑に比べ、2〜3日早く完熟する。この地区はカベルネ・ソーヴィニヨン王国、ここで生まれるワインのブレンドの中で、80%以上を占めている。

サン・ジュリアン

　サン・ジュリアンの大きな強みの1つは、全葡萄畑面積900haのうちの80%が、11の非常に向上心の強い格付けシャトーによって占められており、そのうちの5つが第2級であるということである。彼らは、個々に、あるいは共同で、この地域に投資し続けている。たとえば、彼らが共同事業体を組み、380万ユーロをかけて建設した浄水施設が2000年から稼働し始め、このアペラシオン全域に灌漑用の水を供給している。このこじんまりとした地区は、2つの、日当たりも排水も良い台地からなっており、北側をポーイヤックと接し、南と西側は、オー・メドックと接している。東側は、厚い砂利の崖がジロンド河を見下ろし、そのすぐ南側のベイシュヴェル台地では、石灰岩の岩盤が地表近くまで迫り、砂利層はそれほど厚くない。そこからさらに西側に行くにつれ、砂利層は薄くなり、砂を多く含む土壌になる。全般的に成熟に恵まれた土地といえるが、葡萄畑の立地によって自然な変化が生まれ、ワインにニュアンスの差をもたらしている。もう1つの変化は、葡萄品種の違いである。砂利の多い土質では、カベルネ・ソーヴィニヨンが優勢であるが、ポーイヤックのように全面的というわけではない。良く出来たサン・ジュリアンは、ミディアム・ボディで辛口であるが、芳醇な果実風味があり、精妙で、タンニンはこなれやすく、長く熟成させることができる。

マルゴー

　4つの行政区名アペラシオンの中で最も南側に位置し、面積の最も広いマルゴーには、総面積1490haの葡萄畑が広がっている。マルゴーという村名がアペラシオン名になっているが、このACは5つの村に広がっている。アルサック、ラバルド、カントナック、スーサン、そしてマルゴー自身である。ここはメドックの中でも砂利まじりの土壌が一番少ない所で、粘土の含有量も低く、痩せており、他の作物を育てるには決して理想的とは言えない土壌であるが、葡萄樹、特にカベルネ・ソーヴィニヨンには最適な土壌である。ここで生まれるワインは、より繊細な重みと質感を持ち、しっかりしているがきめの細かいタンニンの骨格を有している。その際立った特徴は、醸造技術の違いと、マルゴーの土壌のすべてが厚い砂利まじりの均質な土壌ではないという事実によって、さらにさまざまな

色合いを見せる。石灰岩、砂、粘土もマルゴーの土壌の構成要素である。ほとんどのシャトーがさまざまな村に分散した葡萄畑を所有しており、またその葡萄畑がさまざまな土壌にあることから、組み合わせは非常に多彩になる。最近、アペラシオンの境界が変わり、これまでオー・メドックであった土地がマルゴーに参入し、いくつかの葡萄畑がマルゴーから外された。マルゴー全体の面積はわずかしか変わっていないが、かつて栄光のマルゴーに含まれていた葡萄畑の持ち主たちは、訴訟を起こすかもしれない。1855年格付けに入っている21のシャトーが、マルゴーの全生産量の70%を担っている。長い間サン・ジュリアンとポーイヤックの跡を追っていたマルゴーも、近年はめざましい進歩を遂げている。

ムーリおよびリストラック

マルゴーの北西に位置する、小さな2つの行政地区名アペラシオン、ムーリとリストラックは、ほぼ同じ面積──それぞれ635と670ha──で、両社とも年間約400万本の赤ワインを生産している。そのワインは新鮮で透明感のあるメドック・スタイルであるが、メルローの割合が高いことから、ややまろやかさがあるのが特徴である。全般にリストラックの方がムーリよりも厳しさがあり、性格的にサン・ジュリアンに近いといえるが、それもテロワールの違いや到達した完熟度の違いに大きく依存している。葡萄畑が西に行くほど、完熟時期は遅くなる。ムーリの恵まれている点は、東側の、水捌けのよいガンジアン砂利層が厚く堆積した土地に大きな葡萄畑の広がりがあり、そこがカベルネ・ソーヴィニヨンに適しているということである。それ以外のムーリの土地は、粘土と石灰岩の混ざった土壌で、メルローの植栽比率が高くなる。またこのアペラシオンの最西端の角には、ピレネー砂利層（ガンジアン砂利層よりも軽く、砂が多い）が堆積したところがある。それと同じ土壌がリストラックにも見られるが、リストラックでは、粘土と石灰岩の混ざった土壌が優勢であり、その次がピレネー砂利層である。カベルネ・ソーヴィニヨンは後者の土質の上だけで良く育つため、ここではメルローが全体の65%を占めている。ピレネー砂利層は国道215線に沿って細く流れている。どちらのアペラシオンとも、格付けシャトーはなく、リストラックでは、協同組合が全体の生産量の25%を占めている。

オー・メドック

メドック半島の南側の半分4600haのうち、6つの行政区名アペラシオンに含まれていない広大な葡萄畑の土地が、オー・メドックである。このACは、ブランクフォールからジロンド河に沿って北のサン・スラン・ド・カドゥールヌまで、60kmの長さで延びる細長い地区である。そのため、テロワールとワインは多彩である。マルゴーの南側の平坦な土地では、土壌は主に砂利と砂で、自然できめの細かい、繊細なスタイルのワインを生み出す。そこから北に向かうにつれて、土壌は重くなり、結晶質の砂利と粘土が多くなり、そのためワインは、より頑健になって、サン・テステーフに似た壮健さを獲得する。そこでは石灰岩と粘土の混ざった土壌が優勢になってくる。ここでもカベルネ・ソーヴィニヨンが主要な品種であるが、カベルネ・ソーヴィニヨンとメルローの植栽比率は、50対50に近づきつつある。その他、少量のカベルネ・フランとプティ・ヴェルドーも栽培されている。1855年の格付けには、オー・メドックから5つのシャトーが入っているが、ここでは圧倒的にクリュ・ブルジョワが多い。シャトーの連合であるビトゥリカがこの地区で最も進歩的な役割を果たしている。

メドック

以前はバー・メドックと呼ばれていたアペラシオン・メドックは、サン・テステーフのさらに北側、半島の先端3分の1を占める。平坦な湿地帯で、牧草地が多く、全般に土壌は重く、粘土のような砂利の多い場所である。昔からカベルネ・ソーヴィニヨンが優勢であったが、最近はメルローに追い抜かれつつある。それは良い決断で、それにより酒質が上がっている。生産者は600人ぐらいで、そのうち3分の2が協同組合に加入しており、合わせて5700haの葡萄畑を所有し、年間3800万本のワインを生産している。ワインは全般に果実風味が先行する早熟な味わいであるが、生産者の中には葡萄畑とワイナリーに現代的手法を取り入れ、より重厚で、完熟した果実の味わいのある、しっかりした骨格のワインを造り出しているところもある。

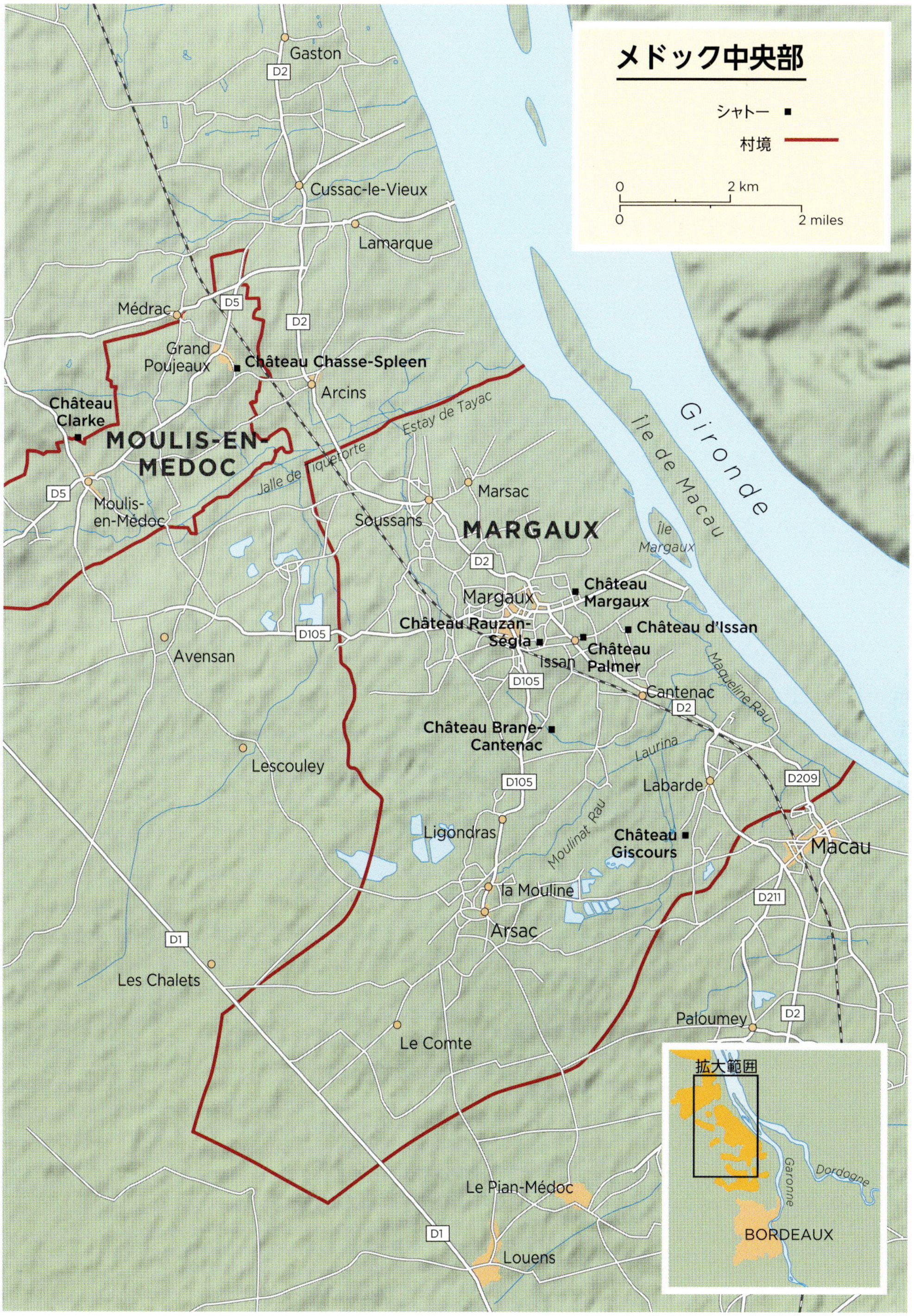

メドック中央部
シャトー
村境
0
2 km
0
2 miles
Gaston
D2
Cussac-le-Vieux
Lamarque
Médrac
D5
Grand Poujeaux
Château Chasse-Spleen
Arcins
Château Clarke
MOULIS-EN-MEDOC
D5
Moulis-en-Médoc
Estay de Tayac
Jalle de Tiquetorte
Marsac
Soussans
MARGAUX
Gironde
Île de Macau
Île Margaux
D2
Margaux
Château Margaux
Château Rauzan-Ségla
Château d'Issan
Château Palmer
Issan
D105
Avensan
D105
Cantenac
D2
Maqueline Rau
Château Brane-Cantenac
Laurina
Lescouley
D105
Labarde
D209
Ligondras
Château Giscours
Macau
Moulinat Rau
la Mouline
D211
Arsac
D1
Les Chalets
Paloumey
D2
Le Comte
拡大範囲
Garonne
Dordogne
BORDEAUX
Le Pian-Médoc
D1
Louens

ST-ESTÈPHE

Cos d'Estournel　コス・デストゥルネル

　コス・デストゥルネルには城郭のようなものはないが、セラーのある建物はメドックで現在最も人目を引く異観の殿堂である。異国情緒に溢れたパゴダのような建物——怪獣の雨水落し（ガーゴイル）と、ザンジバルから持ち返った木彫のドアによって完結されている——が、訪問客を出迎える。そしてそのドアを一歩入ると、2008年に完成した最新式の光輝く発酵室（キュヴィエ）が目に飛び込んでくる。

　近年コスの評判は高まっているが、その成功の一因は、現在も継続して行われている葡萄畑と醸造設備の再点検、再構築にある。現オーナーであるミシェル・レーヴィエと総支配人のジャン・ギョーム・プラットは、シャトーの隅から隅まで点検し、目標として定めた結果を出すために巨額な投資を続けている。「コスの特徴は、厳密さと革新性、そして他がやれないことをやる強い意志だ」とプラットは言う。最近のヴィンテージは、コスを第1級に手が届く位置にまで押し上げている。

　コス・デストゥルネルの現在の栄光は、ルイ・ガスパール・デストゥルネルの先見の明によるところが大きい。この地のテロワールの特徴を認識し、1811年から葡萄畑の拡張を始め、シャトー発展の基礎を築いたのが彼である。彼は品質を重視したワインづくりを推進する一方で、1830年にはオリエンタルな雰囲気で見る人を圧倒する樽貯蔵庫を建設し、シャトーの知名度を高め、最終的には1855年の格付けで第2級の地位を獲得することを可能にした。しかしこうした彼の努力は巨額の負債と引き換えに行われたもので、とうとう1852年には、イギリスの銀行家マーティン家にシャトーを譲り渡さざるを得なくなった。そしてその1年後に彼は没した。

　シャトーはデストゥルネルの死後、次から次に所有者が変わった。1869年には、バスク・エラーズ家が取得し、次いでシャトー・モンローズのオーナーであったシャルモリュー家の手に渡り、さらに1917年にはそれをフェルナン・ジネステが買い取った。その後シャトーには比較的平穏な時期が訪れ、ジネステ家が20世紀の大半、所有者としてとどまった。1970年にはフェルナン・ジネステの孫のブリューノ・プラットがシャトーの総支配人となり、1998年にメルロー家とアルゼンチンの投資家の手に渡るまで、シャトーの発展に尽くした。プラットの聡明な管理——特に葡萄畑に対する——がその後のコスの成功の基礎を築いたが、それは彼の息子のジャン・ギョーム・プラットが総支配人の地位を継承することによって、今日まで続いている。2000年にシャトーは、現オーナーであるフランスの食品会社のミシェル・レーヴィエの手に渡った。

　古いガスコーニュ語で"コス"というのは、「小玉石のある丘」という意味であるが、この言葉は非常に上手く、このシャトーのテロワールを表現している。サン・テステーフの石灰岩の岩盤の上に堆積した第四期地層の砂利層の丘は、南の低地湿地帯から20mほどの高さまで盛り上がり、それをブリュイユという名の小川が、コスと、対岸のラフィット・ロートシルトに分割している。かなり地下深い所に粘土層があり、低い斜面ではより地表近くに現れている。最近の地質調査で、土壌構成はもっと複雑であり、全部で250種類もの異なった土質があることがわかった。その調査には、最近シャトー・リリアン・ラドゥイのすぐ近くまで拡張した畑と、併合したシャトー・マルビュゼの7haの畑も含まれており、それらの畑からは、セカンドワインであるパゴド・ド・コスが造られている。

　この詳細な土質調査の結果はかなり衝撃的なもので、小区画の線引きの修正と管理の在り方の変更を迫るものであった。その結果、2008年には、ボルドーの全般的傾向とは逆に、コスはグラン・ヴァンの割合を78%まで引き上げることができた——2007年と2006年は55%前後であったが。「栽培方法の見直しと、低く抑えた収量、葡萄品種と台木の入れ替え、これらによって、以前はセカンドワイン用の区画であったところを、グラン・ヴァンに使うことができるようになった」と、ジャン・ギョーム・プラットは説明する。

　19hℓから115hℓまでの大きさの異なった72基のステンレス・タンクの並ぶ新設の発酵室（キュヴィエ）は、小区画ごとの醸造を論理的な結論にまで推し進めることを可能にした。このシャトーには、他にも称賛すべき設備が揃っている。除梗の間の酸化を防ぎ、発酵前低温浸漬を行うための、葡萄の温度を3℃まで下げることのできる冷却トンネル、そしてもちろん、自重式送り込み装置。しかし葡萄を優しく扱う姿勢はここでとどまることはなく、1歩先を進んでいる。それは4基の100リットル"リフト・タンク"

右：華麗な仏塔を思わせるコスのファサードは、19世紀にここのワインの大半を船で輸出していたインドで見た寺院を真似たもの。

COS D'ESTOURNEL

上：光沢の美しいステンレス・タンクに囲まれた総支配人ジャン・ギョーム・プラット。一家の誇り高き伝統を継承し、コスをさらなる高みに押し上げようとしている。

で、伝統的なポンプ・システムを現代的なラック・アンド・リターン・システムに変更するものである。

極上ワイン

Château Cos d'Estournel
シャトー・コス・デストゥルネル

　1982以降、シャトー・コス・デストゥルネルはミスを犯したことがない。1999はあまり恵まれたヴィンテージではなかったが、このワインはそれをものともせず、メドックの最高峰の1つとなった。そのワインは全般的にフルボディで、その精妙さとしなやかな物腰はサン・テステーフというよりはポーイヤックに近いものがあり、他のワインがうらやむほどの、とろっとした触感がある。それは常にブレンド中40％という高い割合を占めていたメルローによってもたらされたものであった。しかし最近のヴィンテージではある変化が起き、カベルネ・ソーヴィニヨンの割合が高くなった（2007と2008は85％）。そしてスタイルは、より凝縮され、スパイシーになり、より男性的になった。「カベルネ・ソーヴィニヨンの長所を最大限に生かすためにあらゆることをやっている。そして今後もこの品種が75〜85％を占めるようにする」とジャン・ギョーム・プラットは言う。そのため、メルローの大半はセカンドワインのパゴド・ド・コスに回っている。コスでは常に、樽の選択に関して真剣な討議が行われる。1980年代に、ブリューノ・プラットは、焼きの強いオーク樽を使っていたが、50％だけが新樽であった。1990年代は、焼きは軽くなったが、新オーク樽の比率は、時に100％になることもあった。2000年代になって、基準は80％になっているようだ。このシャトーで、ヴィンテージの垂直テイスティングを最後に行ったのは2003年のことであった。その時印象に残ったワインは、以下のとおり。豊かで、芳醇な1982★；力強く重厚な1986；きめが細かくほっそりとした1988；口当たりが良く、エキゾチックな1990★；かなり華麗だが骨格もしっかりしている1995★。2005以降は、白のシャトー・コス・デストゥルネルも出している。葡萄品種はブラン80％、セミヨン20％で、北部メドックのジョー・ディニャック・エ・ロワラック村の葡萄から造られている。2005★　計り知れない力と凝縮。深みがあり、骨格がしっかりとしており、果実風味が豊かに溢れ出、フィニッシュにアルコールの閃光が光る。巨大で長く熟成させる価値のあるワインだ。

Château Cos d'Estournel
シャトー・コス・デストゥルネル
　総面積：148ha
　葡萄畑面積：89ha
　生産量：グラン・ヴァン25〜30万本
　セカンドワイン6〜8万本
33180 St-Estèphe　Tel: +33 5 56 73 15 50
www.estournel.com

ST-ESTÈPHE

Montrose　モンローズ

シャトー・モンローズでは、すべてがグリーンに変わった。と言っても、それはワインの話ではなく、このシャトーの環境に対する熱心な取り組みのことである。2006年にこのシャトーを取得した建設業界の大立者、マーティンとオリヴィエのブイジュ兄弟は、それ以来大々的な改革を断行しているが、その多くが環境を重視したものである。2人は建物の断熱性を良くし、太陽光発電設備を設置し、地熱ポンプを導入した。新しく就任した経験豊富な総支配人ジャン・ベルナール・デルマスは、「これらは、ブイジュ兄弟がやろうとしている持続可能な成長の手本を示す試みの一部だ」と説明する。

こうした一連の革新にもかかわらず、1つだけ変わらないものがある。それがテロワールだ。それは長い間モンローズの評判を支えてきたシャトーの礎石である。ジロンド河から800mほど内陸部に入った砂利の尾根にある葡萄畑は、ラトゥールやレオヴィル・ラス・カーズのアンクロと同じ土壌構成をしている。その砂利層は厚く堆積し、大きめの小石の間を縫うように、鉄分の多い砂と泥灰土の粘土（12%）が間隙を埋めている。緩やかな傾斜は良好な排水をもたらし、南東を向いているため日照にも恵まれ、また温暖な気温をもたらすジロンド河にも近いことから、葡萄果実の成熟にとっては理想的な環境である。

歴史をみると、モンローズは比較的短期間にその実力を見せつけた。葡萄樹を植えたのは1815年とわりと遅かったが、それでも1855年格付けの栄冠を享受することができた。この土地はかつてのカロン村の一部であり、セギュール家が所有していたが、1778年にエティエンヌ・テオドール・デュムーランに売却した。その37年後、息子の同名のエティエンヌ・テオドールがこの地の南側のランド・ド・レスカルジョン（カタツムリの土地）と呼ばれる砂利の多い雑木林の土地の可能性に気づき、そこを切り拓いて葡萄樹を植えた。

1825年には葡萄畑は6haの広さになり、小さな邸館とセラーも建てられ、サン・テステーフで作成された最初

65

の不動産登記簿には、モンローズと明確に記載されていた。モンローズ（薔薇色の小山）という名前は、遠い昔にこの地が春になるとヒースの赤い花でピンク色に染まったことから付けられたらしい。1855年には、シャトーの総面積96haのうち、50haが葡萄畑であった。その葡萄畑は、マチュー・ドルフュスに所有者が変わると（1866～87年）、現在の70haまで拡張された。彼はまた、丘のふもとに労働者のための住居を建て、鉄道も敷き、大樽を陸揚げするための桟橋も築いた。残念ながら、それらの遺構はもう残っていない。その後1896年に、ルイ・ヴィクトール・シャルモリューが購入し、それ以降シャルモリュー家の所有が続いていたが、2006年にジャン・ルイ・シャルモリューがブイジュ兄弟に売却した。

新たな所有者の下、葡萄畑の管理は一段とこまやかになり、傷んだ不良の葡萄樹はコンプランタシオン（再植）によって植え替えられ、植栽密度は1ha当たり9000本に保たれている。新体制は、全面的な植え替えが必要な小区画もあると考えており、その計画はすでに実行に移されている。同様に、土壌の鋤き起こしと鍬入れという昔ながらの方法への回帰が行われ、除草剤と殺虫剤の使用は全面的に放棄された。葡萄畑は、カベルネ・ソーヴィニョンが65％を占め、斜面のふもとの方とシャトーのまわりの高台にメルローが植えられ、それが24％を占めている。「河に面した斜面の中腹の、一番良い小区画にカベルネ・ソーヴィニョンを植えているんだ。少しブルゴーニュに似ていないかい」と、デルマスは語る。醸造法は伝統的で、熟成は新オーク樽60％で行っている。

「全般的に質の高いワインが出来るなら、他に何を革新する必要があるというのだろうか？」とデルマスと技術主任のニコラ・グリュミニューは考えている。「以前は同じ小区画を同じ順番でというように機械的に考えて収穫していた。しかし現在われわれは、葡萄の成熟度を見て小区画ごとに最適な時期を判断し、さらに同じ小区画でも、中心部と周辺部では分けて収穫している。そこに成熟の質の違いがあるからね」とデルマスは説明する。

極上ワイン

Château Montrose
シャトー・モンローズ

少し古い話になるが、1990年、私は忘れることのできない垂直テイスティングをした。ある友人がモンローズのヴィンテージ・セットをオークションで購入し、私をテイスティングに誘ってくれた。1970から始めたが、それはスモーキーなブラックカラントのアロマがあったが、口腔にはやや疲れた感じしかなかった。1964と1959も状態は良くなかった。しかし1947と1945はまだ壮健で、特に後者はかなり深く凝縮していた。しかし最も衝撃を受けたのは、1928★であった。それは依然として鮮烈な色をし、若々しい果実味があり、後味も長かった。そして1921★。それは豊かで、まるでベルベットの不老不死薬のようで、否定しようもない喜悦をもたらした。ラトゥール同様に、モンローズは、深い色、しっかりとした力強い酒躯（ボディ）、若い時は厳しいが、驚くほど良く熟成するワインによって評価を高めてきた。1970年代と1980年代初めに、この理想がモンローズの手から離れていきそうになったが、それは困難なヴィンテージと、多すぎる収量、1983年の葡萄蛾による病害などの組み合わせで生じたものだった。しかし1986年以来、堅固なモンローズ・スタイルは復活し、さらに最も恵まれた年には、円熟味と芳醇さも付け加えている。そのようなヴィンテージとしては、1986、1989★、1990、1996、2000、2003がある。新体制が実現しようとしていることは、この水準での完熟を維持し続けること、そして触感の純粋さと質、さらには現代という時代にふさわしいタンニンである。

1998 深い色調、堅牢で肉付きの良さを示す香り、口に含むと濃密な果実味としっかりしたタンニン――微かに厳しさ感じられる――そして長い荘厳な後味。これは古典的なモンローズであり、しかも瓶熟の頂点に達したワインにつきものの余分な層はまだ一切感じられない。間違いなく熟成はまだまだ良好に進む。

2008 樽からのテイスティングだけだが、このワインが目指すスタイルがはっきりと示されていた。この若い段階では、まだアロマの定義は見えてこないが、深い色調、元気の良い果実味、濃縮されているがまろやかさのあるタンニン。すべてがこれまでになく純粋に表現され、しかも後味はかなり長い。

右：ジャン・ベルナール・デルマス。オー・ブリオンにおける経験の中で培った彼の技と勘は、今、より洗練されたモンローズの中で発揮されている。

Château Montrose
シャトー・モンローズ

総面積：100ha
葡萄畑面積：70ha
生産量：グラン・ヴァン22万本
セカンドワイン8万本
33180 St-Estèphe　Tel: +33 5 56 59 30 12
www.chateau-montrose.com

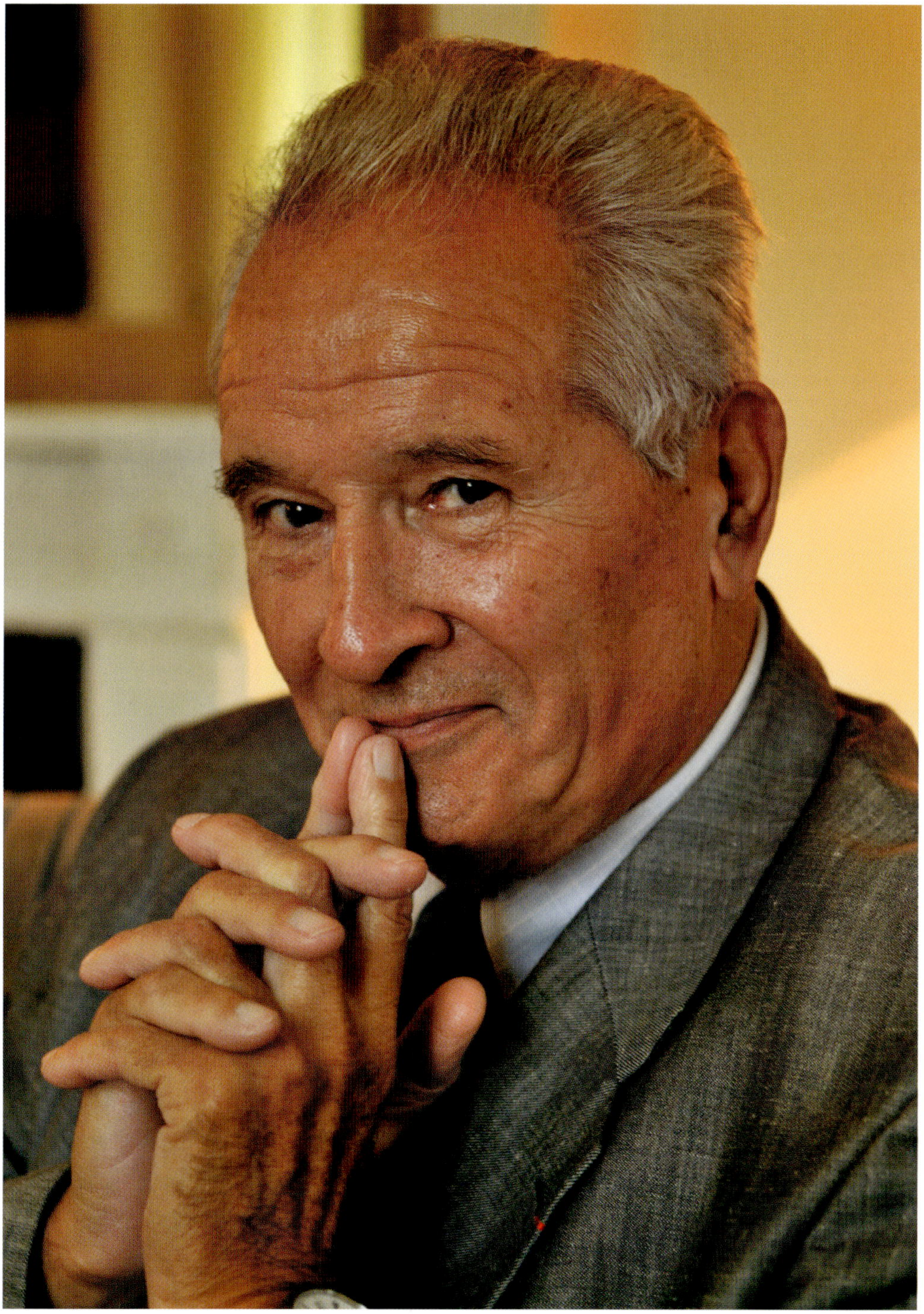

ST-ESTÈPHE

Calon-Ségur　カロン・セギュール

シャトー・カロン・セギュールは、メドックでも1、2を争う領主地であり、その起源は中世まで遡る。
しかしここは古いだけのシャトーではない。現在そのオーナーは、未来を明確に見据えている。新世紀に入ってからのヴィンテージはどれも傑出している。2006はこのシャトーの新時代の幕開けを飾るヴィンテージで、エレガントさと精妙さの絶妙な絡み合いの中に伝統的な凝縮感としっかりした骨格が加わった逸品である。

1995年に夫のフィリップを亡くした後、シャトーを継いだドニーズ・カベルン・ガスクトン夫人は、あなどり難い女傑ともいうべき人物で、娘のマダム・ド・バリトーと共に、精力的にシャトーの経営に取り組んでいる。小区画ごとのきめ細かな管理を導入し、新しく植える葡萄樹の植栽密度を1ha当たり8000本に増やした。それまでは、畑の大半が1ha当たり6500本しかなかった。1999年にステンレス・タンクの並ぶ新しいキュヴィエ（醸造室）が稼働を開始したが、それは18世紀に建てられた古い建物の壁の中にうまく調和している。

2006年以降シャトーはさらに一段高い地点へと飛躍しつつあるが、それは新しい技術主任ヴィンセント・ミレーを迎えた時から始まった。ミレーはここに来る前の8年間、シャトー・マルゴーで品質管理の仕事をしていたが、その経験はすぐさまこのシャトーで生かされている。彼が赴任してから、ワインにすでに2つの大きな変化が生まれている。1つはカベルネ・ソーヴィニョンの割合が徐々に高められていること（2006年60％、2008年80％）であり、2つめは新オーク樽の比率が高められていること（2006年60％、2008年90％）である。

この変化は、すべて葡萄畑における改良とつながっている。ミレーは言う。「カロン・セギュールは、カベルネ・ソーヴィニョンにとって最高のテロワールだ」と。その葡萄畑は、大きく分けて3カ所にある。1つが、シャトーのまわりを囲む17世紀に造られた壁の中の大きな区画で、東に向かって隆起し、土壌は砂利、砂、そしてかなりの割合で粘土を含む。2つめが、壁の外にある墓地の両側に広がる2区画で、土壌は壁の内側と同じである。3つめが、東側の河に近い方のラ・シャペルと呼ばれる区画で、石灰岩の岩盤が地表近くまでせり上がり、砂と粘土の比率が高い土質である。最初の2カ所がワインにフィネスを

もたらし、3番目が力強さをもたらす。

大規模な植替えによる葡萄畑の再構築計画（植栽密度と台木の改良）はまだ途上で、あと10年はかかる予定だ。現在は55haの葡萄畑中、46haだけにしか葡萄樹は植えられていないが、これはある程度、グラン・ヴァンのセレクションを物語っている。「私は、カロンの真髄はシャトーの前の壁に囲まれた畑だと確信している。しかしそこはいま大部分が植替えの途中だ」とミレーは言う。そのためカロン・セギュールのセレクションは、現在、壁に囲まれた区画からの若いカベルネ・ソーヴィニョン（樹齢10～15歳）と、ラ・シャペルの古いカベルネ・ソーヴィニョン（樹齢25～35歳）からのワインとなっている。「2001年にラ・シャペルに植えたカベルネ・ソーヴィニョンは、1940年からそこに植えられていたメルローよりも優秀だ」とミレーは付け加える。

カベルネ・ソーヴィニョンを増やすことと並行して行われているのが、小区画ごとのきめ細かな管理の強化で、最高の成熟状態（決して過熟にならないように）に達した小区画から逐次、摘果が行われる。当然、小区画ごとに別々に醸造され、抽出はあくまでも優しく自然に行われる。ワインの熟成にも更なる進化が見られる。以前は、単一の樽業者の樽だけを使用していたが、現在は4軒の業者から取り寄せており、それによってワインにより深い精妙さが加わっている。すでにみたように、新樽の比率も着実に上がっている。「カベルネ・ソーヴィニョンを増やすことによって、新樽の比率を上げることができるようになり、エルヴァージュも長くすることができるようになった。なぜなら新オークの方がワインに融合されやすいからだ」とミレーは説明する。そのワインは卵白による清澄化は行っているが、濾過は行っていない。

極上ワイン

Château Calon-Ségur
シャトー・カロン・セギュール

　カロンという名前は、かつてジロンド河を往き来していた材木を運ぶ手漕ぎの小舟の愛称カロネスに由来すると考えられている。実際、フランス革命前までは、サン・テステーフは、サン・テステーフ・ド・カロンと呼ばれていた。18世紀には、シャトーはニコラス・アレクサンドル・ド・セギュール侯爵の所有であった。彼はラフィットとラ

68

トゥールの持ち主でもあり、その功績は、「われ、ラフィットとラトゥールをつくりしが、わが心、カロンにあり」という言葉と共に現代までも語り継がれている。カロン・セギュールのボトルのラベルに描かれているハートのマークは、この時の"心"を表したものである。20世紀の前半、カロン・セギュールの評価は非常に高かったが、それ以降1982年まで下降線を辿った。その後、1986、1988、1990、そして1996と顕著な成功を見せたが、一貫性はなかった。しかし新世紀に入ってそのワインには風格が感じられるようになった（2000、2003、2005）。グラン・ヴァンが全体の60％を占め、セカンドワインのマルキ・ド・カロンが25％、サードワインのラ・シャペル・ド・カロンが約10％で、残りはネゴシアンに樽で売却している。どれも瓶熟に適したワインで、骨格は感動的なほどしっかりしているが、徐々に洗練されていき、触感と芳香は純粋である。「サン・テステーフは噛めるほどのタンニンということで有名だったが、それが私は気に入らなかった。だから絹のようにきめの細かいタンニンを目指したんだ」とミレーは自信ありげに言う。

2006★　香り高く、緻密で、しっかりしているが気品のあるタンニン。後味は長く、線のように続き、背骨がしっかりしているが触感は純粋できめ細かく、ミネラルの風味が印象的。

2008★　まだ樽からテイスティングしただけだが、述べておく価値がある。完熟した甘い香り、グルマンそのもの。スパイシーでエキゾチックな香りが漂い、素晴らしく長い、新鮮な、渇きを癒してくれる後味。

上：長く誇り高き伝統を持つカロン・セギュールは、今また鑑定家の心をつかむワインを送り出している。

Château Calon-Ségur
シャトー・カロン・セギュール

総面積： 75ha　葡萄畑面積： 46ha
生産量： グラン・ヴァン15〜18万本
セカンドワイン5〜8万本
33180 St-Estèphe　Tel: +33 5 56 59 30 08

PAUILLAC

Lafi te Rothschild ラフィット・ロートシルト

ラフィット・ロートシルトの、不朽の栄光を誰も無視することはできない。1855年格付け第1級の首位の座を一度たりとも譲り渡したことのないこのシャトーのセラーには、1855年以前のヴィンテージさえ眠っている。常にエレガントさが前面に出るそのスタイルは、ほとんど変わることがない。ラフィットの精髄であるテロワールは、シャトーの誇りである持続性と伝統に裏打ちされ、さらに優美な輝きを見せ、類稀なるワインを生み出す。

シャトー・ラフィット・ロートシルトはポーイヤックの北の境にあり、ブルイユ川を挟んだ向こう側はサン・テステーフである。高台に上れば、コス・デストゥルネルのパゴダ、チャイがはっきりと見える。ラフィットは第1級の中でも最大の広さを誇り、東は県道2号線をまたいでブルイユ川まで延び、大部分が西に向かって拡がり、北はシャトー・デュアール・ミロンと境界を接する。県道2号線から風に揺れる柳並木の向こうを眺めると、家庭の温かみさえ感じられるシャトーと葡萄畑が広がっている。

中核となる葡萄畑は大きく分けて3区画あり、広さの点で最も重要な畑(50ha以上)が、シャトーの裏手の台地にある。土地はなだらかに27mほど隆起し、メドックの言葉で小さな丘を意味するフィトを形作っている。ラフィットの名前はここから付いた。この畑の南西部はカリュアド台地で、そこをムートン・ロートシルトと分け合っている。ラフィットのセカンドワインの名前はここから取っているが、ここで採れる葡萄の大半は、グラン・ヴァン用のものである。最後に、アペラシオンの境界を越えたサン・テステーフに、ラ・カイヤヴァという4.5haの畑がある。ここは歴史的な経緯からラフィットに入ることが許されている。

それぞれの区画は、向きが異なっている(北、南、南東)が、土質調査では共通する要素があった。すなわち圧倒的に砂利の多い土地ということである。50%以上の砂利と、限られた量の粘土を含む層が、4m以上も厚く泥灰土の上に堆積し、その下には、地元で"サン・テステーフの石灰" (calcaire de St-Estephe) と呼ばれる石灰岩の岩盤が横たわっている。これらの区画には主にカベルネ・ソーヴィニヨンが植えられているが、カリュアド台地には2区画ほどメルローに適した区画がある。痩せた土壌、石灰岩の岩盤、畑の向きの違い、河から遠いこと(ラ

上:1855年格付け堂々第1位のシャトー・ラフィットは、今またアジアからの需要の高まりで、最高価格を更新している。

トゥールと比べて)、これらがラフィットのワインのスタイルを知る手がかりとなる。

1868年にジェームズ・ロートシルト男爵が厳しい競売に勝ち抜いて落札して以来140年もの間、このシャトーはロートシルト家によって守られている。それ以前は、1670年から1784年まで、ボルドーの有力者であったニコラス・ド・セギュールとその息子ニコラス・アレクサン

*1855年格付け第1級の首位の座を一度たりとも譲り渡したことのない
このシャトーのセラーには、1855年以前のヴィンテージさえ眠っている。
常にエレガントさが前面に出るそのスタイルは、ほとんど変わることがない。*

ドルが所有し、18世紀初めの隆盛の基礎を築いた。しかし革命の結果国有財産として没収され、そして売却された。ラフィットはその後数回の取引を経て、最終的にフランス系のロートシルト家によって競り落とされた。現在いくつかの家系に持ち分が分かれているが、1974年以降は、エリック・ド・ロートシルト男爵がシャトーの経営を一任されている。

1994年にシャルル・シュヴァリエが醸造責任者として赴任した。ソーテルヌのシャトー・リューセック（ソーテルスにあるロートシルト家所有のもう1つのシャトーで、彼は現在ここも監督している）での9年間の経験は、ワインづくりにおける葡萄畑の実践がいかに重要であるか──特に小区画ごとのきめ細かな管理と正確な摘果時期──に目を開かせた。しかし、このことは低収穫ということを意味しない。というのもこのシャトーの平均生産量は、1ha当たり50hℓもあるからである。「葡萄栽培とよく手入れされた葡萄畑が私の生きがいだ。しかし同時に私は、葡萄たちに、それが欲するだけの実をつけさせたいと

思っている」とシュヴァリエは説明する。ということはすなわち、グラン・ヴァンのためのセレクションがより難しくなるということを意味する。最近ではその比率は40％まで下がっている。

　もちろん収穫の時期は慎重に決定され、成熟が頂点に達したら出来るだけ早く摘果するように、スピードアップが図られている。この時450名以上の労働者が出動し、ラフィットとデュアール・ミロンの葡萄がわずか11日間で摘果される。葡萄は葡萄畑にある選果台の上で選果され、伝統的な方法で木製大桶とステンレス・タンクで醸造される。「われわれは良い葡萄が良いワインを造るという原則から始める。醸造長の仕事は、葡萄の能力を十分に発揮させることにある」とシュヴァリエは言う。

　現代的な醸造法の多くが試され、拒絶されているが、そこで重要視されていることは、たとえば、樽の中でのマロラクティック発酵を促進させることよりも、圧搾ワイン（15〜17％を占める）の質の方を重視するといった考え方である。投資に関しても同様の哲学が貫かれている。ラフィットは濃縮器を最初に購入したシャトーの1つであったが（現在はほとんど使われていない）、それを除けば、発酵室（キュヴィエ）は簡素なものである。しかし2010年中に地下の貯蔵槽が完成する予定であり、また1988年に完成した、リカルド・ボフィルによって設計された衝撃的な円形セラーも忘れるわけにはいかない。

極上ワイン

Château Lafite Rothschild
シャトー・ラフィット・ロートシルト

　エレガントさとフィネス、そしてもちろん長く瓶熟する能力、これがラフィットの真髄である。1797（最古のボトル）まで遡ることができるヴィンテージを貯蔵しているシャトーのセラーがこれを証明している。近い時代では、1960年代から1970年代半ばまで、それほど秀逸とは言えない時代もあったが、それ以降のラフィットは、揺らぐことがない。1995からのワインは、重厚さとしっかりした骨格を獲得し、同時に果実味の純粋さときめ細かさも獲得している。ラフィットは、自然な形でカベルネ・ソーヴィニヨンが支配権を握っている（以下に示したヴィンテージでは81〜89％の間で調整されている）。それと調和しているのがメルローで、時に少量のプティ・ヴェルドーがブレンドされることもある（2005年は0.5％）。熟成は、自家の樽製造部が作る新オーク樽を100％使い、20ヵ月寝かされる。

1998　エレガントさと元気の良さがうまく調和。深いルビー色。気高く精妙な香りが鼻腔をくすぐり、ヒマラヤスギやスパイスが感じられる。口に含むと、酒躯（ボディ）はミディアムで、甘く、良く熟しているが男性的でもあり、タンニンはしっかりしており、長く持続する。きりっとした後味。まだ時間が必要。
2001　魅惑にあふれ、今でも飲める（まだ序の口）。燻香、ヒマラヤスギの香りがあり、オークのバニラも感じられる。口に含むと愛らしい愛撫するような果実味があり、後味は長く新鮮。生き生きとして調和が取れ、間違いなく良く熟成する。
2005★　豊かで力強く、まぎれもなく長く瓶熟させる価値のあるワイン。精妙でエレガントな香り、それにもかかわらず深い凝縮された存在感。口に含むと幾層もの果実味、良く融合されたチョコレートのようなオーク香。タンニンは固く凝縮されているが、洗練されている。長く力強いフィニッシュ。

Carruades de Lafite
カリュアド・ド・ラフィット

　このラフィットのセカンド・ワインはメルローの比率が高い（40〜45％も珍しくない）。また自家のカベルネ・フラン、プティ・ヴェルドーもブレンド（それぞれ3％、2％）している。熟成は、新オーク樽（10％）、1年物樽、木製大桶を混合して行う。ラフィットのエレガントさの要素はあるが、基本的に早飲み用の素直なワインで、グラン・ヴァンの凝縮された精妙さに欠ける。両者を並べてテイスティングしてみると違いがはっきりわかるはず。

1998　ルビー色。赤果実、黒果実の香りがまず鼻腔を襲い、タバコも感じられる。まろやかできれが良く、新鮮な味わい。今が飲み頃。
2001★　2010年以降から私のお気に入り。純粋な果実の香り、口に含むと堂々とした円熟味があるが、活気に満ちていて、ブラックカラントの芳香が感じられ、素晴らしくバランスが良い。
2005　カリュアドは早飲み用のワインと言ったが、このワインは持続する力強さを持っているようだ。甘く豊潤な香り、果実とオークのヴァニラが渾然一体となっている。しっかりしたタンニンが骨格を造り、後味に胡椒が感じられるが、すぐに閉じ始める。

右：1994年以来ラフィットの醸造長を務めているシャルル・シュヴァリエは、1855年の格付けに恥じないワインを造り続けている。

Château Lafite Rothschild
シャトー・ラフィット・ロートシルト
総面積：185ha（ラフィットとデュアール・ミロンを合わせて）
葡萄畑面積：114ha
生産量：グラン・ヴァン24万本
セカンドワイン30万本
Le Pouyalet, 33250 Pauillac
Tel: +33 5 56 73 18 18　　www.lafite.com

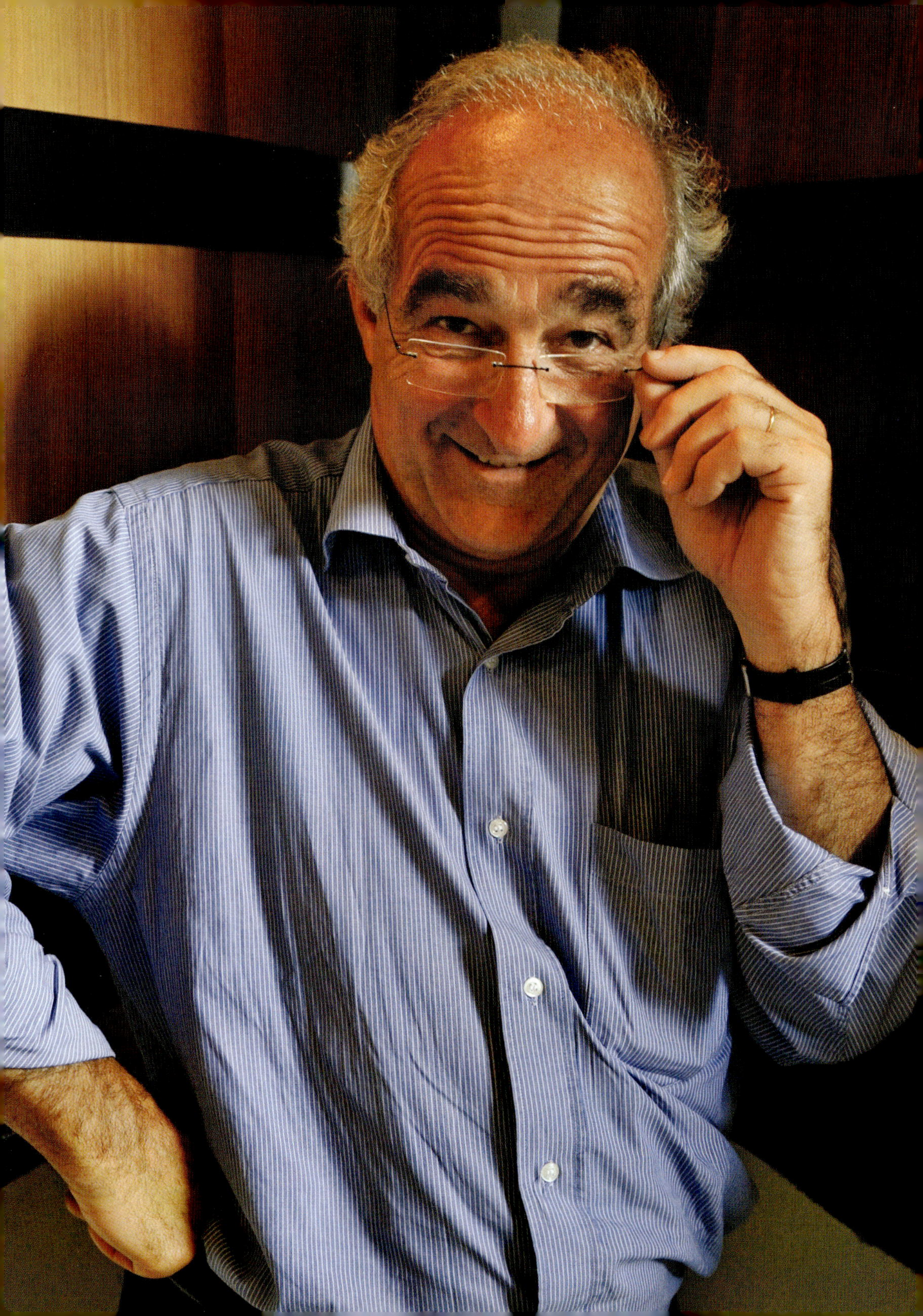

PAUILLAC

Latour　ラトゥール

良く晴れた夏の日、サン・ジュリアンから県道2号線に沿って北へ向かうと、シャトー・ラトゥールの、壁に囲まれた少し上り勾配のある葡萄畑が見えてくる。畑のすぐ向こうはジロンド河である。ワイナリーの屋根は低く抑えられ、慎ましやかなシャトーは木立に見え隠れする。とはいえ、シャトーの名称の由来でもある17世紀に建てられた円形の塔（トゥール：実際は鳩小屋）は、遠くからでも良く見える。葡萄畑は河に沿って南北に延び、東はジロンド河の河岸沖積層まで迫り、西は2号線が境界線となっている。1769年の地図を見ると、所有地はそれ以降ほとんど変化していないのがわかる。

ここがラトゥールの心臓部ともいうべき葡萄畑、アンクロである——48haで、その葡萄はすべてグラン・ヴァン用。しかしシャトーにはそれ以外にも畑があり、西側のシャトー・バタイエの近くの2区画（合わせて20ha）のプティ・バタイエとピナダは、セカンドワインのレ・フォール・ド・ラトゥール（その名前はアンクロの小区画から取っている）のための葡萄を栽培している。この2つの畑は1960年に植替えが行われているが、1世紀以上も前に作られた畑である。そこからさらに西に行ったところに、

ラトゥールは長い間顕著な一貫性を
示してきた。現在も例外ではないが、
変わったことがあるとしたら、
さらに一段質が高まっているということだ。

サンタンヌという名の葡萄畑がある。その畑も前の2つと同じくらい古いが、2000年以降周辺の畑を買い増しし、広くなっている。また、アルティーグの近くにも8haの畑を購入した。ここもまた、主にセカンドワイン用の葡萄を栽培しているが、特に若い葡萄樹は、1990年以降サードワインのジェネリック・ポーイヤックに使っている。

アンクロの起源に話を戻すと、早くも14世紀（初代の塔が造られた頃）には、この地方一帯に葡萄樹が植えられていた。しかしラトゥールが、ラフィットと共に葡萄畑として本格的に発展していったのは、18世紀、裕福なセギュール家の下にあった時代である。イギリスからのワイン需要の増大が、葡萄畑の拡張を後押しした。1759年にすでに38haあった面積は、1794年には今の47haに達していた。その後ラトゥールは、代々セギュール家によって所有されていたが、1963年に英国のピアソン財閥とハーベイ社が設立した合弁会社によって買収された。その後持ち分は、アライド・リヨン社に移り、1993年に現在の所有者、フランスの裕福な実業家フランソワ・ピノのものとなった。

アンクロは、外見は起伏のある単一の畑のように見えるが、土壌構成はもちろん均一ではなく、2000年代初めに行われた徹底的な調査でそのことがはっきりと示された。北側と、南側のジュイヤック川の近辺は、土質は重い泥灰土で、そこにはメルローが植えられているが、それがグラン・ヴァンに使われることはめったにない。例外は南西の、ジュイヤック川と同じ名前の小区画で、そこには樹齢80年の葡萄樹が植えられ、ラフィットの求めるバランスと凝縮感を備えた果実が生まれる。

ラフィットの心臓部中の心臓部ともいうべき場所が、シャトーと樽貯蔵庫のまわりの土地で、土壌は主として砂利まじりの粘土で、そこに植わっているカベルネ・ソーヴィニヨンは秀逸である。「シャトーに入ってすぐの左右の小区画、シェンヌ・ヴェール、グラヴェット、ピエス・ド・ラトゥールはワインにしっかりした骨格を与え、邸館のすぐ前のサルメンティエは、果実風味と喜悦を与え、東側のピエス・デュ・シャトーとソックは、砂利と砂が多くなっているため、アロマをもたらす。すべて別々に醸造され、テイスティングの結果を見て最終的にセレクションに入れる。こうして必然的に、個々の小区画を合算した以上の素晴らしいワインが出来上がる」と1995年から醸造長をしているフレデリック・アンジェラは言う。

ムッシュ・ピノの健全な財政に支えられ、アンジェラの完全への希求は、このシャトーの伝統である正確性をより一層高いものにしている。前述した小区画と、時にはその周辺の区画も別々に収穫され、また混植されている若い葡萄樹も同様である。シャトー・ラトゥールのためには、古い葡萄樹だけが使われる。最新式の自重式送り込

右：ラトゥールの広大な葡萄畑アンクロに抱かれてひっそりと隠れるように佇むシャトー。その横に標章のように目立つ鳩小屋の塔。

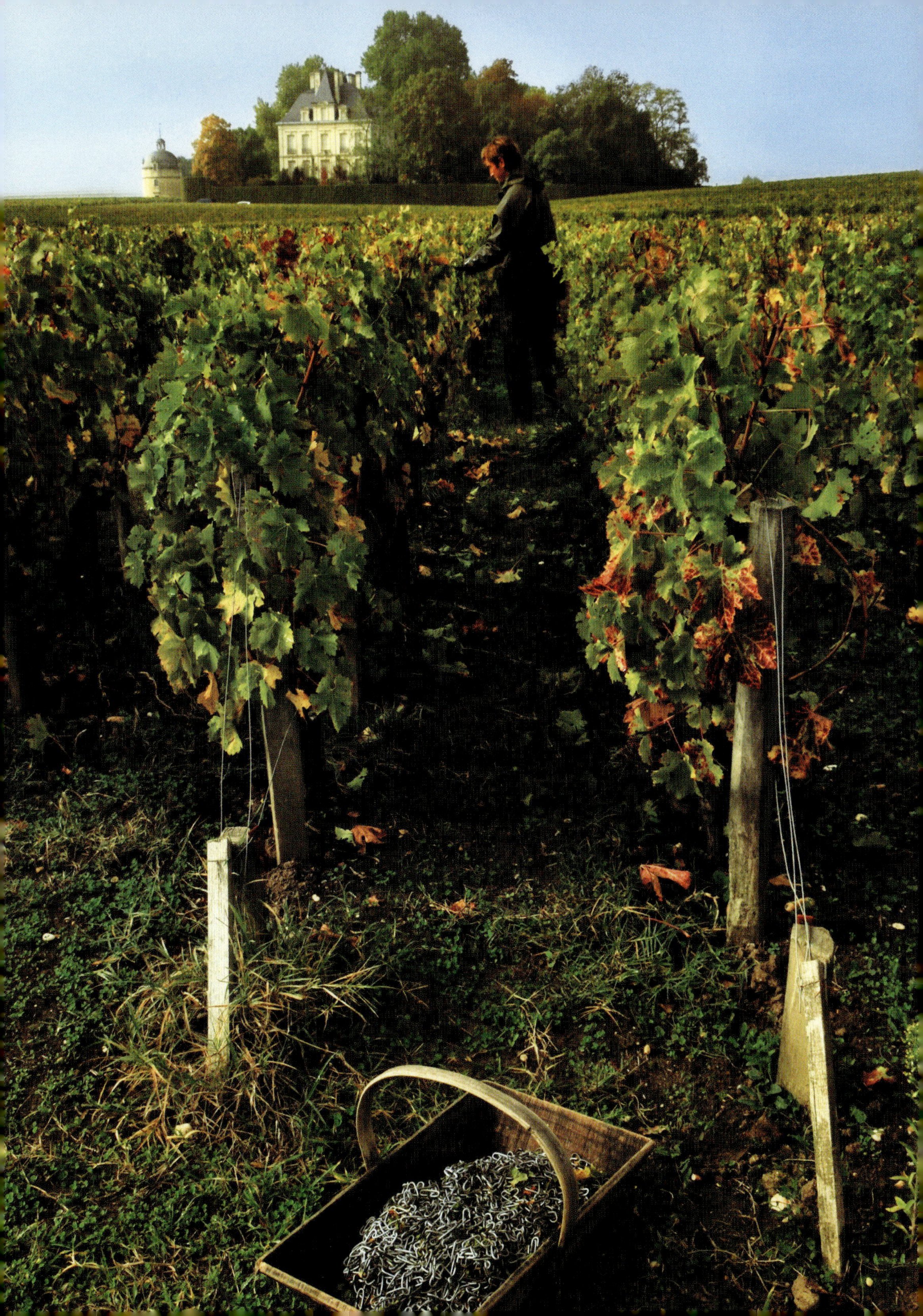

み装置を備えた、2001年に完成したキュヴィエには、高価なステンレスを使った66基の大小のタンクが並び、小区画ごとの醸造を可能にしている。最終的なセレクションは非常に厳密で、アンクロの中の小区画さえ、時にはグラン・ヴァンに入る資格を剥奪され、セカンドワイン行きになるほどである。熟成は100％新オーク樽で行われる。ちなみにレ・フォール・ド・ラトゥールの新オーク樽比率は50％である。

極上ワイン

Château Latour
シャトー・ラトゥール

　ラトゥールを描写する時、必然的に男性を修飾するときに使う形容詞が多くなる。いま、すぐに心に浮かぶ言葉は、力強さ、生命力に満ちた、筋肉質の、などであり、それに色調、深さ、ミネラルの印象などもラトゥールの全体像を描き出すときに役立つ。しかしこれらの主題は、年ごとの気候の変化によってさまざまなヴァリエーションを取る。そしてこれが2009年10月に以下の3つのテイスティングでフレデリック・アンジェラが示したかったことだ。2001は極端なことのないヴィンテージで、9月初めに小春日和の日が続いた。2003は、ラトゥールが暑熱と乾燥に耐える能力を持っていることを示した。2006は順調なスタートだったが、8～9月に雨と暑熱が交互に訪れ、厳しい年となった。アンクロが河に近いということは、葡萄樹にとっては常に緩衝材的な役割を果たす。例を挙げれば、その優れた排水能力である。「アンクロの衛生状態はいつも最高に保たれているから、他では出来ない危険を冒すこともできる」とアンジェラは言う。河は葡萄の完熟を助け、収穫時期に有利に作用する。アンジェラの説明は続く。2005年、アンクロのメルローの摘果を始めたのは9月15日であったが、その時の糖分濃度は13.5度だった。そこから2km西のプティ・バタイエでは、メルローはまだ12.5度でしかなかった。さらに4km離れたサンタンヌではその値は12度しかなかった。もちろんカベルネ・ソーヴィニヨンが主要品種であるが、最近のブレンドで進化していることと言えば、2008年に今までで最高の94％をカベルネが占めたということを挙げなければならない。「ラトゥールではカベルネ・ソーヴィニヨンに焦点を絞っているから、メルローはスタイル的には控えめにさせておく必要がある」とアンジェラは宣言する。幸運にも2009年の収穫直後のメルローの果実を味見することができたが、彼の選択がいかに正確であるかを確信することができた。

　1980年代半ばを除き、ラトゥールは長い間顕著な一貫性を示してきた。現在も例外ではないが、変わったことがあるとしたら、さらに一段質が高まっているということだ。

2001　ラトゥールのエレガントさが光る。きめ細かく芳香性の高い香りが漂い、ミネラルや鉛筆の芯のニュアンスがある。口に含むと最初に絹の感触に驚かされ、舌のなかほどに鮮烈な果実味が響く。とても滑らかで、長く新鮮な後味。ミネラルが再び前面に現れる。正確で、しなやかで、素晴らしいバランス。

2003　グルマンなスタイル。深奥、光を通さない色調。フルで豊かで完熟した香り、良い意味で滲み出る果実味、しかしモカやチョコレートの微香もある。口に含むと豊満でまろやか、官能的でさえあり、再び完熟果実が感じられる。最後まで新鮮さが残り、タンニンは非常にきめが細かい。ラトゥールにしてはきらびやか過ぎる。ロバート・パーカーなどの影響力のある批評家から高得点を獲得しているが、私の好むスタイルではない。

2006 ★　ラトゥールの真髄。暗く、力強く、正確。まだ香りは閉じているが、すでにミネラルが感じられる。口に含むと、凝縮された堅牢な長い味わい。舌のなかほどに雄大な果実味があり、堂々としたタンニンの骨格が感じられる。長くミネラル感のある「小石をしゃぶる」ような後味。非常に長く熟成する可能性を秘めている。

右：1995年からラトゥールの醸造長を務めている、確固たる意志を持ったフレデリック・アンジェラ。彼の完全性の追求は止むことがない。

Château Latour
シャトー・ラトゥール

総面積：130ha　葡萄畑面積：80ha
生産量：グラン・ヴァン13.2万本
セカンドワイン14.4万本
33250 Pauillac　Tel: +33 5 56 73 19 80
www.chateau-latour.com

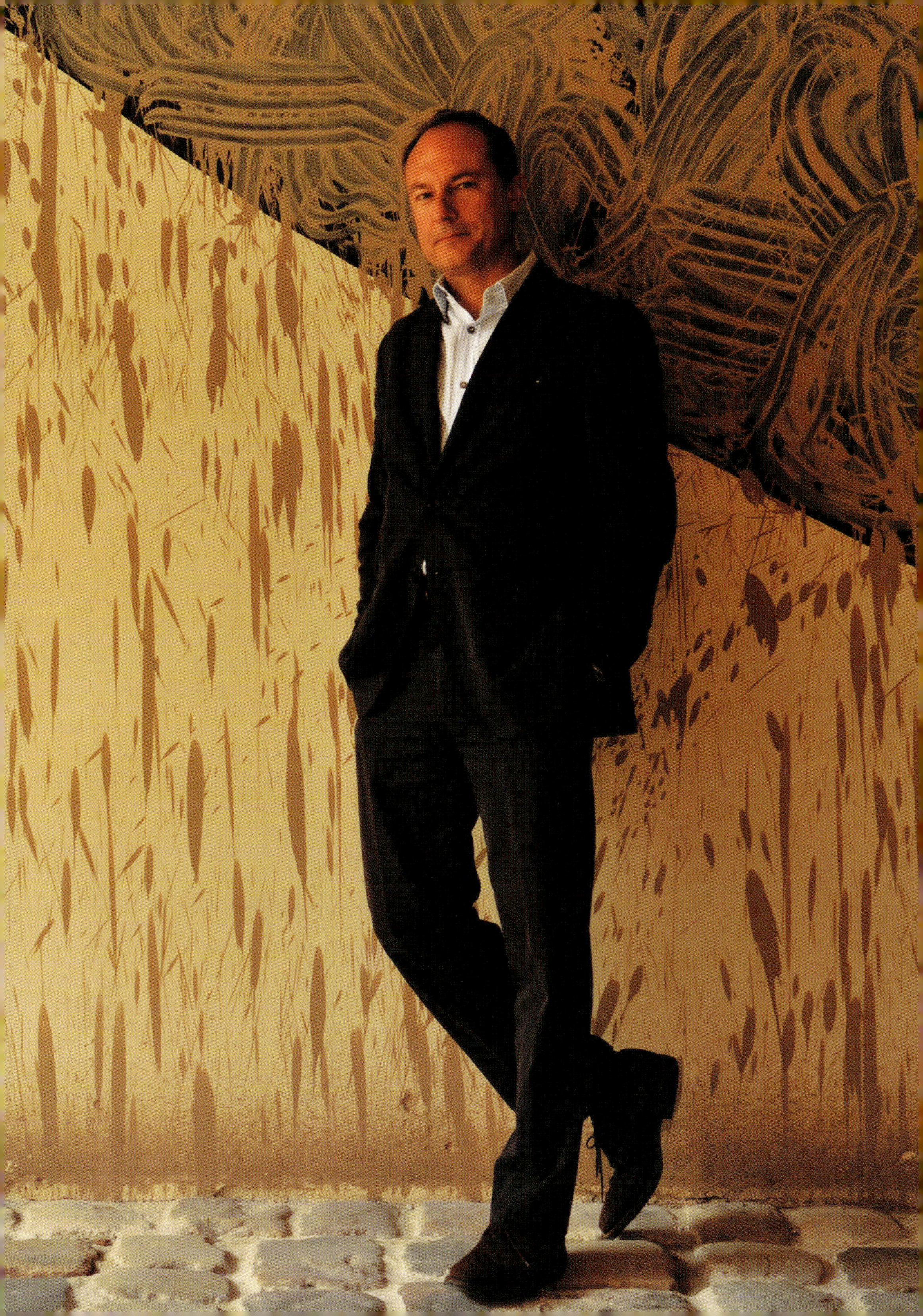

PAUILLAC

Mouton Rothschild　ムートン・ロートシルト

　ムートンの歴史については、すでに多くが語られている。しかしムートンには、言葉では言い表せない魅力がある。物語の主人公は、やはりバロン・フィリップ・ド・ロートシルトだろう。彼はこのシャトーのために、ほとんど独力で、それ以前も、またそれ以降も、他のシャトーが成功したことのない偉業を成し遂げた。すなわち第1級への昇格である。

　それは1855年格付けから118年経った1973年に実現した。ムートンはそれまで第2級の地位に甘んじていなければならなかったのである。期待されていた通り、その昇格はいくつかの形で記念された。その年、ピカソにワインのラベルの絵が依頼された。またシャトーのモットーが変更された。Premier je suis, second je fus, Mouton ne change.（「今第1級なり、過去第2級なりき、されどムートンは不変なり。」）

　フィリップがシャトーの経営を任されたのは、1920年代初め、彼がまだ若干20歳の時であった。シャトーが彼の一家のものになったのは、その70年前の1853年、バロン・ナサニエル・ド・ロートシルトが、イギリス系ロートシルト家から、当時ブラーヌ・ムートンと呼ばれていた葡萄畑を購入した時からである。その名前はすぐにいまの名前に変更され、1870年にバロン・ナサニエルの息子のジェームズがそれを相続し、邸館を立てた。当時それはまだ一部が木陰に隠れていた。

　フィリップの経歴を見ると、彼がいかに時代の遥か先を見ていたかが良く分かる。彼は1924年にボルドーで初めてシャトー元詰を開始したが、それはまもなくボルドー全域で義務化された。また1926年には、長さ100mにも達する、当時としては前代未聞の樽貯蔵庫グラン・シェを完成させた。彼はまた販売戦略の立案においても独創的で、1945年にはワイン業界で初めて、毎年、世界的に有名な画家にラベルの絵を依頼することを始めた。フィリップは、今でこそ盛んに行われているが、ワイン・ツーリズムの先駆者でもあり、彼が1962年に訪問者のためのワイン美術館などの観光施設を敷地内に造った時、そのような発想をするシャトーは皆無に近かった。彼は1988年に亡くなったが、その娘のフィリピーヌは父に劣らぬ想像力を発揮しながらムートンを率いている。

　ムートンの強さは、当時もそして現在も、テロワールが

上：ムートンのグラン・シェへと続く几帳面に手入れされた生垣と小道もそのワインの特徴を映しだしている。

比較的均質であることに依拠している。中核となる葡萄畑は、ワイナリーの真西、グラン・プラトー（大いなる台地）と呼ばれる場所にあり、ラフィットの葡萄畑に食い込むように入り込んでいる部分もある。砂利層が厚く堆積した土壌で、方位は南向きである。その先に少し窪地になった場所があり、そこからまた緩やかに隆起して、カリュアド台地となるが、そこでも再びラフィットと接している。そこもまたグラン・ヴァンのための葡萄畑である。2003年か

バロン・フィリップ・ド・ロートシルトはこのシャトーのために、ほとんど独力で、それ以前も、またそれ以降も、他のシャトーが成功したことのない偉業を成し遂げた。すなわち第1級への昇格である。彼は1988年に亡くなったが、その娘のフィリピーヌは父に劣らぬ想像力を発揮しながらムートンを率いている。

ら醸造長を務めているフィリップ・ダルアンに聞いたことがあるが、毎回のテイスティングで、2つの台地から取れるワインは窪地から取れるワインよりも優れていることが証明されているということである。そのため、窪地からのワインは、1993から出荷を始めたセカンドワインのル・プティ・ムートンのために使われている。

カベルネ・ソーヴィニヨンが主要品種であり、全体の栽培面積の80%を占めているが、ブレンドではさらに高い比率を占めている。メルロー（12%）とカベルネ・フラン（8%）も栽培されているが、後者は2006以降はグラン・ヴァンに入っていない。ダルアンの説明によると、葡萄樹の平均樹齢は50歳で、そのうち15〜20haほどは、70歳にも達するという。その高齢な葡萄樹の中に若い葡萄樹が混植され、2004年に収穫は別々に行うことが決定されたということである。

ダルアンがシャトー・ブラネール・デュクリュからこちらにやってきた時、彼はその他にもいくつかの微調整を行った。とはいえ、それらは何らかのスタイルの変更を意図したものではなく、むしろ今ある深奥さとエレガントさをさらに一層高め、この最も競争の激しい分野で、他の1級

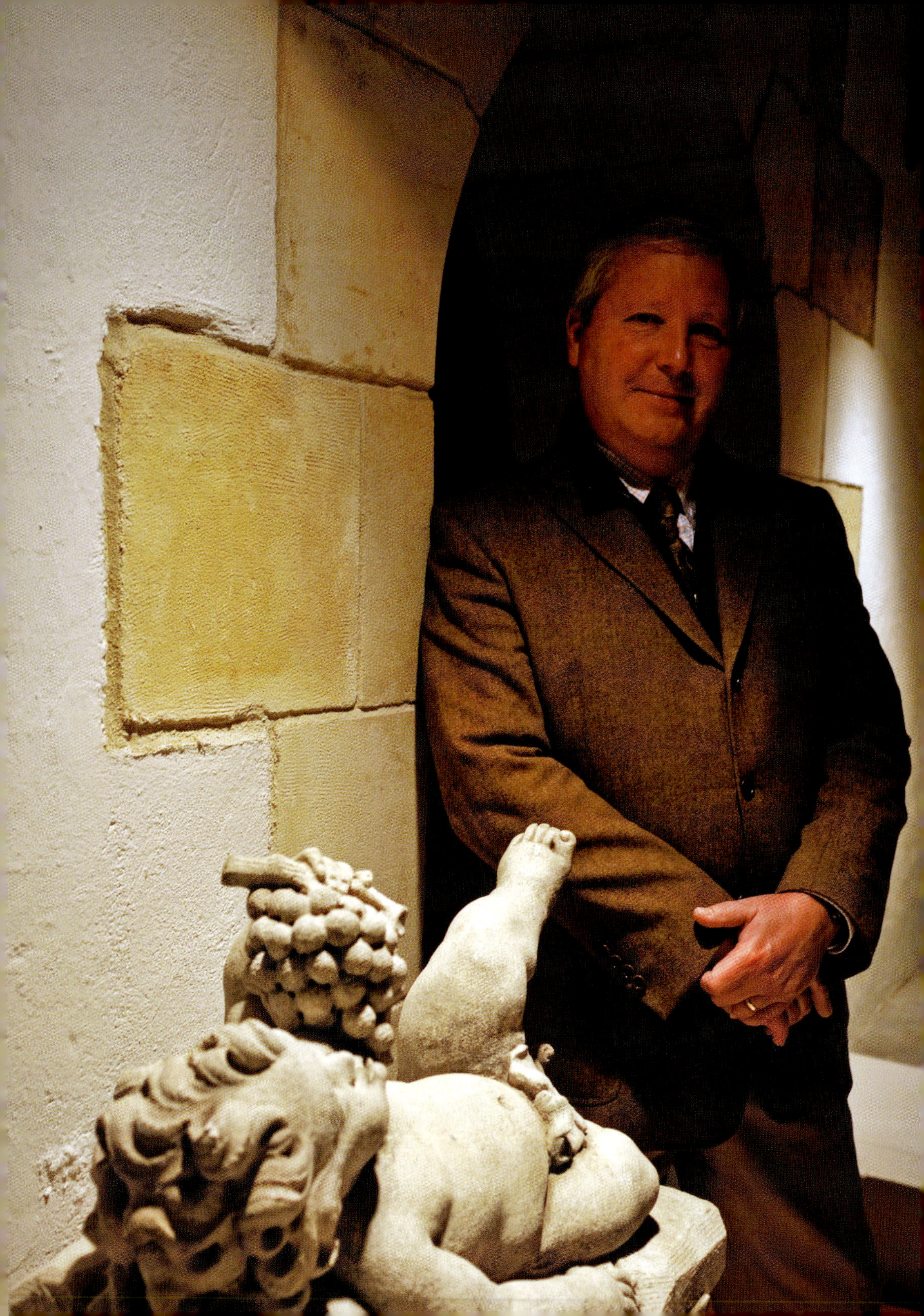

と肩を並べて進むためである。当然収穫は、小区画ごとに、より正確に最適な時期を見計らって行われる。木製大桶を増設した新規のキュヴィエが完成した時（2011年を予定）、この過程はさらに進化するだろう。発酵温度は、抽出を穏やかに行い、タンニンのきめをより細かく純粋にするために28〜29℃と低く保たれる。また2000年以降は、新オーク樽（100%）の焼きが軽くなっている——これはダルアンの先任者であるパトリック・レオンが導入した。

特に注目すべきは、グラン・ヴァン、そしてセカンドワインのセレクションが非常に厳しくなったということである。1980年代と90年代、グラン・ヴァンのムートンの生産量の割合は、全体の80%前後を推移し、時にそれ以上に達することもあった（1982と1989には91%にもなった）。2000年でもその割合は85%であったが、その数字を2008年——ムートン54%、ル・プティ・ムートン25%で、残りは系列のネゴシアン行きであった——と比べれば変化は歴然としている。2005ですでにグラン・ヴァンは64%しかなかった。このように2004以降この傾向は続いており、それに伴ってワインはさらに名声を増しているようだ。

ムートンはまた、少量の、みずみずしい高価な白ワイン、エール・ダルジャンも製造している。これは、シャトーの、1980年代に植えた、合わせて45haになる離れた3つの区画の葡萄を使っている。57%が主要品種のセミヨンで、ソービニヨン・ブランが42%、そして少量のムスカデルによってまろやかさが付け加えられている。

極上ワイン

Château Mouton Rothschild
シャトー・ムートン・ロートシルト

ムートンは、ポーイヤックの第1級の中で最も豊饒なワインであり、そのエキゾチックで、肉感的な性質は、ラフィットの洗練された物腰や、ラトゥールの鋼のような強靭さと好対照をなしている。とはいえ、ポーイヤックであることに変わりはなく、色調、力強さ、ミネラルはしっかりと残され、長熟の可能性は疑いようもない。2002年に1961★をテイスティングしたが、霜が収量を1ha当たり16hℓにまで激減させた異常なヴィンテージであったにもかかわらず、そのワインの若さと溢れんばかりの生命力に驚かされた。同時にテイスティングした1982★は、豊かで、雄大で、力強かった。それとは対照的に、1983はしなやかで新鮮さがあったが、控え目な感じがした。1989は厳格で、タンニンが固く、その反対に1990は、豊潤でどちらかといえば過熟の感があり、年齢の割に熟成が進みすぎているように感じられた。1996★は大きく、深遠で、カシス果実が押し寄せてきて、まだまだ長く熟成する。

新世紀に入ってからのヴィンテージは、純粋さと正確性が増し、オークが前面に出すぎず、しかもワインの複雑さとスパイシーさに大きく寄与している。基準は明らかにより高く設定されている。以下は2009年9月にシャトーでテイスティングしたもので、どれもテイスティング4時間前に2回デカンティングを繰り返した。

1986★ このワインはすでに信じられないくらいの名声を獲得していたが、今その理由が明確になっている。豊かで凝縮されており、官能的。20年以上を経過しても、まだその若々しい殻をほとんど破っていない記念碑的なワイン。光を通さない深い色調、グラスの縁にわずかにレンガ色が見える。壮大なブーケ——漂う精妙な芳香、いくつものスパイスの混ざった香り、それにミネラル、カシス、タバコ。口に含むと良く熟した凝縮された味わい、そして信じがたいほどの豪華な触感。ほとんど頂上に達しているかとも思えるが、ミネラルの新鮮さがいつまでも続き、引き戻される。まだ噛むようなタンニンは健在（ラベルの絵はベルナール・セジョルネ）。

1995 華麗でエキゾチック、しかし深いところに緑っぽさが潜んでいるようだ。深いルビーのような赤色。ヒマラヤスギやスパイスの強い香りが鼻腔を襲い、時間が経つにつれグラスのまわりにハーブのノートが漂う。口に含むと、酒躯（ボディ）はしっかりしており、大胆で男性的であるが、鼻からの時よりもより進化した香り。依然として力強く、壮健とさえ言うことができ、タンニンの骨格はしっかりとしており、後味にミントが感じられる（ラベルの絵は、アントニオ・タピエス）。

2005★ 荘厳なワイン。力強く、同時に均整が取れ、きめの細かい触感。素晴らしい香りはムートンの真髄。エキゾチックなスパイシーさもある。口に含むと、豊かな完熟果実の風味、しかし絶対音感で造られていることがわかる。後味は新鮮で、ミネラルが香り、タンニンの微粒子は長く力強く純粋である（ラベルの絵はジュゼッペ・ペノーネ）。

Château Mouton Rothschild
シャトー・ムートン・ロートシルト

総面積：85ha 葡萄畑面積：85ha
生産量：グラン・ヴァン17万本
セカンドワイン10万本
33250 Pauillac Tel: +33 5 56 73 21 29
www.bphr.com

左：傑出した美術館から逃げ出してきたバッカス像の横に立つ、ムートンの有能な醸造長フィリップ・ダルアン。

PAUILLAC

Pichon-Longueville ピション・ロングヴィル

シャトー・ピション・ロングヴィルは、元は広大なピション家の地所の一部であった。1850年にジョセフ・ピション・ロングヴィルが亡くなると、その地所は2つに分割され、一方が、現在のピション・ラランドとなり、残りの5分の2（そのうち葡萄畑は28ha）がジョセフの息子のラオールに継承され、現在のシャトー・ピション・ロングヴィル（時にピション・バロンと呼ばれることもある）の前身となった。ポーイヤックの南端の地に現在の壮麗な邸館を建てたのが、このラオールである。両翼に小塔を持つその邸館は、ボルドー屈指の美しさを誇り、おとぎ話に出てくる古城のような姿を前庭の広い池の水面に映し出している。2007年には、その池の地下の見えないところに投資が行われ、最新式の樽貯蔵庫が完成した[TM]。

シャトーの現代史は、実質的には、ピション・ロングヴィルがフランスの保険会社のワイン製造部門、アクサ・ミレジムに買い取られた1987年に始まる。前の所有者はシャトーを衰退させるにまかせ（投資を行うこともなく、直接監督することもなかった）、1960年代から80年代までの長い停滞の時代を招いた。アクサのリーダーであったジャン・ミシェル・カズと醸造家のダニエル・ローズは、新規投資を精力的に行い、葡萄畑の管理とセレクションを徹底させることによって、すぐさまワインを上昇気流に乗せ、1988、1989、1990のヴィンテージで素晴らしい結果を出した[TM]。

今から振り返ると、1990年代はこのシャトーの拡張と併合の時期であった。多くの土地が購入され、葡萄樹が植えられた。しかし最も大きな変化は、シャトー内部を真新しく造り変えたことであった。大きな反響を呼んだ最新式のワイナリーが完成したのは1991年であった。フランスとアメリカの建築家チーム——ジャン・デ・ギャスティンとパトリック・ディロン——がタッグを組んで、設計を担当した。それは円形のキュヴィエで、中央が列柱で支えられたドーム型になり、樽貯蔵庫と瓶詰めラインが併設されている。技術的な効率性を考えて全体を地下に建設したもので、劇場のように壮麗で、しかも極めて現代的な

右：おとぎ話に出てくる古城のようなピション・ロングヴィルのシャトーが、日を浴びて美しく輝いている。しかしこれまでその美しさがワインに反映されることはなかった。

82

ピション・ロングヴィルは、典型的なポーイヤック・スタイルである。豊かで、力強く、落ち着きがあり、余韻が長い。色調は暗く、果実の凝縮感があり、感動的──そして長く熟成する可能性を示す骨格がある。

PICHON-LONGUEVILLE

設備であったが、外部の人々は、称賛するものと軽蔑のまなざしを向けるものに分かれた。

カズは2000年に引退し、アクサのワイン部門は、ピション・ロングヴィルも含めて、センスの良い敏腕なイギリス人クリスチャン・シーリーの手に委ねられた。彼の下で、グラン・ヴァンの中核を担う古い葡萄畑の全面的な改修が行われた。それは県道2号線を挟んで向かい側にシャトー・ラトゥールを望むなだらかな起伏を描く場所にあり、葡萄畑全面積中ほぼ60％を占めている。土壌は砂利が厚く堆積しており、多くの葡萄樹が樹齢50～60歳の古樹である。傷んだり、結実不良となっている古樹が抜き取られ、そこに新苗が植えられる再植が行われた。「毎回のテイスティングで、このテロワールの畑から最上のワインが生まれることを確信している」と、蝶ネクタイの良く似合う、物腰は柔らかいが聡明なシーリーは言う。

シャトーの現代史は、実質的には、ピション・ロングヴィルがフランスの保険会社のワイン製造部門、アクサ・ミレジムに買い取られた1987年に始まる。

最新式の設備が輝いているが、ここでのワインづくりはかなり伝統的である。最近では、小区画ごとの醸造が推進され、最終段階までそれが貫かれる。2005年以降に導入された小さな発酵槽が、それを可能にしている。1987年からピション・ロングヴィルで働いてきて、現在醸造長を務めているジャン・レネ・マティグノンは、それぞれの小区画に最も適した醸造法を微調整している。エルヴァージュは新オーク樽80％で18カ月行う。新設された樽貯蔵庫は空調設備が24時間稼働し、どの樽も同じ条件で熟成することが可能だ。キュヴィエのデザインとは対照的に、ここには構造を支える柱は1本もなく、巨大なアーチが1つ架かっているだけである。

極上ワイン

Château Pichon-Longueville
シャトー・ピション・ロングヴィル

ピション・ロングヴィルは典型的なポーイヤック・スタイルである。豊かで、力強く、落ち着きがあり、余韻が長い。色調は暗く、果実の凝縮感があり、感動的——そして長く熟成する可能性を示す骨格がある。葡萄畑の65％をカベルネ・ソーヴィニヨンが占めるが、ブレンドでは常に70％以上を占め、残りがメルローとなっている。以前栽培していた少量のカベルネ・フランはすべて引き抜き、代わってプティ・ヴェルドーを少量栽培している。グラン・ヴァン専用の葡萄を生産するために古い葡萄畑を蘇らせ、セレクションを厳密にしたことによって、ワインの生産量が減少した。クリスチャン・シーリーは、まるで生徒を見守る教師のようなまなざしで、1990年代は毎年30万本以上を生産していたと言う——そこには言外に、「まだまだ改良の余地はある」という意味が含まれている。現在収穫は1ha当たり40hℓ前後（2008年は36hℓ）で、新世紀に入ってからのワインは高い質を維持している。セカンドワインのレ・トゥレル・ド・ロングヴィルは、メルローを50％以上使用しているが、そのメルローは主に、西側の端のバタイエに近い、サンタンヌと呼ばれる飛び地区画で栽培されている。こちらは、まろやかさのある飲みやすいワインで、早い時期に飲むことができる。

2004　暗い色調で骨格がしっかりしており、カシスのアロマが明瞭に表現されている。口に含むと、凝縮感と生命力は2005や2006に比べるとやや劣るが、それでも堅牢で、長く熟成させることができる。

2005　凝縮された純粋な香りが鼻腔に漂う。口に含むと力強く滑らかな触感で、深みと長さがしっかりと感じられる。

2006 ★　ある種の貴族的な古典主義がある。口に含むと純粋、堅牢で、酸が新鮮さと後味の長さに寄与している。1996ヴィンテージを思い起こさせる。長く瓶熟させることができ、質では2005に近い——この意味で高い価値を持つ。

右：ピションの歴史ある葡萄畑をグラン・ヴァンのための畑として見事に復活させた、完璧な質を追求するクリスチャン・シーリー。

Château Pichon-Longueville
シャトー・ピション・ロングヴィル

総面積：88ha　葡萄畑面積：72ha
生産量：グラン・ヴァン20万本
セカンドワイン15万本
33250 Pauillac　Tel：+33 5 56 73 17 17
www.pichonlongueville.com

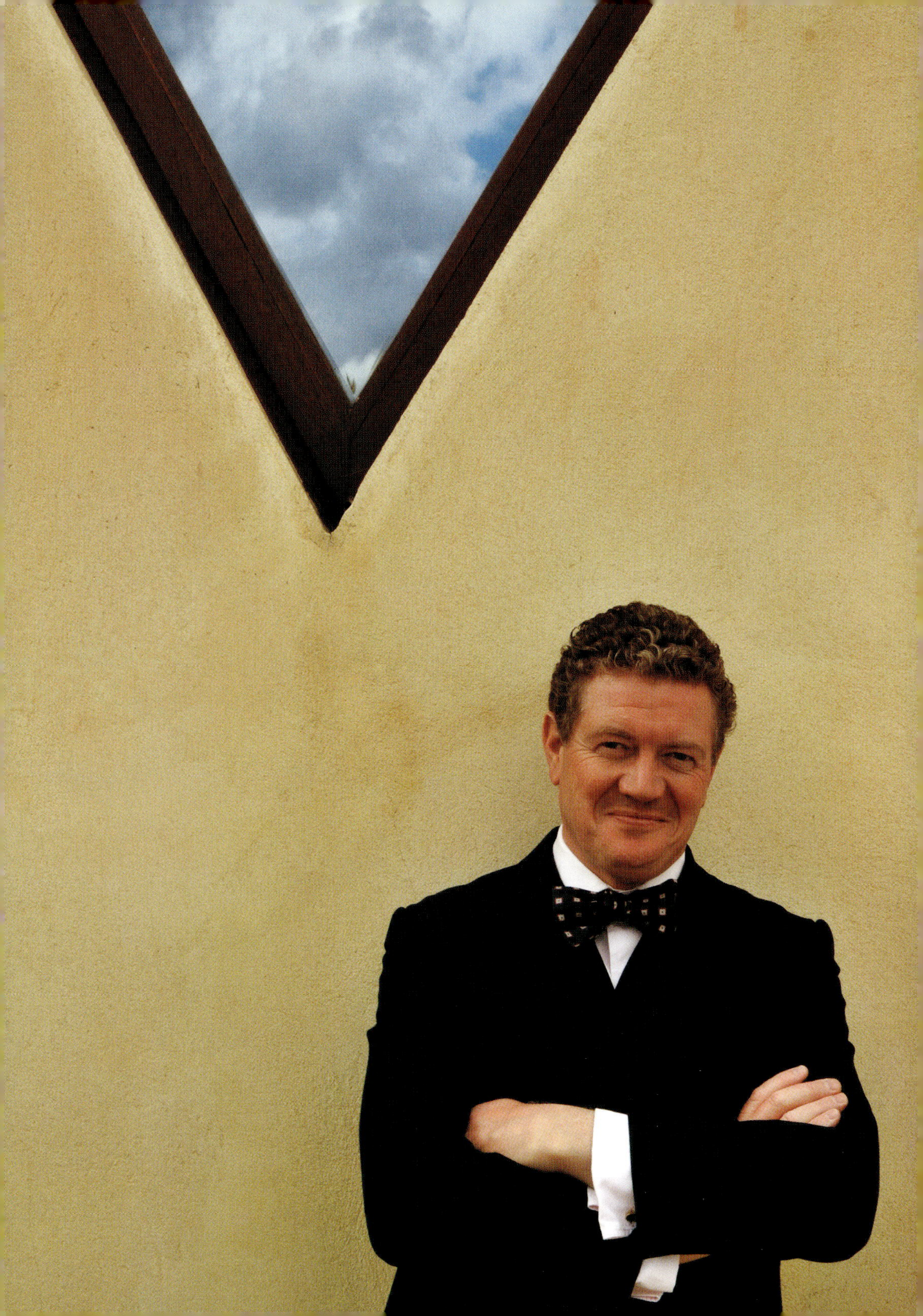

PAUILLAC

Lynch-Bages　ランシュ・バージュ

　家の物語は、ジャン・シャルル・カズが正式にシャトー・ランシュ・バージュを取得した1939年に始まる。シャトーはその後、息子のアンドレ、次いで孫のジャン・ミシェルに継承され、現在は2006年に、同名のひ孫であるジャン・シャルルが継いでいる。シャトー・ランシュ・バージュの成功は、数世代にわたるカズ家の努力のたまものである。かつては低い第5級の格付け相応にしか考えられていなかったが、その品質と評判は高まる一方で、現在では第2級の価値さえあると評価されている。

　バージュという名前は、バージュ台地という地名から付けられているが、リンチという愛称が示すように、この土地は以前、アイルランド人の所有であった。17世紀後半に父と共にボルドーの地にやってきたトーマス・リンチ某が、1740年にこのドメーヌの女子相続人エリザベス・ドルイラードと結婚した。葡萄園は、1824年までリンチ家の下にあったが、その後何回か所有者が変わり、最後にジャン・シャルル・カズが舞台に登場する。彼は最初1934年に、ランシュ・バージュの支配人として招かれたが、その5年後、自らシャトーを買い取り、オーナーとなった。

　その頃すでにサン・テステーフのシャトー・レ・ゾルム・ド・ペズのオーナーであったカズは、葡萄畑の再植樹と改良を積み重ね、戦後の一連のヴィンテージで、特に1950年代に、ランシュ・バージュの評価を確立した。「祖父はリスクを恐れず、他の誰よりも遅く摘果した」と、孫のジャン・ミシェル・カズは話す。アンドレ・カズがその後を継ぎ、さらに畑を増やしていったが、彼は保険会社を経営し、ポーイヤックの市長も務めていたことから、多忙を極めており、彼の息子で、パリで20年間別の仕事に就き生活していたジャン・ミシェルに、戻ってきてシャトーの経営を手伝うように説得した。1972年、ジャン・ミシェルが帰ってきた。

　1974年から実質的にジャン・ミシェル・カズが采配を振るい、その後、妹のシルヴィーも協力に駆け付けた。当時、投資できる金額は限られていたが、彼はワイナリーを現代化し、葡萄畑を再構築した。彼はまた才能ある若き醸造家のダニエル・ローズを雇った。ローズはワインのスタイルを確立し、質を高めるのに大きく貢献した。またグラン・ヴァンのセレクションを厳しくするために、セカンドワインのオー・バージュ・アヴルーを導入した（その名前は2008年に、エコー・ド・ランシュ・バージュと改名された）。この改革と改良は、1980年代の秀逸なヴィンテージの連続へと結実し、それ以来ランシュ・バージュは絶好調が続いている。

　ランシュ・バージュの歴史的心臓部ともいうべき主要区画が2カ所あり、それぞれバージュとモンフェランの2つの台地に位置している。両方とも、優れた土質のガンジアン砂利層である。前者はシャトーのまわりを囲むように広がる畑で、1980年代に植替えが行われた。後者はやや西に行ったところにあり、バタイエへ向かう道路の両側に広がっている。そこには畏敬の念さえ覚える樹齢80歳の古樹がある、また現在植え替えが行われている小区画もある。さらに南側、ポーイヤックの南端にあるトラントドンにも葡萄畑があり、グラン・ヴァンの果実風味に寄与している。そこの土壌は、より細かな砂利からなり、1960年代に再植樹が行われた。

　2006年にジャン・シャルル・カズが総支配人に就任してから、葡萄畑の改良に焦点が絞られてきた。再植樹と並んで、本格的に土壌調査が行われ、プティ・ヴェルドーとカベルネ・ソーヴィニヨンのためのマサル・セレクション（26頁参照）が始まられた。収穫は小区画ごとに、より選別的な方法で行われ、白ワイン（ブラン・ド・ランシュ・バージュ）のスタイルも、ワインの新鮮さを高めるための早めの収穫に変更された。「ランシュ・バージュは大洋を航行するタンカーのようなもので、そのコースは時々修正する必要があるんだ」と彼は言う。彼は今、さらに大きな視野で、近い将来キュヴィエを新築する計画について考えている。

極上ワイン

Château Lynch-Bages
シャトー・ランシュ・バージュ
　後味の長さと力強さは言うまでもないが、ランシュ・バージュはこれまで常に、その豊かな風味と果実味の芳醇さで称賛されてきた。このワインには、ラフィットのエレガントさよりも、ムートンの堂々とし

右：父から息子へと代々継承されてきた伝統は、ジャン・ミシェル・カズと息子のジャン・シャルルで4世代目となる。

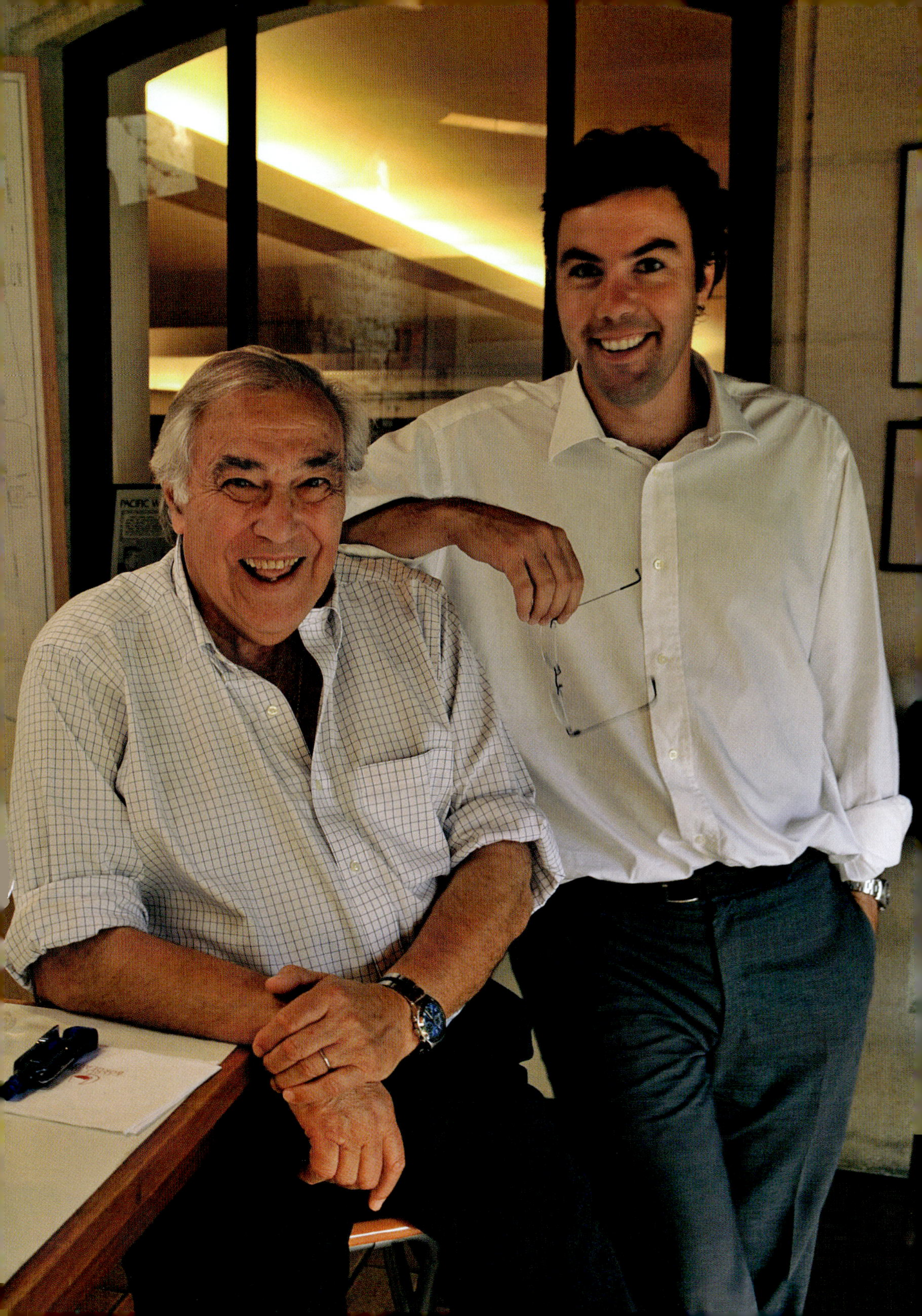

た風格が感じられる。1950年代にジャン・シャルル・カズが、どこよりも遅く、どこよりも完熟させて摘果することによって、今日のスタイルの基礎を築いた。そのスタイルは、完熟時期の正確な見極め、それにふさわしい醸造技術の確立を通して現在まで貫かれている。1981年にダニエル・ローズによってデレスタージュ（Delestage：発酵中に液を引き抜き、果皮や種子を酸素に触れさせ、液を戻すことにより色素やタンニンの抽出量を調整する方法）が導入されたが、アルコール生成前の発酵段階で果実味を抽出するために、時には8回も行われることがある。カベルネ・ソーヴィニヨンが主要品種で、葡萄畑全面積中73％を占め、収穫は抑制されるのではなく、尊重される。熟成は新オーク樽70〜80％で、16カ月間行われる。2009年9月に、シャトーのワインを垂直テイスティングする機会に恵まれた。全体の基調となっているのは、1982からの一貫性である。ロンドンの極上ワイン取引商ファー・ヴィントナーズのステファン・プロウェットは叫んだ。「ランシュ・バージュはヴィンテージよりも強力だ。なぜならそれは私を失望させることがない」。以下がその日のテイスティングのハイライトである。

1959★　新鮮でエレガント。果実味と酸がまだ明確。繊細で精妙、長い後味。
1966★　力強いワイン。深い色調、グラスの縁に微かにレンガ色が煌めく。まだ円熟味があり、豊かでスパイシー。カラント、ミネラル、燻香のノートがある。舌の中央に甘さが感じられる。
1970★　力強いが均整が取れている。豊かで良く熟しており、生き生きとした果実が支配している。しっかりした後味。まだ長く熟成させることができる。
1982　深い色調、凝縮され、甘く、豊潤でまろみがあり、確かにポーイヤック的であるが、ランシュ・バージュ独特の果実味と華麗さもある。
1988　スパイスと黒果実、タバコの微香もある。骨格がしっかりしており、かなり存在感がある。
1989★　果実の素晴らしい凝縮感。力強さと精妙さもある。口に含むとまだ全然開ききっておらず控えめ。
1990★　暗い色調、豊かでフル。芳香性が高く、バランスが美しい。繊細だが、長く熟成する。
1993　若葉やタバコの微香があるが、驚くほど控えめ。口に含むと、愛らしく、新鮮で、均整がとれている。
1994　堅牢で、長く、ほんの少し禁欲的。後味にタンニンが力強く感じられる。
1996★　豊かな果実を先頭に魅惑的な香りが次々に鼻腔を襲い、口に含むと甘くまろやかで、雄大。酸が後味にバランスの良さをもたらしている。
1999　純粋、良く熟した果実味、高い芳香、クリーム、ピリッとしたオーク香。果実が口中を満たす。今飲み頃。
2000　甘く、燻香があり、エキゾチックな香りが鼻腔に漂う。とても可愛い果実。長くきびきびとした後味。まだ十分熟成する。
2001　2000と同様だが、より直接的な魅力がある。
2004　愛らしく深い果実味。長くピリッとした後味。均整のとれたミディアム・ボディのワイン。
2005★　深く、長く、骨格がしっかりしている。タンニンは力強く洗練されている。巨大な存在感。それは長く熟成する価値があることの証明。
2006　ヴィンテージのスタイル通りの、しっかりした力強いワイン。酸が長い線のような後味を付け加える。

左：カズ家が新たにバージュ村の広場に開いた店。少しずつ改修している。

Château Lynch-Bages
シャトー・ランシュ・バージュ
総面積：105ha　葡萄畑面積：97ha
生産量：グラン・ヴァン42万本
セカンドワイン20万本
33250 Pauillac　Tel: +33 5 56 73 24 00
www.lynchbages.com

PAUILLAC

Pichon Comtesse de Lalande ピション・コンテス・ド・ラランド

　2007年にルゾー家がピション・コンテス・ド・ラランドを買収した時、傍観者のほとんどが、それがすべての関係者にとって最も満足できる決断だと、歓迎した。ルゾー家は、すでにロデレール・シャンパンのオーナーとして、高い基準を達成する手腕の持ち主であることを示していたが、確かに、古い歴史を誇るこの偉大なシャトーは、良い引き取り手を得たということができる。しかし同時にそのニュースは、一抹の哀歓なしには聞くことができない。その買収は、このシャトーの栄光ある一時代——前の所有者であるメイ・エレーヌ・ド・ラングザンの毅然とした個性に率いられた——の終わりを告げるものであったからである。ピション・ラランドが、だれもが知るように、1970年代後半から今日まで高い評価を得ることができたのは、まさにその大部分を彼女の献身と熱情に負っているのである。

メルロー全体で全面積の35%を占めている。
そのことによってワインに、
独特の魅力ある豊潤さ、エレガントさ、
ベルベットの触感がもたらされている。
それはまた、早めに飲んでも美味しいという
特徴にもつながっている。

　前に述べたように、1850年に広大なピション家の地所は2分割され、片方を息子のラオールが継ぎ、残りの5分の3（そのうち葡萄畑が42haを占める）を3人の娘が継承した。当初2つの地所は1つのシャトーとして運営されていたが、1860年にラオールが死ぬと、彼の妹のヴィルジニー・コンテス・ド・ラランドが、姉妹の地所を別個に管理することを決意し、最終的に彼女が姉妹の土地全体を取得した。邸館の方は、それよりも早く1840年に建てられていた。
　ピション・ラランドはそれ以降しばらくの間、同一家系の下にあったが、1926年に、親しかったボルドーの酒商であるミュイレ家の兄弟（エドワードとルイ・ミュイレ）に買い取られた。エドワードの娘のメイ・エレーヌが1978年に相続するが、彼女は将軍の妻として夫と共に世界各地を転々とした後、ついにボルドーに戻りシャトーの経営に専念することにした。このラングザン将軍の夫人は、まさしく女傑と呼ぶにふさわしい女性で、精力的に投資を行い、ステンレス・タンクの並ぶ最新式のキュヴィエを新設し、既存の樽貯蔵庫を拡張し、1986年には新たに2番目の貯蔵庫も完成させた。彼女はまた、現在の醸造長であるトーマス・ド・チ・ナムと支配人のジルダス・ドロンを招へいした。その一方で彼女は、将軍の妻としての務めを再開し、疲れを知らない大使として世界各地を巡った。
　シャトーと樽貯蔵庫は県道2号線の河岸側に位置し、一方を北のポーイヤック市街地の方に向けている。その見晴らしの良いテラスからは、シャトー・ラトゥールの素晴らしい眺望を望むことができ、その向こうにはジロンド河の流れも見える。シャトーを囲む葡萄畑は、誰もがラランドのものと思うだろうが、1小区画を除いて、そこはすべてラトゥールの所有地である。実はラランドの葡萄畑は、県道2号線の反対側にあり、65haの主要部分は、ピション・ロングヴィルの畑の西側と南側に広がっている。その他11haの、地理的にはサン・ジュリアンに属する区画があるが、歴史的な経緯でピション・ラランドに含まれることが許されている。
　もう1つ12haの葡萄畑が、さらに西のサンタンヌのバタイエ近くにもある。ここは1980年代に植樹されたところであるが、すでにシャトーの働き手となっている。しかしここの葡萄がグラン・ヴァンに入ることはめったにない。北に行くと、サンソヴール近くに、もう1つポイヤックに属する9haの畑があるが、そこは1997年に購入したクリュ・ブルジョワのシャトー・ベルナドットの一部である。これらの葡萄畑もピション・ラランドに組み込まれており、その葡萄樹は、時おり極上ワインにふさわしい果実を生み出すことがある。
　現在の段階では、ルゾー家に所有が移ったことで、どのような変化が表れているかを述べることは難しい。しかし意識が葡萄畑に向けられていることは確実だ。土壌調査が行われ、排水状態が検査され、葡萄樹の手入れと土の鋤き返しに今まで以上の人員と時間が費やされている。ドロンは説明する。「ルゾー家は人目につくことをしたいと思っているのではなく、改良のための手段はすべて提供する、と言っているだけだ。」

上：均整のとれた古典的な美しさを見せるピション・ラランドの裏側正面。それはこのシャトーのワインのエレガントさと調和の象徴である。

極上ワイン

Château Pichon Longueville Comtesse de Lalande
シャトー・ピション・ロングヴィル・コンテス・ド・ラランド

　ピション・ラランドの特徴は、まず何よりもブレンド中メルローの比率が高いことである。ミュイレ兄弟がこの品種を深く愛し、1920〜30年代にかけて精力的に植樹した。現在残る最古の畑は、1939年に植えられたもので、メルロー全体で葡萄畑全面積の35%を占めている。メルローの比率が高いことによって、このシャトーのワインには、独特の魅力的な豊潤さ、エレガントさ、ベルベットの触感がもたらされている。それはまた、長熟する能力を有していながら、早めに飲んでも美味しいという特徴にもつながっている。ブレンドには普通その他、少量のプティ・ヴェルドーとカベルネ・フラン（それぞれ葡萄畑の面積で8%と12%）が加えられ、色調の深さと新鮮さ、さらなる精妙さが添えられている。カベルネ・ソーヴィニヨンは葡萄畑の45%を占めているが、今それは拡大されつつある。2000以降のヴィンテージは、カベルネの影響がより強くなっているが（2008は63%）、醸造長のトーマス・ド・チ・ナムはそれを認めている。「今カベルネ・ソーヴィニヨンを増やす傾向にある。というのも、それは昔よりも完熟しやすくなっているから」と。その基準となるワインは1996のようで、今後このシャトーのワインが、より凝縮され、堅牢になり、より力強くなる——要するにもっとポーイヤックらしくなることが予想される。醸造法は伝統的で、グラン・ヴァンは新樽比率50%で、18カ月熟成される。

1985★　今美しく熟成している。力強くアロマが漂い、タバコ、腐葉土、黒果実の微香がある。口に含むと新鮮さがいつまでも続き、後味はやや辛口である。

1996★　非常にポーイヤックらしい。カシス、ヒマラヤスギ、タバコの微香。凝縮された口当たり、しかしきめは細かく、凛としており、後味は長く新鮮。

2001★　とても官能的でエキゾチックなアロマ。口当たりはまろやかで、甘く、雄大でスパイシー。鼻腔に甘草とモカが感じられる。飲みやすいが良く熟成する。

Château Pichon Longueville Comtesse de Lalande
シャトー・ピション・ロングヴィル・コンテス・ド・ラランド

総面積：92ha　葡萄畑面積：87ha
生産量：グラン・ヴァン23万本
セカンドワイン18万本
33250 Pauillac　Tel: +33 5 56 59 19 40
www.pichon-lalande.com

PAUILLAC

Pontet-Canet ポンテ・カネ

最近ボルドー愛好家の間で、ポンテ・カネが2つの点で話題になっている。1つはワインの質が劇的に向上していること、そしてもう1つは、葡萄畑をビオディナミで管理していることである。私の知り限りでは、ポンテ・カネは格付けシャトーの中で、この大胆な方針を打ち出した唯一のシャトーである。ここ以外にも小区画で実験しているシャトーもあるにはあるが、80haもの葡萄畑をこの方法で管理しているところはない。とはいえ問題が残る。すなわち、この2つの点は、何らかの関係があるかということである。ポンテ・カネのオーナーであるアルフレッド・テッサンは確かにそう信じたがっている。「有機栽培が目的なのではなく、良いワインを造ることが目的なのだ」と。

1975年にこのシャトーを購入したのは、アルフレッドの父で、コニャック商のギュイ・テッサンであった。その前は、1865年からネゴシアンのクリューズ家が所有していた。そのワインは、クリューズ家の販売網のおかげで、フランスでは（特にフランスの列車の上では）知名度は高かった。しかし1972年までワインは、ボルドー市内にあるネゴシアンのセラーで瓶詰めされており、時にはヴィンテージが示されていない時もあった。そのため一般にシャトーとワインは別の商標として取り扱われていた。

アルフレッド・テッサンは、シャトーを購入した後の1970〜80年代には、投資のための資金がほとんどなかったことを認めている。彼はまず、葡萄畑の状態がひどい状態だったため、最初に、傷んだ葡萄樹の引き抜きと植替えを行った。これが1990年代まで続いた。1982年には、セレクションを改善するためにセカンドワインのレ・オー・ド・ポンテが導入された。1989年には、グリーンハーベスト（33頁参照）が試験され、1994年以降は計画的に実行されるようになった。またこの頃、新しいキュヴィエが建設された。

1999年からワイナリーへの大規模な投資が行われるようになり、瓶貯蔵庫と農機具のための建物が建設された。また樽貯蔵庫が拡張・修復され、醸造室が改良された。そこには現在木製大桶が16基と、円錐型の80hℓ入りのコンクリート槽が32基、そして選果台が据えられている。

葡萄畑は2つの区画に分かれている。栽培面積の3

上：新しくポンテ・カネに雇われた馬の1頭。馬はトラクターに比べ土を固めることが少ないといわれている

分の2を占める中核的な区画が、ムートン・ロートシルトの向かい側の台地にある19世紀に建てられた邸館のまわりである。ここには2つの小丘が隆起しており、最も高いところは30mほどの高さがある。この隆起した部分は、ガンジアン砂礫層に覆われており、ここが最も重要な中核的テロワールとなっており、斜面部分は砂と粘土の割合が高くなっている。もう1つの区画は、ポーイヤックの市街地のすぐ北に位置し、土壌は不均質で、そこには主にメルローが植えられている。

ビオディナミは、20年前からポンテ・カネの醸造長をしているジャン・ミシェル・コムによって始められ、推進されている。「熟考の結果、化学薬品を使わないで品質を維持していくためには、それが最善の方法だと結論を出した」と彼は言う。とはいえその過程はゆっくりと進行した。2001年に殺虫剤の使用を止め、2003年には除草剤の使用も止めた。そして2004年に初めて14haの

上：ポンテ・カネのオーナーのアルフレッド・テッサン。彼はビオディナミへの転換を、勇気を持って後押ししている。

小区画をビオディナミに転換した。2005年から全葡萄畑をビオディナミに転換していく計画を実行に移していたが、2007年にウドンコ病が発生し、薬剤散布を余儀なくされたため、計画は遅れている。「われわれは今ではその薬剤散布を後悔している。他のシャトーもわれわれ同様被害を受けたが、われわれは散布の15日後には、ビオディナミに戻ることができたから」と、コムは説明する。

コムによれば、2008年以降は、葡萄畑はバランスを回復しているということである。今ではグリーンハーベストも余剰枝剪定もごくわずかしか行わず、馬による耕作も実験的に始めている。彼は、2008年にビオディナミで1ha当たり45hℓを生産した区画を指差しながら、2009年も同様の収穫が見込めると言った。葡萄畑の実践とワインの質のつながりが最も明白に表現されているのが、この畑だと言う。「大事なことは観察によってテロワールの本質をつかむことだ。これは常に道徳的であり、自然法則にかなっている」。コムは厳格な改宗者である。アルフレッド・テッサンはそれほどでもないと思うが、今品質は確かに向上し、彼もそれを喜んでいる。

極上ワイン

Château Pontet-Canet
シャトー・ポンテ・カネ

　葡萄畑の構成は、カベルネ60％、メルロー33％、フラン5％、ヴェルドー2％。葡萄果実は、自重式送り込み装置で搬入され、破砕されて槽に入れられる。自然製法を貫き、土着の酵母だけが使われ、各槽の温度は手動で調節される。熟成は新オーク樽60％で行う。ワインは色調は深みがあり、凝縮され、力強く、ポーイヤックの男性的魅力にあふれている。開栓には辛抱強さが必要。最も近い比較対象は、ピション・ロングヴィルだろう。2000以降、品質は格段に向上している。

2001★　最近のヴィンテージに比べてより直接的な魅力がある。しかしタンニンはもう少し熟成させた方が良い。後味に、ブラックカラントの微香とミネラルの新鮮さが感じられる。
2003　深い色調。まだどちらかといえば閉じていて、タンニンの骨格が荒々しい。酷暑のヴィンテージのわりには新鮮で、もう少し時間が必要。

Château Pontet-Canet
シャトー・ポンテ・カネ

総面積：120ha　葡萄畑面積：81ha
生産量：グラン・ヴァン25万本
セカンドワイン10万本
33250 Pauillac　Tel: +33 5 56 59 04 04
www.pontet-canet.com

PAUILLAC

Grand-Puy-Lacoste　グラン・ピュイ・ラコスト

グラン・ピュイ・ラコストは通好みのワインで、徹頭徹尾ポーイヤック的である。豊かで、生気に溢れているが、バランスも良く、風格があり、ブラックカラント、ヒマラヤスギ、ミネラルの微香がある。その微香はこのアペラシオンの特徴である。オーナーのフランソワ・クサヴィエ・ボリーは、近隣の巨星たちのきらびやかさとそれに対する投機熱を嫌い、長く熟成することができ、豊かな満足感を与えるワインづくりを心掛けている。

最近セラーとキュヴィエに新たな投資を行ったが、ワインの精髄はあくまでもテロワールと葡萄畑でのきめ細かな手作業によってつくられるという彼の信念は変わらない。ピュイは地元の言葉で小丘（cosやfileも同じ）を意味するが、グラン・ピュイ・ラコストの葡萄畑は、河から内陸部に入った砂利の多い小高い丘の1区画にある。一見したところ、土地は平坦に見えるが、19世紀に建てられたシャトーの裏手は、西に向かって下の公園まで、わりと急な斜面になっている。これは、排水が自然のままでも良好ということを意味している。

グラン・ピュイ・ラコストは通好みのワインで、徹頭徹尾ポーイヤック的である。豊かで、生気に溢れているが、バランスも良く、風格があり、ブラックカラント、スギ、ミネラルの微香がある。

そのシャトーは、1978年に、シャトー・デュクリュ・ボーカイユのジャン・ウジェーヌ・ボリーによって購入され、息子のフランソワ・クサヴィエが経営を任されていたが、2003年以降は、彼が実質上のオーナーとなった。最初葡萄畑は30haしかなく、その後25haが買い足された。ここは典型的なカベルネ・ソーヴィニヨンの土地で、75％がその品種で、5％がカベルネ・フラン、そして残りがメルローとなっている。葡萄樹の平均樹齢は、2009年で38歳であった。葡萄樹の多くはリパリア台木に植えられているが、それはテロワールの早熟の性質とあいまって、葡萄果実の均質で高い成熟を保証している。

ワイナリーへの投資に関しては、1997年に発酵室が改修され、温度調節機能付きのさまざまな大きさのステンレス・タンクが導入された。また2003年には樽貯蔵庫が新設され、2006年以降は葡萄果房の搬入も最新式のものに替えられた（振動選果台など）。醸造法は出来るだけ伝統的な方法で行われている。3週間のキュヴェゾン（浸漬）の後、フリーラン・ワインが抜き取られ、圧搾ワイン（最終的なブレンドの10〜12％を占める）が注意深くセレクションされる。マロラクティック発酵はステンレス・タンクで行われ、新オーク樽65％で16カ月間熟成される。1982年から、セカンドワインのラコスト・ボリーが生産されている。

極上ワイン

Château Grand-Puy-Lacoste
シャトー・グラン・ピュイ・ラコスト
　このワインは伝統的な方法で造られた古典的なポーイヤックである。この寺院の守護神とも言うべきボワスノ親子は、今もコンサルタント醸造家として助言を続けている。
1982★　他の多くの1982と同様に、かなり収量の多い年（1ha当たり62hℓ）から生まれた偉大なワイン。熟成の頂点に達しているが、繊細な果実味にあふれ、タンニンもしっかりしている。
1990　良く熟して官能的。暗い色調で、白檀、スパイス、黒果実の芳香が立ち上る。口に含むと甘く、凝縮され、タンニンは滑らか。
1996★　生気あふれるコクのあるワイン。ブラックカラント、鉛筆の芯の微香はまさしくポーイヤック。愛らしい新鮮さ、ミネラルが長く続く。
2003　カラントの微香があり、この年の暑く乾燥した気候を思い出させる。しかしいつも通りミネラルは健在。口に含むと豊潤な果実味と壮健なタンニン。きめ細かいというよりは堅牢。
2004　少し骨格が揺らいでいる感じだが、長く持続する。ブラックカラントとブラックベリーの微香。豊潤な果実風味。タンニンはまだ少し口をつかむ。
2005★　芳醇で精妙。カシスとヒマラヤスギの微香がはっきりと捉えられる。口に含むと凝縮感があり、長くとどまり、酸がバランスを取っている。非常に精妙なワイン。
2006　質的に2005に近い。精妙さではやや劣るが、芳醇な香りが一面に広がる。口に含むと力強く、タンニンはきめ細かく長く続く。

Château Grand-Puy-Lacoste
シャトー・グラン・ピュイ・ラコスト
総面積：95ha　葡萄畑面積：55ha
生産量：グラン・ヴァン18.5万本
セカンドワイン10万本
33250 Pauillac　Tel: +33 5 56 59 06 66
www.chateau-grand-puy-lacoste.fr

ST-JULIEN

Léoville-Las-Cases レオヴィル・ラス・カス

レオヴィル・ラス・カスの心と魂は、サン・ジュリアンの村落のはずれから北のシャトー・ラトゥールとの境界まで広がる53haのグラン・アンクロにある。最近この畑を囲む石壁が修復されたが、その石壁の門の上で辺りを睥睨しているライオン像は、ひときわ目を引くランドマークとなっているだけでなく、ラス・カスのラベルとそのワインの香りを思い出させる。

ここが19世紀初めに分割された、かつてのレオヴィル家の広大な地所の中核部分（ピエール・ジャン・マルキ・ド・ラス・カスが元の地所の半分を所有することになった）で、今日のレオヴィル・ラス・カスのための葡萄が育つところである。その他、村のはずれの1小区画と、県道2号線の反対側のその有名門の向かいの小区画も、時々グラン・ヴァンに入る。これ以外にも、同じ愛情で育てられている葡萄畑があるが、そちらはセカンドラベルとほぼ同じ位置付けにあるシャトー・クロ・デュ・マルキのための葡萄畑となっている。

この本の下調べのために、製造責任者のミハエル・ジョルジュと共にグラン・アンクロを歩いたが、それは私にとって、眼を開かれ、心を高揚させられる忘れ難い経験となった。彼は私をラス・カス宇宙の中心に連れて行ってくれた。その葡萄畑は、ゆるやかに起伏する2つの小丘からなり、最後に河岸沖積層に向かって、目が眩むほどではないが、急に落ち込んでいる。ジロンド河との距離は約1kmであるが、すぐ目の前を流れているように見える。足元は厚く堆積した砂利層で、砂と粘土の割合が地所全体を通して不均一になっており、複雑な土壌を構成している。

南から南東向きの斜面、河によってもたらされる微気象、砂利の土壌、これらの組み合わせが、グラン・アンクロをカベルネ・ソーヴィニヨンのための理想的な場所にしている。そのため、この品種が畑の70%を占めている。メルローは斜面のふもと（カベルネと収穫時期を合わせるため東と北向きの場所に植えている）と、中央の数区画に植えられている。樹齢80歳にもなるカベルネ・フランの古樹の1小区画が、県道2号線のすぐ近くにある。

右：ボルドーで最も印象的なランドマークの1つ。堂々としたライオンの姿は、邸館の不在を補って余りある。

レオヴィル・ラス・カスがメドックの極上ワインの1つであることを疑う者は誰もいない。1970年代半ばから今日に至るその栄光の歴史は、他の模範となるシャトーとしてまさに称賛すべきものである。そのワインは豊かで凝縮されている。

上：ジャン・ユベール・ドロンは先人の質を守るだけでなく、より高い「バランス、フィネス、神秘性」を追求している。

ジョルジュは歩きながら、葡萄畑はいまちょうどバランスが取れているところだと私に語った。樹勢は厳しく抑制され、1つまたは2つの小区画は草で覆う必要があるが、土壌は主に伝統的な方法で耕転している。グリーンハーベストと除葉は春の剪定の結果次第となっている。除草剤は使わず、殺虫剤は1990年代に使用を止めている。

葡萄畑が現在素晴らしく良い状態に保たれていると言えるなら、それはボルドーでは稀有な、過去100年続いたラス・カスの一貫性のたまものである。1900年、シャトーは法人化され、当時の支配人のテオフィル・スカヴィンスキーが株の1部を取得した。彼の曾曾孫にあたるジャン・ユベール・ドロンが現在総支配人を務め、姉のジュヌビエーブ・ダルトンが現在ラス・カスの実質上の所有者になっている。この期間ドロン家が3代にわたってシャトーを管理し、徐々に株の過半数を占めるまでになった。

セカンドワインのクロ・デュ・マルキが造られたのは、早くも1902年で、本来のレオヴィルの範囲に含められない畑から採れる葡萄のためのワインとして造られた。これは現在も続いているが、それだけではレオヴィル・ラス・カスのセカンドワインにふさわしいものが造れないということで、グラン・アンクロからのワインもブレンドに入れられている。1976年から亡くなる2000年までシャトーを管理運営していたミッシェル・ドロンは、品質に対する非妥協的な姿勢で有名であったが、その息子のジャン・ユベール・ドロンもその精神を受け継ぎ、それが現在のグラン・ヴァンの生産比率に現れている。

レオヴィル・ラス・カスの醸造法は伝統的なもので、熟成は新樽比率65%で行われる。とはいえドロン家は、それが価値あるものであれば最新の技術を取り入れる前向きな姿勢も取り続けている。その一例が逆浸透膜濃縮器で、これは数年前から使用しており、また2009年の収穫時に訪問した時は、新世代型除梗機と連動した光学式選果システムが稼働していた。それらのシステムは、その1年前に、ドロン家が所有する別のシャトー——シャトー・ネナンとシャトー・ポタンサック——で実験済みのものであった。

極上ワイン

Château Léoville-Las-Cases
シャトー・レオヴィル・ラス・カス

　レオヴィル・ラス・カスが、メドックの極上ワインの1つであることを疑う者は誰もいない。1970年代半ばから今日に至るその栄光のヴィンテージは、他の模範となるシャトーとしてまさに称賛すべきものである。ワインは豊かで凝縮されており、ポーイヤックに似た力強さと骨格を持ち（葡萄畑の場所から言えば驚くことではない）、明らかに長く熟成する力を備えている。カベルネ・ソーヴィニヨンがブレンドを支配し、本当に偉大なヴィンテージには、その比率は高まる（2005は87.6%）。カベルネ・フランとメルローがほぼ同じ割合で残りを占めている（クロ・デュ・マルキはメルローが40%も占めており、違いの1つになっている）。ミッシェル・ドロンはグラン・ヴァンに少量のプティ・ヴェルドーを加えていたが、現在それはクロ・デュ・マルキの方に回っている。「父はワインの力強さを好んだが、私はバランスとフィネス、そして神秘性を追求している」とジャン・ユベール・ドロンは、タバコの吸いすぎでしわがれた声で説明した。そのワインは食卓で注がれ、食事と共に楽しまれるためのワインである。ドロン家は、それ以外のワインを造るつもりはない。

　以下のテイスティングは2009年9月にシャトーで行ったものだが、ただ1989だけは、娘の20歳の誕生日を祝うために私の家で開けたものだ。

1962　黄褐色。森の下草の微香、しかし果実の香りもある。口に含むと甘さが感じられる。優しく愛撫されるようだ。

1966　グラスに注がれたワインの縁にレンガ色が見えるが、中心は濃い。ハーブや若葉の微香。酸が長く続くが、果実味は乾き始めている。

1975　暗いレンガ色。カラント、焦臭の微香は、暑く乾燥した年の名残。口に含むと、しっかりした辛口で、抑制された味わい。

1979　最初のボトルはコルク臭があり、2番目は少し状態が良くなかった。果実味はまだ明瞭であったが、ワイン全体に青くささがあった。

1985　おそらくこれを飲んだ時が最も飲みやすいヴィンテージだったと思える。ルビー色で、グラスの縁がレンガ色がかっている。良く熟したまろやかな香りが立ち上り、口に含むと甘く濃密な果実の風味。

1986★　巨大なワイン。明らかにポーイヤック・スタイル。力強く精妙で抑制されている。しっかりと抽出されているが、素晴らしく均整が取れている。ミッシェル・ドロンの最優秀ヴィンテージ？

1989★　美しい重厚感と触感。口を満たす果実と力強いタンニンの骨格、しかし1986ほど量塊感はない。はっきりとしたブラックカラントの微香、ヒマラヤスギ、タバコも感じられる。素晴らしく均整が取れ、申し分ない。エミール・レイノーがコンサルタントを務めた最後のヴィンテージ（現在はボワスノ親子）。

1994　ジャン・ユベール・ドロンが初めて父と一緒に造ったワイン。抑制された控え目なワイン。凝縮された深い抽出。力強い──頑丈ともいえる──タンニンの骨格。もう少し待った方が良い。

1996★　凝縮され力強いが、それだけでなくきめが細かく精妙。カベルネ・ソーヴィニヨン由来のミネラルが顕著。素晴らしく長い味わいで、バランスも良い。

2000★　暗く、熟しており、凝縮されている。タンニンの骨格は力強いが、豊かで壮大な果実にくるまれている。洒落たオークの香りもある。明らかに時間が必要。

2002　このヴィンテージにしては印象の強いワイン。純粋でアロマが強く、カシス、甘草の香りもある。酒躯ミディアムからフルで、肉感的で、タンニンはきめが細かい。オークのバニラ香が明白。ある種の魔術を持っている。

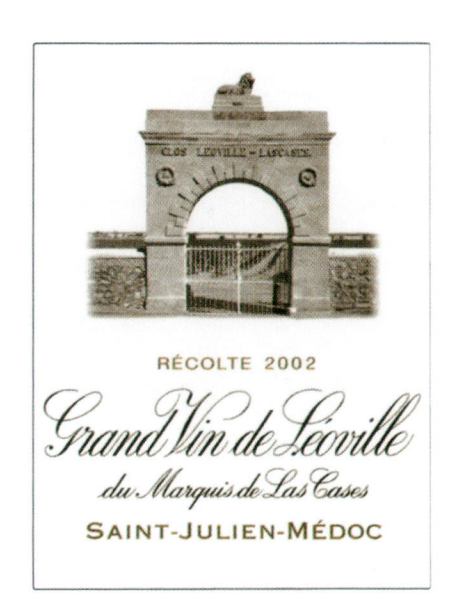

Château Léoville Las Cases
シャトー・レオヴィル・ラス・カス

総面積：100ha　葡萄畑面積：97ha
生産量：グラン・ヴァン12〜24万本
セカンドワイン18〜30万本
33250 St-Julien-Beychevelle　Tel: +33 5 56 73 25 26

ST-JULIEN

Léoville Barton　レオヴィル・バルトン

　もしワインの精霊がそのオーナーによって具現化されているとするなら、カリスマ的なアントニー・バルトンは、今後もシャトー・レオヴィル・バルトンのために奇跡を起こし続けるであろう。彼の屈託のない笑顔とウィットに富んだ会話は、メドックの空気を明るくし、その一方で、彼のシャトーに対するこまやかな愛情と、価格に対する理性的な態度は、消費者からも、また取引相手からも、絶大な尊敬を得ている。

　レオヴィル・バルトンの葡萄畑は、かつてはレオヴィル家の広大な地所の一部で、そのワインは、18世紀の所有者ブライズ・アレクサンドレ・ド・ガスクの下で評判になった。ガスクの死後、1769年に、その地所は4人の相続人に譲渡され、19世紀初めに分割された。1826年に、その一部が、アイルランド系のヒュー・バルトンのものとなった。バルトンはすでに1821年にシャトー・ランゴアを購入しており、その優美なシャトーは現在も、アントニー・バルトンの邸宅となり、またレオヴィル・バルトンのラベルにも美しく描かれ2ている。また醸造設備は、今も両シャトーで共有して使っている。

　アントニー・バルトンがレオヴィルとランゴアの両バルトンの実質的な経営者となったのは1983年のことで、叔父のロナルドが両シャトーを彼に譲渡したのである。ロナルド・バルトンはアイルランド生まれで、一家の経営するネゴシアン、バルトン＆ゲスティエ社で働いていたが、1951年にボルドーに移り、1967年に独立して自身のネゴシアンを立ち上げた。そのレ・ヴァン・ファン・アントニー・バルトン社は現在娘のリリアンが実質的な経営を担っており、彼女は2つのシャトーについても経営に参加している。

　レオヴィル・バルトンには革命的なことは1つもなく、ただワインを改良するための継続的な微調整があるだけである。特に葡萄畑には最大限の注意が払われる。傷んだ葡萄樹を植え替えるための再植が1985年から始まり、土壌の改良は有機肥料しか使っていない。葡萄畑は現在バランスの取れた状態にあり、収量は熟練した剪定によって抑制され、グリーンハーベストは若樹以外には行

右：どこよりも長く家族経営を続ける2つのシャトーを見守る、アントニー・バルトンと娘のリリアン。

もしワインの精霊がそのオーナーによって具現化されているとするなら、カリスマ的な
アントニー・バルトンは、今後もシャトー・レオヴィル・バルトンのために奇跡を起こし続けるであろう。
彼の屈託のない笑顔とウィットに富んだ会話は、メドックの空気を明るくしている。

LÉOVILLE BARTON

わず、それも最小限に抑えている。これらの仕事を黙々とこなしてきたのは、1984年から技術主任を務めたミッシェル・ラウールで、彼は2008年に引退した。

レオヴィル・バルトンの農機具倉庫と事務所から、北に向かって、レオヴィル・ラス・カスの壁に囲まれた葡萄畑に行く県道2号線の河岸側に、1つの区画がある。ここの土壌は特別石が多く、粘土成分も、ばらつきはあるが多く見られる。この区画ではメルローが大部分を占め、1962年に植えられた古樹もある。そこにはカベルネ・ソーヴィニヨンも少し植えられているが、こちらの品種はシャトー・タルボに向かう西側の区画に植えられている。ここの砂利層は、やや砂が多めである。

レオヴィル・バルトンのチームは、他のシャトーが現在基準としている時期よりも若干早く摘果する傾向があるが、もちろん、十分成熟する前に摘果することはない。ワインづくりは伝統的な方法にのっとり、発酵は、温度調節機能付きの木製大桶で、土着の酵母を使って行われる。その大桶はアントニー・バルトンが少しずつ買い換えていったものである。マロラクティック発酵も同じ大桶で行われる。熟成は新樽比率60%で、18〜20カ月行われる。1990年に2棟目の樽貯蔵庫が完成した。

極上ワイン

Château Léoville Barton
シャトー・レオヴィル・バルトン

ワインのスタイルは古典的である。カベルネ・ソーヴィニヨンが支配的(葡萄畑の70%以上を占め、23%がメルローで、残りがカベルネ・フラン)で、生気にあふれ、調和が取れ、骨格がしっかりしており、爽快感のある果実味が魅惑的である。概して同系列のランゴア・バルトンよりもしっかりした造りになっている。ワインの、特に1990年代半ば以降の一貫性は感動的である。いま手元には、2003年2月に書いたものと、アントニー・バルトンが昼食に御馳走してくれた1986★の、両方のテイスティング・ノートがある。後者は、永遠の命を持つワインのようで、しっかりして生気にあふれ、バランスは素晴らしく、長く持続し、石をしゃぶったときのような新鮮さとミネラル感

があった。1991は依然として果実味がしっかりしており、力強く、ある種の精妙なアロマがあった。1992と1993はそれらの年の困難さを良く定義できていなかったが、個人的な好みとしては、青さの残る1993よりも軽い芳香の1992の方が好みだ。1994は明らかに一段上昇した。それはその年の舌に触るタンニンを避けることができたようだったが、レオヴィル的な魅力に欠けた。1995★は逆にレオヴィル的魅力満載のワインで、黒果実の芳香と長くしっかりした後味が特徴的。しかし1996★はさらに上を行き、より凝縮感があり、力強く(ポーイヤックにひけを取らない)、しかもレオヴィルの真骨頂であるバランスと長さがあった。1997はまろやかでみずみずしく、すでに飲み頃になっていた。1998はそれとは反対側に位置し、豊かだ

ST-JULIEN

上：シャトー・ランゴア・バルトンの独特の優美さを見せるファサード。レオヴィル・バルトンのラベルに美しく描かれている。

が堅牢で、タンニンが厳しく、まだ時間が必要。以下は2009年9月にシャトーでテイスティングしたもの。

1999 しなやかなミディアムボディで、ある種の魅力がある。黒果実とトリュフの香りがある。いま飲み頃。

2000★ 暗く、熟成した、精妙な香り。豊かで凝縮され、明確なブラックカラントのアロマ。骨格は大きいが、バランスが取れ、長く持続する。長く熟成する能力を秘め、非常に完成されている。

2001 フルボディで芳醇。豊かだが、2000ほどの凝縮感はない。タンニンは堅固で、開くまでもう少し時間がかかる。

Château Léoville Barton
シャトー・レオヴィル・バルトン

総面積：150ha　葡萄畑面積：48ha
生産量：グラン・ヴァン25万本
セカンドワイン9万本
33250 St-Julien　Tel: +33 5 56 59 06 05
www.leoville-barton.com

ST-JULIEN

Ducru-Beaucaillou　デュクリュ・ボーカイユ

デュクリュ・ボーカイユの葡萄畑に足を踏み入れて最も驚かされることは、土壌の中に色とりどりの石英や水晶が散らばっていることだ。その畑を実際に目にすると、なぜこの畑にボーカイユ（「美しい小石」）という印象的な名前が付いたかが良く分かる。そのボーカイユの名前に、デュクリュが加わったのは、1795年にベルトラント・デュクリュがこの葡萄畑を買い取った時である。デュクリュは、現在のシャトーの中央部分を建てたが、19世紀後半にその両脇を固める四角い塔——ワインのラベルに印象的に描かれている——を建てたのが、当時のオーナーであったネゴシアンのナサニエル・ジョンストンである。地所は広大なもので、その中には、牧草地、沼、森も含まれている。

1941年に、デュクリュ・ボーカイユはボリー家の手に移った。その後、ジャン・ウジューヌ・ボリーが父のフランソワから家督を継いだのが1953年で、彼はコンサルタント醸造家のエミール・ペイノーの指導の下、1960年代、70年代、80年代初めと、栄光あるヴィンテージを積み重ね、シャトーの評価を引き上げた。1978年には彼の息子のフランソワ・クサヴィエがワインづくりに参加し、一家の畑の拡張に弾みを付け、1998年にジャン・ウジューヌが亡くなると、そのまま彼がシャトーの経営を引き継いだ。2003年に財産分与が行われ、フランソワ・クサヴィエはグラン・ピュイ・ラコストとオー・バタイエを継承し、兄のブルーノがデュクリュ・ボーカイユを継いだ。

葡萄畑の心臓部は、邸館を囲み、そこから800m下の河岸まで続く55haの斜面で、植栽密度は1ha当たり1万本である。「ここのテロワールと生態系を支配しているのは、ジロンド河に近接しているという事実と、厚く堆積したガンジアン砂利層だ」と、ブルーノ・ボリーは説明する。彼はグラン・ヴァンに主にここの葡萄を使い、タルボに近い内陸部の20haの畑は、1995年に製造を開始したセカンドワインのクロワ・ド・ボーカイユに回している。

1980年代後半、デュクリュ・ボーカイユに試練が待ち受けていた。セラーでTCA汚染（トリクロロアニソールという化学物質の生成）が発見されたのである。この汚染による影響が、1980年代後半と、1990年代前半のヴィンテージに現れ、一家は新しいセラーの建設に踏み切った。その結果、1995年以降、汚染は発見されず、ワインは完全に健康である。それだけではない。ブルーノ・ボリーが経営を継いだ後、シャトーは間違いなく新たな段階へと飛躍した。セレクションはより厳しくなり、年間の生産量は、以前は18万本あったが、今では最大でも14万4000本と減少している。古木の畑に新木も植えた葡萄樹は、それぞれ別々に摘果し、圧搾ワインの質を改良するために最新式の圧搾機を購入した。デュクリュ・ボーカイユに新技術を導入する時は、サン・ジュリアンのもう1つのシャトーであるシャトー・ラランド・ボリーで試験を行った後、導入するようにしている。「これらはワインの質を高めるためにやっている努力のほんの一例だ」とボリーは言う。

とはいえ、醸造は伝統的で、抽出は優しく、発酵温度は常に30℃を超えないようにしている。アルコール発酵も、マロラクティック発酵も、出来る限り小区画ごとに行うようにし、どちらも木製大桶で行っている。ワインは18カ月間熟成させるが、2005ヴィンテージ以降は、新樽比率90%で行っている。ボーリーは、主要品種のカベルネ・ソーヴィニヨンのブレンド中の比率を引き上げており、以前は65～75%であったが、最近（2007と2008）では85～90%を占めている。それ以外はメルローである。

極上ワイン

Château Ducru-Beaucaillou
シャトー・デュクリュ・ボーカイユ

デュクリュ・ボーカイユのスタイルは、エレガントさとバランスがうまく結合し、それに誰もがサン・ジュリアンに期待する果実味が加わったものである。レオヴィルの方がより力強く構築される時もあり、またグリュオ・ラローズの方が豊かな時もあるが、デュクリュ・ボーカイユは、後味のフィネスと長さ、そして新鮮さという点で、それらよりも秀でている。これらのワインに共通して言えることは、熟成が進むのがわりと遅く、すべての構成部分が十分に開花するまでには優に10年はかかるということだ。最近のヴィンテージで、ブルーノ・ボリーは、熟成感をより一歩進め（ただし受け入れられる程度に）、より一層の純粋さと触感の良さを獲得したように思える。私は2008★のアン・プリムールで「現代の古典」と書いたが、それ以前のヴィン

右：19世紀以降、シャトーの両脇は、ツインタワーで装飾されている。その荘厳な姿がワインのラベルの主題となっている。

102

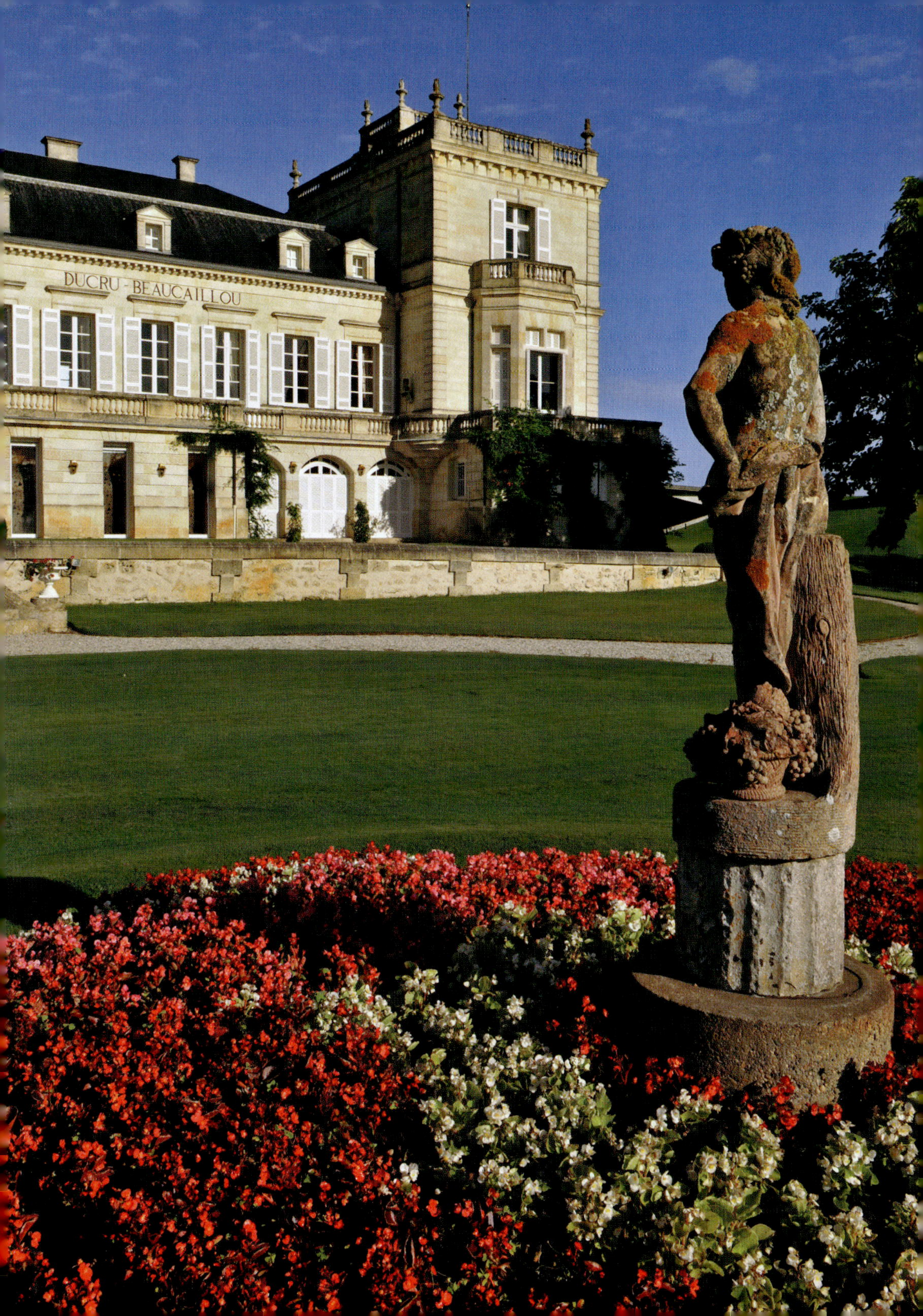
DUCRU-BEAUCAILLOU

上：芸術家魂のあるブルーノ・ボーリー。2003年にシャトーを継いだ後、彼のディテールへのこだわりが、ワインの質を飛躍的に向上させている。

テージをテイスティングする機会に恵まれなかった。しかし2008年に訪問した時、素晴らしい2つのヴィンテージをテイスティングする幸運を得た。**1961**★は秀逸の1語。まだ色調は濃く、豊かで、凝縮され、口に含むと果実の量塊感があった。年齢に反比例しているようだ。その秀逸さの秘密は、明らかだ。暑い時期の収量の少ない収穫と、デュクリュ・ボーカイユが当時としては先進的な冷却装置（発酵槽の）を備えていたということだ。**1970**★は、さらに進化していることを示していた。レンガ色で、タバコの微香があるが、触感はベルベットのように滑らかで、果実はまだ甘く、生気にあふれていた。
1996 私がいつも称賛しているヴィンテージに比べると、少し精密さに欠ける気がする。グラスの縁にわずかにレンガ色。葉のような、カシスのような微香。ミディアムボディで、葡萄畑とヴィンテージ由来の新鮮さと長さがある。
2003 果実味に溢れているが、やや精気と魅力に欠ける。プラム、カラントの微香や燻香が鼻からも口からも漂う。タンニンの骨格は堅固。
2005★ 豊かで良く熟し、精妙。果実の砂糖漬けの微香があるが、濃厚すぎることはない。口に含むと凝縮されているが調和が取れている。酸が、長く続く線のような後味をもたらしている。今のところフィネスよりも力強さが勝っている。もう少し時間が必要。

Château Ducru-Beaucaillou
シャトー・デュクリュ・ボーカイユ
総面積：220ha　葡萄畑面積：75ha
生産量：グラン・ヴァン10.8〜14.4万本
セカンドワイン12〜14.4万本
33250 St-Julien　Tel: +33 5 56 73 16 73
www.chateau-ducru-beaucaillou.com

ST-JULIEN

Beychevelle ベイシュヴェル

ベイシュヴェルという名前には、海洋にまつわる伝説がある。16世紀の終わり頃、ジロンド河を往き来する帆船は、この葡萄園の持ち主であった偉大なフランス海軍提督エペルノン侯爵に敬意を表して「帆下げ」（baissevoile）を行った。ここからこの葡萄園はベイシュヴェルという名前で呼ばれるようになり、ワインのラベルにも帆船の紋章が描かれることになった。

ベイシュヴェルの邸館は最近修復され、前庭と花壇の美しい公園がジロンド河まで続き、その伝説の時に払われた敬意に恥じない景観を見せている。元の邸館は17世紀に建てられたもので、18世紀に改修され、19世紀にはさまざまなバロック的装飾が施された。その広大な地所は、1890年以降、アシール・フール家の所有であったが、1986年にGMF保険会社とサントリーが株式を分け合う形で共同所有することになった。

ベイシュヴェルのスタイルの特徴は、バランスとエレガントさと新鮮さが一体となったもので、そのワインは他のサン・ジュリアンの格付けワインと比べると、より繊細である。

ベイシュヴェルは現在メドックでも屈指の強力なブランドとなっているが、その歴史は決して平坦なものではなかった。1950年代と60年代、ワインとその価格、そしてイメージは力強いものであったが、1970年代に不良なヴィンテージが続き、1980年代には品質のばらつきが生じ（主な原因は収量が多すぎたことと、葡萄畑の手入れがずさんであったこと）、ベイシュヴェルの名声が色あせてしまった。1990年代初めの困難なヴィンテージの後、1995年にフィリップ・ブランが醸造長に招かれ、それ以降品質はめざましく向上している。確かにブランが言うように、「最近では青さのかけらもない。なぜなら果実は成熟の頂点で摘果し、その質も以前に比べ格段に良くなっている」。

葡萄畑はかなり分散しており、北端と南端の畑の距離は約6kmある。とはいえ中核部分は、邸館の裏手の台地にある20haほどの畑である。メルローとカベルネ・ソーヴィニョンが半々で植えられているが、ブランによれば、「ここの土地は、デュクリュ・ボーカイユやレオヴィル・バルトンの最高の畑に少しもひけを取らない」。その他、グリュオ・ラローズとレオヴィル・バルトンの近くに区画があり、オー・メドックのクサックにも22haの畑がある。その土地は、古く（1855以前）からこのシャトーの所有地で、1946年の法令で、それがシャトー・ベイシュヴェルの所有地にとどまる限り、その葡萄をサン・ジュリアンのワインに使うことが許されることになった。

ブランの方針の下、収量は1ha当たり42hℓまで縮減され（植栽密度は1ha当たり1万本）、セレクションはますます厳しくなっている。現在全生産量の55%だけがグラン・ヴァンに使用され、40%がセカンドワイン（アミラル・ド・ベイシュヴェル）へ行き、残りはネゴシアン行きである。変化がいかに劇的なものであったかを知るために、この数字を1982年と比べると、その年、全体の96%がグラン・ヴァンに使われ、生産量は1ha当たり70hℓにも達していた。

ベイシュヴェルのスタイルの特徴は、バランスとエレガントさ、そして新鮮さが一体となったもので、そのワインは他のサン・ジュリアンの格付けワインと比べると、より繊細である。とはいえ、驚くほど長く熟成する能力も備えている（以下のテイスティング・ノートが証明）。しかしワインに力強さと量塊感を求める愛好者がっかりするかもしれない。「ベイシュヴェルにおけるわれわれの哲学は、欠点を修正し、前進するが、テロワールの特徴とスタイルに忠実であること」とブランは明言する。そのために1996年にこのシャトーにやってきてすぐに、コンサルタント醸造家であるジャックとエリックのボワスノ親子と契約したと彼は付け加えた。ブランとボワスノ親子は、手を携えてベイシュヴェルを今日の高みまで引き上げ、今後を約束している。

BEYCHEVELLE

イスティングが行われ、ベイシュヴェルのスタイルを定義するのにとても役に立った。古いヴィンテージのいくつかは（1906、1937）、その絶頂期をかなり通り過ぎていたり、がっかりさせられたりした（1929）。1914も同じく絶頂期を過ぎ、弱っていたが、その年号の意味するものに少し心を動かされた。時代を進めていくと、琥珀色の、完全に熟成し、今なお甘さを感じる1961があり、堅固でしかも新鮮な1970★があった。1975と1978はあまり感動しなかったし、亜硫酸ガスを添加しすぎていると感じた。1982★は、豊かで、活力に溢れ、1986は香り高かったが、口に含むとまだ抑制的で、厳しかった。1989★はその日脚光を浴びたワインの1つで、精妙で、コクがあり、長く持続した。ブランは、1983、1988、1990はあまりぱっとしなかったので出さなかったことを認めた。しかし彼が最初に造ったヴィンテージの1996★は、スパイシーでエレガントな香りがあり、口に含むと、豊かでまろやかで、素晴らしい酸も感じられた。1999 [V] はそのエレガントさと均整の取れた姿で皆を驚かせたが、長く持続する力に欠けた。

　ベイシュヴェルのブレンドは、ヴィンテージごとにかなりばらつきがある。メルローとカベルネ・ソーヴィニヨンが50対50で、少量カベルネ・フランの入っているもの（2005、2008）から、カベルネ・ソーヴィニヨン59％、メルロー29％、カベルネ・フラン7％、プティ・ヴェルドー 5％（2006）まで。ブランは、個人的には最後の組み合わせが好みだと言っていた。

2000　甘くまろやかで雄大。今ちょうど飲み頃。トリュフの微香が鼻から感じられるが、後味のタンニンはまだしっかりしている。
2001　2000とよく似ているが、より生き生きとし、おそらく2000よりももっとエレガントでタンニンのきめも細かい。
2002　スタイルは軽めだが、優しく香り、新鮮で均整が取れている。あまり長く持続しないのが残念。
2003　フルでまろやかで、飲みやすく、暑いヴィンテージが反映されている。プラムとイチジクの香りが鼻からも口からも漂い、後味に暖かさが感じられる。
2004　ミディアムボディで新鮮で果実味に溢れ、オークがまだ健在。タンニンがやや厳しく感じられる。
2005★　豊かで精妙、タンニンのフィネスがあり、触感が良い。このシャトーの最上のワインの1つ。
2006　今はまだ厳格で禁欲的。しかし果実の新鮮さと長く続く線のような後味があり、長く熟成することを感じさせる

上：もはや「帆下げ」が行われることはないだろうが、フィリップ・ブランは1995年に着任して以来、このシャトーの基準を高めている。

極上ワイン

Château Beychevelle
シャトー・ベイシュヴェル
　2009年5月に、過去100年まで遡る24ヴィンテージの垂直テ

Château Beychevelle
シャトー・ベイシュヴェル
総面積：250ha　葡萄畑面積：90ha
生産量：グラン・ヴァン25～28万本
セカンドワイン13～15万本
33250 St-Julien-Beychevelle
Tel：+33 5 56 73 20 70　　www.beychevelle.com

ST-JULIEN

Branaire-Ducru　ブラネール・デュクリュ

砂糖業界で少し重要な地位にあった人なら、現オーナーのパトリック・マロトーが、慎重な舵取りでこのシャトーを現在の位置まで高めることを、たぶん予測していたであろう。そして彼の長所として、謙虚さを加えるかもしれない。というのはマロトーは、21年前オーナーになったばかりの頃、素直に自分はボルドーについてはほとんど知らないと認めていたからである。彼は同じ謙虚さで、20世紀時代の大半低迷していたこのシャトーを、一貫して質の高いワインを生み出すという評価を得るまでに引き上げた。

マロトーと彼の一家がブラネール・デュクリュを手に入れたのは、1988年のことであった。彼はすぐさまシャトーの運営とワインづくりの監督を、フィリップ・ダルーアンに依頼した。その後、シャトーが獲得することができた信用の多くが、彼の功績によるものであることを誰も疑わない。ダルーアンは葡萄畑とセラーに、これまでと比べものにならない正確性を導入したが、2002年、惜しいことにムートン・ロートシルトへ移籍した。しかし彼の後継者であるジャン・ドミニク・ヴィドーも、彼と同じ姿勢を貫いている。現在葡萄畑は、耕転されるか草で覆われるかし、垣高は高くされているが、それは葡萄の成熟を促進し、特に西側の区画で効果を出している。収量は低く抑えられ、現在1ha当たり平均45hlである。そして彼の着任と同時に、セカンドワインのデュルックが導入された。

1991年には自重式送り込みシステムを備えたキュヴィエが新設された。それは当時としては革新的なものであったが、現在でも、ただ木製桶のサイズが大きいことを除いて、あらゆる点で先進的である。最近進化した点としては、除梗機の前後に最新式の選果台が導入されたことと、圧搾ワインの質が向上したことがあげられる。それは現在ブレンドの14％を占めている。

ジャン・バティスト・ブラネールが、かつてのベイシュヴェルの一部を取得したのは1680年のことであった。彼の孫のローラン・デュ・リュック（革命後はデュリュック）が葡萄畑を拡張し、その後1824年に、彼の2人の息子が邸館を築いた。1873年には、シャトーの所有権はグスタフ・デュクリュと姉のゼリー・レヴェズに移った。

葡萄畑は広く分散しているが、1855年格付け以来変更はない。邸館近くの区画と、デュクリュ・ボーカイユの向かい側、シャトー・デュ・グラーナの建物の近くにもう1つ別の区画もある。またずっと西のシャトー・ラグランジュの近くとサン・ローランの村の中にも区画がある（後者は1855年にすでにこのシャトーのもので、ワインに入ることが許されている）。

極上ワイン

Château Branaire-Ducru
シャトー・ブラネール・デュクリュ
　パトリック・マロトーが書いているものによると、彼の目指すものは、「果実味、新鮮さ、フィネス」のあるワインらしい。この点では、ブラネール・デュクリュは成功している。もう1つの言葉に出していないメッセージは、他のサン・ジュリアンの格付けシャトーの持つ重厚さと力強さは求めないということであろう。確かにブラネール・デュクリュは抽出に関しては慎重に行っている。キュヴェゾン（果皮浸漬）は3週間近く行われ、調和が重視され、圧搾ワインは長く持続する力を出すために加えられる。それはスケールの大きなワインではないが、果実味と活力に溢れ、瓶熟の早い時期に飲んでも十分美味しい。私が少し保留にしたい点は、いくつかのヴィンテージで、後味にやや角のある感触があることである。カベルネ・ソーヴィニヨンが支配的で（葡萄畑の70％）、残りはメルローと少量のプティ・ヴェルドー、カベルネ・フランである。ワインは新樽比率55〜65％で熟成される。
2000★　愛らしいワインで、まさにブラネール・スタイル。ブラックカラントと赤果実の微香があり、口に含むと生気に溢れ、長く持続する。ミディアムボディの凝縮。飲み頃であるが、まだ熟成する。
2001★　2000と似ているが、やや凝縮感に欠ける。スパイシーなヒマラヤスギの微香があり、口に含むと、しなやかで均整が取れ、長く持続する。
2003　ややまとまりに欠け、オークが依然として軽めの赤果実を支配している。カラントの香りがその年の暑さの名残をとどめている。口に含むと柔軟で甘いが後味は辛い。
2004　後味の粗野な感じが酸によってさらに強められている。それ以外は、新鮮で香り高く、ベリー果実の微香がある。
2006　2004よりも充実しているが、今はまだ厳しい。ブラックカラントと甘草のアロマがある。口に含むとまろやかでフル、後味はしっかりしている。明らかにもう少し時間が必要。

Château Branaire-Ducru
シャトー・ブラネール・デュクリュ
総面積：50ha　葡萄畑面積：48ha
生産量：グラン・ヴァン15万本
セカンドワイン9万本
33250 St-Julien　Tel: +33 5 56 59 25 86
www.branaire.com

ST-JULIEN

Gruaud-Larose　グリュオ・ラローズ

シャトー・グリュオ・ラローズは、その瓶の形、価格、入手しやすさで、メドック第2級の中で最も飲みやすいワインである。私は今でも、1980年代にパリに住んでいた頃、そのフランスの首都のどこのレストランでも注文することができた当時の首の長いオー・ブリオン・スタイルの1970年代ヴィンテージを思い出す。このワインが広く親しまれていたのは、1983年までオーナーであったネゴシアンのコルディエの力によるところが大きい。彼の会社の販売ルートに乗って、グリュオ・ラローズの名は世界中に知られるようになった。

その後このシャトーは、コルディエ家から離れて、シュエズ銀行グループに移り、さらにその10年後の1993年、アルカテル・アルストムの手に渡った。その巨大産業複合体はシャトー全体に大規模な投資を行い、葡萄畑の排水を良くし、農機具を新しいものに替え、キュヴィエを現代化し（新しい木製大桶が導入された）、シャトーも改修した。しかしそれが思いのほか費用のかかることがわかり、アルストムは結局1997年に、シャトーをメルロー家の主導するネゴシアンのタイヤン・グループに売却し、今日までそこがオーナーとなっている。

このように所有者が何回か交代したにもかかわらず、1971年から引退する2006年まで、ジョルジュ・ポーリが、支配人と醸造責任者としてグリュオ・ラローズの一貫性を維持してきた。彼の監督の下、そのワインは豊かで生命力に溢れ、フルボディの、果実が主導するスタイルを貫いてきた。2007年から、エリック・ボワスノが顧問として加わり、ワインの傾向はより洗練されたものを目指すようになり、抽出もやや抑え気味にし（ポーリは「ぐつぐつ」と発酵するのを好んだ）、その代わり慎重なセレクションと圧搾ワインを加えることで、長く持続する風味を構築する方向に進んでいる。

ワインのスタイルは、テロワールにも大きく依存している。ここの葡萄畑は南東向きで、粘土の含有率がサン・ジュリアンの他の畑よりも高く、厚く堆積した砂利層の上にある。2000年以降大規模な改修工事が行われ、植栽密度も以前の1ha当たり6500～8500本から、1万本にまで増やされた。若樹が多いため、セカンドワイン（サルジェ・ド・グリュオ・ラローズ）の生産量が多くなっている。

現在葡萄畑には、カベルネ・ソーヴィニヨンが61％、メルローが29％、カベルネ・フランとプティ・ヴェルドーが5％ずつ植えられている。今後カベルネ・ソーヴィニヨンとプティ・ヴェルドーを増やし、残りの2品種を減らしていく計画だ。最近のヴィンテージでは、熟成は新樽比率50％で、18～20カ月間行っている。

極上ワイン

Château Gruaud-Larose
シャトー・グリュオ・ラローズ

　長い間グリュオ・ラローズは、サン・ジュリアンの他の2級にいくぶん差をつけられていたようだった。とはいえその差は相対的なもので、まだまだ改善の余地はある。長所を上げるなら、そのワインは価格満足度が高く、楽しむことができ、かなり長く瓶熟させることができる。2004年にテイスティングした時、1980年代と90年代の成功が光った。1982★は、常に巨大で、豊かでフル、そして肉感的で、口に含むと果実味が口中に溢れ、しかも長く明確に居続ける。1986★は、力強く感動的で、凝縮感と構造は、まだまだ長く熟成することを予感させる。1989と1990を比べると、やや甘く柔らかに感じる1990よりも、長く強い1989★の方が好きだ。もう1つの連続したヴィンテージが1995と1996で、前者は果実味と魅惑が特徴で、後者は精妙さと長く持続する風味が印象的だ。2000は良く熟し、グリュオ・ラローズの真髄である果実味の凝縮感があり、タンニンはしっかりしており、長く持続した。
1996★　カベルネ・ソーヴィニヨンの素晴らしい年で、将来のグリュオ・ラローズの基準になるヴィンテージ。果実味が明瞭で、しかも長く持続し、新鮮さもあり、非常に精妙。ミネラル、スパイス、白檀のアロマがある。美しく均整が取れている。
2007［V］　重厚感はないが、素直で純粋なワイン。果実味は明白であるが、きめ細かく、スタイル的にそれほど刺激的ではない。タンニンの繊細な構造がワインに飛翔感と長さをもたらしている。

Château Gruaud-Larose
シャトー・グリュオ・ラローズ
総面積：130ha　　葡萄畑面積：80ha
生産量：グラン・ヴァン18万本
セカンドワイン24万本
33250 St-Julien-Beychevelle　Tel: +33 5 56 73 15 20

ST-JULIEN

Lagrange ラグランジュ

シャトー・ラグランジュの復活は、現オーナーのサントリーと、引退する2007年までシャトーの総支配人を務めたマルセル・デュカスの力によるところが大きい。1840年には280haもの広大な地所を擁して繁栄を謳歌していたラグランジュは、その日本の飲料メーカーが経営を引き継いだ1983年には、惨憺たる状況であった。地所は157haまで縮小し、そのうち56haにしか葡萄樹は植えられていなかった（しかも不釣合なほどメルローが多かった）。邸館などの建物も廃墟に近い状態だった。

建物と畑の修復がマルセル・デュカスの最初の仕事であり、ラグランジュの今日の美しさの大半は、彼の尽力（とサントリーの財政力）によるものである。葡萄畑の広さは2倍になり（カベルネ・ソーヴィニヨンが65%まで拡大された）、建物とキュヴィエは修復され、樽貯蔵庫が新設された。若樹が多くなったということは、それだけセレクションが厳しくなることを意味し、セカンドワインのレ・フィエフ・ド・ラグランジュが導入された（1985が最初のヴィンテージ）。1997年には白ワインのレ・ザルム・ド・ラグランジュも市場に送り出された。

葡萄畑はサン・ジュリアンの最も西側の、2つの砂利層の小丘に位置している。2010年から土壌分析が行われているが、最上の畑はすでに識別されている。その中には、上質のメルローやプティ・ヴェルドーを育てる小石の多い砂利層の小区画や、骨格のしっかりしたカベルネ・ソーヴィニヨンを育てる、大きな石や酸化鉄の屑も見られる小区画も含まれている。「1980年代に植えた古樹の育つ、どちらかといえば穏やかな砂の多い砂利層もあり、今そこに興味を引かれている」と、1990年からこのシャトーで働き、今デュカスを継いで総支配人をやっているブルーノ・エイナードは説明した。

エイナードのラグランジュ改良計画はさらに進行している。土壌分析とは別に、有機農法とビオディナミの実験が行われ、2009年からは、さらに厳しい選別的摘果が行われている。キュヴィエには、以前よりも多くの小型のステンレス・タンクが導入され、2009年の収穫の時期には、光学式葡萄選別機と新世代除梗機が試験された。長期的には800万ユーロという巨費が、新キュヴィエの建設と瓶詰めラインの増設、そして見学者を迎える歓迎施設の建設のために計上されている。

極上ワイン

Château Lagrange
シャトー・ラグランジュ

1980年代と90年代初めのラグランジュのヴィンテージは、若樹の割合が多いことから、メルローの比率が高く（40%）、カベルネ・ソーヴィニヨンの大半がセカンドワインに回った。1996からこの状況は大きく変化したが、ブルーノ・エイナードは、カベルネ・ソーヴィニヨンが60〜70%、メルローが25〜30%、そしてプティ・ヴェルドーが補完的な役割という構成が、グラン・ヴァンとしては理想的だと考えている。ワインは新樽比率60%で、18〜20カ月熟成される。

2008年に行った最近のヴィンテージの垂直テイスティングでは、ラグランジュが素晴らしく一貫した高い質を獲得したことが良く分かった。ワインはしっかりと構成され、均整が取れ、果実味の魅惑的な凝縮感があった。少し物足りなかったのはアロマの精妙さであった。その中での古いヴィンテージには、細身ではあるがエレガントな1996と、芳醇で果実味主導の、非常にサン・ジュリアンらしさの出た1990★が光っていた。

2000★ 凝縮され、豊かで、バランスが良く、ヒマラヤスギやスパイスの微香がある。このシャトーの最高のワインの1つ。
2001 柔軟でバランスが取れ、生き生きとしたミネラルの微香。後味に少し厳しさを感じる。
2002 [V] ミディアムボディ、スパイシーで、きめ細かい。2001よりも調和が取れている。
2003 甘いが新鮮で、バランスが良い。ねっとり感や固すぎるタンニンを避けることができている。
2004 ミディアムボディ。最高のヴィンテージの凝縮感はないにしろ、魅惑的。
2005★ 芳醇で力強いワイン。愛らしい果実の凝縮感がある。
2006★ 古典的なスタイルで、線のように長く持続する。酸が素晴らしく、また果実も良く熟し純粋。

Château Lagrange
シャトー・ラグランジュ

総面積：157ha　葡萄畑面積：117ha
生産量：グラン・ヴァン30万本
セカンドワイン42万本
33250 St-Julien-Beychevelle　Tel: +33 5 56 73 38 38
www.chateau-lagrange.com

ST-JULIEN

Léoville Poyferré　レオヴィル・ポワフェレ

シャトー・レオヴィル・ポワフェレは、1920年以降キュヴィエ家が所有し、1979年からは、ディディエ・キュヴィエが先頭に立って率いている。ここは元々はレオヴィル家の広大な地所の一部であったが、19世紀前半にポワフェレ男爵夫人のものとなった。

1980年代から1990年代初め、ポワフェレは前に進むために必死の努力をしていた。というのも、他の2つのレオヴィル、すなわちバルトンとラス・カスに大きく遅れをとっていたからだ。48haの畑を継承したディディエ・キュヴリエは、すぐにそのうちの20haを植替えることに決めた。台木があまり良くないことがわかったからである。彼はまた、新たに32haの葡萄畑を入手し、葡萄畑の総面積を、ほぼ現在と同じ、80haを上回るまでに拡張した。「葡萄畑は2000年以降、ようやく普通に成熟するようになった」とディディエは話す。

テロワールの3分の2は際立っている。最良の区画は、レオヴィル・ラス・カスのアンクロの向かい側と、サン・ジュリアン村南側の、県道2号線の両側に広がる区画である。他に、ずっと内陸部に入ったムーラン・リッシュにも22haほどの畑を持っている。こちらの葡萄の大半は、セカンドワイン（シャトー・ムーラン・リッシュ）に使っているが、プティ・ヴェルドーだけはグラン・ヴァンに加えている。これら上位2種のワインに使えない葡萄のために、サードラベルのパヴィヨン・ド・ポワフェレも用意されている。

葡萄畑が年齢を重ね、管理が改良され、セラーに着実に投資が行われていった結果、ワインは随分深みが増し、表現力も豊かになった。1994年からは顧問としてミシェル・ロランと契約し、葡萄の完熟度とブレンドの精密さがより確かなものになった。ワインの品種構成は、栽培比率でいうと、カベルネ・ソーヴィニヨンが65％、メルロー25％、プティ・ヴェルドー8％、カベルネ・フラン2％のブレンドである。熟成は新樽比率75％で、20カ月とやや長めである。

極上ワイン

Château Léoville Poyferré
シャトー・レオヴィル・ポワフェレ

2001年4月にシャトー内で、1980年代から90年代までのヴィンテージをテイスティングする機会を得た。確かにその頃は、現在ほど一貫性がなかった。あまり良くなかった年（1981、1984、1992、1993）は青臭い雑草の香りに遭遇することがあり、また1983や1985、1988は心底から納得できるほどではなかった。1989と1990は、甘く、良く熟し、タンニンもまだしっかりしており、特に1990は、エレガントさとフィネスの点で優れていた。しかし1980年代の私の好みは1986★である。それは力強く、重厚で、存在感があり、長く瓶熟する可能性を示している。1990年代の初めはあまり良くなかったが、1996★で改善された。タンニンの荒々しさが消え、生き生きとした果実味と、ほど良い深みが感じられた。1997は柔軟で軽く、1998は果実主導で壮健であった。新世紀になってからのヴィンテージは、豊かで、元気が良いだけでなく、触感も優雅になり、タンニンもかなり洗練されている。スタイルは明らかにサン・ジュリアン的であるが、時々ポーイヤック的な男性らしさを見せることもある。

1999　きめ細かなミディアムボディのワインで、ミントやブラックカラントの微香。触感は滑らかで、ある種の魅力はあるが、後味に砂のようなタンニンを感じる。

2000★　豊かで、まろやかで芳醇。サン・ジュリアンらしい果実味に満ちている。触感とタンニンは優雅で、これまでにない上品さを持っている。

2003★　この年では傑出している。口中を満たす凝縮された果実味。南フランスの雰囲気も持っているが、酸のバランスの良さが秀逸。タンニンは力強く滑らか。

Château Léoville Poyferré
シャトー・レオヴィル・ポワフェレ
総面積：90ha　葡萄畑面積：80ha
生産量：グラン・ヴァン21.6〜24万本
セカンドワイン8.4万本〜15.6万本
33250 St-Julien　Tel: +33 5 56 59 08 30
www.leoville-poyferre.fr

ST-JULIEN

St-Pierre　サン・ピエール

シャトー・サン・ピエールは、長く複雑な歴史を持つ、小さなシャトーである。17世紀まで起源を遡ることができるこのシャトーは、1767年にサン・ピエール男爵の所有となり、この名前が付いた。1832年に彼が死ぬと、40haあった葡萄畑は、すでに嫁いでいた2人の娘、ボンタン・デュバリー夫人とド・ロイトケン夫人の間で2分された。後者はその後持ち分を売却し、それから2回ほど売買が続き、セバストル家のものとなった。

2分されたシャトーはどちらも1855年格付けに入り、ワインは引き続き2つのラベル、サン・ピエール・セバストルとサン・ピエール・ボンタン・デュバリーで販売された。しかし後者の葡萄畑は少しずつ切り売りされ、1920年に残っていたのは、邸館とセラー、ブランド名、そして1haの畑のみであった。

その1920年に、シャトー・サン・ピエール・セバストルがボンタン・デュバリーの名前を買い、両方を統一させる一方で、セラーの方は樽製造業者のアルフレッド・マルタンによって買い取られた。

1981年にマルタンの息子で、シャトー・グロリアの創設者であったアンリ・マルタンが邸館を買い、翌年ブランド名とシャトー・サン・ピエール・セバストルの17haの葡萄畑を買い取った。

ワインは再びシャトー・サン・ピエールという名前になり、ようやく品質の改善とブランド名の確立に向かって突き進む体制が整った。「ワインの名前が変わり、生産量も少なく、販売体制も整っていなかったし、サン・ジュリアンの他の一流シャトーに追いつくためにしなければならないことが山ほどあった。だから結構時間がかかった」と、アンリ・マルタンの娘婿で、ジロンダン・ド・ボルドー・フットボール・クラブ（2008年にフランス・チャンピオンになった）の理事長も務める、総支配人のジャン・ルイ・トゥリオは言う。

率直に言って、1980年代と90年代、サン・ピエールは一貫性と正確性に欠けていたが、ようやく21世紀に入って軌道に乗ったようである。葡萄畑は、サン・ジュリアンの墓地の近くから、サン・ジュリアン・ベイシュヴェルの邸館の近くまで広く分散している。土壌は主として、砂の多い砂利層と粘土を含む砂利層である。葡萄樹の平均樹齢は40歳であるが、傷んだ葡萄樹を植替え、混植が行われている。最近かなり一貫性が保たれるようになったのは、セレクションが厳密になったことが1つの要因である。セカンドワインという位置付けのものはないが、脱落した区画の葡萄やワインは、もう1つのラベルであるシャトー・ペイマルタンの方に回している。

ワインはシャトー・グロリアと同じセラーで醸造される。そのセラーは1991年に現代的に改築され、2008年にさらに革新され、数基の小型のステンレスタンクや集中温度管理システムが導入された。過去の問題の1つが、熟成に古いオーク樽を使っていたことだったが、1998年に樽保管庫が改築され、ワインは現在、新樽比率60%で熟成されている。

極上ワイン

Château St-Pierre
シャトー・サン・ピエール

2004年にドメーヌ内でテイスティングした時、どちらかといえば粗野な1980年代と90年代の中で、最も印象深かったのが、1990と1995であった。最近のヴィンテージはどれも非常に素晴らしい出来である。酒躯はフルで、まろやかで、洗練されており、果実味がほど良く凝縮されている。サン・ピエールは現在第4級の格付けに居心地良さそうに座っている。ブレンドは、70〜85%がカベルネ・ソーヴィニヨンで、残りがメルローと少量のカベルネ・フラン、プティ・ヴェルドーである。

2002 [V] 難しい年の成功例。円熟し、しかも新鮮で、調和が取れ、果実味は優しく、タンニンはきめ細かく研磨されている。
2004 魅惑的な果実の表現。口中は活気に溢れ、味わいは長く持続する。きめの細かい、ほっそりしたスタイル。
2005 ★ 秀逸なワイン。感動的な凝縮感と触感。力強く骨格がしっかりとしており、長く持続し、果実味は素晴らしくグルマンである。このシャトーで今まで生み出されたワインの中で最高ではないだろうか？
2006 ★ 2005の陰に隠れて、少し厳しさもあるが、濃く、円熟し、触感もきめ細かく、酸が新鮮さと長さを付け加えている。長く瓶熟する。

Château St-Pierre
シャトー・サン・ピエール
総面積：17ha　葡萄畑面積：17ha
生産量：グラン・ヴァン6.5万本
33250 St-Julien-Beychevelle
Tel: +33 5 56 59 08 18
www.domaines-henri-martin.com

MARGAUX

Margaux　マルゴー

2009年の収穫日の前日にシャトー・マルゴーを訪ねた時、いくつか驚かされたことがあった。プラタナスの並木路を進んでいくと、新古典主義の邸館が威厳のある姿を見せ、その横に並ぶ農作業用の建物群は、いつも通り静かだった。しかしセラーに近づくと、これまでにない光景が目に飛び込んできた。石畳の前庭はコンクリートで舗装され、その上に大きなテントが立ち、その下では、収穫された葡萄を受け入れるための新しい搬入システムが技師たちによって組み立てられていた。システムには、選果テーブル、最新式の除梗機、数基の小型タンク、発酵槽へ葡萄を送り込む自重式送り込み装置などが含まれていた。

シャトー・マルゴーが誇示してきた一貫性が、現代的な装置の導入によって乱されることはめったにない（それは現在も変わることなく、その時私が見た新しいシステムは、収穫の後撤去され、コンクリートもきれいに剥がされていた──ここは何と言っても、歴史的記念物なのだ）。

*そのワインは、アロマのエレガントさと
果実の凝縮感、純粋さを結合させている。
それは均整の取れた美しいワインで、
口に含むとその香りと調和で感覚を覚醒させる。*

ここのワインは、まさにテロワールの産物であり、新技術は、入念な試用を通して、ワインの価値を高めるものであることが分かった時に初めて導入される。とはいえ、神は細部に宿ると言われるように、もし総支配人のポール・ポンタリエとその技術チームが、古いホッパーやポンプを廃棄することを決めるならば、それはワインの質が新たにもう1段上昇するということを意味する。

このシャトーの起源は遠く12世紀にまで遡ることができ、その当時はラ・モット・ド・マルゴーと呼ばれていた。それが今日の姿を想像できるまでになったのは、16世紀の終わり、レストナック家が所有していた時代で、17世紀の終わりには、シャトー・マルゴーはすでに今日と同じ広さの262haもの広大な土地を所有していた（その3分の1が葡萄畑であった）。「ここにはわれわれの歴史を記録した1715年まで遡ることができる文書が残されており、そこには、現在のシャトー・マルゴーの葡萄畑がすでに18世紀に存在していたことが記されている」とポンタリエは語る。この頃、シャトー・マルゴーの名声はすでに確立していた。

シャトー・マルゴーはフランス革命の渦中で差し押さえられ、1802年にド・ラ・コロニラ侯爵のものとなった。現在の邸館を建設したのが彼である。その後スペイン出身の裕福なパリの銀行家アレクサンドル・アグアド・ド・ラ・マリスマス侯爵が一時所有し、さらにその後数多くの人の間で転売され、1920年代には数人の株主によって共有され、1950年にジネステ家のものとなった。しかし1970年代初めの経済的苦境の中で、ジネステ家は手放さざるを得なくなり、1977年にギリシャ出身の実業家アンドレ・メンツェロプーロスに売却した。彼はフランス中にフェックス・ホタンというスーパー・マーケットを展開して財産を築いた人物であった。現在彼の娘のコリンヌが単独所有者となっており、1980年にメンツェロプーロスが死亡してからは、彼女自身が現場に出てシャトーの陣頭指揮を取っている。

1960年代と70年代、シャトー・マルゴーは厳しい時代を迎え、その間多くのヴィンテージが隣人のシャトー・パルメより劣っていた。しかしアンドレ・メンツェロプーロスが所有者になると、彼の再建計画によって、シャトーは一夜にして蘇ったようであった。1978は素晴らしく良い出来で、それ以降ワインは高い質を維持し続けている。とはいえ、アンドレ・メンツェロプーロスの再建計画は長期的なものであった。排水を良くし、葡萄畑の管理の質を高め、グラン・ヴァンのセレクションを厳しくする（最初のコンサルタントのエミール・ペイノーの指導を受け）、そしてセラーを新築すること（1982年に完成）等々。

マルゴーの葡萄畑は昔のままだ。一部は邸館を囲む壁の中にあるが、かなりの部分はそれに続く北側の大地にまとまっている。それとは別に教会のすぐ近くにある醸造棟対面の南側にも数区画ある。土壌は主に砂利と砂で、目立たない割合ではあるが、粘土も混ざっている。また石灰岩─粘土と砂の混ざった場所にも葡萄畑がある。

右：長い運転の末に辿り着いたのは、ボルドーで最も古典的で、最も絵になるファサードを持つシャトー・マルゴーの邸館であった。

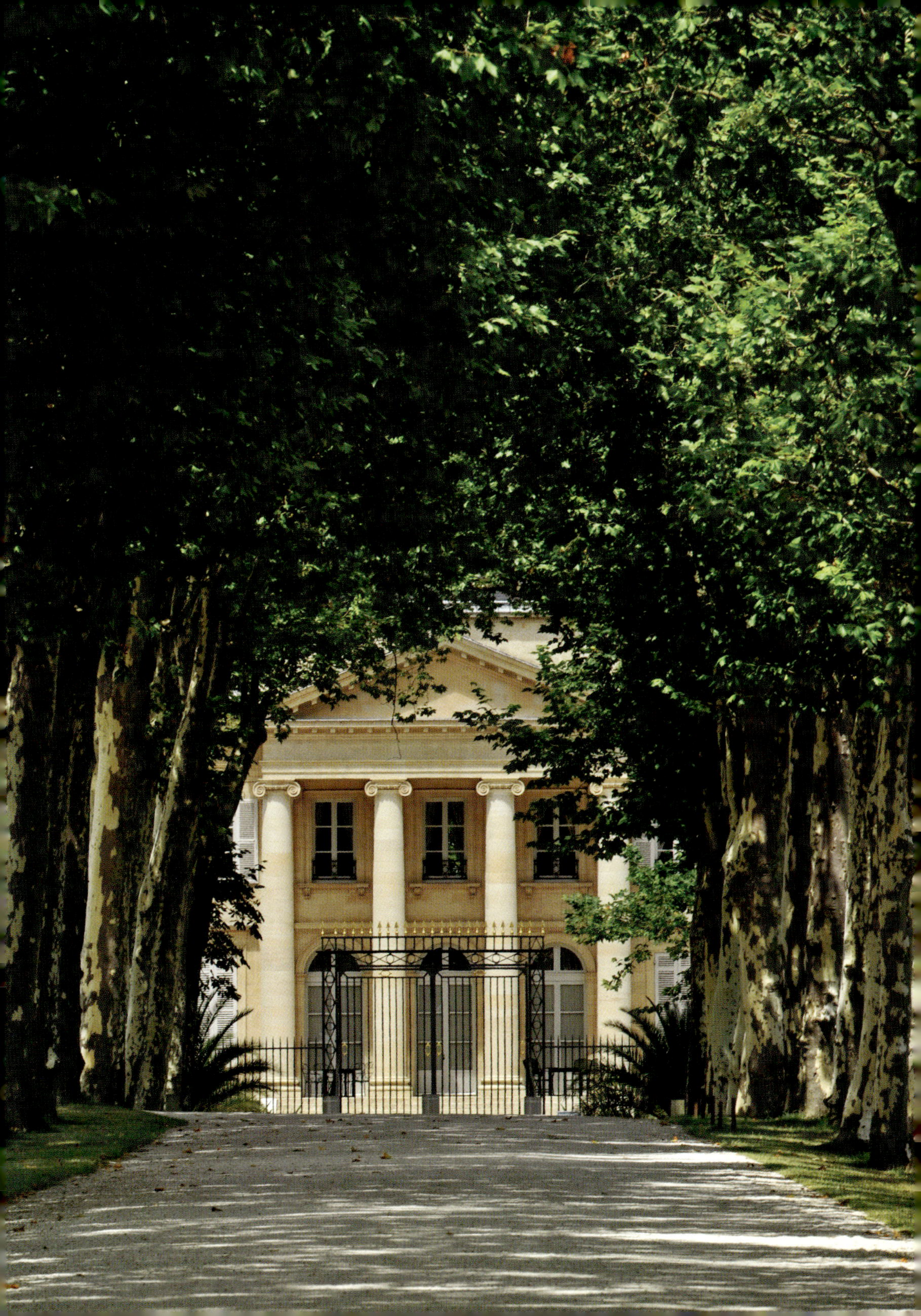

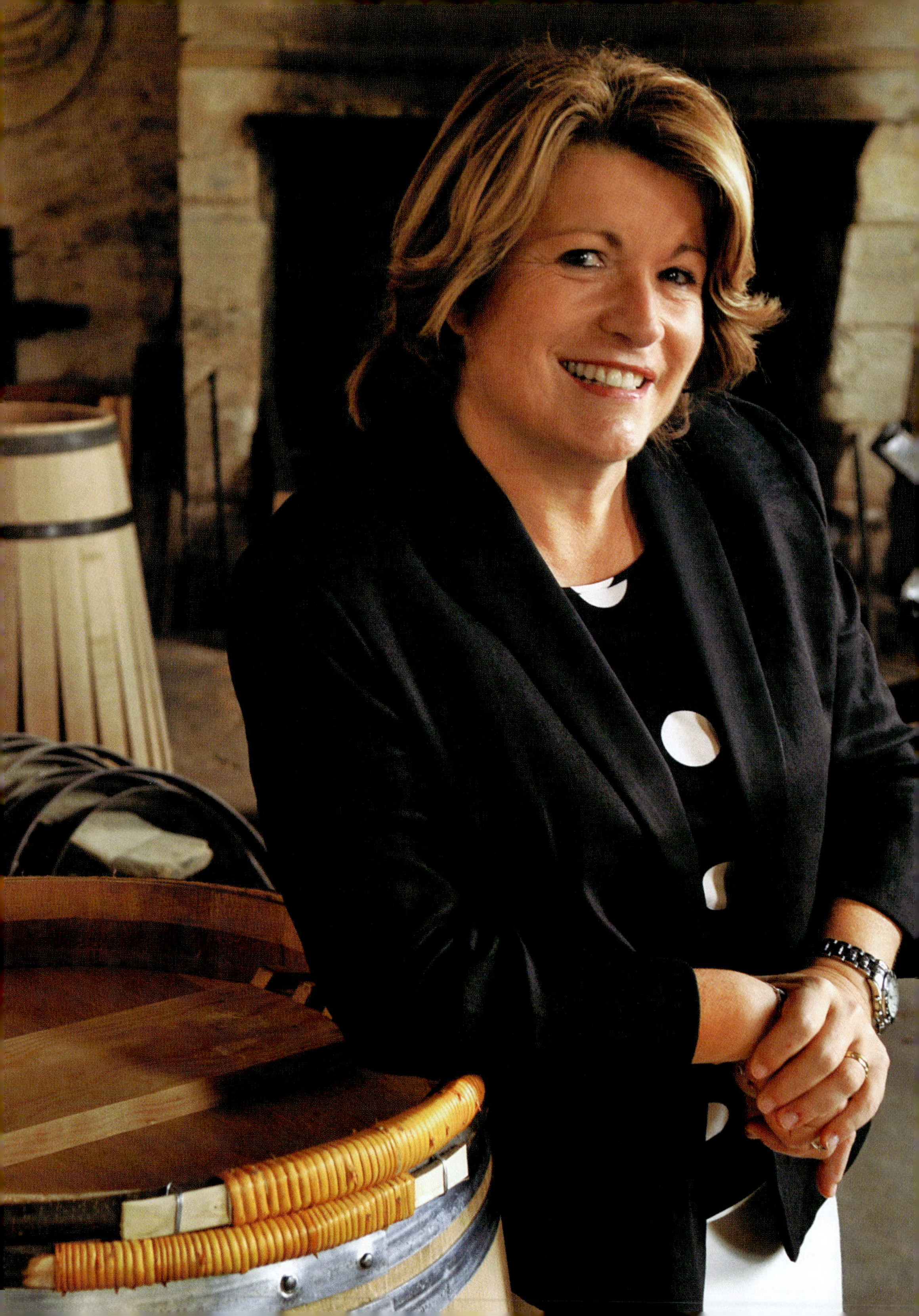

「土壌は均一ではなく、いくつかの種類が混在しているが、やはりシャトー・マルゴーの真髄は、砂と粘土をいくらか含む深い砂利層に育つ素晴らしいカベルネ・ソーヴィニヨンだ」と、ポンタリエは自慢げに断言する。

葡萄畑の平均年齢は35歳だが、葡萄樹の年齢は1歳から70歳までと幅広い。というのも毎年1万～1万5000本の葡萄樹が混植され、小区画が植替えられているからである。グリーンハーベストと除葉は小区画の状況を見て決められる。少しずつ有機農法に向かっており、殺虫剤は20年前から使用しておらず、1996年には「性撹乱法」が採用された。ウドンコ病やベト病に対する「よりグリーンな」予防法を発見するための試験も続けられている。

ワインづくりは伝統的である。「上質な葡萄果実が手に入れば、醸造はその最高の表現を引き出すことに全力を尽くすだけだ」と、1983年から醸造チームを率いているポンタリエは言う。発酵には古くからある容積150hℓの木製大桶が使われているが、2009年からは、27基のステンレスタンクと、いろいろな大きさの新オーク樽の小桶が補完的に使われている。それらは、より精密な小区画ごとの醸造を可能にするために導入されたものである。熟成は100%新オーク樽で、18～24カ月行われる。ポンタリエはオーク樽熟成に関する論文で醸造学の博士号を取得したが、シャトー・マルゴーでは、熟成は常に細心の注意を払って行われる。

極上ワイン

Château Margaux
シャトー・マルゴー
　そのワインは、アロマのエレガントさと果実の凝縮感、純粋さを結合させている。タンニンは、力強いとまではいかないが、生き生きとしており、きめが細かい。それは均整の取れた美しいワインで、口に含むとその香りと調和で感覚を覚醒させる。カベルネ・ソーヴィニヨンが圧倒的に支配しており（2006は90％、2007と2008は87％）、メルローと少量のプティ・ヴェルドー、カベルネ・フランがそれを補完している。最近セレクションがさらに厳しくなり、グラン・ヴァンの割合は、2006と2007は全体の36％、2007は32％となっ

ている。残りはセカンドワインのパヴィヨン・ルージュ（大半がカベルネ・ソーヴィニヨンであるが、メルローが45％まで含まれることがある）か、樽売りになる。

2006★　不可避的に2005の陰に隠れた形になっているが、偉大なマルゴーの上品さと古典主義を備えた逸品。洗練された芳香が鼻腔を漂い、それは繊細かつ深奥である。鼻をくすぐるようなスパイスも感じられる。口に含むと豊かで凝縮されているが、きめ細かなタンニンの骨格でバランスが保たれている。後味は非常に純粋で、長く持続し、新鮮である。
2004　2004と同様であるが、凝縮感と洗練さでやや劣る感じがする。抑制された香りで、味わいはまろやかで優しく、タンニンはきめ細かく、ミネラルが新鮮に感じられる。

Pavillon Blanc de Château Margaux
パヴィヨン・ブラン・ド・シャトー・マルゴー
　マルゴーの91haの畑のうち11haに、この白ワイン（毎年3万3000本前後生産）のためのソーヴィニヨン・ブランが植えられている。その葡萄畑は、マルゴー村の西側のやや冷たい土壌にあり、30年前から栽培がおこなわれている。霜害が襲う時があり、1980年代初めに除霜システムが導入された。ワインは樽で発酵させた後、澱の上で6～7カ月熟成させる。力強いワイン（アルコール度数は15％にもなる）で、くらくらするような刺激的なアロマ（柑橘系、ナシ）があり、口に含むと豊饒である。最近の優品は、霜に悩まされたが精妙な仕上がりの2006★と、みずみずしさが光る2007である。

Château Margaux
シャトー・マルゴー
総面積：262ha　葡萄畑面積：91ha
生産量：グラン・ヴァン15万本
セカンドワイン20万本
BP31, 33460 Margaux　Tel: +33 5 57 88 83 83
www.chateau-margaux.com

左：1980年からマルゴーのオーナーになったコリーヌ・メンツェロプーロス。彼女の陣頭指揮で、ワインはさらなる高みへ上りつつある。

MARGAUX

Palmer パルメ

シャトー・パルメのワインは、その黒と金のラベル同様に、そして英国、オランダ、フランスの3つの国旗がはためく、小塔が両側についた邸館同様に、気品に満ちている。ACマルゴーの序列で、ただシャトー・マルゴーにだけ首位の座を譲っている（1950年代、60年代、70年代はそれよりも1段上にいた）パルメは、現在、3級という格付け以上の酒質を持ち、それは価格にも反映されている。2004年から支配人を務めているトーマス・デュローは、なぜ1855年の格付けでそれより上にいけなかったのかについて、彼独自の見解を持っている。「現在のパルメの中核は、邸館の裏手の台地にある。しかし1855年当時、それはパルメのものではなかった」と彼は説明する。

シャトーの名前が広まり、評価が固まったのは、1814年から1855年まで所有していたパルメ将軍の時代であった。彼は当時シャトー・デュ・ガスクと呼ばれていたシャトーを買うと、すぐに名称を自身の名前に変更し、葡萄畑を80haまで拡張した。その大部分が、カントナック台地と、当時ボストンと呼ばれていた小地区のマルゴー村の南にあった。

膨大な借財を背負ったシャトー・パルメは、1853年に銀行家のペレール家に買い取られたが、その時葡萄畑は27haまで減少していた。ペレール家が所有していた時代に、前述の邸館の裏手の台地（パルメ台地）が購入されたようだ。瀟洒な邸館が建てられたのもこの時代であったが、同家は1938年に、ネゴシアンのシシェル社、オランダのメーラー・ベス家、フランスのジネステ家、ミアイユ家を含む共同事業体によって買い取られた。現在地所は、シシェル社（34%）とメーラー・ベス家の子孫によって所有されている。

シャトー・マルゴーのすぐ南にあるパルメ台地は、砂利と砂の土壌で、地表から40〜50cm下には粘土層が横たわっている。「これはパルメ独特の土壌で、ワインの、特にメルローの、深奥さとフィネスの1要因になっている」と、デュローは言う。パルメ台地は、葡萄畑の総面積の50〜60%を占め、シャトー・パルメの中核をなす。その他、シャトー・ディッサンの側にも区画があり（最上のカベルネ・ソーヴィニヨンの何割かがここで生まれる）、またカントナック台地の砂の多い砂利層にもある。

パルメはメルローの割合が高い——栽培面積で47%——ことで有名であるが、同じ割合でカベルネ・ソーヴィニヨンの畑があり、残りはプティ・ヴェルドーである。2007年以降、各区画は、徹底した土壌調査に基づき、さらに細かく区分されている。対伝染病耐性、土質形状、地力、さらには窒素や水分の含有率などが調査され、個々の小区画に合わせたきめ細かな管理が行えるようになった。

パルメの一貫性は、人的次元で維持されている。1945年から96年まで、シャルドン家（ピエールとその2人の息子クロードとイヴ）が、葡萄畑の管理と醸造に責任を持つ一方で、ベルトラン・ブテイユが、2004年に引退するまでの40年間支配人を務めた。その跡をデュロー（その前はイタリアのテヌータ・デル・オルネッライアの醸造長）が継いだのだが、その人選が素晴らしかったことが今証明されつつある。

パルメは今、1995年に建設された新しい醸造室で、急速な技術的進歩を遂げているようだ。その一方で、デュローの着任と共に、微調整はさらに精密を極めている。200hℓのステンレスタンクは、小区画ごとの醸造を可能にするために分割され、圧搾ワインの質を高めるために垂直圧搾機が導入され、収穫した葡萄を受け入れるための選果テーブルと、超最新型の除梗機などを備えた搬入システムが整備された。2009年に行われた試運転には、多くあるタンクそれぞれの内部でルモンタージュ（果液循環）を調整する装置も含まれていた。

デュローは、マルゴーACに入る資格のない特別なワインの製造にも、喜びを見出している。少量のパルメ・ブラン（主にミュスカデルとソーヴィニヨン・グリを使用）——香りはヴィオニエ似ているが、口に含むともっと溌剌としている——と、ヒストリカル19センチュリー・ブレンドである。後者は、10%のシラー（北部ローヌ地方の非公開のワイナリーから購入）と、残りをメルローとカベルネ・ソーヴィニヨンが占める。

右：堂々とした国際的な偉観を誇るシャトー・パルメ。1855年格付けを超越してすでに久しい。

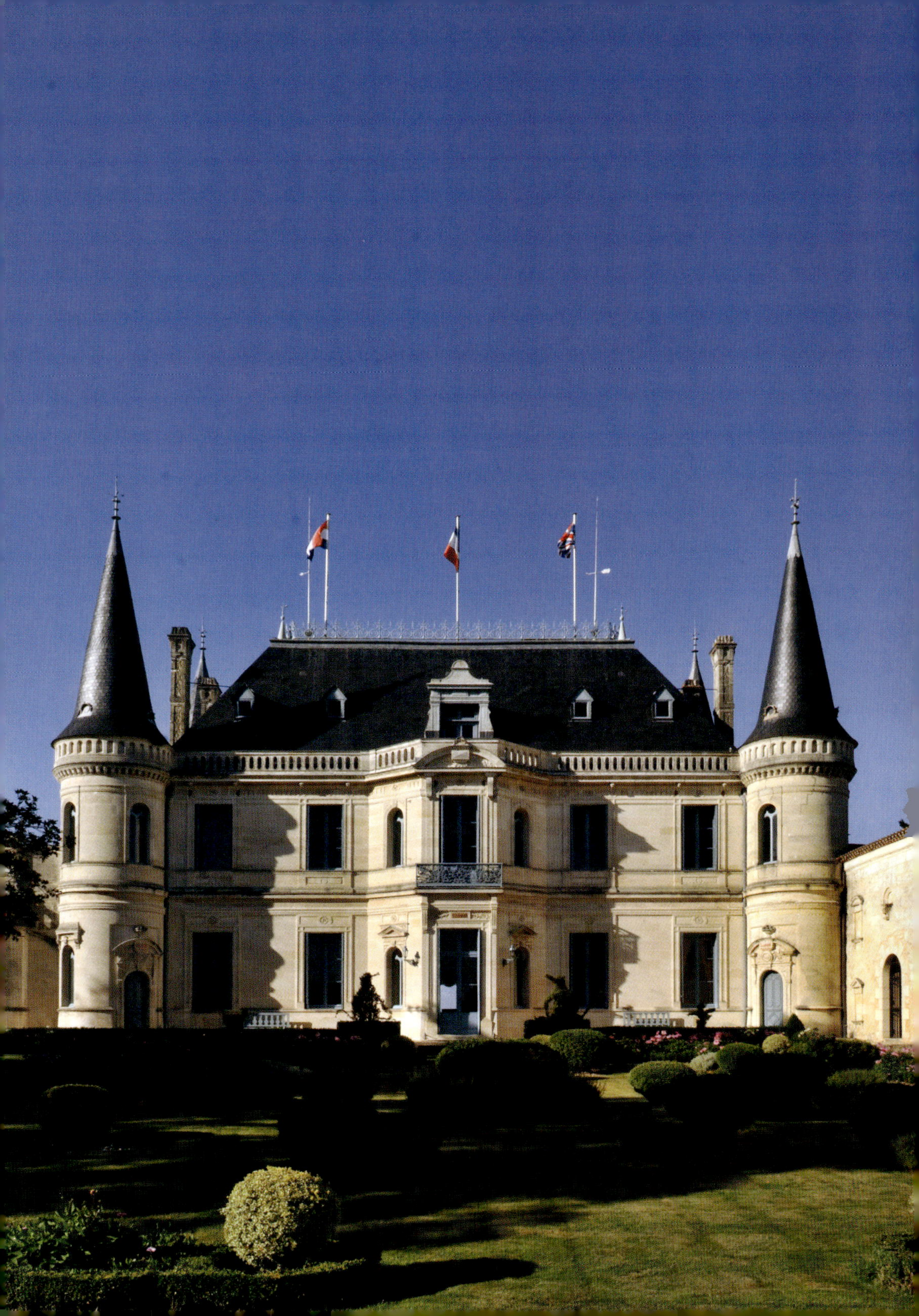

極上ワイン

Château Palmer
シャトー・パルメ

　シャトー・パルメの真髄は、その芳醇さと、素晴らしくきめの細かいタンニンに由来する触感の質である。また時間と共に強まるその芳香は秀逸である。テロワール（既述のように）も関係しているが、メルローの割合が高いことも大きな要因である。しかし近年、メルローの割合は過去ほど高くはなく、最近の平均的ブレンドは、メルロー40％、カベルネ・ソーヴィニヨン55％に、プティ・ヴェルドーを5％加えたものが多い。緻密で、肉感的なそのワインは、早飲みするのにも向いているが、パルメは元来長熟用として造られており、時間と共に味わいが深まる。ここ数年、1985★をテイスティングする機会に何回か恵まれたが（最も近いところでは2009年9月）、それはまさに例外的である——上品で、香りが豊かで、新鮮で、バランスが良く、今でも若い活力に満ちあふれている。

2005★　荘厳なワイン。パルメの偉大なヴィンテージの1つ。芳醇でまろやか、官能的で精妙、長く持続する味わい、タンニンは驚くほどきめ細かく、持続する。超絶的なバランス。

2006★　2005ほどグルマンではないが、それでも上品で緻密。味わいは非常に長く持続し、バランスが素晴らしく良い。

Alter Ego
アルテル・エゴ

　パルメのセカンドワインは、その独特の個性で、独立したブランドになっている。緻密さとフィネスも備わっているが、強調は果実味と飲みやすさに置かれている。普通はメルローが支配的。

2005　円熟したまろやかな味わい。赤果実の表現が特に感じられる。すでに飲み頃。

2006［V］　2005ほど重厚感はないが、元気の良い果実味が充満。オークが統合されるにはもう少し時間がかかるが、新鮮さと後味の長さはすでに傑出している（プティ・ヴェルドーが含まれている）。

上：2004年にオルネッライアからやってきたパルメの支配人トーマス・デュオーは、ワインの質をさらに高く研ぎ澄ましている。

Château Palmer
シャトー・パルメ

総面積：55ha　葡萄畑面積：55ha
生産量：グラン・ヴァン12万本
セカンドワイン9.6万本
33460 Margaux　Tel: +33 5 57 88 72 72
www.chateau-palmer.com

MARGAUX

Rauzan-Ségla　ローザン・セグラ

ヴェルトハイマー家にとって、それは大きな賭けであった。アランとジェラール、そして異母兄弟のシャルル・ヘイブローンは、その時すでに化粧品シャネル社のオーナーになっていたが（彼らの祖父は、1924年にココ・シャネルのために『シャネルの5番』を製造した）、1993年、シャトー・ラトゥールを買収しようとした。彼らの賭けは失敗し、翌年、今度はシャトー・ローザン・セグラを標的に定めた。今度は、彼らの賭けは成功した。

こうして現在シャネル社がローザン・セグラのオーナーになっているが、今回は企業買収というよりも、私的な関心という色合いが強かったようだ。この状況は、支配人となったジョン・コラサにピッタリだった。彼は30年以上もの長い間ボルドーで活躍しているイギリス人で、リブルヌ地区に基盤を持つネゴシアン、ジャヌー社で働いたことがあり、また、ほぼ10年近くシャトー・ラトゥールの支配人を務めていた。彼は直接ヴェルトハイマー家と接触することができ、彼らの間には、大企業にありがちな報告書の山とか、深くしみついた企業の慣習などが介在することはない。

1855年格付けにおいてローザン・セグラは、第2級の序列でムートン・ロートシルトのすぐ後に付けた。1930年代まで高い品質を維持し続けたが、その後低迷の時代が長く続いた。管理運営にあたっていたエシェナエル社による投資で、1983、1986、1988と優れたヴィンテージを出すことができたが、イギリス人オーナーのジョージ・ウォーカーの下で、シャトーは志気が低下していた。「投資だけでなく、哲学も必要だったんだ」とコラサは主張する。

葡萄畑の一部はユーティピオスという病気にかかり、植替えを余儀なくされた。また排水も改善する必要があった。「排水システムは、50～60年もの間無視され続けた。またマルゴー村全体に関わる問題もあった。というのも、排水は村を通って、向こうのジロンド河に流さなければならなかったから」とコラサは説明する。ヴェルトハイマー家は衛星による村全体の調査を依頼し、その結果

下：このライオンの顔があまり人を寄せつけない顔に見えた時代もあったが、ヴェルトハイマー家はローザン・セグラを親しみの持てるシャトーにしている。

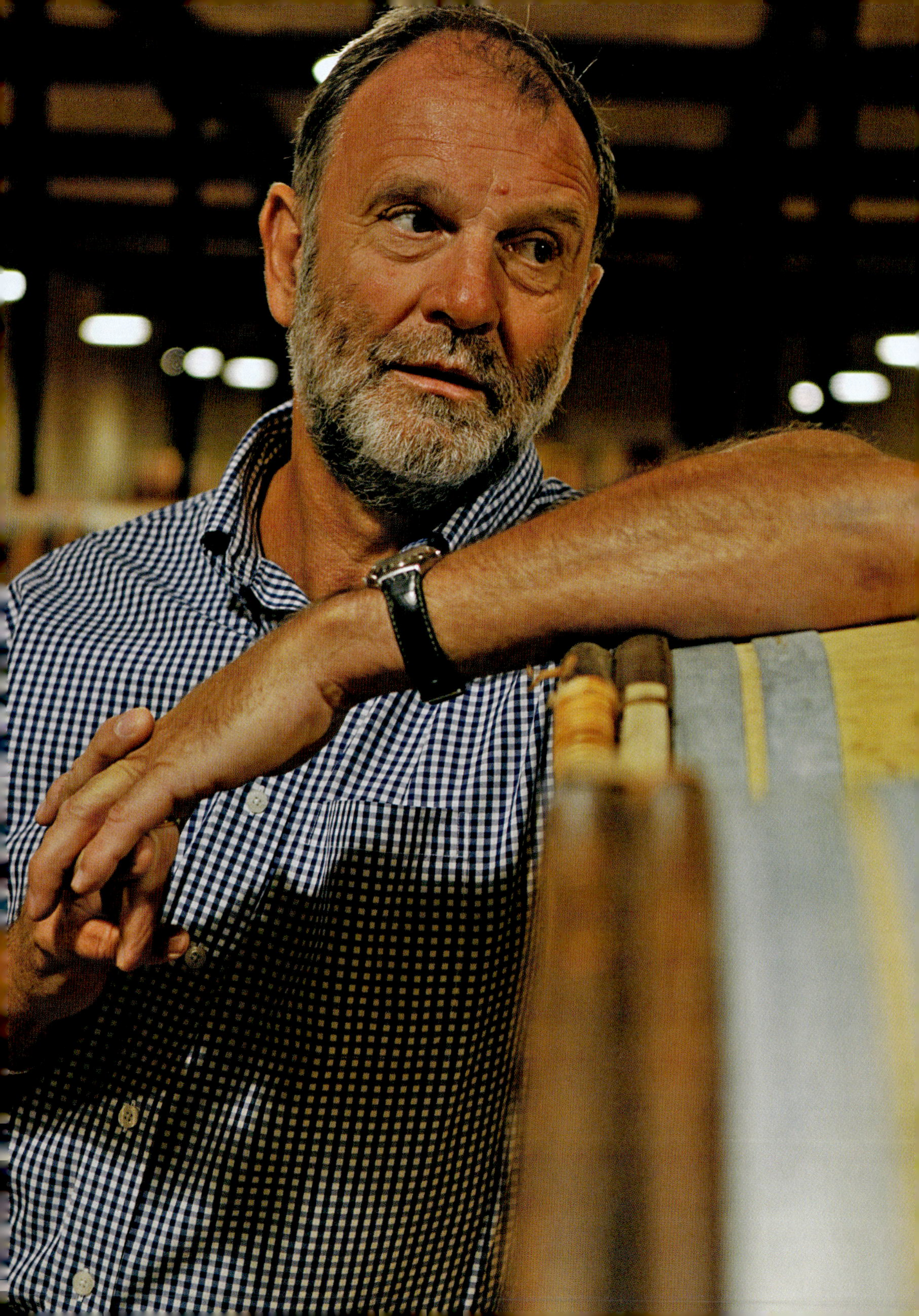

15kmにわたる排水設備が整備された。衛星調査の報告書は、他の生産者にも役立った。

コラサが行ったもう1つの重要な決断が、プティ・ヴェルドーを植えることであった。シャトーの記録をめくってみると、19世紀にはブレンド中8％近くをこの品種が占めていた。現在それは4％を占めている。全品種の収量が抑制され、ワインのボトル数は、エシェナエル社の頃の20万4000本から、現在の12万～14万4000本まで減少させられた。ワイナリーには新しい装置が導入され、樽貯蔵庫が改築され、保管庫が造られた。最後に、一家の住居として使うために邸館が修復された。

葡萄畑の大半はカントナック台地に位置しており、マルゴー村の北にも別の小区画がある。2006年以降、この中核的葡萄畑地区は、買収によって総合拡張されつつある。そこには、樹齢50歳の葡萄樹が育つ、以前シャトー・マルキ・ダレーム・ベッカーの所有だった1.5haの畑もある。またアルサックにも9haの葡萄畑があり、その葡萄は今のところ、セカンドワインのセグラに使用している。「葡萄畑の改良は今後も継続して行う必要があり、また畑の拡張は、ワインにバランスをもたらすのに役立つ」とコラサは説明する。

極上ワイン

Château Rauzan-Ségla
シャトー・ローザン・セグラ

ジョン・コラサは、彼とヴェルトハイマー家が求めるワインのスタイルという観点から言うと、伝統主義者である。バランスと飲みやすさが、彼らのワインの大前提であり、それゆえローザン・セグラに関しては、過度ということはめったにない。抽出は比較的穏やかで、グラン・ヴァンのブレンドは小区画ごとの醸造の結果に基づき決定される。ワインの骨格は、ヴィンテージごとに13％までの範囲で加えられる圧搾ワインによって構築される。ブレンドは、カベルネ・ソーヴィニヨンが55～65％、メルローが35～40％で、少量のプティ・ヴェルドーまたはカベルネ・フラン、あるいは両方で風味付けを行う。熟成は、新樽比率50％で、18～20カ月行う。2004年3月に、ヴェルトハイマー家の所有になってからのヴィンテージをテイスティングする機会に恵まれたが、どのような進化があったかを把握するこ とができた。1994は、まだチームワークが本物ではなかった。カベルネが支配していることは分かったが、青さが残り、後味にタンニンの角を感じた。1995★は大成功だった。しなやかで、香り高く、きめ細かなタンニンがそれを支えていた。1996はきめ細かく、長く持続し、骨格はやや男性的だったが、全体の質に関しては疑問が残った。1997は軽く、飲みやすい感じで、今はもう飲み頃を過ぎているであろう。1998は、かなり閉じていたが、口に含むと非常に新鮮で、長熟する骨格を示していた。1999は少しだらけている感じで、タンニンは乾いていて粗野だった。2000★は、秀逸。落ち着きがあり、エレガントで、深奥な果実味をきめの細かい堅固なタンニンが支えている。ローザン・セグラの真髄は、芳香、味わいの長さ、バランス、触感のしなやかさである。ヴィンテージの特徴が明確に出ているが、前よりも一貫性が保たれ、質は今後ますます良くなるばかりだ。

2001 魅惑に溢れている。優しく繊細な芳香。果実味に強調が置かれている。口に含むと生き生きとしており、バランスが取れている。現在飲み頃。

2004 深い色。いつもより多少厳しい感じで、酸は顕著。ミディアムボディで芳醇。後味にタンニンの収斂味が感じられる。

2006★ 本物の古典。香り高く、味わいは長く持続し、新鮮。美味しいオークの香りがまだ充満している。滑らかで洗練された触感。タンニンはしっかりしているが、こなれている。

Château Rauzan-Ségla
シャトー・ローザン・セグラ

総面積：75ha　葡萄畑面積：62ha
生産量：グラン・ヴァン12～14.4万本
セカンドワイン14.4万本
BP56, 33460 Margaux　Tel: +33 5 57 88 82 10
www.chateaurauzansegla.com

左：ローザン・セグラに素晴らしいルネサンスをもたらしている、経験と炯眼を持つジョン・コラサ。

MARGAUX

Brane-Cantenac　ブラーヌ・カントナック

アンリ・リュルトンの落ち着いた学者的な雰囲気は、彼の称賛すべき履歴と関係があるようだ。彼は生物学の博士号と葡萄栽培醸造学の修士号（セガン教授と葡萄畑の土壌調査を行ったことがある）、そしてワイン醸造学の学士号も持っている。さらに驚かされるのは、彼の冒険に富んだ"職歴"である。彼は1990年代初め、オーストラリア、南アフリカ、チリを転々としながら過ごした。実際、彼の父リュシアンが彼に家督を譲ることを決断しなかったなら、彼は家で過ごす時間よりも旅の途上で過ごす時間の方が多かったであろう。1992年、彼は突然、シャトー・ブラーヌ・カントナックの指揮を取るために、帰路についた。

いま心に浮かんでくるのは、
エレガンスと芳醇という2つの言葉で、
特にアロマと骨格に関してはピッタリくる。
アンリ・リュルトンは徐々に凝縮感と触感の
質を高めている。

彼が受け継いだシャトーの心臓部は、邸館のまわりの45haの葡萄畑で、特に邸館の前、カントナック台地の斜面にある30haが中核である。土壌は厚く堆積した水捌けのよいガンジアン砂利層で、粘土がかなり含まれている。そこがワインの最良部分を生み出すところで、ブレンドを決めるテイスティングでは、その良さがいつも再確認される。邸館の裏手（南側）の15haの葡萄畑は、砂の多い砂利層で、台地の地下水面（5〜6m）よりも高いところに地下水面がある（3m）。そこは1998年に大規模な植替えを行ったところで、そのため、少なくとも今のところは、そこで採れた葡萄がグラン・ヴァンに入ることはない。

さらに2カ所名前の付いた葡萄畑がある。邸館の裏庭に接する畑ラ・ヴェルドットと、アルサックとシャトー・デュ・テルトルに近い畑ノットンであるが、そこはもっぱらセカンドワインのバロン・ド・ブラーヌ用である。後者は、粗い砂利が厚く堆積したところで、排水設備が整えられ、1994年に植替えが行われた。

アンリ・リュルトンの注意深い監督の下、1995以降のブラーヌ・カントナックの酒質はめざましく向上している。セレクションの幅が広がり、小区画ごとのきめ細かな管理が行われ、より"自然な"醸造が行われている。植栽密度は1ha当たり6666〜8000本であるが、樹冠の蔽いを改善するために垣高は高くされている。1994年からは、耕転と手摘み、そして有機肥料の使用が再開された。しかしリュルトンは、「自分は全面的に有機農法をやっているわけではない。なぜなら硫酸銅溶液の過剰な使用は気が進まないからね」と言う。

とはいえ、生態系と環境への配慮は明らかで、1999年に新しいワイナリーが建築された時、それは持続可能性を考えた設計になっていた。そのワイナリーは、広々として、効率が良く、木製桶とステンレスタンクの数と大きさは、小区画のそれと照応している。リュルトンは状況に応じて醸造法を変更することに喜びを感じており、ピジャージュ（櫂入れ）や発酵前低温浸漬、樽によるマロラクティック発酵などを必要に応じて使い分ける。「時々タンニンの質を改善するために抽出を強めることがある。しかしその時でも圧搾ワインは使わない」と彼は説明する。ワインは新樽比率70%で、18〜20カ月熟成させる。アンリ・リュルトンは学者的かもしれないが、明敏な技術者でもある。

極上ワイン

Château Brane-Cantenac
シャトー・ブラーヌ・カントナック

いま心に浮かんでくるのは、エレガンスと芳醇という2つの言葉で、特にアロマと骨格に関してはピッタリくる。アンリ・リュルトンは徐々に凝縮感と触感の質を高めており、同時にワインを信頼性の高いものにしている。1980年代のワインは、全般的に落胆させられたが、作柄の良くない年には持ちこたえて能力の片鱗を見せ、そして今がある。当時、葡萄の成熟度、多すぎる収量、抽出の質が大きな問題であった。2つの例外が、深奥さとアロマのフィネスを見せた1983★と、本物のエレガントさと落ち着き、長く持続する力を見せた1989★である。1986はしっかりした果実味を持っていたが、粗野で太りすぎているように感じた。1982は現れなかった。1990年代の初めも、あまりぱっとしない。1990は甘いが長続きしなかった。改善を見せ始めたのは1994からで、それは魅惑的とまではいかないが、まずまずの果実味があった。1995★と1996★でようや

上：アンリ・リュルトンの几帳面で学究的な取り組みによって、1995以降、ブラーヌ・カントナックは水準を上げている。

く素晴らしいヴィンテージが現れた。前者は、熟れて、まろやかで、官能的。後者は、長く持続し、新鮮で、ミネラルが感じられ、カベルネ・ソーヴィニヨンの存在感がはっきりと示された。1997は柔らかく、簡潔で、飲みやすい。1998は、より力強いスタイルで、凝縮された質感と、壮健なタンニンが特徴。1999はまだチョコレートのようなオークの微香があるが、スタイル的に見ると迫ってくる感じがする。2000★は、現代的な果実味の重量感があり、気品とフィネスも感じさせる。ブラーヌ・カントナックの畑の構成は、カベルネ・ソーヴィニヨンが55％（2008ヴィンテージのように、ブレンド比率では70％まで上がることもある）、メルロー40％、カベルネ・フラン4.5％である。またカルメネールの実験的な区画もある。

2004 [V] きめの細かい、ミディアムボディーのワイン。バランスが取れ、滑らかで、いま開き始めている。

2005★ 香り高く、凝縮されている。タンニンと触感のきめが細かい。新鮮で長く持続する。完璧そして満足感。2000と同じかそれ以上。

2006 長く、線のように持続する味わい。しかし今はやや禁欲的。食事と合わせたり、もう少し瓶熟させると良くなる。

2007 軽めのスタイルであるが、円熟したバランスも取れている。赤果実がふんだんに感じられ、オーク由来のチョコレートも香る。早飲みタイプ

Château Brane-Cantenac
シャトー・ブラーヌ・カントナック

総面積：100ha　葡萄畑面積：74ha
生産量　グラン・ヴァン18万本
セカンドワイン12〜14.4万本
33460 Margaux　Tel: +33 5 57 88 83 33
www.brane-cantenac.com

123

MARGAUX

Giscours　ジスクール

　本書の主要なテーマは、不断に流入する投資がどのようにボルドーに有利に作用し、その資金によって、苦境に立たされていたシャトーがいかに再生し、ワインの質がいかに飛躍的に上昇したかを描き出すことである。その最高の例の1つが、シャトー・ジスクールである。ジスクールは1995年、オランダ人実業家のエリック・アルバダ・イェルヘルスマによって買収された。

　シャトー・ジスクールは実に壮大な葡萄園であり、その広大な敷地の内部には、19世紀に建てられた華麗な邸館、公園、森、植物園、そして当然葡萄畑が広がっている。その維持管理には、莫大な費用がかかるに違いない。ここでのワインの歴史は古く、遠く16世紀まで遡ることができる。邸館はその後、パリの銀行家ド・ペスカトーレ伯爵によって建てられたものである。20世紀の初めにクリューズ家がしばらく所有していた時期もあったが、1951年、ニコラス・タリが購入した。

　その時シャトーは、目を覆いたくなるような惨憺たる状況であった。タリと息子のピエールは、シャトーの過去の栄光を復活させるべく、多大な投資を行ったが、1990年代初めについに財政的危機に見舞われ、売却を余儀なくされた。シャトーの所有に関連して2つの企業体が作られた。1つは土地と建物を所有するフォンシエ・アグリコル・グループと、もう1つは、土地を長期で借り受け、ワインを生産する権利を有するソシエテ・アノニム・デクスプロワタシオンである。タリ家は前者にとどまり、後者をアルバダ・イェルヘルスマが購入した。

　アルバダ・イェルヘルスマは、このようなかなり複雑な所有形態の下で生産しなければならないという困難だけでなく、もう1つの困難も乗り切らなければならなかった。それは前醸造長がACクランヴァンのジスクールに他のACワインをまぜたというスキャンダルであった。しかしどちらの困難に対しても、ジスクールというワインを復活させるというアルバダ・イェルヘルスマの強い決意は揺らぐことはなかった。彼は今も莫大な額の投資を続けている。1996年の収穫の後、傷んだ13万本の葡萄樹の植替え、混植が断行され、トレリスの全面的な改修が行われた。手摘みが再導入され、若い葡萄樹が先に摘果されて、個別に醸造される。建物も改修され、醸造室は拡張され現代的に生まれ変わった。また樽貯蔵庫も全面的に改築された。

　シャトー・コス・デストゥルネルで醸造長をしていたジャック・ペルシエが技術主任として迎えられた。ボワスノ親子とコンサルタント契約が結ばれた。そして支配人には、1998年からジスクールで働いているアレクサンドル・ヴァン・ビーク・ディディエ・フォーレが就任した。そのメンバーの大半が、アルバダ・イェルヘルスマが新たに1997年に購入したシャトー・デュ・テルトルの再建にも関わっている。

極上ワイン

Château Giscours
シャトー・ジスクール
　ジスクールの中心は、邸館の傍に小高く隆起する砂利層の40haの葡萄畑である。もう1つの重要な区画がアルサックのプジョー葡萄畑で、土壌は非常に小石が多く、ワインにしっかりした、凝縮された性質をもたらす。3番目の区画が、シャトー・ドーザックの近くの砂の多い土壌にある。最近のヴィンテージ（2007と2008）では、カベルネ・ソーヴィニヨンの比率が60％まで上がっており、メルローがそれを補完する。少量のカベルネ・フランとプティ・ヴェルドーも栽培されており、時々グラン・ヴァンに使われることもある。私とジスクールとの最初の出会いは、1980年代半ばにパリのウィリーズ・ワイン・バーで出された1979年の1杯で、私はその時の、今の随分改善されたワインでも時々失われている、長く持続する香りを忘れることができない。

2000★　ジスクールの真髄である深い色調。香りは快楽的で、口当たりは優雅。芳醇、新鮮、清澄。今飲み頃。

2003　まろやかで、しなやか。しかし決して控えめではない。プラムの微香がある。精妙さはなく、タンニンは砂のようであるが、このヴィンテージではあまり感じることのない新鮮さがある。

2005　深く豊かで力強い。鼻からの香りは今はまだ控えめで、ややエレガントさにも欠ける。タンニンは堅固で、明らかに長熟用である。

右：ジスクールの支配人アレクサンドル・ヴァン・ビーク。ワインを本来の形に戻すのに彼の役割は重要である。

Château Giscours
シャトー・ジスクール
総面積：300ha　葡萄畑面積：85ha
生産量：グラン・ヴァン22.5～27.5万本
セカンドワイン7.5～11.5万本
Labarde, 33460 Margaux　Tel: +33 5 57 97 09 09
www.chateau-giscours.fr

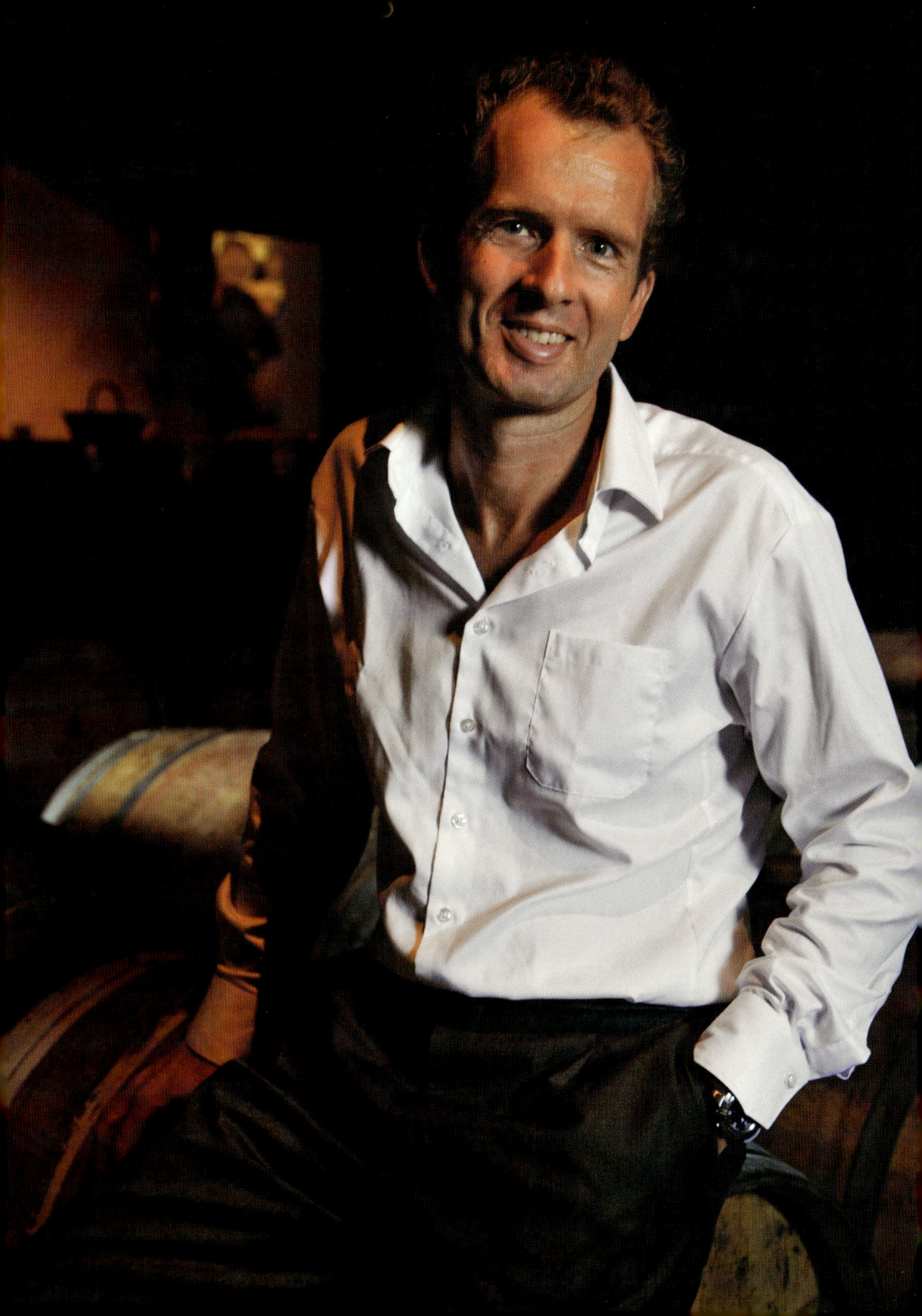

MARGAUX

Issan   ディッサン

堀で囲まれた、絵のように美しい邸館は、17世紀に建てられたものだが、このシャトーの起源はそれよりもずっと古い。イギリスがアキテーヌを支配していた12世紀頃の文書に、すでにこの地所のことが記されている。ディッサンという名前は、邸館の建設者であるシュヴァリエ・デッセノーという名前を短縮して付けられたものであるが、1945年からは、クリューズ家が所有している。クリューズ家の現役世代を代表するのは、支配人のエマニュエル・クリューズであるが、彼はまた、『メドック・グラーヴ・ソーテルヌ・バルサック・ボンタン・コマンドリー（ボンタン騎士団）』の団長でもある。

　クリューズ家は、このシャトーを取得したその日から、葡萄畑の再建に懸命に取り組んでおり、その仕事には終わりがないように見える。その葡萄畑は、第2次世界大戦前後、惨憺たる状況にあった。古くから中核を担ってきた葡萄畑は、ジロンド河の近く、アンクロ内にあり、シャトーの全栽培面積中65％を占める。土壌は砂利層であるが、その下には石灰岩と粘土がさまざまな深さで横たわっている。この畑の、性質の違うさまざまな小区画を混合したものが、ブレンドのかなりの割合を占める。

　マルゴー村には、ディッサンの所有する葡萄畑があと2カ所ある。1つはカントナック台地の、シャトー・プリュレ・リシーヌと線路の間にはさまれた砂利層で、そこで育つ葡萄は、通常グラン・ヴァンに入る。3番目の畑が、アルサックにあり、2007年のマルゴーACの境界線の変更までは、オー・メドックに属していた。現在そこで採れる葡萄は、セカンドワインのブラソン・ディッサンに回されているが、樹齢20歳前後のメルローは、最終的にグラン・ヴァンにブレンドされる。

　1990年代半ばまで、ディッサンの評判は低かったが、少なくともその理由の一端は、所有権の継承が不確かなため、投資が手控えられたことにあった。しかしその問題が解決してからのクリューズ家は、失われた時間を取り戻すかのように、ワインの質を改善するためのプロジェクトを矢継ぎ早に断行している。葡萄畑では、新しい排水設備が1993年に完成し、栽培主任のエリック・ペロンの指導の下、再植樹と修復作業が大規模に行われた。その若い葡萄樹のためのセカンドワインも立ち上げられた。

　ワイナリーへの投資も次の通り。2002年に醸造室が拡張され、小区画ごとの醸造を可能にするために、槽の数が26基から37基に増やされ、さまざまな大きさのものが用意された。新しい選果テーブルと自重式送り込み装置も導入された。1978年と1985年に造られた樽貯蔵庫を補完する、新しい樽貯蔵庫が2000年に完成した。ワインは伝統的な方法で醸造され、新樽比率55％で、18カ月間熟成される。

上：1990年代半ばから、葡萄畑とワイナリーの改善を指揮している、オーナー家の代表、エマニュエル・クリューズ。

極上ワイン

Château d'Issan
シャトー・ディッサン

　1980年代と90年代初めの、かなり草っぽいという印象（多すぎる収量と成熟度の問題に起因する）は後景に退き、ディッサンは今、本物のマルゴーとして蘇りつつある。ワインは香り高く、洗練され、しなやかな触感と、現代的な果実味の凝縮感がある。かなり改善が進んでいるが、スタイルは失われていない。「エレガントさとフィネスを追求しているが、骨格の確かさと凝縮感にも磨きをかけている」と、エマニュエル・クリューズは言う。これは厳しいセレクションと、カベルネ・ソーヴィニヨンの比率を高くするという決断によってもたらされた。その品種の割合は、作付面積で65％、ブレンドでは70％に上ることもある。残りはメルローである。このワインはほとんど投機とは縁がなく、そのため価格のわりに質が高い。

2000　熟れて、骨格がしっかりしており、触感はしなやかで、タンニンのきめも細かい。魅惑的な黒果実と、モカのアロマがある。長熟させるべき。

2003　アロマ的にはやや複雑さに欠ける。赤果実とバニラが感じられるが、2000や2006と比べると快活さに欠ける。しかしバランスは整っており、タンニンはよくこなれている。

2006 ★　暗い色調。鼻からの香りはきめ細かく濃厚であるが、抑制されている。口に含むと、熟れて、触感は繊細で、タンニンのきめは細かい。酸が長さと新鮮さを加えている。完全に開花するまでには時間が必要だが、素晴らしい1本になることは間違いない。

Château d'Issan
シャトー・ディッサン

総面積：118ha　葡萄畑面積：45ha
生産量：グラン・ヴァン9.6〜12万本
セカンドワイン8.4〜10.8万本
33460 Cantenac　　Tel: +33 5 57 88 35 91
www.chateau-issan.com

MOULIS

Chasse-Spleen シャス・スプリーン

このシャトーに、なぜ"憂鬱を追い払う"という意味のシャス・スプリーンという名前が付いたかについて、2人の偉大な詩人——ボードレールとバイロン——にまつわるロマンチックな憶測が流布されてきたが、最もありそうで、がっかりさせられる説明は、1862年のロンドン万博に向けて、イギリス市場に受けの良いブランド名として考えられたということらしい。しかしいずれにせよ、シャス・スプリーンは、ずっと昔からボルドーの極上ワインの中でも特別な存在で、その質は格付けワインにも匹敵し、しかも、いつも買い求めたくなる価格である。

シャス・スプリーンは、ずっと昔から
ボルドーの極上ワインの中でも特別な存在で、
その質は格付けワインにも匹敵し、しかも、
いつも買い求めたくなる価格である。

その葡萄畑は、1922年から1976年まで、ラーリー家の所有の下、良く維持管理されてきたが、それには同家がランド地方で営んでいた材木商としての収入が少なからず役立っていた。そのシャトーを購入したのが、ネゴシアンのジャック・メルローで、彼の娘ヴェルナデット・ヴィラーズが管理運営を任された。ヴィラーズは畑の拡張に務め、40haを80haまで増やしたが、不慮の事故で1992年に所有権を手放さざるを得なくなった。その後、娘のクレアが継ぎ、さらに2000年に、クレアの妹であるセリーヌと彼女の夫のジャン・ピエール・フォウベが継ぎ、2007年以降は、セリーヌ・ヴィラーズ・フォウベが単独オーナーになっている。

葡萄畑は、現在100ha以上まで拡張されているが、その中核となる部分は、ガンジアン砂利層にある70haほどの畑である。その内訳は、1976年に購入した時の最初の40haの畑と、ベルナデット・ヴィラーズが加えたグラニンと呼ばれる15haの区画、そして2003年にシャトー・グレシエ・グラン・プジョーから購入した15haである。最後の畑は、19世紀の初めに分割されるまでは、シャス・

左：2000年からシャス・スプリーンの改革を指揮し、2007年以降は単独オーナーとなったセリーヌ・ヴィラーズ・フォウベ。

上：シャス・スプリーンというロマンチックな名前がぴったりの邸館。かつて以上に格付けシャトーに比肩しうる質のワインを生み出している。

極上ワイン

Château Chasse-Spleen
シャトー・シャス・スプリーン

　そのワインは典型的なメドックで、深奥で、骨格がしっかりし、香り高く、素晴らしく長く瓶熟する力を秘めている。古いヴィンテージはやや厳しさが感じられたが、葡萄の成熟度とメルローの比率を高めたことで、ワインにまろやかさと温もりが備わった。
2000★　熟れた感じのフルボディで、ヴィンテージの質を明確に示している。黒果実とタバコの香りが鼻腔をくすぐり、口に含むと、フルで丸みがあり、芳醇である
2001　2000よりもやや線が細いが、新鮮で、生き生きとしており、ある種のエレガントさを備えている。
2003　ミディアムボディで、柔らかく、飲みやすい。偉大な複雑さといったものはない。
2004　しっかりとしており、風味が長く持続する。元気の良い果実味もある。スタイルは極めて古典的であるが、まだややスパイシーで、オークのバニラが健在。2011年頃から中程度の重さの満足できるワインになるだろう。
2005★　暗い色調で、凝縮されている。優雅な果実味があり、後味は長い。フルボディで生気に溢れ、長熟する能力を示している。
2006 [V]　口に含むとまろやかでしなやか。後味はしっかりした辛口。チョコレートと黒果実の微香が鼻から香る。魅力いっぱいだが、もう少し時間がかかる。

Château Chasse-Spleen
シャトー・シャス・スプリーン

総面積：110ha　葡萄畑面積：104ha
生産量：グラン・ヴァン40万本
セカンドワイン15〜20万本
33480 Moulis-en-Médoc
Tel: +33 5 56 58 02 37
www.chasse-spleen.com

　スプリーンの畑の一部であったので、ヴィラーズ・フォウベにとっては、それは恵まれた土地の合法的な奪還であった（シャトー・グレシエ・グラン・プジョーは、規模は縮小しているが現在もワインを生産している）。

　2000年以降、シャス・スプリーンは、新しく購入した畑だけでなく、以前からの畑でも大規模な植替えを行っている。植栽密度は1ha当たり8000〜1万本である。カベルネ・ソーヴィニヨンが栽培面積中62%を占め、ブレンドでは通常55〜60%を占めていたが、若樹の比率の増大で、2000年以降は50%に減少している。最近植えられた葡萄樹が歳を重ねるに従って、この割合は増えていくだろう。他の品種としては、メルローが35%、プティ・ヴェルドーが3%である。

　その他の最近の変化は、醸造室を拡張し、セメント槽を加えたこと（2007年）と、新しい樽貯蔵庫が建設されたことである。そこでは樽は4段積みされ（フォークリフトを使って積み上げられる）、まるでリオハのボデガのようである。葡萄果房は大部分手摘みされ（セカンドワインのエリタージュ・ド・シャス・スプリーン／オラトワール・ド・シャス・スプリーンのための区画は機械摘み）、醸造は伝統的な方法で行われる。熟成は新樽比率40%で、14〜18カ月である。

LISTRAC

Clarke クラルク

1973年に、エドモン・ド・ロートシルト男爵がシャトー・クラルク（その名前は、19世紀の持ち主であったアイルランド人が付けたもの）を手に入れたとき、彼は、ここでグラン・クリュ・レベルの古典的なメドックを創造するという強い決意を胸に秘めていた。彼には、その野望を裏付ける莫大な資産があった。メルローとカベルネ・ソーヴィニヨンが半々に植えられていた葡萄畑は、全面的に植え替えられ、建物とセラーもすべて改築された。

男爵が、野心と銀行勘定をうまく釣り合わせる辛抱強さを持っていたことが幸いした。最初の頃、そのワイン（1978が初めてのヴィンテージ）には一貫性がなかった。そして土壌調査の結果、土壌は当初思っていた砂利層ではなく、冷たい粘土と石灰岩の土質であることが判明した。これは、カベルネ・ソーヴィニヨンはこの土地にはあまり適さず、十分に成熟するのが難しいということを意味した。そこで、さらに植替えが行われ、1990年代の半ばまでに、メルローが現在の栽培面積比率と同じ70%まで増やされた。また葡萄畑での作業方針も変更され、樹勢を抑制するため、伝統的な鋤起こしに代わって、葡萄樹のまわりを草で覆うことにした。

1998年にコンサルタントとしてミシェル・ロランが着任すると、葡萄栽培と醸造法は、さらに右岸的な方法に変わっていった。いくつかの区画ではグリーンハーヴェストが計画的に行われるようになり、また全面的に除葉が行われ、その結果収量は10%ほど減少し、現在の1ha当たり45hlになった（植栽密度は1ha当たり6600本）。大半の畑で、機械摘みに代わって手摘みが行われるようになった。

ロランは、ワイナリーでは、発酵前低温浸漬を導入し、濃縮のためのセニエ法（果液の抜き取り）が強化された。また木製大桶も導入された。技術主任のヤン・ブッフヴァルターは、その時すでに、浸漬中のマイクロ酸素注入法を実施していた。ロランが指導したその他の変更は、発酵槽の中で完全にマロラクティック発酵を終わらせること、新樽比率を80%に上げること、そしてラッキングの回数を減らし、一定期間澱の上に寝かせることであった。

クラルクは、グラン・ヴァンの他に、ソーヴィニヨン・ブラン主体の白ワイン、ル・メルル・ブラン・ド・シャトー・クラルクと、シャトー・クラルクからのワインと別の2つのワイン（オー・メドック）を合わせて造るセカンドワインのレ・グランジ・デ・ドメーヌ・エドモン・ド・ロートシルトを生産している。しかしもちろん主力は、赤ワインのシャトー・クラルクである。そのワインは当初男爵が胸に描いていたものとはかなりかけ離れているが、リストラックの代表的なワインであることに変わりはない。それは現代的な香りを持つ、豊かで上品なワインである。

極上ワイン

Château Clarke
シャトー・クラルク

　最初のコンサルタントはエミール・ペイノーであったが、彼は100%メルローのワインを試しに生産してみることを提案した。それは1982年に出来上がった。最近シャトー内でテイスティングしたが、報告されていた通り、それは依然として美味しかった。ペイノーの炯眼に脱帽！ 2000以降のクラルクは明らかに前進している。それ以前のヴィンテージは、現在のワインに比べ、円熟味、肉付き、色調の点ですべて劣っており、タンニンも粗野であった。

1999 移行期にあるヴィンテージ。鼻からの香りは開いているが、精妙さに欠ける。口に含むと、このヴィンテージにしては果実味が感じられるが、タンニンはやや砂っぽく、粗い。

2002 やや平板で広がりすぎるが、驚くほど熟れている。口に含むとフルで肉感的。後味に、クラルクの真髄であるタンニンの良さが感じられる。

2003 豊かで、フルで、豊潤。タンニンはよくこなれていて、まったく乾いていない。元気が良いというよりは、上品。

2004 [V] 深い色調、黒果実の香りが鼻腔に侵入する。口に含むと、心地よいバランス、長さ、新鮮さが感じられる。スタイルはこれまでよりも古典的で、ほっそりしている。タンニンはしっかりして、きめ細かい。

2005★ [V] 今までで最高のヴィンテージだろう。フルボディで、豊かで、現代的で、果実味が躍動し、オークはよく統合されている。タンニンは力強く、また洗練されている。

Château Clarke
シャトー・クラルク

総面積：180ha　葡萄畑面積：54ha
生産量：グラン・ヴァン25万本
セカンドワイン25万本
33480 Listrac-Médoc
Tel: +33 5 56 58 38 00
www.cver.fr

HAUT-MÉDOC

La Lagune　ラ・ラギューヌ

ボルドーの市街地から北に向かって県道2号線『銘酒街道』を進むと、道路沿いのメドック格付けシャトーの1番手として、ラ・ラギューヌが現れる。18世紀に建てられたカルトゥジオ修道院の建物と最新鋭のワイナリーが木々の間から見え隠れするが、小さな回転木馬の付いた大きな看板と道路脇に広がる葡萄樹の海が、その存在を明確に知らせている。

ラ・ラギューヌはいま、2000年から始まった第二次ルネサンスの渦中にある。ラ・ラギューヌは、2000年に現在のオーナーである実業家のジャン・ジャック・フレイによって購入されたが、彼はローヌ北部のポール・ジャブレ・エネ社のオーナーでもある。葡萄畑にかなりの額の投資が注ぎ込まれ、大規模な改修計画が実行に移されている。その一方で、醸造工程も現代化され、2004年には最先端の技術を導入した新醸造室が完成した。

訓練を受けた醸造技師であるフレイの娘のカロリーヌが、現在葡萄畑とワイナリーを監督し、シャトー全体に若さと女性的な輝きをもたらしている。彼女には、1972年からこのシャトーで働いているパトリック・ムーランという頼れる醸造技師が付いており、また前ボルドー大学醸造学部教授ドニ・デュブルデューがコンサルタントとして協力している。

ラ・ラギューヌの最初の復興は、1950年代後半に起こった。20世紀前半に長く低迷を続けていたシャトーを、1958年にジョルジュ・ブリュネが買い取った。その時、ワインを生産できる葡萄樹はほとんど残っていなかった。ブリュネは葡萄樹の全面的植替えを行い、セラーも新築したが、1962年にシャンパンのアヤラ社のオーナーであるルネ・シャイヨーに売却した。ルネはブリュネの再建計画を引き継いだ。

葡萄畑の主力 (60ha) は、ワイナリーに隣接する4つの小高い丘である。最も大きな丘が、海抜15mほどで（それでもメドックでは高い方）、その他は10～12mである。土壌は排水の良い砂の多い砂利層で、下に行くほど砂の割合が高くなる。そこは葡萄が早く成熟する場所で（ラ・ラギューヌはしばしばメドックで一番最初に収穫する）、テロワールは、ポーイヤックやサン・ジュリアンよりも、ペサック・レオニャンに近い。

さらにやや東、シャトー・ダガサックの近くに別の20haの畑がある。そこは1964年に購入した畑で、当然1855年の格付けの時にはラ・ラギューヌのものではなかった。それにもかかわらず、砂の多い砂利層が粘土の底土の上に堆積しているその畑には、樹齢40歳の葡萄樹が健在で、そこから採れる葡萄は、しばしばグラン・ヴァンの材料となる。

現在行われている葡萄畑改修計画の主な目的は、垣高を高くして、低い植栽密度（1ha当たり6666本）を補い、葡萄の成熟度を高めることである。2000年に購入した時から現在までで、すでに20haの植替えが完了しており、その果実はセカンドワインのムーラン・ド・ラ・ラギューヌのために使用されている。最も高い丘の頂上に植えられていたメルローは引き抜かれ、替わりにカベルネ・ソーヴィニヨンが植えられている。その果実はグラン・ヴァンに行く予定であるが、まだ成長途上である。

新しい醸造室には、小区画ごとの醸造を可能にする小型のステンレスタンクが並べられ、すべてが自重式送り込み装置と繋がっている。とはいえ、醸造法はいたって伝統的で、過度の抽出は行わず、圧搾ワインをグラン・ヴァンに使うことはめったにない。熟成は新樽比率50%で、12カ月間行う。

極上ワイン

Château La Lagune
シャトー・ラ・ラギューヌ

ラ・ラギューヌは、フレイの時代の2004ヴィンテージから本領を発揮し始めた。哲学は、調和とフィネスのあるワイン、恣意的に力と存在感を付与するのではなく、テロワールを自然に表現するワインを創造することである。これは実現されたように見える。また果実の成熟度も一段と向上したようで、新しく植えた葡萄樹は、未来に向かって順調に伸びている。栽培面積は、カベルネ・ソーヴィニヨン60%、メルロー30%、プティ・ヴェルドー10%で、この比率は概ねブレンドと同じである。「ここではプティ・ヴェルドーが大きな役割を果たし、ワインに色、新鮮さ、アロマを加えると同時に、しばしば平板になるメルローに高揚感を与える」と、カロリーヌ・フレイは言う。

2000　フレイの最初のヴィンテージ。といっても収穫からである

が。柔らかくしなやかだが、パンチ力に欠ける。古いスタイルのクラレット的なワインで、後味に若葉が感じられる。
2004 明らかに2000よりも存在感がある。魅力的な果実味、重量感があり、バランスも良く、タンニンのきめは細かく、後味に酸がうまく効いている。5年経った時、かなり飲みやすかったが、まだまだ熟成する。
2005★ 鼻からの香りはよりスパイシーで、複雑。オークは健在だが、良く統合されている。ミディアムボディでミネラルが感じられ、余韻は長い。美しく造られている。グラスに量塊感が感じられる。

上：一家の利益と、自身のボルドーでの訓練を理想的な形で統合して、ラ・ラギューヌのルネサンスを推進しているカロリーヌ・フレイ。

Château La Lagune
シャトー・ラ・ラギューヌ

総面積：120ha　葡萄畑面積：80ha
生産量：グラン・ヴァン8〜14万本
セカンドワイン15〜20万本
33290 Ludon-Médoc　Tel: +33 5 57 88 82 77
www.chateau-lalagune.com

HAUT-MÉDOC

Sociando-Mallet ソシアンド・マレ

2009年は、ジャン・ゴートローがシャトー・ソシアンド・マレのオーナーとなって40年の記念すべき年であった。彼は1969年4月に、破産したシャトーをわずか25万フランス・フランで購入すると、それから40年で、最近のメドックで最も商業的に成功した例を築きあげた。成熟期を迎えた85haの葡萄畑と、格付けシャトーに匹敵する実力を持つという評価を得て、ゴートローは今、彼のクリュの独立独歩の地位を謳歌している。「格付けもクリュ・ブルジョワの肩書もいらない。ソシアンド・マレは、ただ最大限の力を発揮するだけだ」と彼は豪語する。

彼の成功物語は、ある突然のひらめきから始まった。葡萄畑の方から彼の夢を掴み取ったのである。当時彼はレスパールでネゴシアンの仕事をしており、あるベルギーの顧客から土地を探すように依頼されていた。その

> ジャン・ゴートローは1969年4月に、
> 破産したシャトーをわずか25万フランス・フランで
> 購入すると、それから40年で、
> 最近のメドックで最も商業的に成功した例を
> 築きあげた。

シャトーはひどく荒廃していたが、歴史があった。1633年に書かれた文書には、サン・スーラン・ド・カドゥルヌ村のソシアンド家に所有されている高貴な土地についての記述がある。1932年のクリュ・ブルジョワの格付けにも、ソシアンド・マレの名前が入っていた。

しかし1969年当時、そのシャトーは実質的に放棄された状態で、サン・スーラン・ド・カドゥルヌ村自体も、安価なテーブル・ワインを生産する村としてしか知られていなかった。このテロワールの実力を見せ付け、彼に葡萄畑の拡張を決意させたのが、彼の2度目のヴィンテージである1970であった。ソシアンド・マレの葡萄畑は、ド・バレロンの小高い丘、石灰岩と粘土の底土の上のガンジアン砂利層にあり、ジロンド河に近いことから温暖な気候に恵まれている。テロワールの性質は、サン・テステーフやポーイヤックの、河に抱かれたクリュと似ており、

それがメドックの最北端にあるといったところである。

その後ゴートローは、さらに土地を購入し、葡萄樹を植え――最初はカベルネ・ソーヴィニヨンを、次に徐々にメルローを多くして――、現在のカベルネ・ソーヴィニヨン48％、メルロー47％、カベルネ・フラン5％にまでなった。葡萄畑の平均植栽密度は、1ha当たり8333本であるが、ゴートローは、1ha当たりの収量が60hℓ以内ならグラン・ヴァンに行くことができると主張している。ソシアンド・マレではグリーンハーベストは行わず、除葉もほとんど行わず、収量の抑制は、もっぱら剪定だけに頼っている。

ソシアンド・マレは、あらゆる面で、伝統的に運営されている。土壌は鋤起こしされ、果房は手摘みされる。セラーでは、発酵はステンレスタンクとセメント槽で行い、土着の酵母だけを使っている。キュヴェゾン（浸漬）は25～30日間続ける。マロラクティック発酵は、槽内で行い、その後新樽比率100％で、12ヵ月間熟成させる。ワインは合わせて18ヵ月間熟成されることになる。ワインは軽く濾過されるが、瓶詰め前の清澄化は行われない。

極上ワイン

Château Sociando-Mallet
シャトー・ソシアンド・マレ

2009年6月、ジャン・ゴートロー（その時82歳であったが、驚くほど若かった）が、過去40年のヴィンテージの垂直テイスティングをやるからソシアンド・マレに来ないか、と誘ってくれた。以下がその時注目したヴィンテージである。スタイル的に言って、そのワインは3つの時期を経験したようだ。1981までの初期のヴィンテージは、カベルネ・ソーヴィニヨンが支配的で、姿勢の良い、昔風の感じで、すこし青く、収斂味を感じた。1982以降は、ブレンド中のメルローの比率が高くなり、ワインに過剰な甘さと土塊感が感じられた。2000は新しい時代の幕開けを告げるヴィンテージで、大いなる純粋さ、凝縮感、フィネスが感じられた。しかも常にヴィンテージの長所を良く表現し、長熟する能力も示している。

1969 ジャン・ゴートローの最初のヴィンテージ。赤褐色。まだ果実の香りが鼻から感じられ、口に含むと、新鮮で、後味は線のように長く延び、幽かなミネラルの微香がある。古いがまだ持ちこたえている。

1975★　雹を伴う暴風雨が襲い、収穫は1ha当たり21hℓまで減少した。グラスの中心は暗く、縁にレンガ色が見える。精妙な香りで、果実の残響がある。口に含むと、新鮮で、清らか、ミネラルが感じられ、同時に印象深い凝縮感と力強さがあり、タンニンはしっかりしており、後味に掴まれる感じがする。今でも十分美味しいが、まだ長く熟成する。

1982★　ソシアンド・マレを飛躍させたヴィンテージ。依然として力強く、深いルビー色で、果実味の感動的な深さがある(1ha当たり71hℓにもかかわらず!)。燻香、ミネラルとブラックカラント、ブラックベリーのアロマがある。口に含むと、熟れて、まろやかで、凝縮され、濃密である。タンニンの骨格が力強い。すでに飲み頃であるが、まだまだ長く熟成する能力を秘めている。

1986　深いが鮮やかで若々しい色。一枚岩のようなワイン。鼻からの香りは強く、垂れ込める感じで、すこし燻香がある。大きな力と深さを感じさせる。タンニンの骨格は巨大。かなり落ち着いた趣はあるが、フィネスには欠ける。50年は熟成を続けるだろうが、下り坂になることがあるのだろうか?

1989　深く暗い色調。1990ほどの芳醇さはないが、バランスと深さ、長さは素晴らしい。精妙で、石を舐めたときのような風味で、ミネラルや黒果実の微香がある。ミディアムからフルボディで、力強く、タンニンのきめは細かくしっかりしている。後味は長く、線のように続く。非常に完成されている。

1990　色はまだ暗く、堅固で、不透明。芳醇な、エキゾチックと言えるようなスタイルで、鼻からも口中でも、活力ある香りが広がる。熟れたブラックカラント、黒果実のアロマがあり、甘草の微香もある。口に含むと甘く、豊潤で、肉感的で、それを力強いタンニンが支えている。

1996★　途方もなくスケールの大きなワイン。まだ色は暗く、不透明。鼻からのアロマが素晴らしく、ブラックカラント、ミネラル、チョコレート、バニラの微香がある。豊かで、熟れて、フルボディで、力強いがよくこなれたタンニンがそれを支え、後味は、長く新鮮で、スモーキー。

1998　暗い色調で、熟成が進んだ兆候は見られない。スタイル的には鉄のように厳しい。魅力的な黒果実の香りが鼻腔に漂い、くっきりとしたミネラルが感じられる。口に含むと素晴らしい凝縮感があり、バランスのとれた新鮮さと長さがある。やや控えめすぎる気もするが、奥深さが感じられる。

2000★　暗くしっかりした色。堅固で力強いワインで、明らかにポーイヤック風。熟れた、濃縮された香りがあるが、まだ閉じている。凝縮感が、堅固なタンニンの骨格に支えられ、口中に長く居続ける。明らかに長熟する。

2001　深い色調。非常に調和の取れたワイン。黒と赤の果実のアロマがあり、トーストやバニラの微香もある。芳醇だが、しっかりと構築された味わいがあり、後味は優雅で純粋で長い。

2003　深く暗い色調。鼻からの香りは豊かでグルマンで、果実味の巨大な凝縮感が感じられる。ブラックカラントの微香もある。フルで肉感的で、それを力強いタンニンが支えている。大きく壮健なスタイルであるが、新鮮さがそれとうまく釣り合っている。

2004　深い色調。エレガントで、落ち着きのあるたたずまい。愛らしい果実の純粋さが長く線のように続く。しなやかなミディアムボディで、タンニンはきめ細かく新鮮。古典的な印象。

2005★　深く不透明な色。果実味の凝縮感と深みが素晴らしく、それでいて純粋で、過度なものが1つもない。今はまだ固く閉じている。口に含むと豊かで、しっかりした骨格を感じさせるが、調和が取れている。タンニンの存在を感じるが、熟れて滑らかである。力強さとフィネスを顕示している。間違いなくこのシャトーの最も偉大なワインの1つ。

2006　暗い色調。きめ細かで、古典的な、ほっそりしたスタイル。果実味は純粋で、新鮮。スパイシーでピリッとした風味のあるオークとよく統合されている。重さからいうとミディアムボディー。後味は堅牢。長く熟成する真摯なワイン。

2008　(樽からの試飲)深い紫から赤紫の色調。よく熟した心地よい香り。豊かでスパイシーで、エキゾチックな微香もある。口に含むと純粋で、食欲を刺激し、黒果実の元気の良さがある。骨格は驚くほど堅牢で、後味は素晴らしく長い。

Château Sociando-Mallet
シャトー・ソシアンド・マレ

総面積：115ha　葡萄畑面積：85ha
生産量：グラン・ヴァン40〜50万本
セカンドワイン7.5〜10万本
33180 St-Seurin-de-Cadourne
Tel: +33 5 56 73 38 80　www.sociandomallet.com

MÉDOC

Rollan de By　ローランド・ビィ

　このワインは、最初のヴィンテージ1989から今日まで、メドック北部の歴史における啓示となっている。その時葡萄畑はわずか2.5haしかなかったが、それ以降拡大を続け、現在は50ha以上になっている。しかし同系列のシャトー・ラ・クラールとトゥール・セラン、それにオー・コンディサスの葡萄畑を含めると、ドメーヌ・ローランド・ビィの栽培総面積は87haになる。

　ローランド・ビィは、以前はパリのインテリア・デザイナーであったジャン・ギヨンが自ら計画し、造り上げたドメーヌである。彼の現在の主な仕事は、ワインの市場開拓と販売である。葡萄畑はジロンド河に近い粘土のような砂礫の土壌で、全般的に平坦なメドック北部にあって、わりと起伏のある地形をしている。土壌にはメルローが適していて、その品種が高い栽培比率（70%）を占め、ワインにまろやかさと親しみやすさをもたらしている。プティ・ヴェルドー（10%）と残りのカベルネ・ソーヴィニヨンが、色と元気の良さ、そして新鮮さを付け加えている。

　果房は機械摘みであるが、栽培技術が、ワインの質と一貫性にとって必須である最高の成熟度を保証している。植栽密度は1ha当たり8500〜1万1000本で、生産量は1ha当たり45〜50hℓである。垣高は樹冠が1mの高さになるように整えられ、樹勢を抑制するために地面を草で覆っている。除葉は、メルローでは行っているが、プティ・ヴェルドーとカベルネ・ソーヴィニヨンでは、側枝が除去されている。

　ジャン・ギヨンはまわりを多くの技術的専門家で固めているが、その中には、コンサルタントのリカルド・コタレラとアラン・レイノー、以前シャトー・ラ・トゥール・カルネにいた技術主任のエマニュエル・ボノーなどがいる。醸造技法は現代的で、発酵前低温浸漬（8℃で6〜8日）、アルコール発酵中のピジャージュ（櫂入れ）、ルモンタージュ（果液循環）、デレスタージュ（液抜き静置法）が行われ（最後には、澱が果液中を浮遊する）、浸漬は15〜21日間行われる。メルローとプティ・ヴェルドーは、樽（新樽比率は65〜70%）の中で、カベルネ・ソーヴィニヨンは槽の中でマロラクティック発酵を行い、熟成期間は12カ月である。

極上ワイン

Château Rollan de By
シャトー・ローランド・ビィ
　ローランド・ビィはまろやかな魅力があり、そのためわりと早くから飲める。果実風味に釣り合う甘さがあり、それがこのワインを魅力的なものにしていると同時に、メドックの特徴でもある新鮮さと元気の良さの源にもなっている。オークがスパイシーさを付け加え、比較的よく統合されているようだ。個人的には、オー・コンディサスの豊潤さの際立つワインよりも、バランスのとれたこちらのワインの方が好みだ。
2004　深い色。優雅な果実が鼻腔に漂う。しなやかで新鮮な口当たりで、オーク由来のチョコレートの微香もある。後味にタンニンが少し角ばって感じる。
2005 ★[V]　2004とほぼ同じだが、それよりもよく熟れており、深奥で、タンニンがしっかりしており、きめが細かい。すべてにバランスが取れている。

Château Haut Condissas
シャトー・オー コンディサス
　オークと抽出の面から言うと、このワインは国際市場を視野に入れた、拍手喝采で迎えられるグラマーな女優のようだ。その12haの畑は粘土の比率が高い。プティ・ヴェルドーがブレンドの20%を占めている（メルロー60%で残りがカベルネ・ソーヴィニヨンとカベルネ・フラン）。熟成と抽出はやや強めで、ワインは新樽比率200%で、18〜24カ月熟成させる（プティ・ヴェルドーはアメリカ産オーク）。生産量は年間平均6万5000本。
2001　深く暗い色調。極めて精妙な香り。オークはまだ健在。口当たりはフルで、まろやかで、芳醇。タンニンは男性的で、堅牢。後味に少し乾いた感じがする。
2002　簡潔なワイン。よく凝縮された感じがするが、この繊細なヴィンテージとしては、抽出が行き過ぎたように思える。その結果、後味に角がある。
2003　大きく豊かなワイン。明らかに国際的スタイルのワイン。暗く、ほとんど黒に近い色。クリーミーなオーク、丸々と熟した果実の香りが層になって押し寄せる。タンニンは力強く、よく研磨され、長い。新鮮な微香が、全体を驚くほどバランスのとれたものにしている。

右：ジャン・ギヨンの下で丁寧に造られたワインは、ブラインド・テイスティングでは常に好成績を残している

Château Rollan de By
シャトー・ローランド・ビィ
総面積：50ha
葡萄畑面積：50ha
生産量：グラン・ヴァン25万本
33340 Bégadan　Tel: +33 5 56 41 58 59
www.rollandeby.com

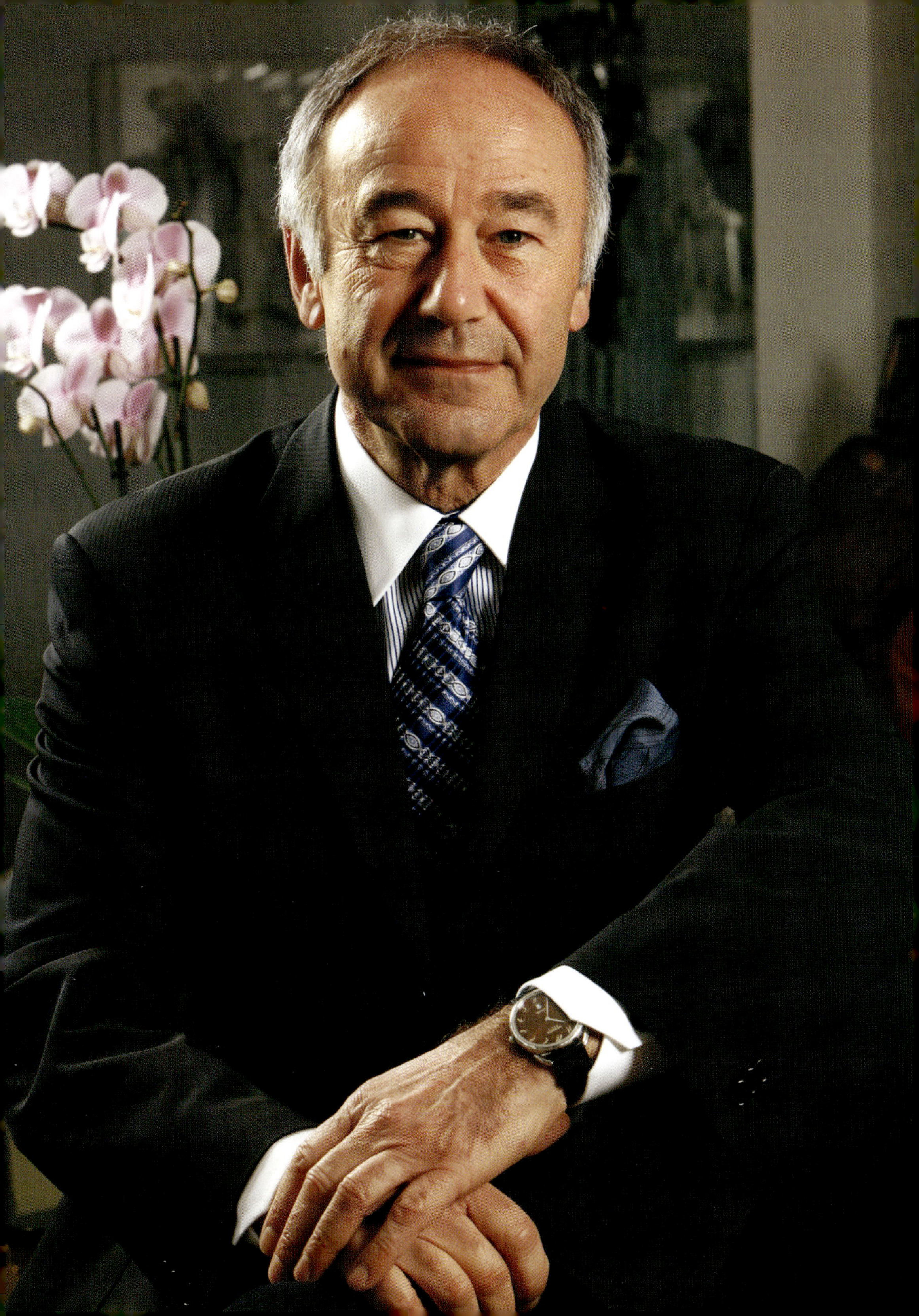

ペサック、グラーヴ、アントル・ドゥー・メール
Pessac, Graves, and Entre-Deux-Mers

ペサック・レオニャンとグラーヴのその他の村との間には、アントル・ドゥー・メールとの間よりも、はるかに多くの共通点がある。しかし近接していることから、ここでは一緒に論じることにする。

ペサック・レオニャン Pessac-Léognan

1987年に、グラーヴ北部の2つの村が、それ以外の村と離れて独自に新アペラシオンを創設した。それがペサック・レオニャンACである。その2つの村は、どちらもボルドー市に接し、古くから最もよく知られた村で、グラーヴの格付けシャトーのすべてがこの中に含まれている。新アペラシオンの創設以降、所有者の交代と投資の相乗効果が続き、ワインの質は飛躍的に向上し、現在ボルドーで最も活気に満ちたアペラシオンになっている。そこはまた、ボルドーで最も古い葡萄栽培地域でもあり、すでに中世の頃には葡萄畑が存在していた。砂利層の小高い丘と粘土層が帯になった土地がカベルネ・ソーヴィニヨンとメルローに最適な土地で、石灰岩と粘土の混ざった層が、セミヨンとソーヴィニヨン・ブランに適している。ボルドー市の市街化の波が押し寄せて減少していた葡萄畑を、最近では増加に転じ、赤ワイン用が1385ha、白ワイン用が250haまで拡大している。ペサック・レオニャンの赤ワインは、バランスとフィネスに強調を置き、地中のミネラルを取りこんでいるが、それがグラーヴのワインの特徴である。メドックのワインとよく似ているが、概してメルローの比率が高い。樽発酵の辛口白ワインは、量は少ないが、ボルドーでは最高のもので、最優秀レベルは、ブルゴーニュの上質白ワインと肩を並べる。

グラーヴ Graves

グラーヴACは、ガロンヌ河の左岸に沿って、北のラ・ブレードから南のバルサック、ソーテルヌまで延びる細長い地区で、さらに南の、ランゴンの町の周囲に点在する葡萄畑も含まれる。面積的にはかなり広いアペラシオンで、赤ワイン用が2800ha近く、白ワイン用が1000haあり、後者は大半が辛口であるが、甘口のグラーヴ・シュペリエールも25%を占める。名前が示す通り（グラーヴとは砂利を意味する）、土壌は砂利層が支配的で、それにシルトと砂、そして所々に粘土が混ざっている。石灰岩もピュジョル・シュル・シロンの辺りに見られ、バルサックの石灰質土壌はこのシロンの村落の中にまで入り込んでいる。グラーヴACは今いくつかの困難を抱えている。ペサック・レオニャンから切り離されたことで、原動力を失っているように見え、ワインの質と生産量を規制する主体となる協同組合もなく、全般に価格も低く、投資と改良を促す刺激も少ない。しかしそこにも興味を引かれる、価値の高いワインが存在する。キレの良い辛口の白や、より複雑な味わいの樽発酵の白、そして新鮮さと華やかさのある赤ワインなどである。

アントル・ドゥー・メール Entre-Deux-Mers

アントル・ドゥー・メールはアペラシオンであると同時に、地理的な区分でもある。地理的区分としては、ガロンヌ河とドルドーニュ河にはさまれた楔形の土地を表す。またAOCとしては、ソーヴィニヨン・ブラン、セミヨン、ミュスカデルから出来る白ワインのためのものである。生産量は安定しており、年間平均7万5000hℓで、葡萄畑の面積は1500haである。数字が示すように、この明快で、新鮮、果実味に溢れ、全般的に丁寧に造られた白ワインの市場は堅実である。AOCプルミエール・コート・ド・ボルドーは、楔形の西側の縁、ガロンヌ河に沿って、南北に60km、最も幅の広い場所で東西5kmの細長い地区で、3000haを少し超えた葡萄畑からは、アロマの強い、軽い構造の、キャデラックの塗装に使われた色に似た色の赤ワインが造られている。2008ヴィンテージからは、新しいAOCコート・ド・ボルドーで売り出されることになった。その他の地区は、ボルドー産ジェネリックワインの主な供給源となっている。歴史的に言って、この地域は混合農業の盛んなところで、協同組合が重要な役割を担っている。地形は緩やかに隆起する小高い丘の連続で、土壌は変化に富んでいる。粘土―石灰岩、砂の多い砂利層、砂利層、白ワイン向きのシルト層（ブールベーヌという）などである。ここの生産者は赤ワインをAOCボルドーかボルドー・シュペリエールの名前で売り出すことができるが、後者で売り出す場合は、アルコール度数が10.5度以上で、前者よりも収量が少なく、熟成期間が長いことが条件となっている。ワインの質は、投資、熟練度、販売ルート、そしてテロワールの善し悪しによって、まちまちである。

ペサック、グラーヴ、アントル・ドゥー・メール

■ シャトー
― 村境

0　　　　6 km
0　　　　6 miles

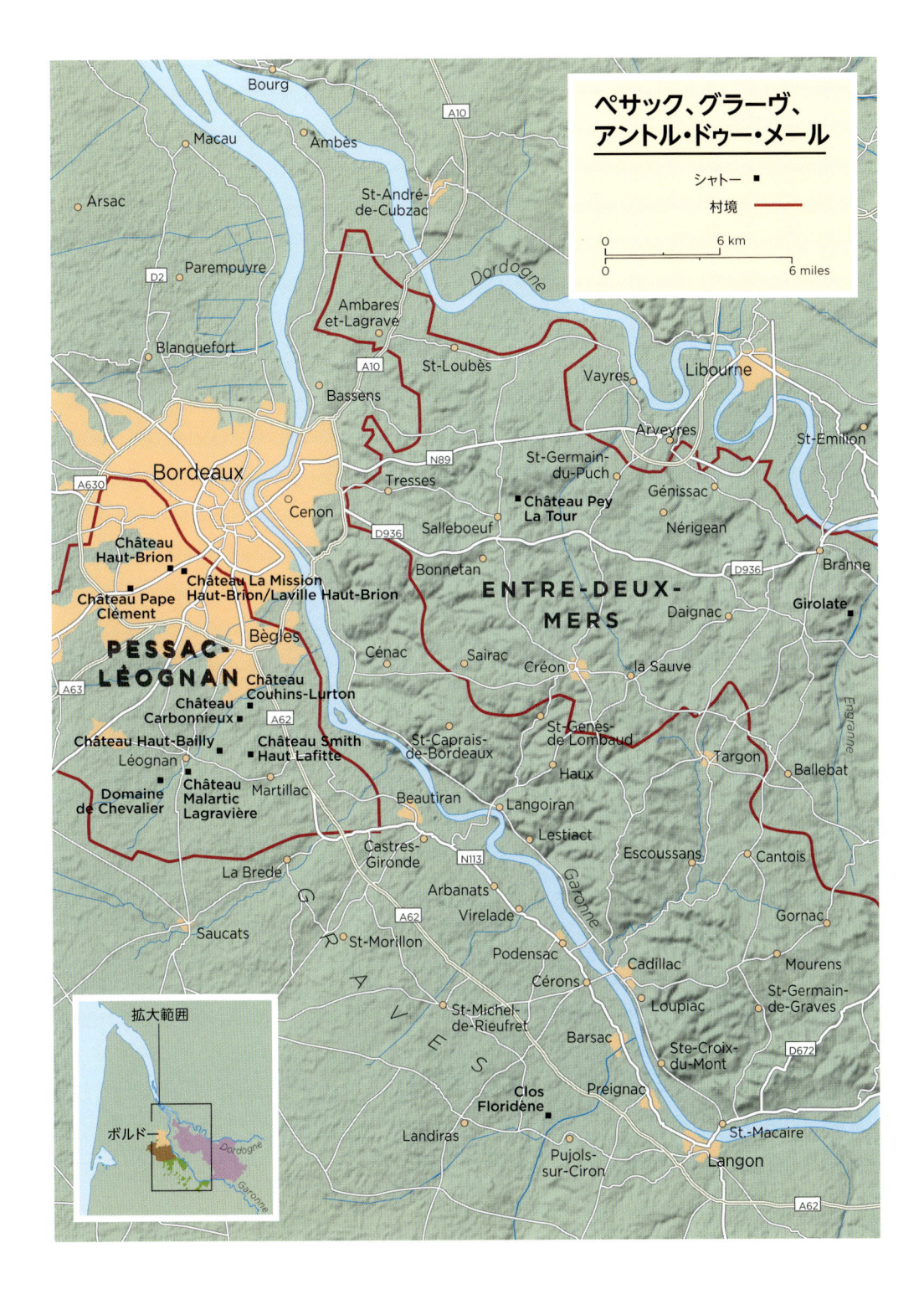

拡大範囲
ボルドー

PESSAC-LÉOGNAN

Haut-Brion オー・ブリオン

シャトー・オー・ブリオンは、ボルドーで最も古いシャトーと言ってよいだろう。それは、葡萄畑の名前で知られるようになった最初のシャトーであり、また現在のボルドーの古典的赤ワインの原型である"ニュー・フレンチ・クラレット"が17世紀に一世を風靡するきっかけをつくったシャトーでもある。以来今日までそのシャトーは、テロワールの天の配剤、真摯な所有者、そして科学技術を巧みに取り入れる知性に支えられ、常に先頭を走り続けている。

その地所は、ボルドー市の西南に接するペサック村に押し寄せている市街化の波に囲まれるようにして広がっている。葡萄畑は、南東向きの、砂と砂利の土壌で出来た2つの小山の緩やかな斜面の最も良い場所に広がっている。厚く堆積した砂利の土壌は痩せていて、石灰岩と粘土で出来た底土は水捌けが良い。

2つの川、セルパンとプージュによって砂利層が浸食され、石灰岩と粘土が露頭となってむき出しになっている場所もある。また砂がそれ自身の重さと浸食によって移動し、斜面の底部に厚く堆積している場所もある。これらがその葡萄畑の複雑な地形を生み出している。気候的な面でいうと、市街地に入り込んだ形になっているため、年平均気温が他と比べて若干高めで、オー・ブリオンを早熟の畑にしている。

もちろんテロワールは重要であるが、それを育てるのは人間である。この点から言うと、オー・ブリオンは非常に恵まれている。所有者と管理者の継続性は、シャトーの一貫性と方向性を保証し、また改善に向けた強い意志を生み出す。

この葡萄畑を最初の成功に導き、名前を知られるようにしたのはポンタック家であり、同家がフランス革命まで所有した。1533年にジャン・ド・ポンタックによって創設されたドメーヌは、17世紀に、財力も政治力もあるアルノー3世・ド・ポンタックの下で評判を上げた。彼は醸造法の改良に取り組み、息子のフランソワ・オーギュスが、そのワインのためのイギリスにおける販路を開拓した。イギリス国王チャールズ2世の1660年のセラー台帳がそれを証言しており、また日記で有名なサミュエル・

右：ボルドーで最も古いシャトーの1つの入り口。
次ページ：シャトー・オー・ブリアンの威圧的なライオンの守護神。

シャトー・オー・ブリオンは、ボルドーで最も古いシャトーと言ってよいだろう。
それは長い間、テロワールの天の配剤、真摯な所有者、
そして科学技術をうまく取り入れる知性に支えられ、常に先頭を走り続けている。

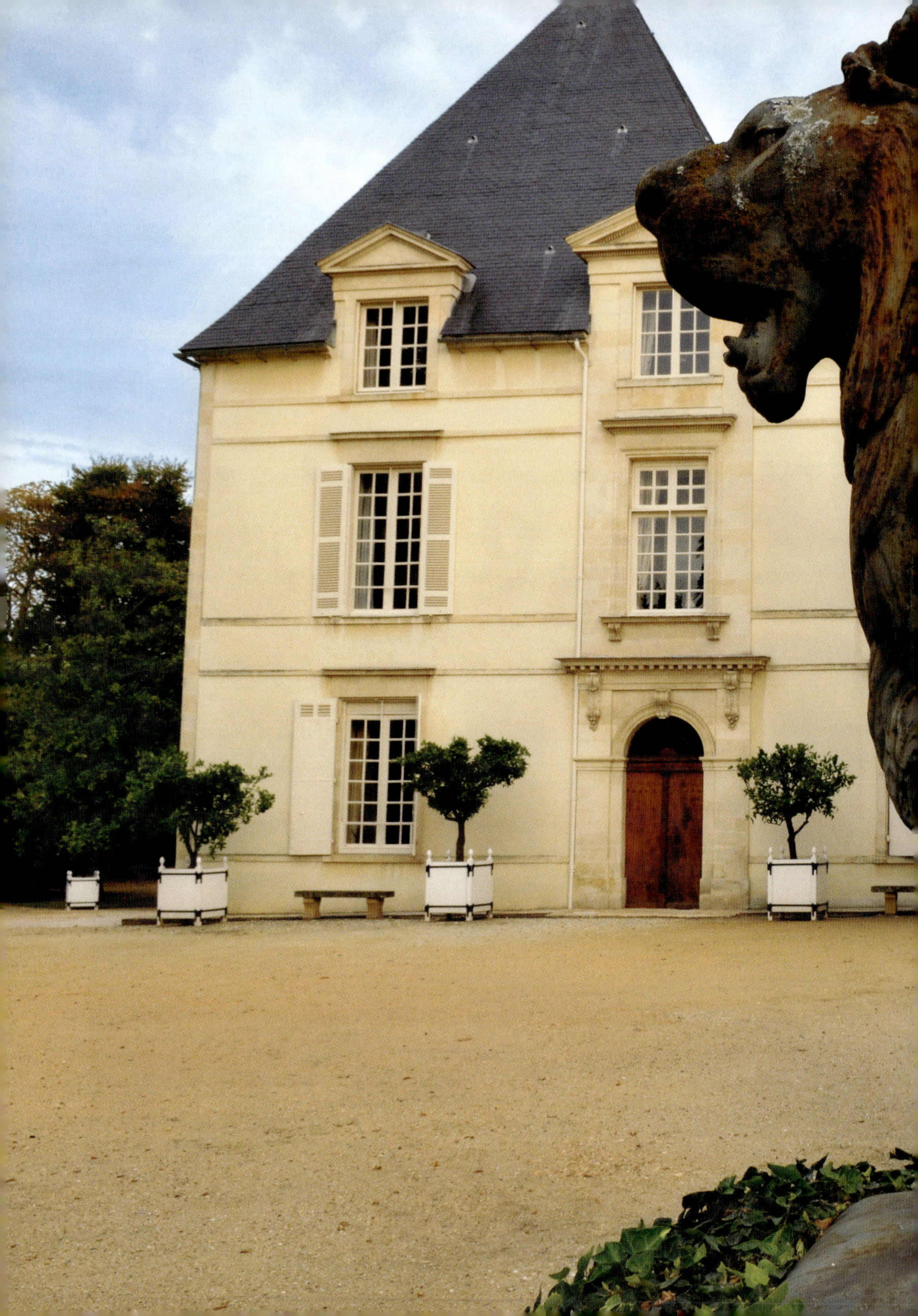

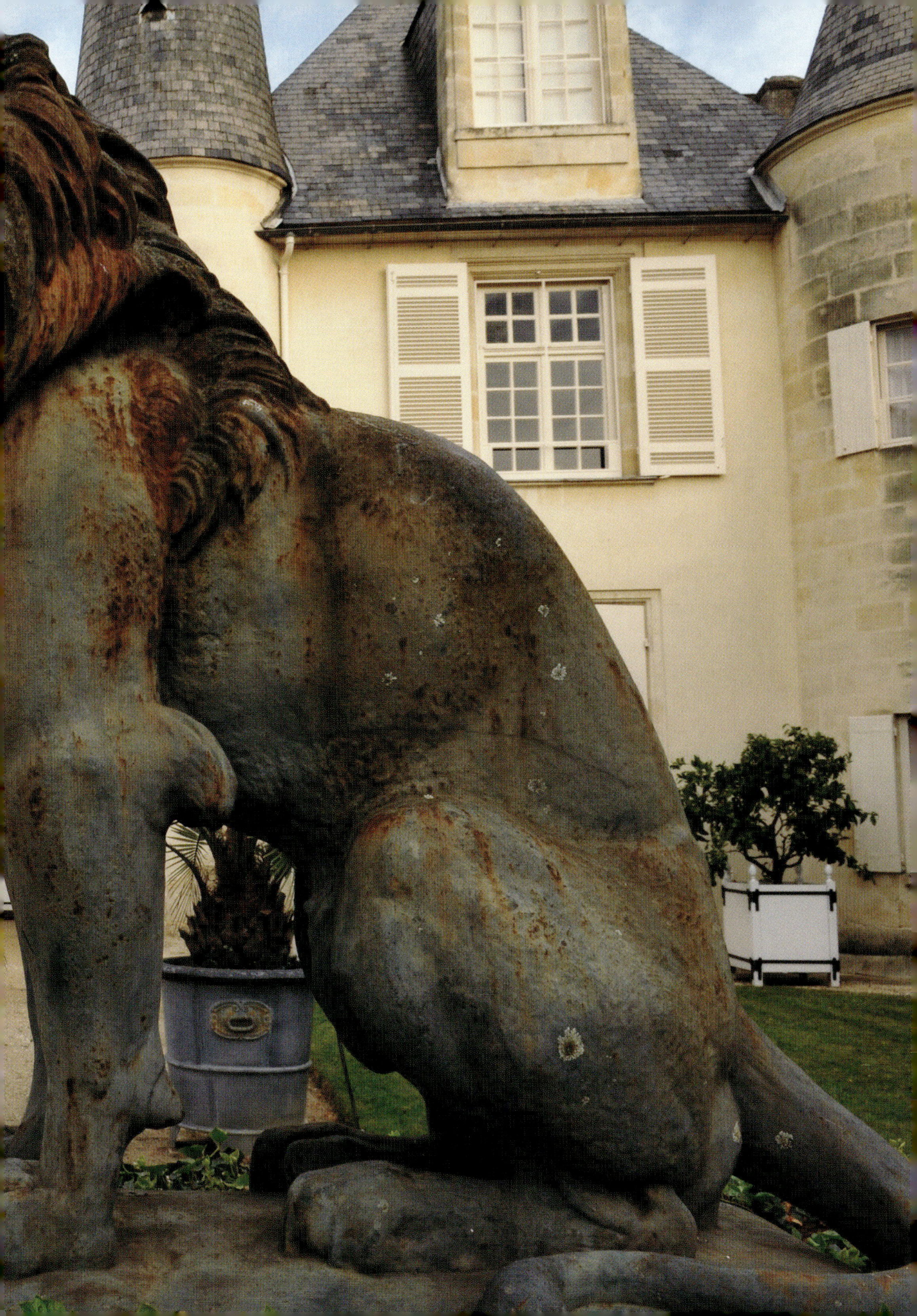

上：総支配人ジャン・フィリップ・デルマスと、市街化の波に抵抗している葡萄畑の地図。

ピープスは、1663年に酒場から戻った後にこう記している。「オー・ブリオンと呼ばれるフランス・ワインを飲んだ。素晴らしい独特の味わいで、こんなワインは今まで飲んだことがない」。

革命後のオー・ブリオンは、歴史の波に多少揺さぶられたが、1836年に所有者となったジョゼフ・ユージン・ラリューは、併合を繰り返し、葡萄畑の拡張に努めた。名声と価格の面で筆頭であったオー・ブリオンが、1855年格付けで第1級に認定されたのは彼の時代のことであった。

現オーナーのアメリカ出身のディロン家が所有するようになったのは、クラレンス・ディロンが購入した1935年のことで、それ以来オー・ブリオンは、他も羨む一貫性を維持し続けている。現在は彼の曾孫のプリンス・ロバート・

オブ・ルクセンブルグが所有管理している。オー・ブリオンはまた、過去90年近くもの間、デルマス家が代々支配人の座を継承していることでも特異な存在で、最初がジョージ(1923)、次が彼の息子のジャン・ベルナール、そして2004年からはその息子のジャン・フィリップ・デルマスがその任に就いている。

葡萄栽培と醸造の両分野で、最新の科学技術と技法を前向きに取り入れていることも、オー・ブリオンが常に先頭を走ることを可能にしている理由の1つである。17世紀には、ボルドー市への交通の便に恵まれていることと、ド・ポンタック家の財力と政治力に支えられて進化が図られた。当時としては最先端の、ウイヤージュ(熟成中の樽に目減りしたワインを補填すること)やスーティラージュ(澱引き)が導入され、樽を殺菌するための二酸化硫黄の使用も行われた。もちろん葡萄畑における作業の改善もワインの質を大きく向上させた。

より近いところでは、オー・ブリオンは1961年にステンレス発酵槽を導入して、"革命的な"進化を遂げ、1991年には超最新式の醸造室も建設した。葡萄畑では、1970年代に始まった画期的なクローン選抜が今も続けられている。現在も、支配人ジャン・フィリップ・デルマスと、醸造長のジャン・フィリップ・マスクレフ、栽培主任のパスカル・バラティエ(両者とも1988年からこのシャトーで働いている)のチームの下、進化は続いている。

極上ワイン

Château Haut-Brion
シャトー・オー・ブリオン

オー・ブリオンの真髄は、何にもましてエレガントさにあり、それは作柄のあまり良くない年でも明らかである(その一貫性は感動的)。タンニンの質とフィネスは例外的と言える。ブーケは精妙で調和が取れており、ロースト、焙煎したココア豆、キャラメルが感じられ、ほとんど過熟とも呼べるような濃厚な果実味がある。ブレンドは均整が取れており、メルロー(55%まで)が、このワインの特徴である滑らかさ、まろやかさ、べとつくような触感を生み出し、カベルネ・ソーヴィニヨン(40%前後)とカベルネ・フラン(10%まで)が、補完的役割を果たす。若い時から官能的だが、長く熟成する能力もあり、それを支えているワインの深みと力強さは、しばしば人を惑わす。以下は2007年10月にオー・ブリオンで記したもの。

1982★ 美しい色調。アロマは複雑で、砂糖漬けの果物、ヒマラヤスギ、タバコが感じられる。ベルベットの触感。依然として若さ、魅力、フィネスに溢れている。

1996 長くきめ細やかな古典的スタイル。後味は新鮮で、ミネラルが感じられる。バランスは良いが、やや迫力に欠ける感じ。今開き始めている。

1997 グラスの縁にレンガ色が見えるが、果実味があり、落ち着いている。ミネラル、タバコ、赤果実のアロマがある。柔らかくまろやか。

1998★ エネルギーと生命力に満ちたワイン。深く、濃密。ほど良い重量感があり、味わいは長く、骨格がしっかりしており、新鮮でバランスの良い後味。

1999 若々しい色。今開き始めている。土味と燻香がある。口に含むと活力に満ち、優雅で、触感はきめ細かく、後味はしっかりしている。

2000★ オー・ブリオンの真髄。壮麗な果実味と触感。偉大なフィネス。鼻からの香りが素晴らしく、ヒマラヤスギや赤果実が感じられる。タンニンはきめ細かく、余韻は驚くほど長く持続する。

2001★ 雄大で、魅力に溢れるワインだが、落ち着きもある。深い色調、柔らかく、豊穣で、豊潤な果実味、触感はシルクのようで、タンニンはしっかりしているがきめ細かい。

2002 2003のアンチテーゼ。堅固で、頑健で、禁欲的ですらある。長く線のように続く味わい。2004と似ているが、純粋さと正確性でやや劣る。

2003 この早熟の土地では難しい年であった。いつもより凝縮感と複雑さに欠けるが、タンニンはしっかりしている。果実が甘く、アロマが豊かで、飲みやすい。

2004★ エレガントなワイン。スタイルは古典的。調和が取れ、長く、タンニンは非常にきめ細かい。ミネラルと新鮮さが際立つ。めずらしくブレンド中61%をメルローが占めている。

2005★ 例外的なヴィンテージに生まれた例外的なワイン。静謐で抑制されているが、計り知れない力を秘め、精妙。ベルベットのような触感、次々と現れる果実、タンニンは力強くしかも洗練されている。

Le Clarence de Haut-Brion
ラ・クラレンス・ド・オー・ブリオン

オー・ブリオンのセカンドワインの新しい名前。2007ヴィンテージまでは、シャトー・バアン・オー・ブリオンという名前であった。スタイルはオー・ブリオンを写したもので、優しいアロマ、みずみずしい果実味、タンニンはきめ細かく、中期熟成用である。

Château Haut-Brion (white)
シャトー・オー・ブリオン(白)

少量しか造られていないオー・ブリオンの白ワインである。豊かで、フルで、凝縮され、明快なキレがあり、少なくとも若い時はソーヴィニヨン・ブラン(通常は50%以上)が支配している。アン・プリムールの時はいつも、こちらの方が同series の白ワインのラヴィル・オー・ブリオンよりやや豊かで、重みがあり、オークが感じられる。後者は、1990年代後半はヴィンテージが少なく、十分に熟成していないように感じられたが、現在は、多くが気品があり素晴らしい。控え目な量しか生産していない、ある種のセカンドワインのレ・プランティエール デュ・オーブリオン(2009年にラ・クラルテ・ド・オー・ブリオンから改名)は、オー・ブリオンとラヴィル・オーブリオンに入れられなかったワインから造られる。

Château Haut-Brion
シャトー・オー・ブリオン

総面積：51.22ha　葡萄畑面積：51.22ha
白：2.87ha　赤：48.35ha
生産量：グラン・ヴァン白9000本
グラン・ヴァン赤12〜14.4万本
セカンドワイン9.6〜12万本
135 Avenue Jean Jaurès, 33608 Pessac
Tel: +33 5 56 00 29 30　www.haut-brion.com

PESSAC-LÉOGNAN

La Mission Haut-Brion ラ・ミッション・オー・ブリオン

シャトー・ラ・ミッション・オー・ブリオンは、1983年以降、アメリカ出身のディロン家が所有者となっている。同家は道路を挟んだ向かい側のシャトー・オー・ブリオンの所有者でもあり、ワインづくりも同じメンバーが当たっている。関係の深いこの2つのシャトーが、それにも関わらず、スタイル的にかくも異質なワインを造っていることに多くの人が驚く。しかし歴史的に見て両者の歩んだ道は、そのワイン同様に大きく異なっている。

ラ・ミッションの葡萄畑の大半は、タランスの郊外に広がっているが、すぐ近くのペサック地区に入るオー・ブリオンの畑と混ざり合っている区画も2〜3区画ある。土地は全般的に平坦で、オー・ブリオンよりは台地状になっている。土壌もこちらの方がやや肥えているが、砂利層には違いなく、粘土が多く含まれ、底土はチョーク質の多い砂地になっている。ここではオー・ブリオンよりも高い植栽密度が可能で、1ha当たり1万本である。

葡萄畑は最近植替えが行われ、また拡張もされた。1990年に、シャトー・ラヴィル・オー・ブリオンから2haの畑を取り戻し、また2006年には、シャトー・ラ・トゥール・オー・ブリオンに属していた5haの畑を併合した。ラヴィル・オー・ブリオンの畑は現在、1934年、60年、61年に植樹した3つの小さな区画のみになっている。

ラ・ミッションという名前は、17〜18世紀にここがラズリット修道院、別名ド・ラ・ミッション宣教会によって管理運営されたことに由来している。彼らはここに礼拝堂と邸館を建立したが、それはいま美しく改修されている。葡萄園は革命の過程で没収されたが、1821年にニューオリンズ出身のセレスティン・キアペッラによって買い取られた。彼とその息子のジェロームは、シャトーの名前を広め、葡萄畑を改良し、敷地のまわりに壁を築き、鉄の門を建てた。その門は今も残っている。彼らはまた、このワインのためのアメリカとイギリスにおける販路も開拓した。

1884年以降、シャトーの所有者が数回変わり、1919年にフレデリック・ウォルトナーが所有者となった。その

右：ラ・ミッションの静謐な空気。建物は18世紀修道院の面影をとどめている。

オー・ブリオンの真髄が、エレガントさ、フィネス、滑らかな質感だとすると、
ラ・ミッションは、力強さと凝縮感、そして果実の豊饒さと、
男性的という印象を与えるタンニンの力強さを真髄とする。

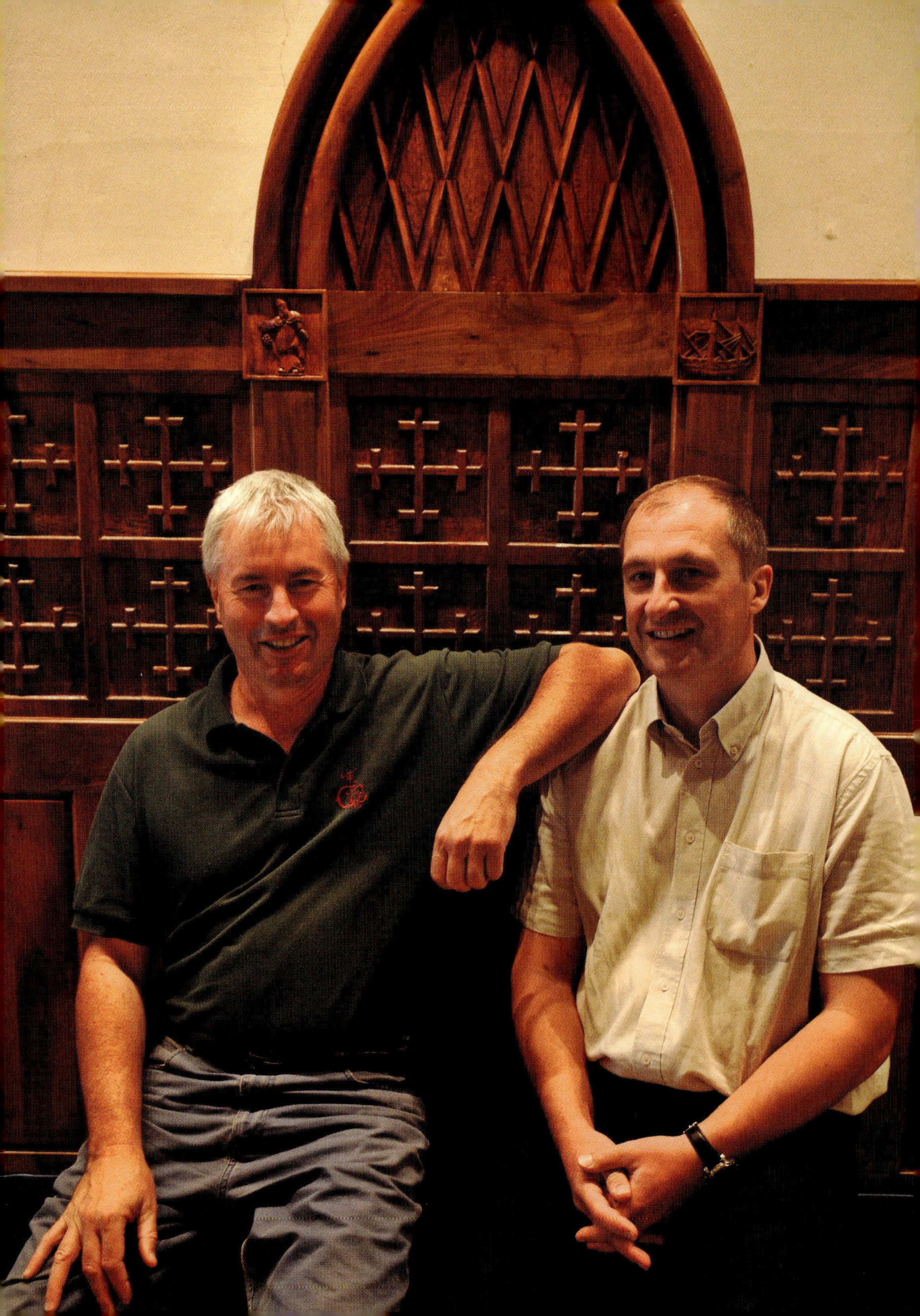

PESSAC-LÉOGNAN

跡を継いだ息子のアンリが葡萄畑とワイナリーを改良し、名声を高めた。実はウォルトナー時代、ラ・ミッションは、購入後に植えた品種から4つの白ワイン・ヴィンテージ、1927、1928、1929、1930を出したが、1931年に小さなクロ・ラヴィル葡萄畑を購入すると、そこの葡萄も混ぜて使い、新規に、シャトー・ラヴィル・テロワール・デュ・オー・ブリオンを出し、1934年以降はシャトー・ラヴィル・オーブリオンと改名した。

　ウォルター家時代の後半は、評判に陰りが出た。投資額が限られるようになり、新オーク樽さえ購入できなくなった。その後ディロン家が所有するようになると、シャトーは元の軌道に収まり、堅実に成長を続けている。1987年に最新式のステンレス製の発酵設備が完成し、最近では2007年に、シェ（ワイン保管庫）が全面的に設計変更の上、改築された。そこには、新樽貯蔵庫（毎年80%が新樽になる）、瓶詰め工場、保管庫などが含まれている。もちろん葡萄畑の改善は最優先事項である。

極上ワイン

Château La Mission Haut-Brion
シャトー・ラ・ミッション・オー・ブリオン

　オー・ブリオンの真髄が、エレガントさ、フィネス、滑らかな質感だとすると、ラ・ミッションは、力強さと凝縮感、そして果実の豊饒さと、男性的な印象を与えるタンニンの力強さを真髄とする。これは例外的な年（1929、1955、1959、1961、1978、1982、1989、1990、2000、2005）に顕著に現れるが、ラ・ミッションの強みは、あまり作柄の良くない年でも安定していることである。ブレンド中にメルローの比率が高いこと（通常55%）も特徴で、残りはカベルネ・ソーヴィニヨンと、10%まで入れられるカベルネ・フランである。熟成能力は少なくとも30〜40年はある。2007年10月に行われた最近のヴィンテージ（1996〜2005）のテイスティングでもこのワインの一貫性は明らかで、作柄の良くなかった1997だけが例外であった。2000★と2005★は言うまでもなく傑出しており、香り高くミネラルの強い2004★、雄大で男性的で、タバコのアロマが印象的な1998★も愉しめた。

1996　上質の、よく調和されたミディアム・ボディのワイン。最高のヴィンテージの深さと濃密さとまではいかない。まだ十分飲める。

左：栽培主任のパスカル・バラティエ（左）と、醸造長のジャン・フィリップ・マスクレフ。2人はラ・ミッションの伽藍を支える中心的な柱である。

La Chapelle de la Mission Haut-Brion
ラ・シャペル・ド・ラ・ミッション・オー・ブリオン

　1991から造られ始めたラ・ミッションのセカンドワイン。それ以前は、シャトー・ラ・トゥール・オー・ブリオンがこのシャトーのセカンドワインと考えられていた。2006年に、後者の葡萄畑がラ・ミッションに併合され、その多くがラ・シャペルに使われるようになった。これによって、より洗練された、香り高いグラーヴ的特徴がより強く出せるようになり、ワインに更なる魅力を加えた。

Château Laville Haut-Brion
シャトー・ラヴィル・オー・ブリオン

　2009ヴィンテージから、ラ・ミッション・オー・ブリオン・ブランから名前を変えた、少量生産の驚くほど高価な辛口白ワイン。最大の特徴は、ブレンド中に他に例をみないほど多くセミヨンが含まれていることである。通常は80%（2006は86%も含まれていた）で、残りがソーヴィニヨン・ブランである。そのワインは、若いうちは華麗、濃密で、酸がそれとバランスを取り、柑橘類が強く感じられ、オークのバニラの微香もある。近年ますます果実の純粋さが際立つようになっている。またそのワインの長熟能力も伝説の1つになっており、ヴィンテージによっては30〜40年は寝かせることができる。セミヨンが新鮮さを維持しながら、口中にクリームのような触感も生み出し、さらにはビスケットから蝋、蜂蜜までの壮大なアロマの響きをもたらし、糖が結晶化した果実さえも感じられる。それはブルゴーニュの上質の白に最も近い。1990年代後半のヴィンテージ（1997〜2000）は、若干熟成能力に欠けるように感じたが、明らかに問題は解決され、2004からのラヴィル・オー・ブリオンのヴィンテージは、頂上を極めたようだ。最近では、発酵はステンレス槽で始め、その後新樽比率50%のオーク樽で完成させている。マロラクティック発酵は行わず、バトナージュ（定期的な澱の攪拌）を行いながら、樽で10カ月間熟成させ、瓶詰めされる。

2006★　淡いレモン色。極めて繊細で、長く、ほっそりとして、純粋である。柑橘系のアロマが層をなして押し寄せ、オークの微香もある。後味は、冷涼、清澄、水晶の輝きである。

Château La Mission Haut-Brion
シャトー・ラ・ミッション・オー・ブリオン
総面積：29.15ha　葡萄畑面積：29.15ha
白：2.55ha　赤：26.6ha
生産量：グラン・ヴァン白9000本（ラヴィル・オー・
　　　　ブリオン／ラ・ミッション・オー・ブリオン・ブラン）
　　　　グラン・ヴァン赤4.8〜7.2万本　セカンドワイン4.8〜6万本
67 Rue Peybouquey, 33400 Talence
Tel: +33 5 56 00 29 30
www.mission-haut-brion.com

149

PESSAC-LÉOGNAN

Haut-Bailly オー・バイィ

多くの新参オーナーと同じく、アメリカの銀行家ロバート・G・ウィルマーも、他の業界で富と尊敬を勝ち得た後、このボルドーで葡萄畑を持つことを決意した人物である。「葡萄畑を買うなんて、無鉄砲で、夢ばかり追う人間のすることだと考えるかもしれないが、私はポケットに少しばかり小銭があったので、いい物件を探すことにしたんだ」と、彼はこともなげに話す。

彼はいろいろなシャトーを調べた後、シャトー・オー・バイィに辿り着き、その時の所有者であったジャン・サンドレに会い、すっかり彼にほれ込んでしまった。シャトー・オー・バイィは、その時けっして見捨てられていたわけではなかった。エレガントなミディアム・ボディの赤ワインを生産しており、高い評判を得ていたが、家族内の分裂があり、32haの葡萄畑を売らざるを得なくなっていたのだった。そして1998年に取引が成立した。

私は、このワインの一貫性と、新鮮さ、調和を確信することができた。オー・バイィはそれにふさわしいスタイルを堅持し、オーナーから愛飲者まで、すべての人がそのワインがそこにとどまっていることに幸せを感じている。

その取引は、神意によるものだったようだ。というのもそれによってオー・バイィは、健全な財政的基盤を得ただけではなく、その独特のスタイルを維持したまま、さらに進化しているからである。ウィルマーは落ち着いて見守り、財政的な後ろ盾を与え、ニューヨーク州バッファローの彼の本拠地で得た商売上の知恵を授けているだけである。そして実際の運営は、ジャン・サンドレの有能な孫娘のヴェロニクに任せている。彼女は祖父と同様の熱情と献身を持って仕事に打ち込んでいる。彼女を支えているのは、以前シャトー・スミス・オー・ラフィットの醸造長であった技術主任のガブリエル・ヴィアラールである。

ウィルマー時代は、微調整という言葉で特徴づけられる。それはワインに更なる繊細さと純粋さをもたらしている。特に2004以降それが明瞭に示されている。葡萄畑の徹底的な土質調査が行われ、モザイク状に組み合わさった小区画の複雑な土壌構成がこれまで以上に深く理解できるようになった。その葡萄畑では、おそらく1907年より前に植えられた、フィロキセラ禍以前の葡萄樹（全栽培面積の15％を占め、カベルネ・ソーヴィニヨン、メルロー、プティヴェルドー、マルベック、カルメネールが植えられている）がまだ尊ばれながら大事に育てられている。またそれ以外の恵まれた小区画も多く発見され、圧縮された粘土中心の底土の上に、砂利層が75cmしか堆積していないところが最上の畑であることが分かった。植栽密度は例外的なほど高く（このアペラシオンでは）、1ha当たり1万本である。

小区画ごとのきめ細かい管理が導入され、醸造室も多くの発酵槽が入るように改築された。セレクションも厳しくなり、50％だけがグラン・ヴァンにされ、圧搾ワインは粗野すぎると見なされて、それには加えられない。セカンドワインのラ・パルド・ド・オー・バイィが30％、そしてその残りが、サードワインのジェネリック・ペサック・レオニャンとなる。

極上ワイン

Château Haut-Bailly
シャトー・オー・バイィ

　このシャトーでは、赤ワインしか造っていない。カベルネ・ソーヴィニヨンが主体で(64％)、それをメルロー（30％)、カベルネ・フラン(6％)が補完している。1907以前に植えられた葡萄樹からのワインが、ブレンド中の20％を占めている。ワインは新樽比率55〜60％で熟成される。私は、シャトー内で行われた垂直テイスティングに何回か出席する幸運に恵まれたが、そのたびにこのワインの一貫性、新鮮さ、調和を確信することができた。オー・バイィはそれにふさわしいスタイルを堅持し、オーナーから愛飲者まで、すべての人がそのワインがそこにとどまっていることに幸せを感じている。以下の覚書は、2008年10月に作成したもの。

1978（マグナム）　琥珀のレンガ色。どっしりとした古い型のボトル。土味などの繊細な魅惑的香り。依然として豊潤な味わい。酸が感じられる。危うげだがまだ健在。

1988（マグナム）　熟れたレンガ色。長く、線のように持続する味わい。酸が秀でている。軽めのスタイルで、森の下草が感じられ、青葉の微香もある。

右：ヴェロニク・サンドラがオー・バイィの支配人として留まってくれたことで、シャトーに彼女の家族の系譜が受け継がれ、ワインの一貫性が維持されている。

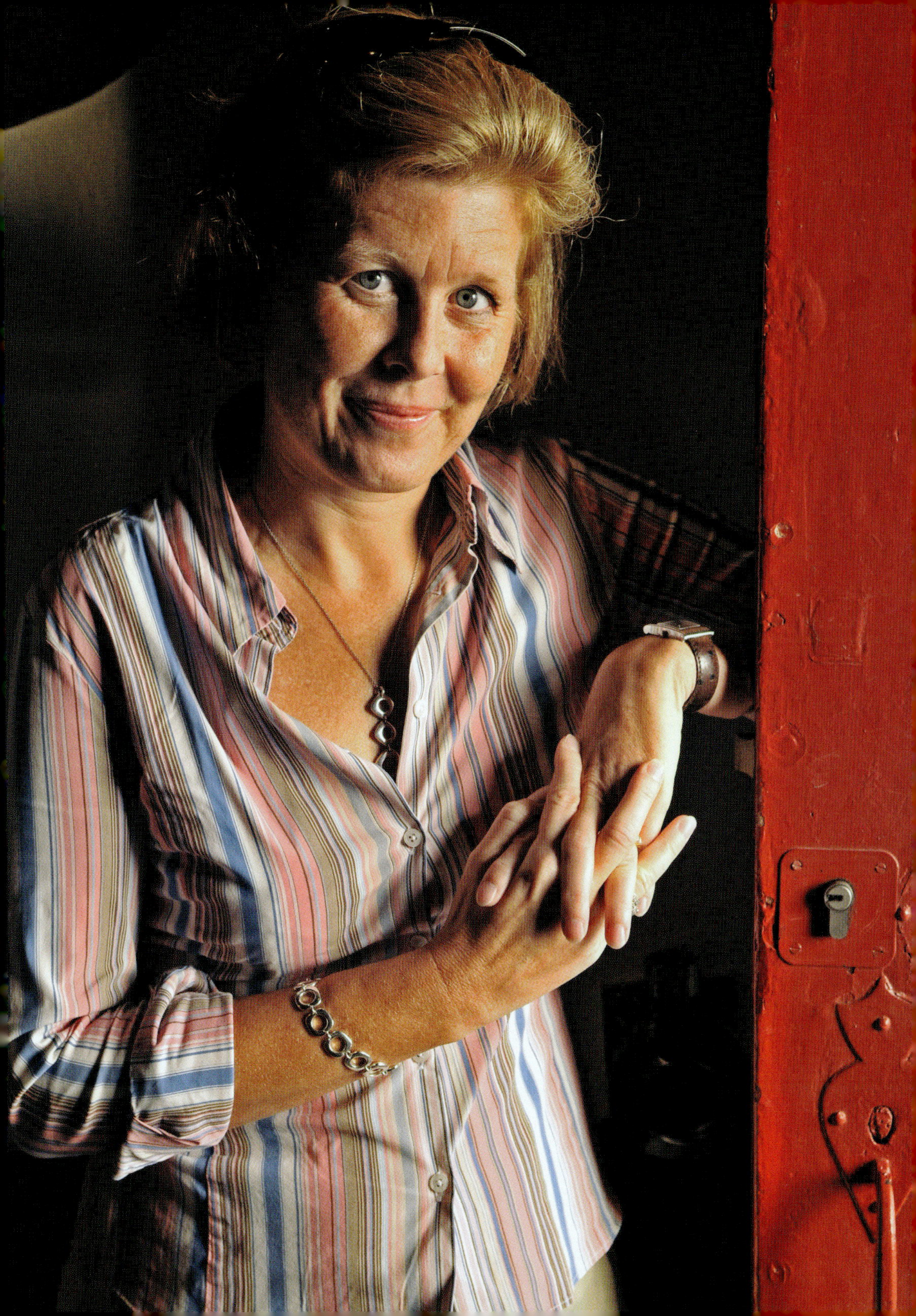

1996★ 長く力強い味わいで、カベルネ・ソーヴィニヨンの表現が秀逸。鼻腔からミントやハッカの香りが入り込んできて、温かいレンガの微香もある。口に含むと、凝縮され、しっかりとした骨格で、新鮮で長い。ブラックカラントの香りが鮮明。

1998 ブレンド中メルローが48%を占め、その結果スタイル的に広がりがある。深いガーネット色。極めて上質なミネラルの香り。フルでまろやかであるが、ややタンニンが粗く感じる。酸が新鮮さをもたらし、後味は長い。

1999 ガーネット色で、グラスの縁はレンガ色。鼻からの香りはよく熟しているが、明らかに洗練されてはいない。口に含むと、すぐに開き始め、後味のタンニンは乾いている。テイスティングで弱さが目立った。

2000★ 50%を占めたメルローが前面に出ている。色調は深奥。明らかに鼻からの香りはまだ閉じているが、甘草とスパイスのアロマがある。凝縮され、フルで、しなやかな触感。タンニンはしっかりした骨格で、オー・バイィにしては男性的。

2001★ 鼻からの香りが魅力的。黒果実、ブラックカラントさえ感じられ、燻香やミネラルの微香もある。2000ほど過度の感じがなく、ほど良い甘さがあり、タンニンはきめが細かく長い。

2002 難しいヴィンテージに努力した跡が見られる。黒果実の香りに、微かに焦臭い香りもした。口に含むとライトからミディアムボディだが、しなやかで新鮮で、開放的。

2003 かなり熟成が進んだ色。いつもより精妙さとフィネスに欠ける。スグリ系の香り。口中では大きく開き、酸は低い。タンニンはやや乾いて粗い感じがする。

2004 [V] 紫色。燻香と土のグラーヴらしい香り。オークのスパイシーな微香もある。口に含むと柔らかく、愛撫されるような果実味で、純粋で新鮮で、長い。2006よりも優しく、2005ほど骨格はしっかりしていないが、とてもきめが細かい。

2005★ 感動的なほど深い色。今はまだ抑制されているが、多くを保持していることが感じられる。熟れて、凝縮され、タンニンの骨格がしっかりしている。後味の酸が新鮮さとバランスをもたらしている。オー・バイィにしては大きなワインで、明らかに長熟用。

2006★ 深い紫色。香りは複雑だが控えめ。酸のキレが良く、果実味は純粋で、凝縮され、肉感的。2005ほどの力強さはないが、非常にきめが細かい。余韻は長く、線のように続く。スタイルは古典的。長く熟成する。

上：簡潔で控え目なオー・バイィの邸館。葡萄畑のバラは、病害を早期に知らせてくれる。

Château Haut-Bailly
シャトー・オー・バイィ

総面積：33ha　葡萄畑面積：31ha
生産量：グラン・ヴァン8万本
セカンドワイン5万本
33850 Léognan　Tel：+33 5 56 64 75 11
www.chateau-haut-bailly.com

PESSAC-LÉOGNAN

Malartic Lagravière マラルティック・ラグラヴィエール

1997年にベルギーの実業家アルフレッド・アレクサンドル・ボニーが所有者になってから、このシャトーは、急速に変容しつつある。それは、良いテロワール、新技術、潤沢な資金があれば、短期間にどれだけのものが達成できるかを示す優れた見本となっている。マラルティック・ラグラヴィエールは、ペサック・レオニャンACの落ちこぼれから、今やアペラシオンを代表するスターに成長し、その価格は、メドックの第4級と匹敵する。

前のオーナーであったシャンパンのローラン・ペリエ社は、砂利層の日当たりのよい19haの葡萄畑を立派に手入れしていたが、なにしろ収量が多すぎ、セレクションも厳密さに欠けた。生産設備を刷新し、葡萄畑の管理とワインづくりのチームを覚醒させる必要があった。シャトーは当時、かなり後退した地点から出発しなければならなかった。

マラルティック・ラグラヴィエールの再生のために、1500万ユーロもの巨額な資金が投下された。1998ヴィンテージに向けて、ほとんど突貫工事に近い状態で、ステンレスタンクと木製大桶が備えられ、最新鋭の自重式送り込み装置の付いた醸造室が建設された。この生まれ変わったシャトーは、戦略的にも優れていた。小区画ごとの管理ができるように土壌調査が行われ、収量も減らされ、再植樹計画が実行に移された。

セラーの裏手にあった15haの葡萄畑のうちの2haが抜根され、別の区画では新たな植樹が行われた。とはいえ、その畑は依然としてシャトーの主力葡萄畑で、土壌は、砂利層が8mもの深さで厚く堆積している。隣人の、シャトー・ヌフと呼ばれていた葡萄畑11haと、かつてラ

下：アルフレッド・アレクサンドル・ボニー夫妻と、現在シャトーを管理運営している息子のジャン・ジャックとその妻のセヴェリーヌ。

MALARTIC LAGRAVIÈRE

グラヴィエール家の地所でマルケと呼ばれていた7haの畑も再購入し、植樹した。またレオニャンの町の別のところにある、1950年代から栽培が行われていなかったラクルーと呼ばれていた土地も購入し、葡萄畑にした。

メンバーに関しては、オー・ブリオンで働いた経験のある若きフィリップ・ガルシアが醸造長に抜擢され、また栽培主任は"再教育"を受け、ミシェル・ロランはそのままコンサルタント醸造家としてとどまった。2003年に、シャトーのすべての管理運営が、息子のジャン・ジャックとその妻のセヴェリーヌに任され、現在もその体制が維持されている。

PESSAC-LÉOGNAN

社が少量のセミヨンを植え、ボニー家がそれをブレンド中15～20%になるまでに増やした。ワインは樽（新樽比率30～40%）で発酵させた後、10～12カ月間熟成させる。発酵前果皮接触は、2000年に廃止された。セミヨンを加えたことと、葡萄の成熟度が高まったことにより、ワインのしっとり感が増し、よりフルな感じになった。またエキゾチックな香りも感じられるようになった。私の印象では、若いうちに愉しむのに適したワインになったように思える。

2002 新スタイルの最高の例とまではいかない。というのも、新鮮さに欠け、年齢のわりには変色が進んでいるように見える（2008年7月に試飲）。果実味がよく抽出され、オークもまだ感じられるが、特有の酸の爽快感が足りない。おそらく運悪く、変なボトルにあたったのだろう。まさかすべてがこんな味というわけではないだろう？

Château Malartic Lagravière (red)
シャトー・マラルティック・ラグラヴィエール（赤）

　かつての赤は、どちらかといえば肉付きが悪く、禁欲的な感じがしたが、今は生命力に溢れ、味わいは長く、重量感があり、フィネスもある。そして少なくとも1998以降は、素晴らしい一貫性もある。カベルネ・ソーヴィニヨン45%、メルロー45%、カベルネ・フラン8%、プティ・ヴェルドー2%という多品種のブレンドで造られ、新樽比率50～70%で、15～22カ月間熟成させる。新しく植えた葡萄樹が多いこと、セレクションがより厳格になったことから、特に2000年代初めには、グラン・ヴァンは全生産量の45%しか占めていなかったが、現在は60%近くに戻している。残りはセカンドワインの、最近改名したばかりのラ・レゼルヴ・ド・マラルティックである（古い名前は、ル・スィアジュ・マラルティックと言ったが、スィアジュ――航跡という意味――という発音が英語圏の人には難しかった）。

2001 古典的なルビー色。上質の香り高いブーケ。口に含むと、ある種の果実の芳醇さと甘さが感じられ、同時にグラーヴらしい新鮮さと消化の良さもある。タンニンはきめが細かく、しなやか。

左：堂々とした造りのマラルティック・ラグラヴィエールの邸館。巨額の投資が行われたが、それはいま順調に結果を出しつつある。

Château Malartic Lagravière
シャトー・マラルティック・ラグラヴィエール

総面積：60ha　葡萄畑面積：53ha
白：7ha　赤：46ha
生産量：グラン・ヴァン白1.2万本、セカンドワイン6000本
グラン・ヴァン赤10万本、セカンドワイン8万本
43 Avenue de Mont de Marsan, 33850 Léognan
Tel: +33 5 56 64 75 08
www.malartic-lagraviere.com

極上ワイン

Château Malartic Lagravière (white)
シャトー・マラルティック・ラグラヴィエール（白）

　1970年代と80年代、マラルティック・ラグラヴィエールの白は、赤よりもはるかに大きな尊敬を集めていた。当時、その白はソーヴィニヨン・ブランだけから造られ、キレが良く、柑橘系の風味が素晴らしく、多量の二酸化硫黄の添加（当時はどこでも行っていた）で、ある程度長く熟成する能力を有していた。1992年にローラン・ペリエ

155

PESSAC-LÉOGNAN

Pape Clément　パープ・クレマン

パープ・クレマンという名前は、1305年にクレメンス5世として教皇になり、ローマ教皇の座をアヴィニョンに移したことで歴史上有名な人物となった、この畑の中世の頃の所有者ベルトラン・ド・ゴに由来する。現在のオーナーであるベルナール・マグレもまた有名な人物であるが、彼はむしろ、起業家としての活動と、世界中にワイン農場を展開していることで有名である。パープ・クレマンは、彼の頭上に載った王冠の中心に輝く宝石のようなものだ。

パープ・クレマンは自己主張の強い、
官能的な現代的スタイルである。
触感は滑らかで、芳醇。若い時は豊かで、
熟れており、オークが強く感じられるが、
熟成が進むにつれ、アロマが精妙さを増す。

その畑は、ペサックの郊外、交通量の多いボルドーのための環状道路（ロカード）から遠くないところにある。より都心に近いシャトー・オー・ブリオンの畑が最も近い隣人の葡萄畑であるが、収穫はパープ・クレマンの方が1週間前後遅く、どちらかといえばメドック地区と歩調を合わせている。場所は、グラーヴの古い葡萄畑（大部分が都市開発のデベロッパーに侵食された）の中心に位置し、土壌は基本的にはピレネー砂利層で、砂、粘土、砂礫の割合は場所により変化している。

ベルトラン・ド・ゴは、葡萄畑を教会に寄進し、それ以後教会の手によって維持されてきたが、革命によって没収された。その後何回か所有者が代わり、徐々に拡大されて現在の広さになった。邸館が建設されたのは19世紀のことで、その後大規模な改築が行われ、中世風の城壁やゴシック的な要素が付け加えられた。1938年に危うくデベロッパーの手に渡るところだったが、その1年後にポール・モンターニュが買い取ることによって、パープ・クレマンは救われた。この時期を通じて、そのワインは高く評価され、1950年代と60年代もそれに続いた。しかし投資が続かず、多収量を放置したため、1970年代と80年代初めには、質の低下がささやかれた。シャトー・

パープ・クレマンが現代的復活を果たしたのは、1985年にオーナーがベルナール・マグレに代わってからである。醸造設備が刷新され、樽貯蔵庫が改築され、1986年にはセカンドワインのル・クレマンタンが導入され、セレクションが厳密に行われるようになった。1993年にはミシェル・ロランがコンサルタントに招かれた。長期的に見てさらに重要なことは、葡萄畑の再植樹と再構築が1990年に始まり、それ以降現在までに、葡萄畑の60％に新しい葡萄樹が植えられていることである。

2000年に入っても、変化と革新はさらに続いている。収穫期になると、150人近くの摘み手の軍団が一斉に畑に出て、手で葡萄房を摘みわけ、除梗まで行う。摘果は小区画ごとに行われ、そのまま醸造も、木製大桶の並ぶ新しくなった醸造室で別々に行われる。そこでは抽出のために、人手によるピジャージュ（櫂入れ）が行われる。葡萄とその後のワインの、ポンプによる移動は廃止され、すべてが自重式送り込み装置で送り込まれる。熟成は新樽比率100％で、20～22カ月間行われる。

極上ワイン

Château Pape Clément (red)
シャトー・パープ・クレマン(赤)
　パープ・クレマンの赤は常に高い評価を得ている。そのブレンド構成は通常、カベルネ・ソーヴィニヨンとメルローが同量（栽培面積はカベルネ・ソーヴィニヨン60％、メルロー40％）である。濃い色調で、自己主張の強い、官能的な現代的スタイルである。触感は滑らかで、芳醇。若い時は、豊かで熟れていて、オークが強く感じられるが、熟成が進むにつれ、精妙さを増し、燻香やスパイシーさが感じられるようになる。口に含むと、堅牢で力強く、果実の甘さを力強いタンニンの骨格が支えている。ミネラルが傑出しており、それが後味のバランスの良い新鮮さと長さをもたらしている。
1995　ガーネット色。グラスの縁に進化した痕跡が見える。燻香やスパイシーさが鼻から感じられ、ブルゴーニュの香りもする。果実はまだ若く新鮮。口に含むと、明確に定義され、果実の甘さ、しっかりした持続するタンニン、後味は新鮮そのもの。実に力強い男性的なスタイル。オー・ブリオンよりもラ・ミッションに近い。

右：シャトー・パープ・クレマンのオーナーであるベルナール・マグレ。彼のシャトーへの熱い思いは、1985年からの膨大な投資に裏打ちされている。

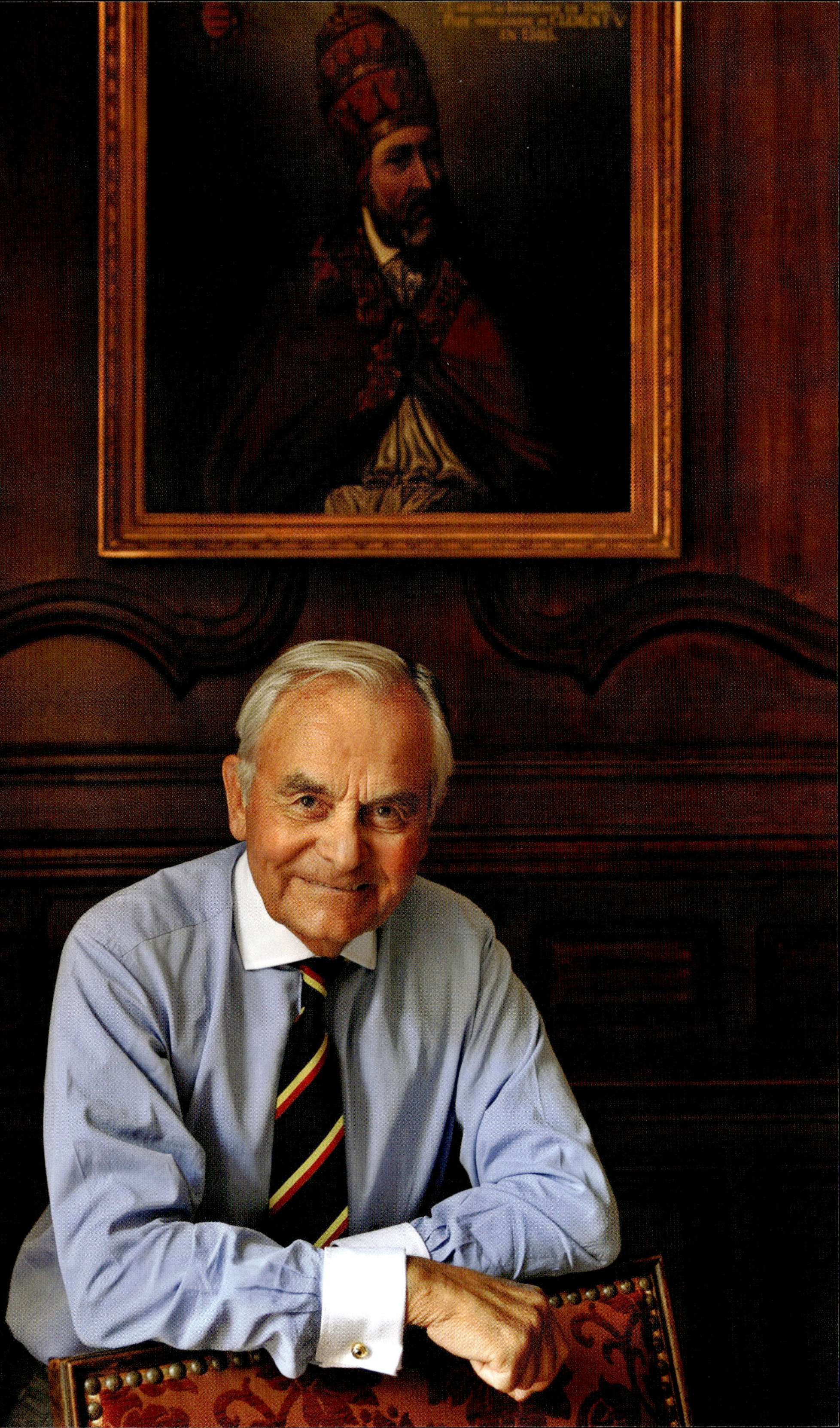

上：堂々としたパープ・クレマンの邸館は、中世に建てられたもののように見えるが、実は19世紀に建てられたもの。

Château Pape Clément (white)
シャトー・パープ・クレマン(白)

　白ワインに関しては、毎年のアン・プリムール以外にはあまりテイスティングする機会がない。そこではこのワインは常に、豊かで、フルで、エキゾチックで、果実は超熟であるが、オークがやや強すぎるように感じる。明らかに、しばらく瓶熟させる必要がある。それでも、私が思うに、このワインはすべての人を満足させるというわけにはいかないようだ。栽培面積でいうと、ソーヴィニヨン・ブランとセミヨンがそれぞれ45%で、残りはソーヴィニヨン・グリとミュスカデルが5%ずつ分け合い、全体に丸みをもたらしている。

Château Pape Clément
シャトー・パープ・クレマン

総面積：36ha　葡萄畑面積：33ha
白：3ha　赤：30ha
生産量：グラン・ヴァン白1万本、セカンドワイン5000本
グラン・ヴァン赤10万本、セカンドワイン6万本
216 Avenue du Docteur Nancel Penard
33600 Pessac
Tel: +33 5 57 26 38 38　　www.pape-clement.com

PESSAC-LÉOGNAN

Smith Haut Lafi tte　スミス・オー・ラフィット

ダニエルとフローレンス・カティアール夫妻がシャトー・スミス・オー・ラフィットを買ったのは1990年のことであったが、それ以来このシャトーは、地所もワインの質も大きく変容し、見違えるほどになった。目に見える変化は至る所にある——改修されて、夫妻の最後の住まいとなった18世紀のシャルトリューズ修道院跡から、再建された16世紀の塔、新しい醸造室、白ワインのための樽貯蔵庫、その隣に広がる大型の保健リゾート施設レ・ソース・ド・コーダリーまで。葡萄畑もまた、再構築され、再整備されている。

スミス・オー・ラフィットの歴史は、14世紀まで遡ることができる。その名前が示す通り、このシャトーは、かつてアングロ-サクソン系の人——18世紀の英国人ネゴシアンのジョージ・スミス——が所有していたことがあった。その後19世紀の半ばまで、ボルドーの市長であったデュフール・デュベルジュが所有したが、ワインの質を格付けに価するところまで引き上げたのは彼の功績による。それからネゴシアンのルイス・エシェナエルの手に渡り、1990年にカティアール夫妻が購入することになった。1970年代に既にエシェナエルの手によって大規模な投資が行われ、2000個の樽を収納することができるアーチ型の地下貯蔵庫も建設されたが、ワインの評判は芳しくなかった。

カティアール夫妻がシャトーを買ったのはそんな時であった。彼らが最初に決断したことは、企業的な方法で栽培を行うエシェナエル方式を止めることだった。1991年の最初の収穫から手摘みが導入され、地面も耕転された。スミス・オー・ラフィットは有機農法と正式に認定さ

下：元スキーのオリンピック選手だったダニエルとフローレンス・カティアール。2人は長い間待たれていた投資と元気の良さをシャトーに持ち込んだ。

れているわけではないが、実際の作業と哲学はその方向を向いている。1992年から除草剤の使用は中止され、1995年からは葡萄蛾対策として人工的なフェロモンを使用している。1997年からは、自家製の有機堆肥を使っている。

1990年代から葡萄畑全体の植替え計画が実行に移され、現在、栽培面積の30％が完了している。重要な決定が2つなされた。1つは、現在のホテル・アンド・スパの場所にあった5haの葡萄樹が抜根され、そのカベルネ・ソーヴィニヨンが、近くの砂利の多いもっと適した場所に植え替えられた。また所有畑の北側にあったカベルネ・ソーヴィニヨンは、土壌が粘土質で成熟が難しかったため、メルローに植え替えられた。言うまでもなく収量は劇的に減らされ、赤・白とも1ha当たり平均30hℓになっている。

ワイナリーにも変化が起こっている。シャトーで使用する樽の60％を供給する樽製造所が1995年に開設され、2000年からは、赤ワインの発酵は、逆円錐形の木製大桶だけが使われている。1995年には白ワイン用の樽貯蔵庫が新設され、また赤ワイン用の貯蔵庫も改良された。収穫した葡萄の受け入れ態勢もより厳密なものになり、1999年に選果テーブルが導入され、2009年からはレーザー光線を使った光学式選別機が稼働している。

今カティアール夫妻はこの土地に満足し、意欲的な生

PESSAC-LÉOGNAN

極上ワイン

Château Smith Haut Lafitte (white)
シャトー・スミス・オー・ラフィット（白）

　カティアール夫妻の下で、スミス・オー・ラフィットが最初に高い評価を得たのは、樽発酵による白ワインで、その1993は特別な称賛を浴びた。というのは、それは以前のものに比べ、フルで、豊かで、オークと成熟度の高い果実が溶け合い、熟れた、より精妙な風味を醸し出しているからである。ソーヴィニヨン・ブラン（1960年代に植樹）にソーヴィニヨン・グリ（1993年以降）を加えたことで、花のようなアロマが生まれ、より芳醇になり、力強くなった。2002から5〜10%のセミヨンが加わり、スミス・オー・ラフィットの白はさらに精妙なアロマを獲得した。

2006 ★　精妙なアロマで、洋ナシ、柑橘類、バニラが感じられる。まろやかで、豊潤で、後味にブルゴーニュのようなバターの風味と酸がある。スタイルは、豊饒で、雄大であるが、けっしてたるんではいない。3年後から飲み頃。

Château Smith Haut Lafitte (red)
シャトー・スミス・オー・ラフィット（赤）

　赤ワインは形が出来上がるまでに時間がかかったが、1995からは間違いなく一貫性を示している。カベルネ・ソーヴィニヨン55%、メルロー34%、カベルネ・フラン10%、プティ・ヴェルドー1%という多品種構成で、雄大で、ある意味現代的なワインである。若い時は焦げたオークが強く感じられるが、後味は純粋でグラーヴらしいミネラルがある。1990年代のヴィンテージは、メルローが多かったせいか、過剰に熟れて、芳醇すぎる感じがしたが、2003からはカベルネ・ソーヴィニヨンが増やされ（2005と2006は64%）、加えられたプティ・ヴェルドーがワインにより大きなフィネスと新鮮さ、長さをもたらしている。熟成は新樽比率60〜80%で行われる。

2004 ★　暗いガーネット色。熟れた、精妙な芳香が立ち昇り、赤と黒の両方の果実が感じられる。口に含むと、しなやかだが、後味のタンニンはしっかりとして、きめが細かい。オークは品良く、よく統合されている。飲みやすく、また長熟する力も秘めている。

左：独特の形状をしたシャトー・オー・ラフィットの邸館。飛び跳ねている野ウサギの彫刻は、その進歩の象徴。

Château Smith Haut Lafitte
シャトー・スミス・オー・ラフィット

総面積：120ha　葡萄畑面積：67ha—
白：11ha　赤：56ha
生産量：グラン・ヴァン白3.3万本、セカンドワイン1.2万本
グラン・ヴァン赤12万本、セカンドワイン7.8万本
33650 Martillac　Tel: +33 5 57 83 11 22
www.smith-haut-lafitte.com

活を送っているが、2人はこれまでの人生でそれぞれに培ってきた経営能力を、シャトーの経営に生かしている。それはまず何よりも人選に生かされ（醸造技師のフェビアン・ティトゲン、そしてミシェル・ロランとステファン・デュボルデュー教授の2人のコンサルタント）、さらには市場調査や商談もそつなく行われ、事業計画も綿密に作成されている。ダニエル・カティアールが、競争的雰囲気について手短に述べたことは、秀逸へと至るプロのやり方を見事に言い表していた。「コンテストで勝敗を決するのは、すべてグラスの中だ。だからいくら熱く語ったとしても、それは何の役にも立たない。ただ全力を尽くして最高のワインを造るだけだ。」

PESSAC-LÉOGNAN

Domaine de Chevalier　ドメーヌ・ド・シュヴァリエ

　ドメーヌ・ド・シュヴァリエは、孤独を愉しんでいるかのように佇んでいる。ゆるやかに起伏する葡萄畑は、三方を松林に囲まれ、その周囲に他の畑はまったく見えない。そこは実際特別なテロワールで、カベルネ種の成熟にとっては限界にあたり、霜害も受けやすい場所である。しかしそこに人間の手が入ると、絶妙なワインが生み出される。
　土壌は主に黒っぽい色をした、砂の多い砂利層で、その下にある底土は、粘土と砂利に鉄分の多い砂岩が混ざっている。上質なワインを生む可能性のあるテロワールではあるが、人の導きを必要とする。前のオーナーであるクロード・リカールが1962年に排水設備を整えたが、1983年に新しいオーナーとなったオリヴィエ・ベルナールは、さらに新たな改良に取り組んでいる。

そのワインは、過剰に力強いということも、
アロマが強すぎるということもなく、
消化しやすさとフィネスがあり、
顕著な土味とミネラルが感じられ、
長く熟成する能力を持っている。

　ベルナール家が購入した当時、葡萄畑はほんの18haほどしかなかったが、その後買い足され、現在は45haになっている。そのうち5haには、ソーヴィニヨン・ブラン（70%）とセミヨン（30%）が植えられている。葡萄畑の着実な再構築が進み、現在の植栽密度は1ha当たり1万本になっている。ソーヴィニヨン・ブランは冷涼な場所に植えられ、カベルネ・ソーヴィニヨンは、砂利層が厚く堆積した温かい土壌に植えられている。霜害を受けやすい地区には大型扇風機が導入され、畑に近い松林は伐採され、燻し壺（煙突の付いた灯油を燃やす機器で熱と煙で葡萄樹を昆虫や霜から守る）が設置された。
　白ワインの製造は、他の追随を許さないほどに精密に行われている。ひと並びの果樹（トリという）ごとに、黄金色に熟した果房だけが手摘みされる。その後果粒は圧搾され（その時二酸化炭素が加えられる）、果液は低温沈澱される。発酵は新樽比率35%（1980年代半ばから1999までの50%から減らされた）のオーク樽で行われ、熟成は樽で18カ月間——ボルドーの辛口白ワインの中では最長——行われ、その間に重量感と触感を身につけ、自然の清澄化作用を受ける。
　赤ワインは、1991年に建設された円形のセラーで醸造される。カベルネ・ソーヴィニヨン（64%）が主力品種で、メルロー（30%）とカベルネ・フラン、プティ・ヴェルドー（3%ずつ）がそれを補完する。葡萄畑での作業（鋤起こしと持続可能実践法）と厳格な収量制限によって、近年その葡萄果房は長く葡萄樹にとどまることができるようになり、成熟度がさらに向上した。セカンドワインのレスプリ・ド・シュヴァリエ、さらにはサードワインの導入によって、セレクションがより厳しいものとなり、グラン・ヴァンは全生産量の半分を切るようになっている。白ワインも同様である。

極上ワイン

Domaine de Chevalier (white)
ドメーヌ・ド・シュヴァリエ（白）
　2005年4月にこのドメーヌで行ったブラインド・テイスティングで、私はこの伝説的なワインについて多くの結論を得ることができた。その1つは、このワインが信じられないほど長く熟成する能力を持っているということである。色は鮮烈なままで、若々しく、新鮮さとミネラルも持続する。ヴィンテージを5段階に分けて出されたワインの中で最も古い1970は、生き生きとして新鮮で、飲みやすかった。この時期の中で私の好みであった1979★は、同じく新鮮であったが、さらに若々しく、精妙な柑橘類、蝋、アーモンドのフレーバーがあり、酸が常に重要な要素となっていた。この先10～15年くらい経過すれば、フレーバーの精妙さがよりはっきりしてくるだろう。これらと一緒に26ヴィンテージが出されたが、一貫性は高く、いわゆるプティ・ミレジムでさえもそれは維持されている。その中では、1984、1987、1991、1999★に良い印象を持った。1980年代と90年代の優れたヴィンテージの中では、1986★と1996★が印象深かった。最後に出されたワインは、2000から2004までであったが、ここでは2000★と2004★が傑出していた。それは、静謐で、落ち着きがあり、調和が取れ、優美な柑橘類の潔さがあった。
2001★　淡いレモン色。上質な柑橘類の香りの中に、蜂蜜やブリオシュも感じられる。口に含むと、上品で洗練されている。最初はフルでまろやかな口当たりで、酸が長さと正確性を加えている。純粋な結晶のようで、後味にミネラルもある。たぶんあと20年は熟成を続けるだろう。

上：ドメーヌ・ド・シュヴァリエの現代的なワイナリーは、この傑出したワインに捧げられた几帳面な気配りを映し出している。

Domaine de Chevalier (red)
ドメーヌ・ド・シュヴァリエ(赤)

　2005年10月に、ドメーヌ・ド・シュヴァリエ内で、今度は赤のブラインド・テイスティングが行われた。1954から2004までの29ものヴィンテージが出された。全般的な印象としては、そのワインは、過剰に力強いということも、アロマが強すぎるということもなく、消化しやすさとフィネスがあり、顕著な土味とミネラルが感じられ、白ワイン同様に長く熟成する能力を持っていた。1960年代のヴィンテージは特に力強く、私の好みは、力強くクリーミーな1961★と、精妙でミネラルの強い1964★である。1970年代と80年代は少し弱く感じられたが、その中では繊細な香りを持つ1983★が気に入った。それは1982（その年シュヴァリエを霜が襲った）よりも断然美味しかった。1988はスタイル的に軽く感じられたが、調和が取れていた。1989はそれに比べ、やや粗野な感じがした。1990年代初めのものは出されなかったが、1995は一貫性を示し始めた最初の年で、それ以降このワインは、徐々に熟れた感じ、深み、果実の純粋さを増してきた。優美な1999★は特に良い印象で、2001★はさらに力強く濃密であった。

2002　精妙で、優美で、燻香とミネラルが感じられる。重さ的には軽いが、きめ細かく、新鮮で、バランスが取れている。

Domaine de Chevalier
ドメーヌ・ド・シュヴァリエ
総面積：110ha
葡萄畑面積：45ha
白：5ha　赤：40ha
生産量：グラン・ヴァン白1.5万本、セカンドワイン8000本
グラン・ヴァン赤9万本、セカンドワイン7万本
33850 Léognan　Tel: +33 5 56 64 16 16
www.domainedechevalier.com

PESSAC-LÉOGNAN

Carbonnieux　カルボニュー

ここは赤・白ともに生産量の多さを誇る大規模なシャトーである。しかしその品質基準は高く（生産量は誇張されていない）、またその品質の一貫性と安定性は感動的である。また価格も競争力があることから、カルボニューは、加熱することの多いボルドー市場において面白い選択肢となっている。

マール・ペランがこの葡萄園を買ったのは、1956年のことであった。当時栽培面積は30haしかなく、その年に霜害に襲われ、その後3年間、まったく生産できない年が続いた。邸館（13世紀に建てられた、砦のある荘園領主の館）は1920年代から人が住んでおらず、セラーと設備には、多額の投資が必要であった。マーク・ペランと息子のアントニーは、不屈の精神でカルボニューを現在の姿まで建て直した。惜しいことにアントニーは2008年に他界し、現在はその2人の息子エリックとフィリベールがシャトーの管理運営にあたっている。

葡萄畑は砂利層の小高い丘にあり、斜面を下るに従って、砂、砂利、石灰岩がかたまって分布しているところがある。ペラン兄弟は、ソーヴィニョン・ブランとセミヨンを粘土―石灰岩土壌に植えるようにし、高い場所の砂利層が厚く堆積している区画は、カベルネ・ソーヴィニヨンのための畑としている。前述の霜害の後、植替えがすぐに始まり、1962年以降強化された。

ペラン兄弟は、ボルドーで最も早くドニ・デュブルデュー教授の推奨する白ワイン醸造法を取り入れた生産者であり、現在教授をコンサルタントして迎えている。果皮接触とタンク内での低温沈澱の後、樽発酵が行われる。この方法は1988年から一貫している。現在は、毎年樽の4分の1が新樽に替えられ、新オーク樽は主にセミヨンの熟成に使われ、熟成は10カ月間続く。

葡萄畑が成熟するにつれて、赤ワインの成熟度も増し、1990年に新しい醸造室が完成してからは、さらに進化している。ブレンドは、カベルネ・ソーヴィニヨン60％、メルロー30％、カベルネ・フラン7％、プティ・ヴェルドーとマルベックを合わせて3％で、樽熟成は15～18カ月間行われる。

極上ワイン

Château Carbonnieux (white)
シャトー・カルボニュー（白）

　カルボニューの白は、生き生きとして爽快感があり、直線的なことで定評があり、常にミネラルがよく表現されている。果実の現代的凝縮感も付け加えられているが、今のところまだ、芳醇という形容詞はあまりふさわしくない。果実味の若い時（2～5年）に飲むのが最上だが、長く熟成する能力も有している。

2006　上品なほっそりとしたスタイル。洋ナシやマンダリン・オレンジの香りが鼻腔に漂う。最初さっぱりした口当たりで、その後風味が口中を満たす。ミネラルと酸が秀逸で、清らかな辛口の後味。

Château Carbonnieux (red)
シャトー・カルボニュー（赤）

　赤は典型的なグラーヴで、新鮮で、しっかりした口当たり、黒果実の香りがあり、オークはよく統合されている。一般的に言われているのとは反対に、長熟する能力があり、特に最近のものは凝縮感があり、タンニンの質は高い。

2005 [V]　しっかりと凝縮しているが元気のいい果実。長く熟成する能力が感じられる。鼻からの香りはいまのところまだやや厳しいが、ミネラルや黒果実が感じられる。口に含むとしっかりと構成され、ブラックカラントが感じられ、溌剌としたカベルネ・ソーヴィニヨンがよく表現されている。後味は長く新鮮。

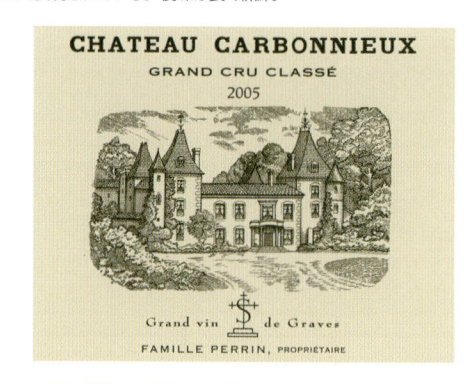

Château Carbonnieux
シャトー・カルボニュー
総面積：140ha
葡萄畑面積：92ha
白：42ha　赤：50ha
生産量：グラン・ヴァン白18万本、セカンドワイン2.4万本
グラン・ヴァン赤20万本、セカンドワイン2.4万本
33850 Léognan　Tel: +33 5 57 96 56 20
www.carbonnieux.com

PESSAC-LÉOGNAN

Couhins-Lurton　クーアン・リュルトン

シャトー・クーアン・リュルトンが誕生したきっかけは、1968年に元のクーアンが分割されたことにある。当時ガスクトン家（カロン・セギュールの）の所有であり、畑は放棄される寸前であったが、ある仲介人がアンドレ・リュルトンに、何か救う手立てがないかどうか見に来てくれと依頼した。リュルトンはその畑——杭もワイヤーも無く、剪定もひどかった——を借りることに同意し、わずかに生き残っていた数ヘクタールの畑から、1967年に最初の白のヴィンテージを出した。

翌年、ガスクトン家は売ることに決め、その広大な葡萄畑とシャトー・クーアンというブランド名は、フランス農業省（INRA）のものとなった。一方、邸館とセラーは地元の薬剤師が購入した。アンドレ・リュルトンは1978年まで借地契約を継続することに同意していたが、INRAは1972年、彼に1.5haの小区画を売却した。こうして彼は、クーアン・リュルトンのラベルを立ち上げることができた。

1992年、リュルトンは19世紀に建てられた邸館と、セラーを買い取ることができた。1998年に全面的な修復工事が始まり、シャトーは改修され、古いセラーは解体されて、それに使われていた石材は、新しいセラーのために使用された。その他の建物も修理された。新しいセラーが2001年に稼働を始めたが、ワインはその時まで、姉妹シャトーである、シャトー・ラ・ルーヴィエールで醸造されていた。

白ワインのための葡萄畑（100%ソーヴィニヨン・ブラン）は、石灰岩の岩盤の上に堆積した砂利と砂の砂利層の上にあり、主に2つの区画からなっている。1つは邸館近くの斜面の上にあり、もう1つは隣のシャトー・クーアンのセラーの先にある。葡萄果房は手摘みされ、直ちに圧搾され（果皮接触は行われず）、オーク樽で発酵され、10カ月間熟成される。そのオーク樽は、主にヴォージュ・オークを使って、ブルゴーニュの樽製造業者によって製造され、毎年25%が新樽に替えられる。

2002年からは、クーアン・リュルトンでも赤ワインの生産が始まり、クーアンが赤ワインの方で有名だった19世紀を思い起こさせる（白ワインが有名になり出したのは、20世紀初めからである）。1980年代に植樹された葡萄畑が、数キロメートル離れた、もう1つのリュルトン家の所有地であるシャトー・ド・ロッシュモランの近くにある。

そのワインは、例外的にメルローの比率が高く（75%）、しなやかで、丸みがあり、香り高い。

極上ワイン

Château Couhins-Lurton (white)
シャトー・クーアン・リュルトン（白）

　100%ソーヴィニヨン・ブランから造られるクーアン・リュルトンの白は、顕著な、そして幾分驚愕させられるほどの長熟能力を示す。若い時は生き生きとして、ピリッとした風味があり、柑橘類の香りが高く、それが徐々に口中を満たす。ミネラルとナッツの精妙さが現れ、同時に果実味と新鮮さがずっと維持される。最高のヴィンテージは、優に20年は熟成し、例外的な白ワインとなる。2003年に新規格が立ちあげられ、生産されるボトルの半数がスクリューキャップ方式になった。残りは従来通りのコルク栓である。

2001　淡い黄金色で、キレが良く新鮮で、若々しい香り。口に含むと大らかであるが、酸のきめは細かい。ミネラルの精妙さはまだ始まったばかりで、果実味はいまだ健在。

2005　スタイル的にはより豊かで凝縮されている。刺激的なグレープフルーツとピーチのアロマがある。しっかりした酸が、長い、線のような後味を生み出している。

2006★　純粋で、きめが細かく、長い。秀逸な柑橘系のアロマが、オークの微香と軽やかに響き合う。酸と新鮮さはこの白の真骨頂。ゆっくり熟成させるべし。

Château Couhins-Lurton
シャトー・クーアン・リュルトン
総面積：25ha　葡萄畑面積：23ha
白：6ha　赤：17ha
生産量：グラン・ヴァン白2.5万本
グラン・ヴァン赤5万本
33140 Villenave d'Ornon
Tel: +33 5 57 25 58 58
www.andrelurton.com

GRAVES

Clos Floridène　クロ・フロリデーヌ

クロ・フロリデーヌは、ドニ・デュブルデュー教授が買って以来、最初の1982ヴィンテージから、彼の白ワインのための実験場となっている。ボルドー大学での研究は、彼の理論を支える科学的な基盤となっているが、彼自身のドメーヌでの実践的研究は、彼の理論をさらに緻密なものにするのに役立ち、その最高品質の白ワインは、彼の理論を証明するこの上ない実証となっている。しかし、醸造技術の素晴らしさだけがこのワインを秀逸なものにしているのではない。このクロのテロワールもまた、ワインに個性を付与し、長く熟成する力を与えている。

ピュジョル・シュール・シロン村は、バルサック石灰岩台地の端に位置する、グラーヴでもかなり特殊な場所である。その土壌は、石灰岩の岩盤の上に、赤い粘土に似た砂が浅く堆積している独特のものである。またもう1つの特殊な要素は、午前中の気温が、周囲のガロンヌ渓谷に比べ3〜4℃低いことで、それがこの地を、常に霜害の危険性のある場所にしている（そのため大型の扇風機と、燻し壺を設置している）。「偉大な白ワインは、どれも石灰岩質の土壌から生まれている。その土壌に冷涼な気候も加わって、この地で長く熟成する能力を持つ白ワインができると確信したんだ」とデュブルデュー教授は言う。

そのワインの長熟能力は、時間だけが証明できることであるが、ワインの精妙さとフィネスを発展させるための醸造法の改良が今日まで積み重ねられてきた。1982は、あまり例を見ないが、セミヨンの古樹だけから造られた（その葡萄畑は最初は2.5haしかなかった）。そしてその後の初期のヴィンテージは、セミヨンの比率が高かった。「出発点の段階では、まだソーヴィニヨン・ブランは若かった。だからセミヨンが優勢だったが、その比率は徐々に変わっていき、1993には、今われわれが好んでいる50対50までになった」とデュブルデュー教授は説明する。

完全性を追及して加えられた技法には、葡萄樹の根が深く伸びることを可能にするための鋤起こし、発酵前の穏やかな果皮接触（毎年の葡萄の状態を見て決める）、酸化を防ぐための穏やかな圧搾がある。もう1つデュブルデュー教授が導入した手法に、ワインを樽の中で澱の上に寝かせ、バトナージュしながら熟成させる方法がある。これも、ワインの酸化を防ぎ、自然な方法で安定させるためのものである。彼はまた1996から、発酵と熟成のために使う新オーク樽の比率を下げ、新樽比率50％から、現在の、セミヨンは3分の1、ソーヴィニヨン・ブランはまったく使わないところまで引き下げた。「偉大な辛口白ワインは、大量の新オークを支持しない」と彼は言う。熟成は8〜10カ月間行われる。

クロ・フロリデーヌは、赤ワインの評判という支えを持たない辛口白ワインという、ボルドーでもまれな存在である。その赤ワインはいまのところそれほど目立ってはいないが、やはり独特の個性を持っている。石灰岩の土壌の上に育つカベルネ・ソーヴィニヨンを高い比率で含んでいるその赤ワインは、新鮮で、しなやかである。クロ・フロリデーヌの赤は2005からこのドメーヌで醸造が始められており、その一方で白は、もう1つのデュブルデュー教授の所有するシャトーである、プルミエール・コート・ド・ボルドーのシャトー・レイノンで生産されている。

極上ワイン

Clos Floridène (white)
クロ・フロリデーヌ（白）

2004年に、2003から1987まで遡る垂直テイスティングをする機会を得た。1988と1987はやや出来が悪く、劣化しつつあったが、1989と1990はまだ魅力があり、前者は油のような触感で生き生きとしており、後者はさらに脂質が強く、古いソーテルヌの香りがした。1993では、増えたソーヴィニヨン・ブランが明らかに長さとエレガントさを加えていた。その後の、1996★、1998、2001、2002は、すべて長さと新鮮さ、バランスを備え、ソーヴィニヨンの要素が消散した後には、ほとんどブルゴーニュといえるような精妙さが残った。「テロワールのおかげで、フロリデーヌの白は、ボルドーの白の中で最もブルゴーニュに近いものになっている」とドニ・デュブルデュー教授は宣言する。私は自信を持って言えるが、ここの白は、良いヴィンテージのものは15年近く熟成させることができる。最近のものはさらに純粋さとフィネスを増している。

1996★　淡い黄金色。鼻からの香りはとても豊かで、バター、トースト、トリュフが感じられる──まさにブルゴーニュ。口に含むとまろやかでフルで、同時に驚くほど新鮮で、若々しい。

2001　黄金のきらめき。キレの良いミネラルの香り、それにソーヴィニヨン・ブラン由来のグレープフルーツの刺激的な香り。長く、

上：ドニ・デュブルデュー教授と妻のフローレンス。2人はボルドーで最高品質の、そして最もブルゴーニュ的な白ワインを生み出している。

きめ細かく、新鮮で、依然として、信じられないくらい若々しい。
2007★ [V] 淡く鮮やかな色で、緑色のきらめきもある。純粋で洗練された柑橘系のアロマ。まろやかで滑らかな口当たりで、柑橘類／マンダリン・オレンジが感じられ、酸が後味の長さと新鮮さを加えている。純粋さとバランスが素晴らしい。

Clos Floridène
クロ・フロリデーヌ

総面積：40ha　葡萄畑面積：40ha
白：24ha　赤：16ha
生産量：グラン・ヴァン白9万本、
　　　　セカンドワイン8〜10万本
グラン・ヴァン赤6万本、セカンドワイン1.5万本
33210 Pujols-sur-Ciron　Tel: +33 5 56 62 96 51
www.denisdubourdieu.com

ENTRE-DEUX-MERS

Girolate ジロラット

エネルギーと改革という観点から言えば、デスパーニュ家は、アントル・ドゥー・メールの発電所と言えるかもしれない。ジャン・ルイ・デスパーニュが1980年代にこの地にやってきた時、彼はこの地が、勇気ある者たちが活躍するワインの新世界になり得ると確信し、品質の向上と市場戦略に心血を注いだ。彼の開拓者精神と、時代と共に歩んでいくことの必要性に対する深い認識は、彼の息子ティボーと、娘のバザリンに受け継がれた。彼らはいま300haもの広大な畑の管理と、いくつかの異なった種類のワインの生産の先頭に立ち、溌剌とした雰囲気で皆を率いているが、その中には革命的な赤ワインであるジロラットが含まれている。

葡萄畑が、あまり評判の良くないアントル・ドゥー・メールにあるという事実は、なおさらジロラットがいかに究極の努力の結晶であるかを物語っており、それは真に称賛に値する。「われわれは、呼称にしがみつく必要はないこと、そして方法さえ間違えなければ、アントル・ドゥー・メールでも素晴らしいグラン・ヴァンができることを証明したかったんだ」とティボーは言う。

ジロラットのための葡萄畑が、2つの理由から選ばれた。1つはそこが粘土―石灰岩土壌の南向きの斜面にあること（近くに石灰岩を切り出したトンネル跡がある）、もう1つは、そこの1ha当たり5000本の植栽密度で植えられている古樹から旨い赤ワインが出来ていたことである。1999年に、革命的な変化が導入された。葡萄畑の一部に、メルローが、1ha当たり1万本の植栽密度で植えられた（メドックと同様に）。葡萄樹は地面の熱を吸収できるように低く整枝される一方で、光合成が十分に行われるように樹冠は高く持ち上げられた。1葡萄樹当たりの果房数は4房に抑えられ、収量は1ha当たり20hℓと極めて低く設定された。「葡萄樹が歳を取ってくれば変わるかもしれないが、現段階ではこの低い収量から最高の結果が得られている」とティボーは説明する。

葡萄畑で完全に成熟し、凝縮されるなら、ワイナリーでの人為的操作は最小限にとどめることができるし、とどめるべきだ、というのがここでの考え方である。こうして次の過激な変化が導入される。葡萄果実は、手で摘み取られ、

右：ティボーとバザリンのデスパーニュ兄妹。キリンの彫刻は、彼らの現代的な手法の象徴。

ジャン・ルイ・デスパーニュが1980年代にこの地にやってきた時、
彼はこの地が、勇気ある者たちが活躍するワインの新世界になり得ることを確信し、
品質の向上と市場戦略に心血を注いだ。

GIROLATE

除梗され、軽く破砕された後、100％新オーク樽に入れられ、樽内で醸造される。その樽に、培養された酵母が入れられ、次にそれをオクソライン・システム（訳注：樽をローラー付きのラックに載せ、そのままの位置で回転させる）でゆっくりと抽出させる。浸漬・発酵期間は3～4週間続き、その後フリーランワインに、圧搾ワインが穏やかに加えられ、春の間にマロラクティック発酵が行われる。樽熟の期間は、様子を見ながら8～16カ月間取られ、その間、最小限度のラッキングが行われる。2006から、ワインは軽く清澄化と濾過を施された後、瓶詰めされるようになった。

　現在そのワインは100％メルローから造られ、生産量も限られている。2009年にそのワインの生産に使われた畑は、2.5haだけだった。「一夜で、望む地点に到達しようなんて思っていない。それは長期的な計画で、今はまだその途中だ」とティボーは言う。とはいえ、すでにそのすぐ近くの南向きの小高い丘の斜面が購入され、カベルネ・ソーヴィニヨンなどのその他の可能な品種を植えるための整地が行われている。全体的な構想の中で、多少馬鹿げたように見えることが行われるかもしれないが、それこそがこの生産者を目の離せないものにしている魅力だろう。

極上ワイン

Girolate
ジロラット

　優しいきめ細かな触感、豊かでまろやかな風味、けっして過抽出されることはない、これがジロラットに対する私の印象だ。明らかに現代的なスタイルのワインで、畑における完熟の追求が、高いアルコール度数（ほとんどのヴィンテージが14.5％）と、芳醇な果実味という好結果を生み出している。とはいえ、アロマ的には、もう少し複雑さが欲しいところだ。それは、葡萄樹の成長と共に、またカベルネ・ソーヴィニヨンを加えることで変わってくるだろう。またカベルネ・ソーヴィニヨンを加えることで、アルコール度数をもう少し下げられるかもしれない。テロワールが本当に映し出されているかどうかを判断するには、もう少し時間がかかる。2004と2007には、このワインは生産されなかった。

2001　ジロラットの最初のヴィンテージ。プラムと赤果実のアロマ。まろやかで柔らかな口当たり。アルコールの温かい感触があるが、後味のバランスの良い新鮮さもある。タンニンは滑らかで洗練されている。今が飲み頃。

2002　今までのヴィンテージの中で、最も納得のいかない1本。オーク由来のキャラメルの微香もあるプラムのアロマ。最初は甘く感じるが、舌の中央に痩せた感触が伝わる。後味のタンニンは乾いてい

る。さらに酸化の兆しも感じられる——瓶の保存が悪かったせいか？

2003　ヴィンテージの状況を考えると、驚くほど良い仕上がり。南仏の香りが鼻から感じられるが、オーク由来のものだろうか？まろやかでフルだが、バランスは良く、この年のワインによく見られるわざとらしい乾いたフレーバーは避けられたようだ。まだ男らしいタンニンの骨格がある。

2005★　明らかに今までで最高の出来。凝縮されているが、今はまだ閉じている。現代的で、まろやかで、芳醇。タンニンは力強く、洗練されている。たっぷりとした塊感が感じられ、しかもバランスが良い。

2006★　どちらかといえば古典的なスタイル。鼻からの香りはスパイシーな高揚感があり、赤果実のアロマが感じられる。まろやかで滑らかな口当たりで、持続する酸が長い味わいをもたらしている。タンニンは熟れているが堅牢。瓶熟させるともっと良くなるだろう。

Château Mont Pérat
シャトー・モン・ペラ

　これはデスパーニュ家が1998年に購入した100haのシャトー。日本のコミック誌の『神の雫』第1巻に掲載されて、思いもかけない人気を博した。メルロー主体で、70％までで調整される。

2005　すっきりとした風味の現代的スタイル。赤果実のアロマとフレーバー。オークの微香もある。最初は甘くまろやかな感じだが、後味はバランスが取れ新鮮。美味しく消化にも良い手頃なワイン。

Girolate
ジロラット

総面積：10ha
葡萄畑面積：10ha
生産量：グラン・ヴァン0.5～1.2万本
33420 Naujan et Postiac
Tel: +33 5 57 84 55 08　　www.despagne.fr

ENTRE-DEUX-MERS

Pey La Tour ペイ・ラトゥール

これは、高品質でありながら手頃な価格の、ジェネリック・ボルドーの素晴らしい好例となるワインだ。大量に造られているにもかかわらず、その製法とスタイルは他の模範となるものである。量の多さは価格の軟化を助けているが、ワインの生産には少しの手抜きもない。2種類のワインが送り出されている。1つは、タンクで熟成させる早飲み用の果実味主導のレギュラー・ワインで、もう1つは、40～50%の新樽を使って樽熟させる上質のレゼルヴ・デュ・シャトーである。

このシャトーが、CVBGグループの1員であるヴィニョーブル・ドゥルによって買われたのは1990年のことで、それ以来購入したときの25haに、アントル・ドゥー・メール内で新たに購入された畑が追加され、拡張を続けている。大規模生産であることから、土壌は不可避的に多様であるが、それが2種類のキュヴェのためのセレクションに有利に作用している。レギュラー・ワインは主に、砂の多い砂利質とシルト質土壌（ブルベーネと呼ばれている）に育つ葡萄から造られ、もう一方のレゼルヴは、粘土－石灰岩土壌（高い割合で粘土も含まれている）と、厚い砂利層に育つ葡萄から造られている。

葡萄畑は熟練者によって管理され、一般にグラン・クリュ・レベルの葡萄畑に適用されているものと同じ基準で維持されている。そのためワインの質と一貫性が維持されているのである。植栽密度は1ha当たり5200本（ジェネリック・ボルドーに求められる最低植栽密度は3300本でしかない）で、トレリスに関しては、日照を最大限にするために、樹冠の高さが1.6mまで持ち上げられている。土壌管理は、小区画ごとにきめ細かく行われ、樹勢の強い区画には草が植えられ、除葉とグリーンハーベストも適用される。収量は、1ha当たり平均45～50hℓである。

広い葡萄畑の収穫はほとんど機械収穫機（ハーベスター）で行います。収穫機には、果粒以外の果梗や葉きれなどの緑の成分を除去するためのイグレネール（égreneur）と、不用な果液と水分を別の容器に排出する分別タンク（separate container）が装着されています。収穫機で集められた果粒はワイナリーで選果され、小区画ごとに醸造されて、最終ブレンドのために全部で100種類ものワインが用意される。低温浸漬、マイクロ酸素注入法、調整酵母、澱撹拌などの現代的技法は、適切と思われた時だけ導入される。

極上ワイン

Château Pey La Tour Réserve du Château
シャトー・ペイ・ラトゥール・レゼルヴ・デュ・シャトー

レゼルヴは通常、メルローを90%まで使い、残りをカベルネ・ソーヴィニヨンとプティ・ヴェルドーが占める。熟成は樽で12～14カ月行われる。これは3～10年の間に飲まれることを想定したワインで、5～6年後に飲まれるのが理想である。明らかにボルドー的なワインであるが、現代的で、果実味が際立ち、非常に深い色調をしている。品質の一貫性は素晴らしいものがあるが、やはりヴィンテージごとに個性がある。

2004 2009年9月にテイスティングしたが、飲みやすいワインだった。深いが鮮やかな色調で、果実の香りが鼻に心地良く、スパイシーなオークも感じられた。口に含むと、しなやかで明確な風味で、赤果実の微香があった。後味は新鮮。

2005★ 深く濃い色調。ヴィンテージの特徴が良く表現されたワイン。熟れて、凝縮された、より精妙な香り、黒果実（ブラックカラント、ブラックベリー）、スパイス、ミネラルが感じられる。口に含むと、豊かでグルマンで、タンニンの骨格は大きい。もう少し熟成させたものがお望みなら、さらにある程度瓶熟させることもできる。

2006 これも深奥な色調。スタイルは2004にとてもよく似ている。新鮮で果実が豊かに香り、オークの存在感もあるが良く統合されている。口に含むと、最初は滑らかでしなやか、そして後味は新鮮。赤果実とミントも感じられる。2009年9月にテイスティングしたときは、タンニンにまだ角があったが、もう1年瓶熟させれば落ち着くだろう。

Château Pey La Tour
シャトー・ペイ・ラトゥール
総面積：200ha
葡萄畑面積：200ha
生産量：グラン・ヴァン（レゼルヴ・デュ・シャトー）40万本
セカンドワイン70万本
33370 Salleboeuf　Tel: +33 5 56 35 53 00
www.dourthe.com

サン・テミリオン St-Emilion

ボルドー市から北東へ40kmほど離れたドルドーニュ河の右岸に広がるこの地域は、中世の街並みが美しいサン・テミリオン村を中心に広がっている。葡萄畑は、9つの村にまたがり、全部で5500haあるが、サン・テミリオン村が全体の5分の2を占め、中心的役割を果たしている。1999年に、全地域がユネスコ世界遺産に登録された。ここでは2つのアペラシオンが、同じ地理的区分を分け合っている。AOCサン・テミリオンと、シュペリオール・AOC・サン・テミリオン・グラン・クリュ（こちらの方がより厳しい生産基準を課している）の2つで、後者がこの地区の生産の3分の2を占めている。

ここはメルロー（栽培面積の60%以上を占める）を主要品種とする赤ワイン地域である。とはいえ、ボルドーの他の地域同様、伝統的にブレンド・ワインであり、ここではカベルネ・フラン（地元ではブーシェと呼ばれている）がパートナーを務め、メルローの豊潤な果実味にアロマの精妙さと新鮮さを添えている。カベルネ・ソーヴィニヨンは、ここでは少数者的な役割しか果たしていない（栽培面積の10%前後）。

こう言うと、どれも似たようなスタイルのワインを思い浮かべるかもしれないが、土壌の性質の違いをはじめとして、ブレンド中のカベルネ・フランの比率の違い、ワインづくりの手法の違いなどから、やはりここでもかなりのスタイルの多様性が見られる。

サン・テミリオンは、複雑に入り組んだモザイク状のテロワールをしているが、大きく6つの地域に分けられる。石灰岩台地、コート、ピエ・ド・コート、第4紀砂利層、古代砂質層、ドルドーニュ河沖積層である。これらの地域から、それぞれ異なったスタイルのワインが生みだされているが、それらは1つの明白な基準に基づいて、偉大なワインと、2流のワインに区分される。その基準とは言うまでもなく、長熟できるかどうかである。2つ以上のテロワールに葡萄畑を所有しているシャトーもある。

石灰岩台地は、主として海洋性生物の化石からから出来ている（ヒトデ石灰岩）。その台地はこの地域の中心部を占め、西から東へ、サン・テミリオン村からサン・テティエンヌ・ド・リス村まで延びている。粘土―ローム質の表土は全般に薄く、50cm以下のところもあるが、赤や茶色のより深い粘土の表土のところもある。ここで生まれるワインのスタイルは、フィネス主体のもので、量は少ないが質の良いタンニンを含み、しなやかな果実味、爽快な新鮮さ、歳とともに複雑さを増す精妙なアロマが特徴である。この地に、かなりの数のサン・テミリオンの優秀なシャトー（ベレール・モナンジュ、カノン、クロ・フルテ、トロット・ヴィエイユなど）が集結しているのは驚くことではないだろう。

台地を取り巻くように広がっているコートは、モラッセ・デュ・フロンサデと呼ばれるきめの細かいローム質の粘土の上を、粘土―石灰岩の表土が厚く覆っている。土壌は痩せているが、水の貯留能力に優れ、葡萄樹の水の摂取は、台地よりもやや容易になっている。南と西向きの斜面がわりと傾斜が急で、東向きの斜面は、凹凸状に崩れているところが多い。南および南東向きの斜面が、日当たりが良く、そこで生まれるワインは、新鮮な果実のアロマが秀逸で、スタイル的にはタンニンを多く含み、こちらも長熟する能力を有している。こうしたコートの良さを最大限に発揮しているシャトーの代表が、オーゾンヌ（とはいえ高い比率でカベルネ・フランを含んでいる）とパヴィである。

ピエ・ド・コートは、3つの部分に分けることができるだろう。1つが、丘のふもと、サン・テミリオンの町の下にある砂（珪質）が厚く堆積した場所である。水の供給はそれほど抑制されず、台地やコートほど恵まれたテロワールではない。しかし効果的な葡萄畑の管理（窒素を吸収させ、樹勢を抑えるために株間を草で覆うなど）によって、良い結果が生まれている（カノン・ラ・ガフリエールのように）。2つめが、サン・クリストフ・デ・バルドの北東部の、粘土とローム質の土壌で、北向きであるため、冷涼で、晩熟の畑となっている。3つめが、サン・テティエンヌ・ド・リス村の南側で、日当たりが良く、通常葡萄果粒は北東部よりも1週間ほど早く完熟する。表土は粘土とシルト質の砂で、ワインは新鮮で、田舎じみたところがあまりない。

第4紀砂利層は、アペラシオンの北西部、ポムロールとの境界部にあたり、2つの注目すべき生産者――シュヴァ

右：中世の街並みを一望できる古びた塔の上に居並ぶジェラード・サン・テミリオンの面々。

Jurade de
Saint-Emilion

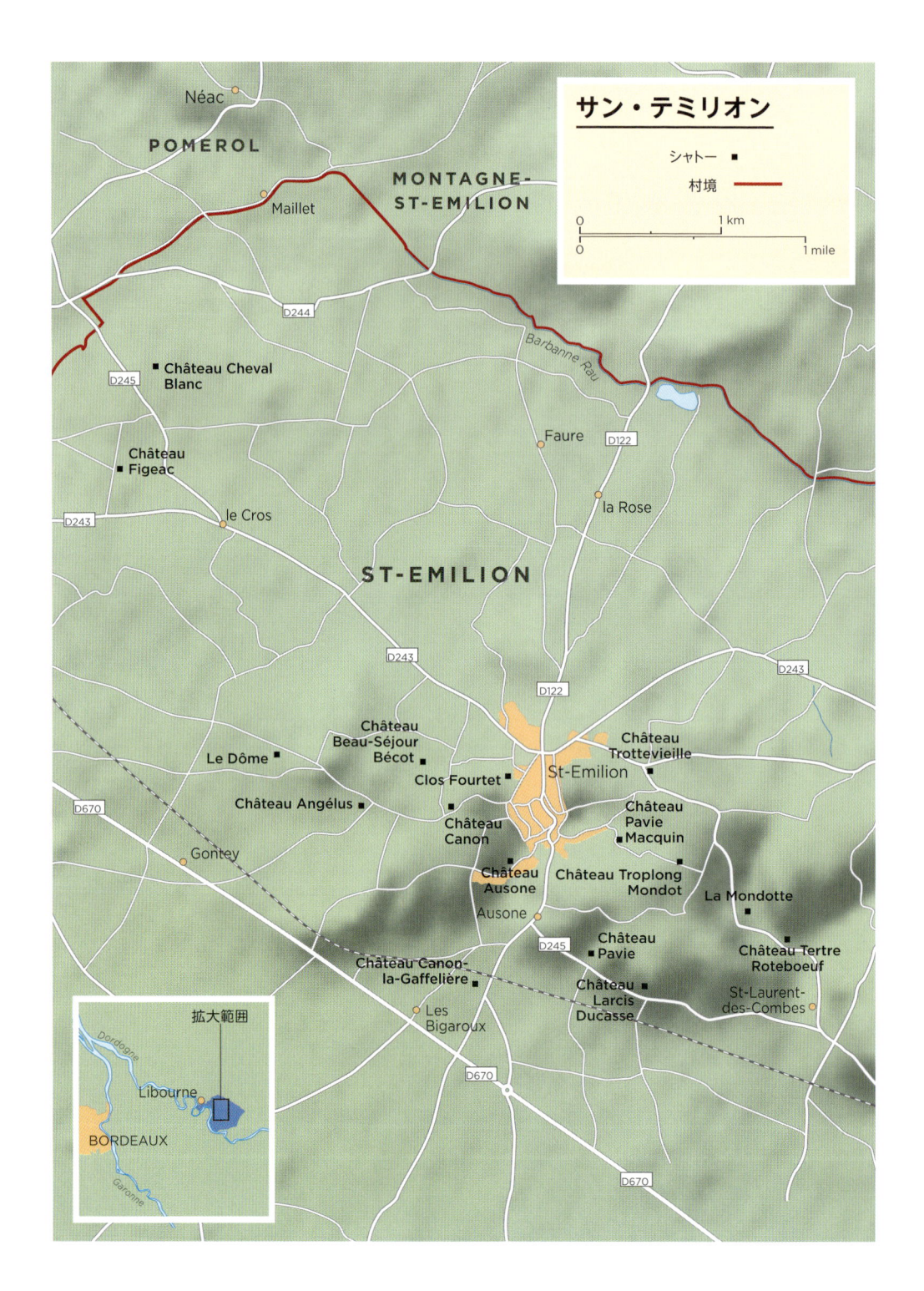

サン・テミリオン

- シャトー ■
- 村境 ━━━

ル・ブランとフィジャック——のあるところである。第4紀に造られた砂利土壌は、メドックに見られるものと同じで、ここではそれが穏やかに隆起した尾根に現れている。その土壌はカベルネ好みの土壌で、骨格のしっかりした、タンニンの秀逸な、精妙なアロマを有するワインの産地となる。この土壌の特徴を最も良く引き出しているのがフィジャックで、その葡萄畑には、カベルネ・ソーヴィニヨン、カベルネ・フラン、メルローが3分の1ずつ植えられ、よりメドックのスタイルに近いワインを生み出している。それに対して、カベルネ・フラン60％、メルロー40％のシュヴァル・ブランは、精妙なアロマを持ち、しかも贅沢な味わいで、葡萄畑の一部を占める粘土の影響が顕著に現れている。

アペラシオン北西部のかなりの地域を覆っている古代砂質層は、砂利を含まない、風で運ばれた砂が堆積した層で、水の管理が難しく、ワインは、果実とフローラルの上品なアロマと、繊細な構造を特徴としている。しかしこの地域の中には粘土を多く含む場所があり、そこからはより凝縮された、骨格のしっかりした、長熟する能力のあるワインが生み出されている。名前にコルバンが付いているワインの多くが、ここから生み出されている。

ピエ・ド・コートとドルドーニュ河にはさまれた地域は、あまり葡萄栽培には向いていない。全般に平坦で、土地は比較的肥えており、排水が悪く、地下水位は高い。そのため、高い品質を確保するにはかなりの投資と、几帳面な葡萄畑管理が必要であるが、実際にそれをやっているところがある。ジェラール・ペレスが管理運営しているシャトー・モンブスケなどだ。あまり大きな投資のできないところでも、軽い構造の、果実味主導のワインなら、葡萄樹の樹勢を抑え、収量を減らすことによって、この土壌からも造ることができる。砂利の筋が河に沿って、ヴィニョネからリブルヌまで延びているところがあり、そこは排水も良く、温かいので、この地域の中で大きな可能性を秘めている。

質を（ある程度）示す指標として、サン・テミリオンにも独自の格付けがある。最初の格付けが発表されたのは1955年のことで、メドックの格付けのちょうど100年後である。しかしメドックと違い、こちらは10年ごとに改正を行うという付帯条項が付いていた。12のシャトーが、プルミエール・グラン・クリュ・クラッセに、63のシャトーがグラン・クリュ・クラッセに指名された。1958年の修正で、オーゾンヌとシュヴァル・ブランをプルミエール・グラン・クリュ・クラッセAに、それ以外をBにするという変更が加えられた。それ以来、1969年、1986年、1996年、2006年と公式な改定が行われた。昇格したシャトーもあれば、降格したシャトーもあり、その格付けは近年、ある程度意欲を引き出す力になっているかのように思えた。

しかし問題は、その格付けの変更によって、シャトーの経営に大きな影響が出るということであった。すなわち、降格は地価の下落を招き、販売網を支えていた信用に危機的な影響を及ぼす。またその間に所有者の変更があれば、新しい所有者は前の所有者の残した負の遺産を受け継がなければならないことになる。このようなわけで、2006年の改定は、訴訟沙汰にまでなった。その後の長い法廷闘争の結果、2009年にようやく妥協が成立した。それによると、1996年の格付けが復活し、2006年に降格を宣告されたシャトーの地位が保全された。その一方で、2006年に昇格したシャトーは、新しい地位を保持することが許された。これが2011年に新しい格付けが決まるまでの暫定的な措置となっているが、その時までに、これまでとは違った、新しい規準の格付けが制定されるということが前提となっている。もう一度これを整理すると、現在15のプルミエール・グラン・クリュ・クラッセと57のグラン・クリュ・クラッセがあることになる。

ワインづくりの流行は、サン・テミリオンのワインのスタイルに大きな影響を及ぼしてきた。1990年代には、右岸の生産者たち——いわゆるガレージスト——が、ボルドーの葡萄栽培と醸造の最先端を行き、より濃厚な色の、より熟れた、より豊かなスタイルのワインを創造した。もちろんそこには行き過ぎもあった。過熟、過抽出、過剰なオークの使用などである。2000年代に入り、この行き過ぎた傾向はいくぶん収まったようだが、依然として、より"古典的"なスタイルと、"現代的"サン・テミリオンを代表するよりスケールの大きい大胆なワインとの間には、大きな隔たりがある。基準の違いはあるにせよ、全体的に見ればサン・テミリオンのワインは昔と比べ、より熟れた感じで、しっかり醸造されたものになっている。

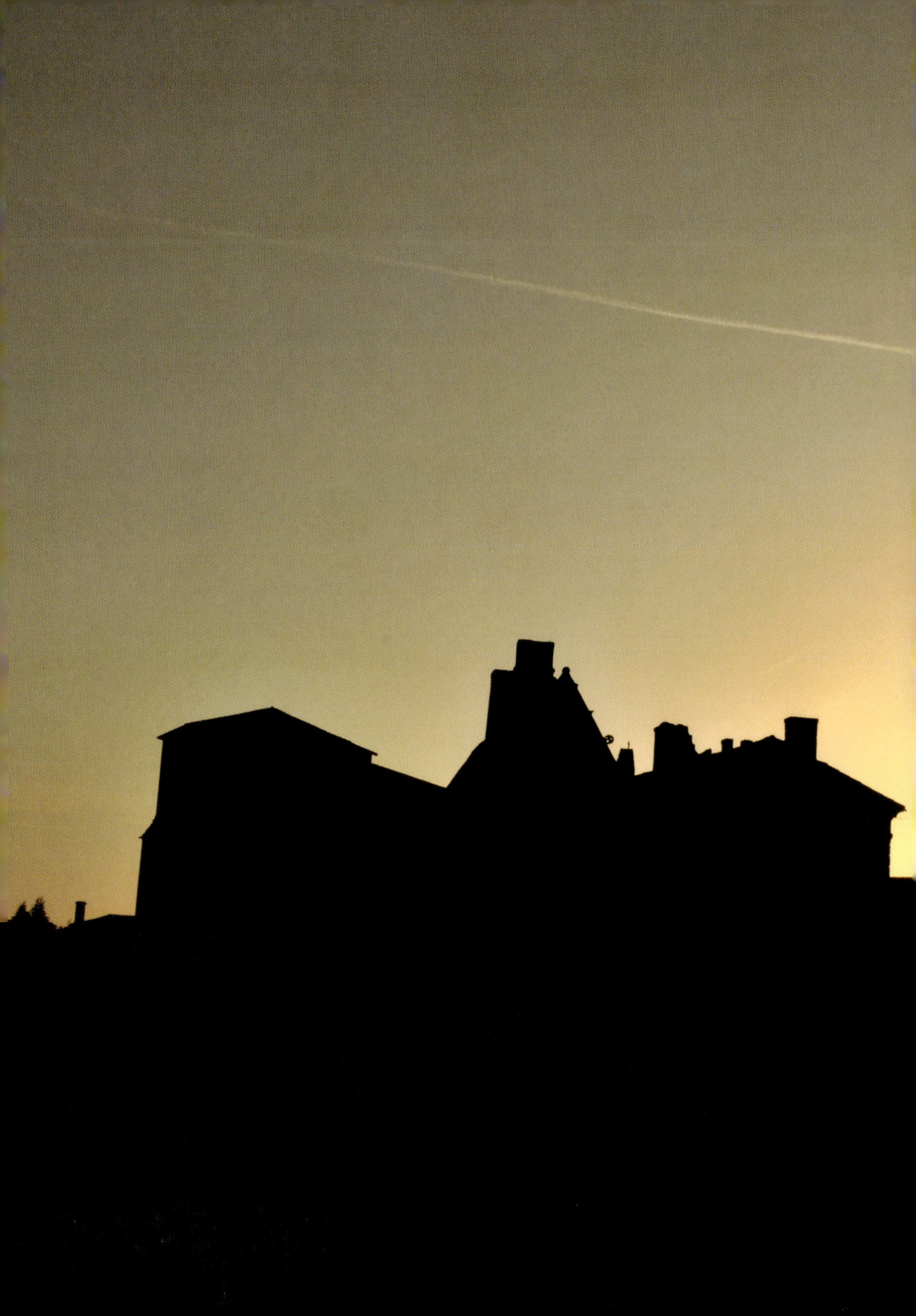

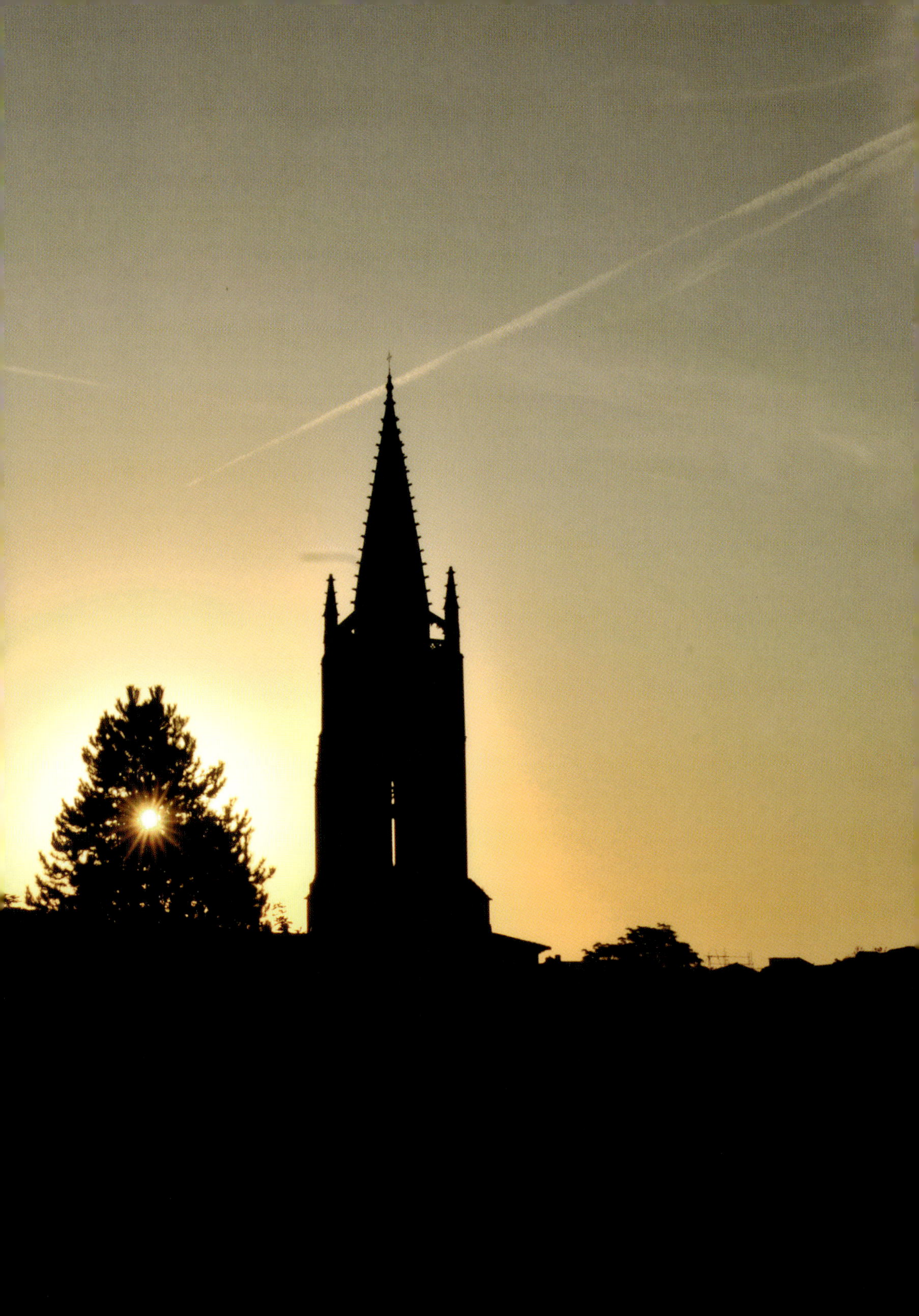

ST-EMILION

Ausone オーゾンヌ

『デカンタ』誌の2009ボルドー特集で、過去10年で最も改善した10のシャトーの1つに、シャトー・オーゾンヌが選ばれた。価格の高さと、血統の良さから考えて、これを不思議に思った人がいたかもしれない。しかし、オーナー管理者のアラン・ヴォーチュールによって推進された変化と、この期間のワインの一貫性を見るならば、その栄誉は当然のことだと納得がいくだろう。

その小さな7haの葡萄畑は、サン・テミリオンの町の端に位置し、一部が石灰岩台地の表土の浅い場所（25%）にかかり、残りは粘土―石灰岩土壌のコートに広がっている。この土壌と、東南東向きであること、そして冷たい北風から守られていることによって、ここは例外的なテロワール――ただし、きめ細かな手入れと投資が行われるならばという条件付きの――になっている。

オーゾンヌという名前は、この場所に別荘を持っていたと伝えられているローマ時代の詩人オウソニウスに由来する。歴史をさかのぼると、このシャトーは、シャトー・オーゾンヌ、トゥール・ドーゾンヌ、クリュ・ドーゾンヌ、そして16～18世紀のカンテナ（所有者の名字から）と名前を変えてきたが、1800年代初めに再びシャトー・オーゾンヌと呼ばれるようになった。1892年に、シャトーはエドワール・デュボワによって継承されたが、彼は結婚後デュボワ・シャロンと名乗った。その才能と努力によって、彼はボルドーの最高峰の1つと呼ばれるまでにオーゾンヌの名声を高め、隣のシャトー・ベレール（現在はジャン・ピエール・ムエックス社の所有で、ベレール・モナンジュと名前を変えている）と、ムーラン・サン・ジョルジュも買収した。

オーゾンヌは、彼の子供――セシル・ヴォーチュールとジャン・デュボワ・シャロン――に受け継がれたが、1920年代の絶頂期の後、いくぶん品質にばらつきが出るようになった。それは名高い、1947、1949、1953、1955、1959、1964のヴィンテージによって相殺された。1974年から1996年まで、オーゾンヌは、ジャン・デュボワ・シャロンの未亡人のヘイレットとヴォーチュール家の共有であったが、両者の関係は険悪で、投資はほとんど行われなかった。品質は相変わらず安定せず、1982と1989が高い評価を得たにとどまった。

この状況が一変したのが1997年のことで、この年ヴォーチュール家がオーゾンヌを単独所有することになり、ワインづくりのすべての手綱がアラン・ヴォーチュールに委ねられた。彼は気さくな思慮深い男である。彼はすでに1970年代からオーゾンヌでワインづくりを行っていたが、共同所有の下で十分に力を発揮することができないでいた。そして彼は言う。「偉大なワインを造るためには、議論せずに決定する自由が必要だ。さもなければ、安全な道ばかりを選んでしまう。」

ヴォーチュールは常に葡萄畑に焦点を絞り、ワインの質と一貫性を確立するために、多大な投資を行った。排水設備が整えられ、浸食と湿気に対処するために草が植えられた。テラス状の畑を保持する岩壁が再建され、いくつかの小区画が現役に復帰することができた。傷ついた葡萄樹の植替えが行われ、1ha近くの畑が、植栽密度1ha当たり1万2600本で植え替えられた（それ以外は、1ha当たり6600～8000本）。オーゾンヌはいま、ブレンド中55%をカベルネ・フランで占めているが、ヴォーチュールはこれを、次の10年をかけて、65%まで持っていく予定だ。

シャトーの管理運営は、あらゆる細部にわたって、几帳面さで貫かれている。通気と収量の低減のために、除葉とグリーンハーベストが計画的に実施され、収量は1ha当たり平均30hℓに抑えられている。生態系への配慮もなされ、栽培方法は有機栽培とビオディナミの線に沿って進められている。「薬剤散布を制限しているので、危険と隣り合わせにあることは分かっている。万一のときは、迅速に対処する人員は確保している」とヴォーチュールは言う。

収穫の手順も大きく変更された。1995年までは、収穫のたびに、オーゾンヌとベレールのために渡り労働者を雇っており、そのため精度の高い摘果が難しかったが、現在は彼が管理する一家所有の葡萄畑（オーゾンヌ、ムーラン・サン・ジョルジュ、シマール、フォンベル）のために、

右：アラン・ヴォーチュールは変革の人だ。そして彼が危険を冒す自由を獲得した1997年以降、オーゾンヌは新しいワインとして生まれ変わった。

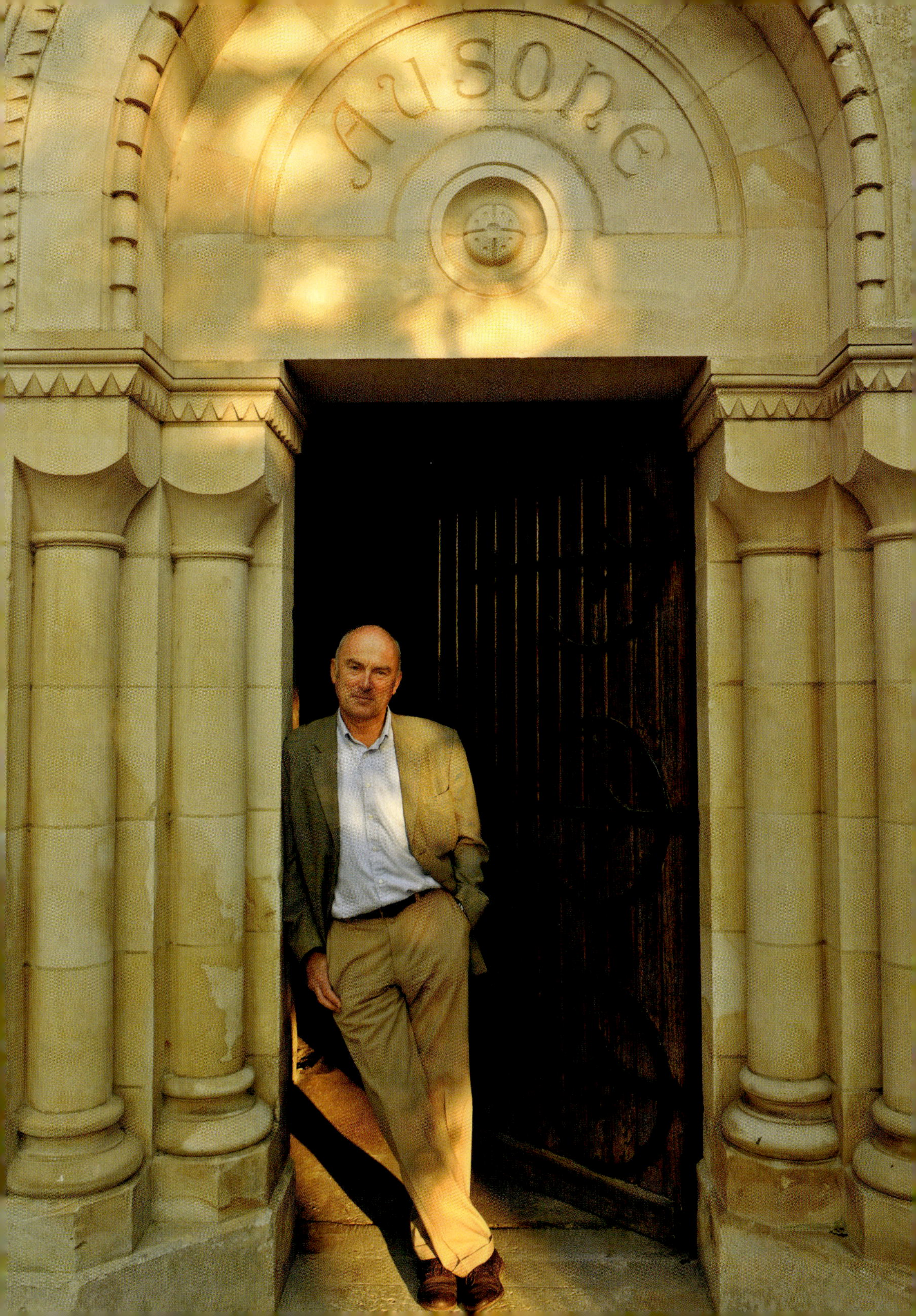
Ausone

上：名前の刻まれた古代の石碑。邸館から続くなだらかな斜面に、日当たりのよい、北風から守られた、粘土―石灰岩の例外的なテロワールが広がっている。

独自に70人の摘み手を確保している。「オーゾンヌを収穫するのに普通はまる3日かかるが、それを15日かけて丁寧に行っている」とヴォーチュールは説明する。注文仕立てのやり方は、さらに一歩進み、小区画ごとに摘果された葡萄は、まず小さな(6hℓ)冷却装置付きのステンレスタンクに入れられ、その後大型の発酵槽に移される。

投資は葡萄畑に限らない。16世紀の石灰岩採石場の跡を利用したセラーの柱が強化され、換気装置も改良された。13世紀の礼拝堂も修理され、現在は、ヴォーチュールがいつか住みたいと思っている19世紀のシャ

トーが修復されている。
　セラーでは、伝統と現代的技法が巧みに融合されている。オークの大桶は、徐々に現行の54hℓの小型のものに置き換えられ、より丁寧に葡萄果粒を扱う方向に改められている。発酵前低温浸漬の後、抽出のためのルモンタージュ（果液循環）とデレスタージュ（液抜き静置法）を伴いながらアルコール発酵が行われる。全体として見た仕込み期間は長く——5週間にも及ぶ——、それゆえ圧搾ワインはけっしてグラン・ヴァンには使われない。1995年から、マロラクティック発酵は樽で行い、ワインは新樽比率100％で、22カ月間熟成される。
　1995年には、セカンドワインのシャペル・ドーゾンヌが暫定的に導入され、1997年から本格的に生産されるようになった。それは現在、全生産量の25％を占めており、

1990年代半ばから、オーゾンヌはミスを犯したことがない。すべてのヴィンテージが、その年生まれたワインの中で最高のものであることが証明されている。ヴォーチュールの娘のポーランが重要な役割を担うようになり、シャトーの継続性は、より確かなものになっているように見える。

その他サードセレクトの5%（多くが圧搾ワイン）が、樽でネゴシアンに売却されている。1980年代に比べると、グラン・ヴァンの割合はかなり減少しており、それゆえそのワインは、秘密のベールに包まれ、大衆が近づくことができないものになっている。

1990年代半ばから、オーゾンヌはミスを犯したことがない。すべてのヴィンテージが、その年生まれたワインの中で最高レベルのものであることが証明されている。価格も以前はシュヴァル・ブランを下回っていたが、現在は同じヴィンテージを比較すれば、こちらの方が上回っている。葡萄畑は常に最高の状態に保たれ、ヴォーチュールの娘のポーランが重要な役割を担うようになり、シャトーの継続性は、より確かなものになっているように見える。

実味は熟れて凝縮され、くらくらする触感がある。私がテイスティングしたことのある最も古いヴィンテージは、1964である。2002年にそれはまだ元気が良く、凝縮されていて、良い状態を保っていた。その時の垂直テイスティングに出されたものでは、1989★は、力強く濃密で、本物のスターであった。1988はややほっそりとして禁欲的で、1990は温かく南仏的であったが、1989に比べると主張が弱かった。1992、1993、1994は連続して失望させられた。忘れるのが一番だろう。1995は、甘くしなやかで、大らかであった。それは1996に比べると、前向きであった。後者はミネラルの新鮮さと、ある種の落ち着きがあった。1997は、このヴィンテージにしては印象が強く、新しいスタイルの始まりを告げていた。深い色調、魅惑的な果実味、きめ細かなタンニン、しかし偉大な年の力強さはなかった。1998★は秀逸。豊かで力強く、抽出と新鮮さが横溢し、後味は長い。1999は官能的で、熟れた(たぶん過熟)果実と焦げたオークが感じられ、おそらくそれが統合するまでにはもう少し時間が必要だろう。

　　1982（3万本生産)色は黒に近い赤で、鼻からの香りは適度な複雑さがある。微かな赤果実と燻香がある。口に含むと印象は強まり、依然として甘く、熟れており、まろやかで、タンニンのきめは細かく、後味は新鮮。

2000★　まだ非常に若い。深奥な色。黒果実の香りが鼻腔で爆発し、スパイシーで、白檀の微香もある。口当たりは凝縮されて堅牢で、後味は新鮮。素晴らしく長く持続する。力強く威厳がある。

2003　贅沢できらびやかなスタイルの、大きく力強いワイン。深い黒に近い色で、鼻からの香りは全開。黒果実、スパイス、チョコレートが感じられる。口に含むと、甘く、凝縮され、豊潤で、それでいて後味は新鮮。タンニンは堅固で、自信に満ちている。

Chapelle d'Ausone
シャペル・ドーゾンヌ

2001★　格付けに匹敵するエレガントなワイン。プラム、チェリー、スパイス、甘草のアロマ。果実味は純粋で、ミネラルは新鮮、後味は長い。触感はいとおしく、タンニンは堅牢できめが細かい。

左：ボルドーの最も偉大なシャトーの守護者として、ポーラン・ヴォーチュールは、少しずつ父アランの仕事を引き継いでいる。

極上ワイン

Château Ausone
シャトー・オーゾンヌ

　オーゾンヌは若い時、無口で控え目で、判断に苦しむことがあるが、このワインには年齢とは無縁の特性があり、新鮮さとエレガントさは不朽と呼べるほどである。最近のヴィンテージは、とりわけ造り手の熱気が伝わり、緊張感があり、色は深奥で、アロマは精妙、そして果

Château Ausone
シャトー・オーゾンヌ

総面積：8ha　葡萄畑面積：7ha
生産量：グラン・ヴァン1.7万本
セカンドワイン6000本
33330 St-Emilion　Tel: +33 5 57 24 24 57
www.chateau-ausone.fr

ST-EMILION

Cheval Blanc　シュヴァル・ブラン

このワインにはどこか謎めいたところがあり、それが大きな魅力になっている。若い時、熟れて、まろやかで、香り高いシュヴァル・ブランは、親しみやすさと、この地位にあるワインにはめったに見ることができない独特の魅力を備えている。その上このワインは、素晴らしく長熟する能力を持ち、甘さと、きめ細かなタンニンの骨格に裏打ちされた触感の芳醇さは、折紙つきである。このワインは、世界でただ1つの、一部がサン・テミリオン、一部がポムロール、そしてたぶんそれに1つまみのマルゴーが加わったワインである。これを際立たせているのが、テロワールとカベルネ・フランである。

このワインは、世界でただ1つの、
一部がサン・テミリオン、一部がポムロール、
そしてたぶんそれに1つまみのマルゴーが
加わったワインである。
これを際立たせているのが、
テロワールとカベルネ・フランである。

　葡萄畑はサン・テミリオンの北西の角に位置し、ポムロールのラ・コンセイヤントとレヴァンジルから石を投げれば届く距離にある。このシャトーの歴史はわりと浅く、1830年代に、当時レヴァンジルの所有者であったムッシュ・デュカスが、フィジャックの一部を購入し、それにレヴァンジルの一部も含めて設立したものである。1870年代には現在に近い形が出来上がり、重要な意味を持つ排水設備もこの頃までに整備されていた。その後所有権は、フーコ-ローサック家に移り、さらに1998年に、ベルナール・アルノー（彼は2009年にその持ち分をLVMHに売却した）とアルベール・フレールが共同購入した。1991年から支配人を務めていたピエール・リュルトンは、引き続きその任にあたることになった。

　リュルトンの決断で、1990年代初めに、当時の技術主任で、現在は栽培コンサルタントになっているキース・ファン・リューヴェンによって本格的な土壌調査が行われた。その結果、葡萄畑は3つの異なった土壌によって構成されていることが分かった。青い粘土層の上に砂質の粘土が載っている土壌（ペトリュスで見られるものと同じ）、砂利層、砂質の粘土層の3つで、それぞれ表面積の40%、40%, 20%を占める。

　驚いたことに粘土質土壌は、畑全体にわたって斑状に分布していた。質的に見れば、その土壌が基本となり、小さく、よく凝縮された果粒を生み出し、フルで、ポムロールの最高のものと同種の新鮮なタンニンを含むワインを生み出す。砂利層から生まれるワインは、タンニンの質がしっかりしており、種々の精妙なアロマを含む。その一方で、砂質粘土層から生まれるワインは、通常はグラン・ヴァンに使うには軽すぎると見なされている。そのワインは、最初の3〜4年間は品種による特徴が支配しているが、それ以降は土壌の性質が前面に出てくる。

　土壌調査を行った結果、葡萄品種と関連した小区画ごとの管理がさらにきめ細かく行えるようになった。栽培面積の58%を占めるカベルネ・フランは、常にシュヴァル・ブランのワインの芳香とフィネスの決め手と考えられてきた。この品種の歴史は古く、19世紀の後半にはすでにこの畑に植えられていたようだ。

　現在カベルネ・フランの畑は8haあり、どれも1956年以前に植えられたもので、最古のものは1920年まで遡る。これらの古い葡萄樹は、包括的な再植樹計画の原資となるものである。というのも、市販されている株には満足できるものがないからである。2000年から、カベルネ・フランとメルローが、植栽密度1ha当たり7700本に増やされて、粘土と砂利層の両方の土壌に再植樹されている。

　葡萄畑の総合的な微調整は、近年さらに進化している。それはまるで、オーゾンヌ（1995年に始まった）をはじめとする他の一流シャトーとの競争が、葡萄畑にどれだけのエネルギーを注ぎ込むことができるかによって決まるかのようだ。2004年にドニ・デュブルデュー教授が、ジル・パケ（1985年以来）の後任としてコンサルタントに招かれ、また、シャトー・ラロックで10年間の経験を持つニコラ・コーポランディが新しく栽培主任として雇われた。葡萄畑では、剪定、除葉、トレリスの高さの調整、ヴェレーゾンの最終段階でのグリーンハーベストなど、かなり緻密な調整が行われている。そうした努力が、2008で見事に結実した。

右：木の間隠れに見えるシュヴァル・ブランの瀟洒な邸館は、どこか謎めいたところのあるそのワインとよく似合っている。

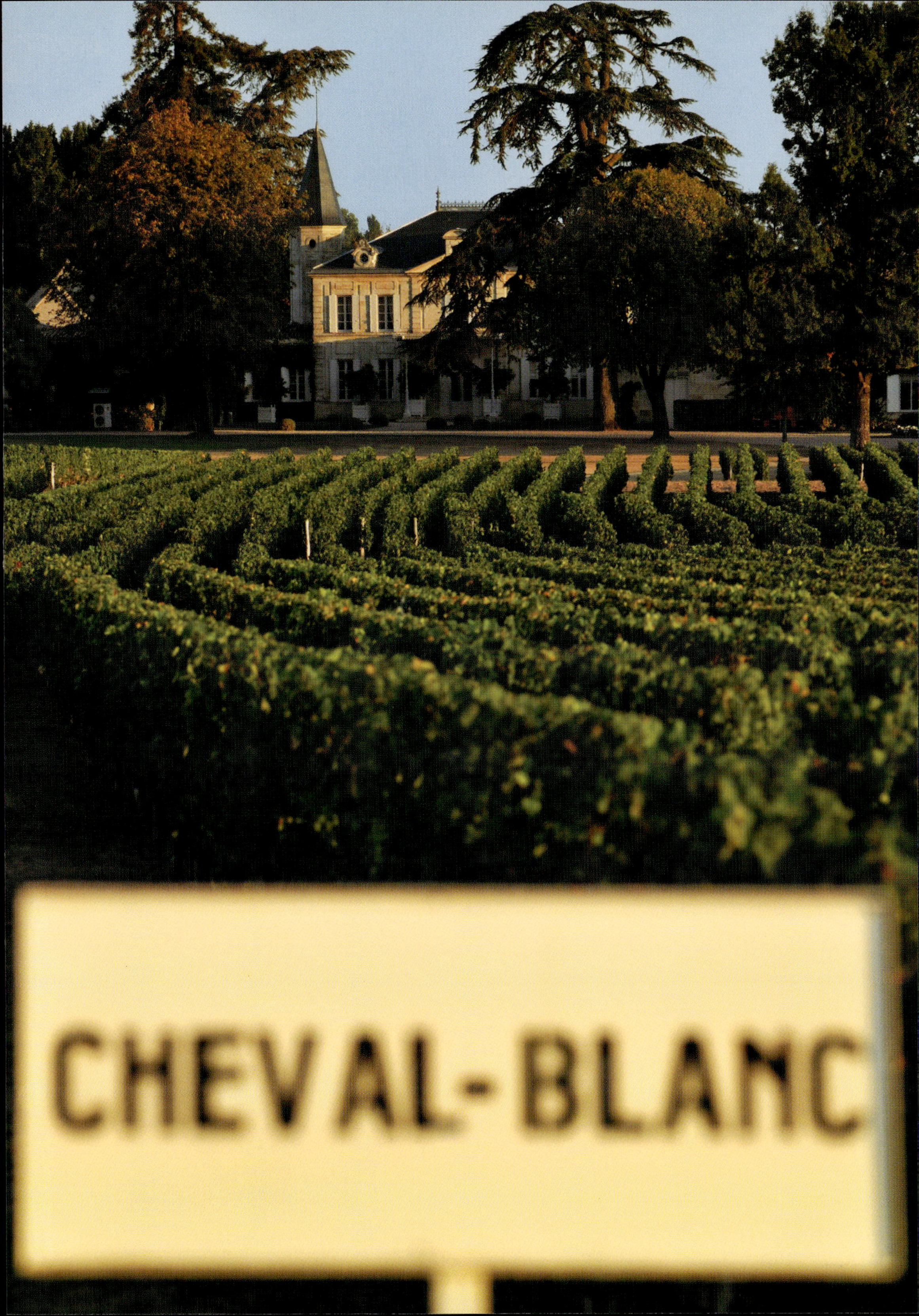
CHEVAL-BLANC

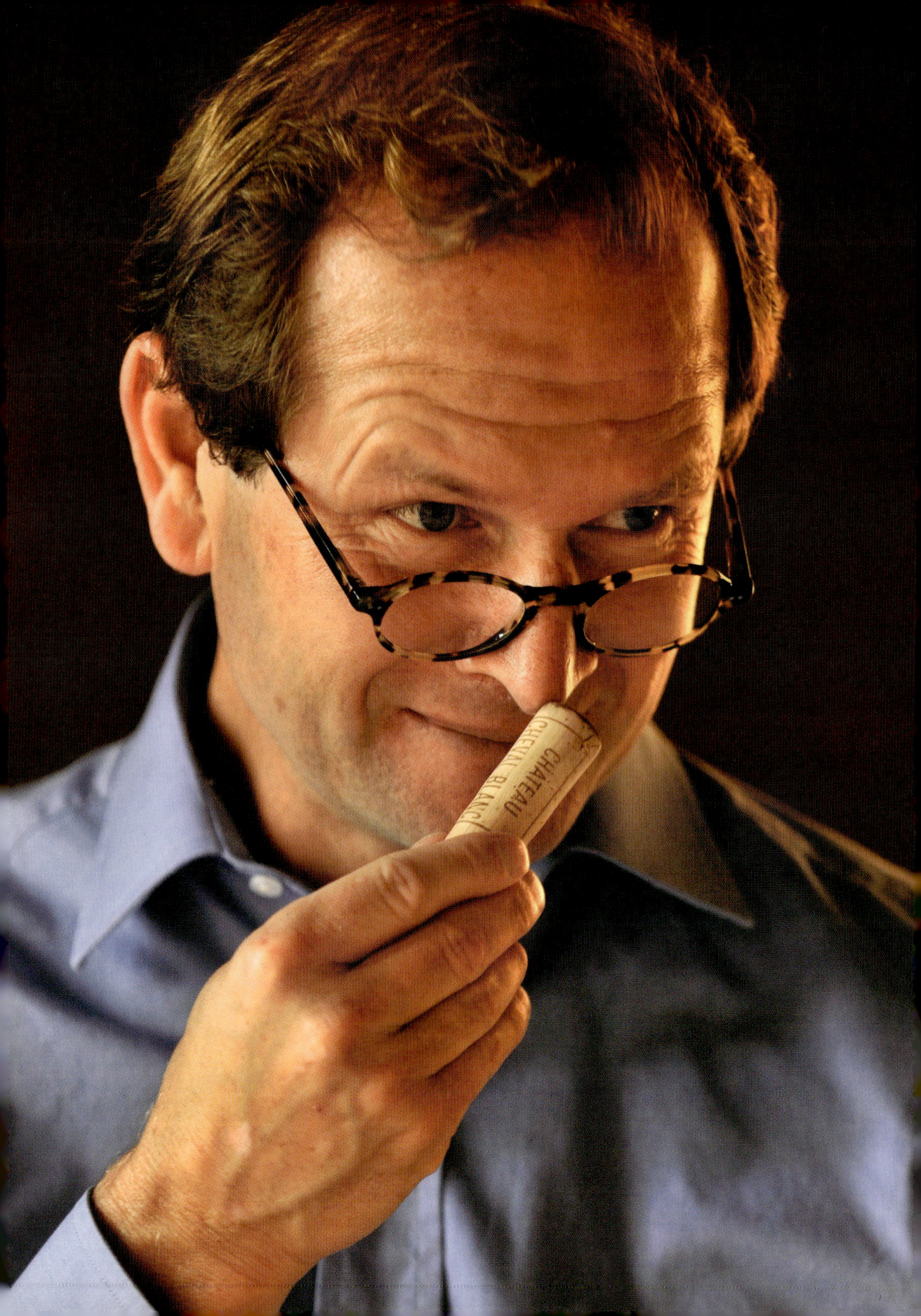
CHÂTEAU
CHEVAL BLANC

ST-EMILION

醸造は、これ以上ないくらいに伝統的である。ここでは、マイクロ酸素注入法は行われない。葡萄畑とセラーでの選果の後、果粒は自重式送り込み装置でセメント槽に入れられる。抽出はルモンタージュ（果液循環）を用いて行われる。2008年に初めて、発酵前浸漬の間のルモンタージュが中止された。マロラクティック発酵はセメント槽内で行われ、ワインは新樽比率100％で、16〜18カ月熟成される。グラン・ヴァンのブレンドは、理想的にはカベルネ・フランとメルローの50対50であるが（2006と2008のように）、ヴィンテージによっては、カベルネ・フランを少し多く（2000や2004のように）することも、あるいはメルローを主体（2001は68％）にすることもある。

セレクションを厳しくするために、1988年にセカンドワインのル・プティ・シュヴァルが導入されたが、このワインはいま独自の基準で造られている。そのため、全体の10〜25％を占めるサードワインがネゴシアンに売られる。ル・プティ・シュヴァルも新オーク樽100％で熟成されるが、こちらは10〜12カ月と熟成期間は短い。

現在新しい醸造所を建てる計画が進んでおり、2011ヴィンテージには間に合いそうである。ここでも自重式送り込み装置が備えられ、セメント槽が並び、地下には樽貯蔵庫と、貯蔵倉庫が造られる。それは環境を重視したデザインで、そこで造られるワインには、きっとまわりの田園風景がブレンドされていることだろう。

極上ワイン

Château Cheval Blanc
シャトー・シュヴァル・ブラン

わたし自身は、シュヴァル・ブランの偉大な過去のヴィンテージをテイスティングしたことはないが、サザビーズの、2009以前のシャトー外からのヴィンテージのためのオークション・カタログに書かれている、国際ワイン部門責任者であるセレナ・サトクリフMWのコメントを読むと、本当に楽しくなる。1921の圧倒的な酒質は「甘さそのものであり、ほとんどリキュールだ」。1929は1ha当たり7.4hℓの収量で造られ、アルコール濃度は14.4％あったが、それは、「後味はスミレのクリームに、1929のシルキーさが加わり」とあった。1947はまたしてもアルコール濃度は14.4％で、「ワインのベイリーズ・クリームのようだ」。1949は1ha当たり25hℓの収量で、「果実、酸、

左：シュヴァル・ブランとディケムの支配人を務める、几帳面であると同時に、茶目っ気たっぷりのピエール・リュルトン。

タンニンの信じられないバランス」。1961も収量は少なく、1ha当たり11hℓであったが、そのワインは、「驚異の重層構造で、エンジン・シリンダー満開」。

私自身がおこなった古いヴィンテージのテイスティングは、2001年にこのシャトーでおこなわれた1回だけである。1970年代はシュヴァル・ブランにとってはあまり良い時代とは言えないようで、実際、1970と1971は疲れていて、消えいくようであった。1978は壊れそうな感じであったが、まだ柔らかい果実の微香があった。1979は流れるようで、かなり老化していた。その10年で最も惹かれたのが1975で、スパイス、ジャム、タバコの精妙な香りが鼻腔に漂い、口に含むと甘さと量塊感があり、後味はしっかりしており、ヒマラヤスギの微香があった。1982★年に、シュヴァル・ブランは16万本（通常の2倍）を生産したが、そのワインは依然として芳醇であった。反対に、1983は、タンニンが乾き、失望した。1985は精妙で大らかで、まさにシュヴァル・ブランそのもの。1988は、酸が強く、若々しい色で、後味は新鮮。再度2009年にテイスティングしたが（マグナムから）、後味にまだキレがあり、果実味の深さもあった。1989は暑い年ならではのプルーンとレーズンの香りがし、後味にアルコールが感じられた。1990★は肉感的で、エキゾチックであり、まさに果物の爆弾。1995（ピエール・リュルトンの最初の"偉大な"ヴィンテージ）は雄大であり、同時によく研磨され、洗練されており、後味は新鮮であった。

1998　豊かで、プラム、チョコレート、スパイスの表現力豊かな香り。口当たりはまろやかで、芳醇な果実味。後味はしっかりしており、魅力的なバランスと新鮮さがある。

2001　プラムとチェリーの凝縮されたアロマ、甘草も感じられる。口に含むと果実は大らかであるが、タンニンは実に堂々としている。フィネスが少し足りないのが惜しい。

2004　ほっそりとした線のようなスタイル。スミレと胡椒の微香。酒躯（ボディ）はミディアムで、酸の明快さが新鮮な切れ味をもたらしている。

2006　まだぎこちない段階。深い紫色で、キャラメル、オークの微香がある。口に含むと、最初は甘く、しなやかで、純粋な果実味。2004よりも深さがあり、長寿。

2008★　アン・プレムールの時の覚書をあまり使うことがないのだが、このワインは偉大なシュヴァル・ブランになると確信した。エレガントさ、芳香、芳醇さ、正確性、秘めた力、どれをとっても超一流だ。この年のル・プティ・シュヴァル[V]はいままでテイスティングしたなかで最高の出来。

Château Cheval Blanc
シャトー・シュヴァル・ブラン
総面積：37ha　葡萄畑面積：34ha
生産量：グラン・ヴァン7万本
セカンドワイン4万本
33330 St-Emilion　Tel: +33 5 57 55 55 55
www.chateau-chevalblanc.com

187

ST-EMILION

Tertre Roteboeuf テルトル・ロートブッフ

　フランソワ・ミジャヴィルは、熱情家であるが、懐疑的、哲学的でもある。彼は1人でシャトー・テルトル・ロートブッフを立ち上げた独立主義者である。街で育ったが、祖先がワインとつながりのある彼は、独立したいという野心と、ある種の心の平和を求めて、ビジネスマンからワイン醸造家に転身した。シャトー・フィジャックでの2年間の修業で基礎を学んだ後、1978年に、当時シャトー・デュ・テルトルと呼ばれていた3.5haの葡萄園の経営を引き継いだ。

　葡萄畑は、サン・テミリオン南部のコートの東端、サン・ローラン・デ・コンブ村を望む高台にあり、妻の実家ミロー家の所有であった。ミロー家はその18世紀のシャルトリューズ（修道院跡）を、休日を過ごす別宅として使用していた。彼女の父が1961年に他界すると、葡萄畑は隣のシャトー・ベルフォン・ベルシエの従兄弟達の所有に移され、ワインは彼らのラベルに統合された。ミジャヴィルは葡萄畑を修復し、ブランドを新たに立ち上げなければならなかった。

　テロワールの能力については、疑問の余地はなかった。「ここが素晴らしいテロワールだということは、パリジャンでもわかるだろう。しかしここは大変崩れやすい」とミジャヴィルは言う。葡萄畑は、コートの上の部分の粘土―石灰岩土壌の1区画にあり、南南東向きである。土壌は砕けやすく、それゆえ浸食されやすく、逆に排水は、時々鉄砲水に襲われるくらいに自然のままで良好である。「ここは南コートのなかでも、最も特殊なテロワールで、果房を載せた台車は、ほんの一押しで下の道路まで走らせることができ、葡萄を新鮮なままタンクに入れることができる」とミジャヴィルは付け加える。

　彼は、このシャトーは独特の方法で経営しなければならないことを認識していた。「低い生産性、高い人件費ということは、価格の低いワインでは割に合わないということを意味する。傑出した酒質を持つ、高価なワインを造るか、さもなければ破産かのどちらか1つだ」と彼は説明する。テロワールは申し分ないのだから、ワインの品質は葡萄畑での作業の完璧さにかかっていた。

　葡萄畑での実践を通して、彼は当時の草分け的存在

右：テルトル・ロートブッフで持論を展開するフランソワ・ミジャヴィル。彼は人真似ではない独自の構想を見事に実現させた。

188

フランソワ・ミジャヴィルは、熱情家であるが、懐疑的、哲学的でもある。彼は1人で
シャトー・テルトル・ロートブッフを立ち上げた独立主義者である。ミジャヴィルは「ここが素晴らしい
テロワールだということは、パリジャンでもわかるだろう。しかしここは大変崩れやすい」と熱く語る。

上：日照には恵まれているが、崩れやすい葡萄畑。ここを登る牛のあえぎ声から、このシャトーの名前が付いた。

となった。樹勢を抑え、浸食を防ぐために、株間を草で覆ったが、それは今も続いている。剪定に関しては、従来のギュヨー法に替えて、サン・テミリオンでは革新的なコルドン法を採用した。地熱の恩恵を受けるために、葡萄樹は地面の上20〜30cmのところを這うように整枝される一方で、樹冠を高くして光合成を促進するために、垣高は1.3mの高さに引き上げられた。

植栽密度は、1ha当たり5555本と、どちらかといえば古典的である。「この土壌ではこれが最も能力を発揮する」と彼は言う。収量は低いが（2008年は1ha当たり20hℓ、2004年は34hℓ）、ミジャヴィルはグリーンハーベストは行っていず、少しの除葉を行うだけである。ここでも彼は人為的方法を嫌い、収量を低くするために葡萄樹に過度のストレスを加えることに反対である。「収量は確かに低いが、それを自慢する気はない。というのもここはとても古い葡萄畑で、なかにはウイルスに侵されている（ファンリーフ病）葡萄樹もあり、いま若返らせている最中だからね」と彼は言う。

遅い摘みも、彼を有名にした特色の1つであったが、この重要な問題に関しても彼は持論を熱く語る。「確かに年によっては、特に難しい年には、タンニンを熟させるためにとても遅く収穫する。しかしみんなが思っているほど遅く収穫するわけではない。というのも、メルロー（栽培面積の85%を占める）の収穫は、長い日数をかけずにたった1日でやってしまうからね」。

彼が遅く収穫するのには、2つの理由がある。果実の成熟と、タンニンの質である。特に後者は、常に彼が念頭に置いている主題である。「青臭い、攻撃的なタンニンが大嫌いだ。それはまるで、見当外れのミュージカルの批評みたいだ」と彼は断言する。彼が求めているのは、収斂性のない、アロマの深遠なタンニンである。そのために彼は、果皮が破れやすくなっているが、芳醇さと新鮮さが閉じ込められている、そんなナイフの刃先のように鋭いぎりぎりの瞬間を狙って収穫するのである。

ワインのつくり方も、出来上がるワインのスタイルも、まったく違ったものになっているのだから、シャトーの名前も新しくする必要がある、とミジャヴィルは考え、こうしてシャトー・テルトル・ロートブッフが誕生した。ロートブッフとは、この葡萄畑の、ある小区画の名前であるが、その名前は、その小区画まで重い荷物を運ばせていた牛のあえぎ声やげっぷの音から付けられたものである。それはサン・テミリオンに多くあるテルトルという名の他のドメーヌから区別する

ために付けられた接尾辞であるが、同時に、現状に満足しているものに対する小さな軽蔑の意味も含まれている。

こうした葡萄畑の変化は、彼が造りたいと頭に描いていたワインのスタイルを実現するために行われた。彼は1970年代の、柔らかく飲みやすいワインは、どちらかといえばネゴシアンと当時の醸造学者によって押し付けられたものだと考えていた。彼が求めていたワインは、もっと個性が強く、深奥で、フレーバーの強いものである。栽培方法の変化に合わせるように、セラーでの作業も変わった。「早くも1979年には、私は醸造学者たちと、より多くのフレーバーを獲得するためにワインが大桶で過ごす期間を3週間まで延ばすべきではないかと議論していた」と彼は当時を振り返る。

1982は彼の理想に近い形で造ることができた最初のヴィンテージであった。とはいえ、それは現在からみると、少し野暮ったいものであった。それは、予算が限られていたため、発酵槽と、残りの30%を古いオーク樽で熟成させたものである。1985（ミジャヴィルはこれを満足できる最初のワインとみなしている）には、新樽を50%使うことができ、1986年には80%、そして現在では100%使っている。

樽による熟成が、このワインのスタイルで大きな役割を果たしているが、それはただ単に新樽比率が100%だからというわけではない。その前の工程では、セメント槽で、30〜35℃という比較的高温で、伝統的なルモンタージュ（果液循環）を伴いながら発酵が行われ、その後ワインは、比較的温暖なセラー（空調設備は付いていない）で、最初はラッキングによって、その後はマイクロ酸素注入法によって定期的な通気を受けながら、22ヵ月間と比較的長く熟成される。「醸造家の役割は、フレーバーの面で、ワインを常に前の年よりも進化したものとして瓶詰めすることにある」と彼は明言する。

このやり方には、ある危険性が潜んでいる。というのも、発酵温度が高いため、酸が全般的に低く（ブレタノマイセスを発生させやすく）、壊れやすい。しかしそれをうまくくぐり抜けて生まれてくるワインは、若い時はルビー色で（彼はいまサン・テミリオンで流行している、長い発酵前低温浸漬による青黒い紫色に反対している）、かなりエキゾチックであり、時にブルゴーニュ風のアロマとフレーバーのあるワインとなる。これらの特徴に、魅惑的な果実味の芳醇さと洗練されたタンニンが結合されると、若い時のテルトル・ロートブッフは素晴らしく魅力的になる。しかし驚いたことにこのワインはまた、何人かの批評家が言うように、よく熟成する能力も備えている。

極上ワイン

Château Tertre Roteboeuf
シャトー・テルトル・ロートブッフ

2008年に行われた以下の垂直テイスティングでは、偉大な年の贅沢さの際立つヴィンテージと、そうでない軽いヴィンテージの間の差が歴然と示された。最高のヴィンテージのものは、優に20〜25年間瓶熟させることができる。

1981 （樽で熟成）赤レンガ色。表現は典型的なボルドー。微かなタバコの香り、しかしまだ赤果実も感じられる。口に含むと複雑さはほとんど感じられないが、甘く新鮮で、とても洗練されている。すぐに飲んだ方が良い。

1982 （発酵槽と古い樽で熟成）よく熟成した色で、グラスの縁にレンガ色が見える。まだ赤果実が感じられるが、三次元のトリュフの微香もある。生き生きとした新鮮な口当たりで、消化しやすく、果実に愛撫されている感触がある。しかしタンニンはやや粗雑で、後味は尖っている。

1985 深い赤色で、グラスの縁はレンガ色。年齢のわりに印象の強いワイン。温かく、熟れた香り。メルローが前面に出ているが、若々しい柑橘類も感じられる。口に含むと柔らかくしなやかで、熟れていて、しかも上品な物腰がある。

1987 赤レンガ色。芳醇な、干上がった地面のアロマがあり、果実もまだ感じられる。まろやかで新鮮な、落ち着いた口当たりであるが、後味は乾いている。あきらかに絶頂の時は過ぎているが、このヴィンテージにしては出色。

1989★ ルビー色。熟れて、温かく、レーズン、プラム、コーヒー豆などのさまざまな香りが鼻腔を襲う。生き生きとした肉感的な口当たりで、プラムやカラントの微香がある。大柄なワインにしては、驚くほど新鮮。後味のタンニンは、堅牢で、力強い。

1990 中心は暗赤色で、縁はレンガ色。豊かで、力強く、くらくらするような香り。カシス・シロップやプラム、甘草が感じられ、タバコの葉の微香もある。甘くしなやかで大らかな口当たり。芳醇な重量感と触感がある。純粋な快楽主義。しかし1989ほどの長熟能力はないだろう？

1997 中心はルビー色で、縁はレンガ色。赤果実とカラントの香りが立ち昇り、猟鳥獣の匂いもする。まだ生き生きとしており、新鮮。酒躯（ボディ）はミディアムで、芳醇で、シルクの口当たり。このヴィンテージにしては成功。

2001★ ルビー色。生き生きとしたスパイシーな香りで、ブルゴーニュ的特徴がある。口に含むと、最初は甘く、やがてまろやかで、愛撫されているような感覚がある。触感は絶妙で、タンニンは金線細工のよう。芳醇で力強くフィネスもある。

Château Tertre Roteboeuf
シャトー・テルトル・ロートブッフ

総面積：5.5ha　葡萄畑面積：5.5ha
生産量：グラン・ヴァン2.5万本
33330 St-Laurent-des-Combes
Fax: +33 5 57 74 42 11　www.tertre-roteboeuf.com

ST-EMILION

Angélus　アンジェリュス

シャトー・アンジェリュスは、いろいろな意味で現代サン・テミリオンのシンボルである。そのワインは、色は濃く、豊かで、凝縮されている。ブランドは強力である。1980年代から、その葡萄畑とセラーでの手法は時代の最先端を行き、ついに1996年、努力が実を結び、プルミエール・グラン・クリュ・クラッセに昇格した。それはサン・テミリオンの格付けが1955年に始まって以来の、この格付けへの最初の昇格であった。

シャトーは20世紀を通して進化し続けた。モーリス・ド・ブーアルがシャトー・マゼラを相続したのは1909年のことで、1921年には、その隣の3haのアンジェリュスという名の畑を購入した。この畑から近所の3つの教会の鐘の音が同時に聞こえることからアンジェリュス（鐘）という名前が付いた。第2次世界大戦後、葡萄畑は、彼の息子のクリスチャンとジャックによって、シャトー・ランジェリュス（ヘッドのLは1990年にはずされた）として合併された。さらにいくつかの区画が購入されたが、その中の最大のものが、当時ボーセジュール・ファギュエと呼ばれていた、コートの3haの畑である。

このシャトーを1985年に父と叔父から相続したのが、現在の所有者のユベール・ド・ブーアル・ラフォーレである。ユベールはこのシャトーで生まれ、1970年代にボルドー大学でワイン醸造学を学び、1980年にアンジェリュスで働くために戻ってきた。彼は、アンジェリュスが実現することができるワインの理想像を、1950年代のワインから学んだという。「1960年代と1970年代は決して例外的ではない。しかし、1953、1955、1959は本当に偉大なワインだ。」

葡萄畑は、サン・テミリオンの南向きの斜面にあり、ボー・セジュール・ベコとボーセジュール・エリテイエ・デュフォー・ラガロースに隣接する最上部からなだらかに下っている。斜面上部の粘土—石灰岩の土壌には主にメルローが植えられ、下側の粘土—砂—石灰岩土壌にはカベルネ・フランが植えられている。「温かく排水の良いここの土壌は、カベルネ・フランに最適だ」と、ユベールは言う。そのカベルネ・フランがアンジェリュスの強みで、それは栽培面積では47％を占め、ブレンド中では最

右：その熱意と決断力で、アンジェリュスをサン・テミリオンの最上段へと導いたユベール・ド・ブーアル・ラフォーレ。

シャトー・アンジェリュスは、いろいろな意味で現代サン・テミリオンのシンボルである。
ついに1996年、努力が実を結び、プルミエール・グラン・クリュ・クラッセに選ばれた。
それは1955年にサン・テミリオンの格付けが始まって以来の、この格付けへの最初の昇格であった。

ANGÉLUS

大で56％までを占める。そのうち10haほどには、樹齢60歳以上の古樹が植わっている。

アンジェリュスの変容は、葡萄畑の改革から始まった。ユベールはこの地区で革新的な手法を用いた先駆者的な存在で、1980年代の後半には化学肥料の使用を削減し、一部の区画の株間を草で覆い、樹冠を増やし、収量を抑制するためにグリーンハーベストを行った。「作業の成果が上がり出したのは1990年からだが、葡萄畑が完全なバランスを回復したのは、1995年からだと思う」と彼は言う。遅い収穫と完熟は言うまでもないことである。カベルネ・フランはいくら熟しても熟しすぎるということはないが、メルローは一定の成熟度を超えると、重くなり、上品さがなくなる、と彼は説明する。彼はいま、1990はもう少しメルローを早く摘果していれば、もっと良くなったはずだと認めている。

葡萄畑での実践によって生み出された手法は、セラーでも実践される。すべてが試され、調査される。そしてさまざまな醸造技法の選択肢が、固定されたものではなく、常に開かれている——たとえば、オーク樽、ステンレスタンク、セメント槽の選択など。選果工程は精密を極め、葡萄はコンベヤによってタンクに運ばれ、そこで破砕された後、発酵槽に入れられる。8℃で発酵前低温浸漬が行われた後、抽出は状況を見ながら、ピジャージュ（櫂入れ）、ルモンタージュ（果液循環）、デレスタージュ（液抜き静置法）が適切に選択されて用いられる。マイクロ酸素注入法は、発酵槽で用いられる時もあるが、樽熟成の時は行われない。ユベールは、それは危険な手法だと思っている。濾過のための逆浸透膜法は、1993、1994、1995のヴィンテージで行われたが、それ以来用いられていない。

ワインはできるだけ早く樽に詰められる——その手法は、ユベールが1980年代初めに、ブルゴーニュのドメーヌ・デ・コンテ・ラフォンで見たもので、その時いっしょに、微細な澱の上での熟成も見ている。彼は後者の手法は、ワインに色と豊かさ、アロマの精妙さをもたらすと考えている。アンジェリュスはすべて新樽で熟成され、澱の上で8カ月熟成させた後、最初のラッキングが行われ、全熟成期間は合わせて18〜22カ月になる。

アンジェリュスはサン・テミリオンで最も現代的な特徴を備えている。そのワインには力強さと凝縮感があり、それを過剰と感じる人もいるかもしれない。しかし同時にそこには、正確性と濃密さがあり、その感動を誰も否定することはできない。

極上ワイン

Château Angélus
シャトー・アンジェリュス
　2001年に、シャトー内で1966と1976の2つの古いヴィンテージをテイスティングしたが、両方ともすでに絶頂の時を過ぎていた。1985はまだ良好で、口の中に果実味が感じられた。1990はとても熟れた感じのエキゾチックなワインで、プラム、カラント、砂糖漬け果実の香りが前面に出ていた。2009年に再度ダブル・マグナムからテイスティングしたが、その時も深奥で、力強く、デカダン的な気分に浸れた。1992（全般的には酷い年であったが、アンジェリュスは成功した）は、葡萄畑の努力が実ったヴィンテージであったが、現在はもう限界にきている。1993と1994にはあまり良い印象を持てなかったが、1995はクリーミーで贅沢な感じがあり、豊かな果実味が感じられた。1996は厳格な印象が強く、タンニンの骨格は堅固で、ミネラルがあり、黒果実、スパイス、ミントのカベルネの表現が際立っていた。
　2004年に行われたそれに続くテイスティングでは次のような印象を覚えた。1985★は、メルロー主導で、プラムやトリュフが感じられ、果実味が美味しく、ピリッとした新鮮な風味もあった。1999年にアンジェリュスは降雹に襲われ、予定していた日よりも8〜10日も早く摘果したが、その結果、果実のアロマにはトゲが感じられ、まずまず凝縮されていたが、タンニンに角があった。2000はアンジェリュスの力強さと凝縮感がよく出ており、同時に調和が取れバランスも良い。まさにアンジェリュスの真骨頂。2001はプラムとイチジクが多く感じられ、豊かに凝縮されて、タンニンはしなやか。
2000★　濃密な色。豊かで、黒果実、スパイス、タバコの箱の香り。口に含むと濃厚　で、凝縮されており、新鮮さがあり、長く持続する。タンニンの骨格は力強く、まだ瓶熟させておく必要がある。
2001　深奥な色。豊かでフルだが、2000よりも近づきやすい。プラムとイチジクの香りがあり、口当たりは滑らかでまろやか。タンニンはしっかりしているが、ざらつきがある。
2004★　深奥な色。力強さと魅惑の両方を感じさせる。香り高く、ピリッとしたスパイス、黒果実が感じられる。触感はいとおしく、果実味の絶対音階が感じられ、バランスの良い新鮮さもある。後味もしっかりとしている。

Château Angélus
シャトー・アンジェリュス
　総面積：33ha
　葡萄畑面積：32ha、そのうち23.5haが
　　　　　　　プルミエール・グラン・クリュ・クラッセ
　生産量：グラン・ヴァン9万本　セカンドワイン2万本
　33330 St-Emilion　Tel: +33 5 57 24 71 39
　www.chateau-angelus.com

ST-EMILION

Beau-Séjour Bécot ボーセジュール・ベコ

サン・テミリオンの町のすぐ西、サン・マルタン・ド・マゼラ台地のヒトデ石灰岩の上にあるシャトー・ボーセジュール・ベコは、サン・テミリオンの台地シャトーの代表的存在である。その16haの畑はメルローが主体で、そのワインは台地ワインの特色である新鮮さと、味わいの長さ、しっかりした骨格を持ち、それが長熟の可能性を示唆している。

多くの事実から、現在ボーセジュール・ベコがある場所に、早くもガリア時代から葡萄樹が植えられていたことが推測される。葡萄畑の角にある石灰岩の岩盤に亀裂が入っており、それは3世紀にすでに何らかの耕作が行われていたことを示している。実際、中世には、サン・マルタンとサン・テミリオンの両修道院の修道士は近隣の畑に葡萄樹を植えていた。

シャトー・ボーセジュール・ベコは、
サン・テミリオン台地シャトーの代表的存在である。
そのワインは台地ワインの特色である
新鮮さと、味わいの長さ、しっかりした骨格を持ち、
それが長熟の可能性を示唆している。

18世紀にこの地を所有していたのが、カルレス・ド・フィジャック家で、1787年にボーセジュールという名前を付けた。その後、畑は切り売りされ、残った7haの畑を1849年に購入したのが、ピエール・ポーラン・デュカープで、その娘がデュフォー・ラガロッス博士と結婚した。こちらが現在の、ボーセジュール・デュフォー・ラガロッスとなった。1924年に、元のボーセジュールの残りの畑を購入したのが、こちらも博士の、ジャン・ファゲエである。彼はその畑を10.5haまで拡張し、その畑は1969年に、シャトー・ボーセジュール・ファゲエの名前でプルミエール・クリュに格付けされた。

しかし同年、そのシャトーはミシェル・ベコによって買収された。醸造家としてのベコ家の歴史は古く、1760年まで遡ることができる。ベコ家は1929年から、シャトー・ボーセジュール・ファゲエに隣接しているシャトー・ラ・カルテを所有しており、その畑は1947年に、ミシェル・ベコに引き継がれた。

シャトー・ラ・カルテとシャトー・ボーセジュール・ファゲエは別々に運営されていたが、1979年に近接するもう1つの畑、レ・トロワ・ムーランを購入したことを契機に、ミシェル・ベコはこの3つの畑を合体させることにした。こうして現在のシャトー・ボーセジュール・ベコの形が出来上がった。

しかしこの合併が当局によって認証されず、1986年にシャトーは、ただのグラン・クリュ・クラッセに降格させられてしまった。ミシェルの亡き後、ジェラールとドミニクの2人の息子が経営を引き継ぐと、彼らは品質向上に心血を注ぎ、ついに1996年に、念願のプルミエール・グラン・クリュ・クラッセへの返り咲きを果たした。

ボーセジュール・ベコの土壌は痩せており、石灰岩の岩盤の上を30〜40cmの表土が覆っている。地下には、全敷地面積18.5haのうち10haに石灰岩を切り出したあとの地下洞が残っている。それ以外の場所は石灰岩の一枚岩で、その上を、南向きの1区画のように、やや深く70cmほど表土が覆い、根が張ることを許しているところもある。

栽培面積の割合は、メルローが70%で、カベルネ・フランが24%、カベルネ・ソーヴィニヨンが6%である。最終ブレンドの比率は、メルローがやや多くなっているが、それはカベルネ・ソーヴィニヨンがいつも完熟するとは限らないからである。セカンドワインのトゥルネル・ド・ボーセジュール・ベコもあるにはあるが、この畑の均一な性質を反映して、その割合は低く、毎年生産されるわけではない。最も近いヴィンテージは、2001と2006である。

スタイル的には、ボーセジュール・ベコは新しいものと古いものを良く調和させている。若い時そのワインは、濃い色調で、豊かで熟れており、オークの香りもするが、たとえばアンジェリュスやトロロン・モンドのような極端なところまで行くことはない。どのヴィンテージでも酸と新鮮さが際立ち、タンニンはしっかりしている。最低でも8年は瓶熟させて飲むことをお奨めする。古いヴィンテージは、どちらかといえばフィネスが弱い感じがするが、タンニンの質と果実の純粋さは徐々に改善されており、2001以降は、完全に確立されている。

ジェラール・ベコは、収量を徐々に抑制し、収穫時期

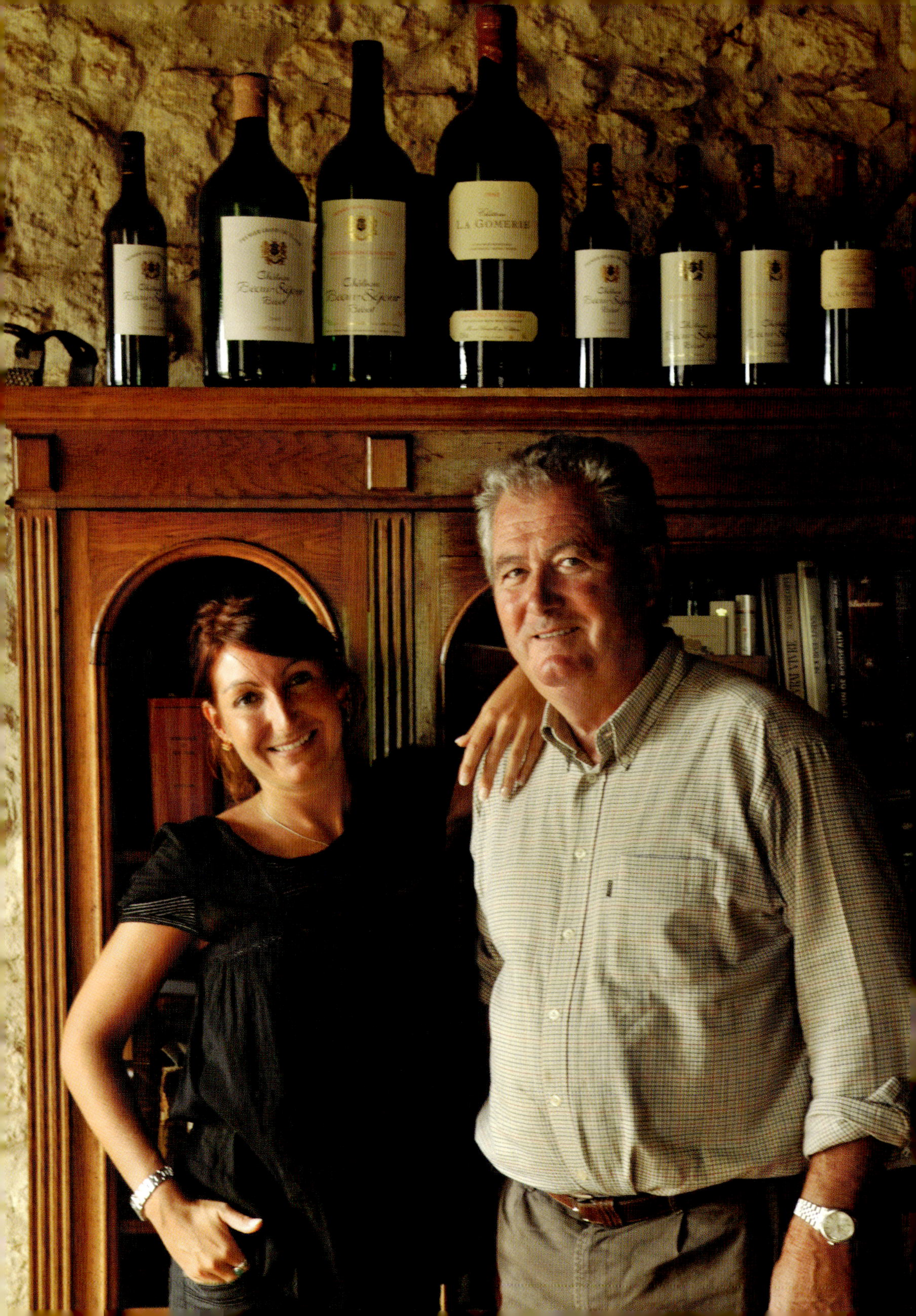
Château
LA GOMERIE

をより精密に決定することによって、これをさらに進化させている。「1970年代は、収量のことなんか考えたことがなく、葡萄の成熟度も葡萄まかせだった。1980年代と90年代の初めは、われわれは学習曲線上にあり、収量を1ha当たり40hℓまで下げた。1998年以降は、30～35hℓで、こうすることによって葡萄の完熟度を最高の段階まで持っていくことができるようになった。われわれはまた、各小区画の性質をより深く知ることができるようになり、2001年からは、長い時間をかけて正確な摘果を行っている。輸送と人件費の点で難しい面もあるが、長い目で見て、やる価値のあることだと確信している」と彼は言う。

極上ワイン

Château Beau-Séjour Bécot
シャトー・ボーセジュール・ベコ

以下は、2007年10月のテイスティングの覚書である。

1988 熟れた赤レンガ色。酒躯（ボディ）はミディアムからフルで、このクリュならではの新鮮さと果実味がある。微かな赤果実のアロマがまだ残っており、森の下草の香りもする。口に含むとまろやかで、しなやか、まだ十分な果実の量塊感がある。

1989★ この時期のヴィンテージの中で傑出している。依然として若々しく、自信に満ちている。力強さ、深さ、精妙さを醸し出しているが、同時にエレガントさも感じられる。美しい深いガーネット色。精妙な黒果実とスパイスのアロマ。凝縮されたしっかりした口当たりで、緊密。後味は素晴らしく長く、新鮮。

1990 赤色で、グラスの縁はレンガ色。熟れた雄大なスタイル。開放的で、アロマが強く、飲みやすい。プラム、トリュフ、猟鳥獣の香りがある。口に含むと豊かな表現力で、甘く、まろやかで、温かい。快楽主義の極致。現在絶頂期にあるようだ。

1995 熟れたヴィンテージで、現在満開に近づきつつある。魅惑的な果実味と新鮮なミネラルが結合し、テロワールの特徴を良く出している。生き生きとして複雑な口当たりで、果実の優しく包み込むような量塊感が感じられる。後味は依然として線のように長く続き、掴まれる感じがする。

1996 ガーネット色。スタイルも香りも禁欲的。黒果実の微香が感じられるが、やや表現力が弱い。口に含むと赤果実が感じられ、微かに森の下草の香りもする。細く、厳しいスタイルで、タンニンは粗い。熟成度にやや妥協があったのでは。

1998★ 果実の豊かな風味が素晴らしい。メルローが完全に表現されている。肉感的だが、しっかりした骨格を持ち、熟れているがタンニンは壮健で、後味に酸が線のように長く続く。果実が魅力を出し切っているが、まだ長熟する。

1999 降雹の後、9月6日に収穫された。予想通り、スパイシーな、赤果実の香りがあり、口当たりは柔らかい。しかし後味は尖っており、タンニンは固く、角張っている。

2000 深く鮮やかな赤紫色。果実の豊かな凝縮感があるが、スパイシーなオークが鼻でも口でも支配的。すべての要素があるが、まだ完全に融合されていない。

2001 新鮮さと長さの際立つ元気の良いワイン。果実味がすでに多くの快感をもたらしているが、きめ細かなしっかりしたタンニンがあり、長熟する。

2003 直接的な魅力のあるワインで、それをこのヴィンテージにしてはめずらしいバランスの良さが補完している。果実味が鼻腔にも口中にも長く存続する。まるでイチゴのリキュールのようだ。柔らかな触感だが、後味に掴まれるような新鮮さがあり、口角を引き上げさせる。

2004 2005に比べ明らかに量塊感に劣る。しかし正確に造られ、"古典的"な意味で、存在感がある。果実味は魅惑的で、タンニンはきめが細かく、キレが良く、優美で長い後味が素晴らしい。

2005★ 暗い濃縮された色調。美しく熟れた香りが鼻腔を魅了する。赤果実の砂糖漬けの香りがするが、複雑さもある。口に含むと純粋で、繊細で、タンニンは力強いが、きめ細かな口当たりである。バランスと長さは超絶。生き生きと振動し続けるワイン。ボーセジュールの偉大な1本。

Château Beau-Séjour Bécot
シャトー・ボーセジュール・ベコ
総面積：18.5ha　葡萄畑面積：16ha
生産量：グラン・ヴァン6.5万本
33330 St-Emilion
Tel: +33 5 57 74 46 87　Fax: +33 5 57 24 66 88
www.beausejour-becot.com

左：その必死の努力によって、1996年にプルミエール・グラン・クリュへの返り咲きを果たしたジェラール・ベコと、そんな父に寄り添う娘のジュリエット。

ST-EMILION

Canon カノン

　1996年から、シャトー・カノンは前に向かって進み始めた。その年、シャネル社とシャトー・ローザン・セグラのオーナーであったヴェルテメール家がこのシャトーを購入したとき、再建に必要な投資は莫大なものになると予想され、一夜にして再建がなるとはだれも思っていなかった。しかし、そのサン・テミリオンの城壁のすぐ外側の石灰岩台地は例外的で、今その再構築はほぼ完成の域に近づきつつある。2003以降、ワインはさらに明確に定義されたものになりつつあり、ワインの質と一貫性は求めらる水準に手の届くところまで来ている。

　シャトーの名前は、1760年にこの葡萄園を手に入れた海軍将官ジャック・カノン（綴りはCanonではなくKanon）に由来する。次に所有者となったのが、リブールヌのネゴシアンで、この時代に、前の所有者のカノンを偲んで、ドメーヌ・ド・サンマルタンからシャトー・カノンへと名前を変えた。その後1919年からフルニエ家が所有し、そして今のヴェルテメール家に売却された。フルニエ家の時代にいくつかの傑出したヴィンテージが出され、近年のものでは1980年代のものが秀逸であるが、同家は相続などの事情により売却せざるを得なくなった。

　ヴェルテメール家は宝石を手に入れたように見えたが、このシャトーは大きな問題を抱えており、緊急に解決策を講じる必要があった。そしてそれには莫大な資金が必要であった。その時すでにローザン・セグラの管理運営を任されていたジョン・コラザが、このシャトーの運営も任され、再建計画が着手された。早急に解決しなければならない大問題の1つが、崩落の危険性のある地下の石灰岩を切り出した跡の空洞対策であった。柱を強化し、それを支えるために空洞にコンクリートを流し込んだりして、修復にまる2年かかった。

　葡萄畑もまた惨憺たる状況であった。長い間、再植樹が行われないままに放置され、古樹はウイルスに侵され、根腐れ（土中に放置された根に虫や菌が繁殖する）を起こしていた。大規模な再植樹計画が実行に移され、いまこれを執筆している時点で、葡萄畑のほぼ50%の再植樹

右：1996年以降カノンに注入された莫大な額の投資は、大きな成果を上げ、このシャトーのあらゆる潜在能力を顕在化させつつある。

ヴェルテメール家とジョン・コラザの哲学は、テロワールによって勇気づけられ、
ワインの中にエレガントさとフィネスをもたらしている。
そして少なくとも2003から、それは定着している。

CHÂTEAU CANON

が終わっている。コラザは、アペラシオンの規則がなければ、植替えはもっと徹底的に出来たのだが、と語っている。「全葡萄畑をいっぺんに植え替えることもできたが、サン・テミリオンの格付けでは、若樹の葡萄からのワインを30％以上含んではいけないことになっている」と彼は説明する。

再植樹計画によって、植栽密度を1ha当たり5600本から7000本に引き上げ、トレリスも改善できた。またコラザは2000年に、カノンのすぐ横のシャトー・キュレ・ボンという名の3.5haの小さな畑を買った。それによって、ワイン中の古樹の割合をアペラシオンの規制の範囲内に維持しながら、再植樹を続けることができるようになった。今これを執筆している時点で、葡萄樹の平均樹齢は25歳である。

ワイナリーもまた大きな問題を抱えていた。かつてセラーは、TCA（2・4・6トリクロロアニゾール）に汚染されたことがあった。1996年11月、セラー内のすべての木材を引き剥がすという辛い作業が始まった。その後、すべての壁をサンドブラストで研磨洗浄し、換気システムも全面的に交換した。この面倒な仕事が価値あるものであったことが証明された。1997からのワインはすべて汚染のない清潔なものである。2002ヴィンテージから、葡萄果実は自重式送り込み装置によってタンクに送り込まれるようになり、選果とセレクションも改善された。2004年から徐々にステンレス発酵タンクが導入され、2006年には全面的に切り替えられた。ワインづくりは伝統的で、グラン・ヴァンの新樽比率は50〜80％、熟成期間は14〜17カ月で、普通のラッキングを行う。

1990年代初めの諸問題と、それを解決するためのその後の作業によって、その期間のシャトー・カノンは、明確な個性を持たないワインしか造れなかった。しかし今それは、遠い過去の話になっている。ヴェルテメール家とジョン・コラザの哲学は、テロワールによって勇気づけられ、ワインの中にエレガントさとフィネスをもたらしている。そして少なくとも2003から、それは定着している。

極上ワイン

Château Canon
シャトー・カノン

現在の葡萄畑の品種構成は、メルロー80％、カベルネ・フラン20％である。しかしジョン・コラザは、カベルネ・フランを30％まで増やしたいと考えており、実際2008ヴィンテージではブレンド中のカベルネ・フランの比率は25％になっている。2006年10月に垂直テイスティングを行うことができたが、その時ヴェルテメール家になってからの進歩の跡を確認することができた。1996は成熟度が足らず、厳しさが目立ち、1997はレンガ色で、堅牢さがなく、流れるようで、すでに限界に達していた。1998は、1990年代で最も成功したヴィンテージのようで、アロマの精妙さと、果実味の深さがあった。2000はより力強く壮健なワインで、明らかに深奥さは格段に増したが、エレガントな触感はまだ十分とはいえなかった。1999は細身で、またしても厳しく、タンニンは角張っていた。2001は香りは弱かったが、柔らかくバランスが取れていた。2002は軽く新鮮であったが、野菜の感触があった。2003は香りが強く、プラムが感じられ、触感もきめ細かく、このヴィンテージにしては新鮮さもあった。2004はスケールの大きなワインではなかったが、エレガントさと調和が感じられた。2005は芳醇で、熟れており、上品さもあった。それは明らかにこれまでで最高──少なくとも、より正確で流線型の2008★までは──である。瓶詰されたワインが、アン・プレムールと変わらないなら、2008は素晴らしいワインになるはずだ。

1998 ガーネット色。ミネラル、赤果実、スパイスの素晴らしく精妙な香り。口に含むと、しなやかで丸みがあり、芳醇。果実の深みが感じられ、後味は新鮮で、調和が取れている。力強く、同時に洗練されている。

2001 赤い色。エレガントな赤果実の香り、枯葉の香りもする。柔らかくまろやかな口当たりで、後味は新鮮、青臭の感触さえある。いま飲み頃。

2004★ ルビー色。軽い年に生まれたカノンの真髄。繊細な香り、スパイスや赤果実が感じられる。口当たりは大きな感じではないが、調和が取れ、熟れており、しなやかで、タンニンのきめは細かい。

Château Canon
シャトー・カノン

総面積：22ha　葡萄畑面積：19.5ha
生産量：グラン・ヴァン3.6〜4.5万本
セカンドワイン3〜4万本
BP22, 33330 St-Emilion　Tel: +33 5 57 55 23 45
www.chateau-canon.com

ST-EMILION

Pavie　パヴィ

ボルドーで一番評価が分かれるワインと人物があるとしたら、それはきっとシャトー・パヴィとそのオーナーのジェラール・ペルスに違いない。パヴィの極限まで凝縮されたスタイルに喝采を送る人もいれば、落胆する人もいる。またペルスの一見傲慢に見える態度に、反発を抱く人もいる。ペルスが1998年にこのシャトーを取得してから10年以上経つが、そのワインは確かに力強く、時に過度になることもあるが、最近のものはより魅力的になっている、と私は思う。またペルスのカッとなりやすい性格に関して言うならば、それは彼の完全性への希求の裏返しだと思う。「パヴィは偉大なワインだ。だがそれはまだ、私が造りたいと思うパヴィではない」と、この本の執筆のために訪ねたときに彼は言った。

1つのことは確かだ。それはシャトー・パヴィが素晴らしいテロワールを有しているということで、それはサン・テミリオンの誰もが認めている。敷地は40haと広大で、葡萄畑は3つの区画に広がっている。最も高度の高い畑が、粘土-石灰岩台地の上の15haで、表土は薄く、地形はねじれや回転があるため、東向きと西向きがある。コートの下側の葡萄畑は、ほぼ南向きで、粘土の比率がかなり高い。3番目が斜面の下部にある畑で、土壌は砂を多く含む粘土である。

スーパーマーケットの経営で財産を築いた、たたき上げの実業家であるペルスが、パヴィが売りに出されることを聞いたとき、彼はすでに1993年に、シャトー・モンブスケを手に入れていた。その時のことを彼はこう振り返る。「私は一瞬もためらうことはなかった。銀行と所有者に会い、24時間も経たないうちに決断した」。ヴァレット家は家族内の対立から、売却を決めていた。1960年代と70年代のヴィンテージは、貧弱であった。1980年代に多少改善されたが、変化に向けてすべきことは山積していた。

葡萄畑では、25％の葡萄樹が使い物にならなかった。そのため大規模な再植樹計画が実施され、現在も進行中である。カベルネ種の比率が高められ、現在の栽培面積は、カベルネ・フラン30％、カベルネ・ソーヴィニヨン10％、メルロー60％となっている。「フィネスを加えるために、最終的にはカベルネ種とメルローの割合を50対50に持っていきたい」とペルスは語る。

上：粘土質に恵まれた南向き斜面の、誰もが素晴らしいテロワールと認める葡萄畑に誇らしげに立つ標識。

2001年、シャトー・パヴィの敷地面積は、INAOによって祝福され、変更を受けた。というのは、ペルスはここ以外にも、隣のシャトー・ラ・クリュジエール（2.5ha）、とパヴィ・ドセス（9ha）を所有しており、それらはそれぞれ、コートと台地にあったが、INAOはこの前者の葡萄畑のすべてと、後者の6.5haを、シャトー・パヴィに統合することを許可した。その代わりに、パヴィの下側の、砂の多いシマール地区の6haを、そこから除外することが条件であった。2002ヴィンテージから、この新しく認証された葡萄畑からのワインが送り出されている。

パヴィは晩熟の畑で、それゆえ、葡萄が理想的な成熟度に達するためには低収量は当然のことだ、とペルスは言う。すでにモンブスケで実施されていた除葉とグリーンハーベストが計画的に実施され、収量は1ha当たり30hℓ前後となっている。濃縮は、ペルスが最も大切にしているものである。「ボルドーの偉大なワインは、何よりも長熟

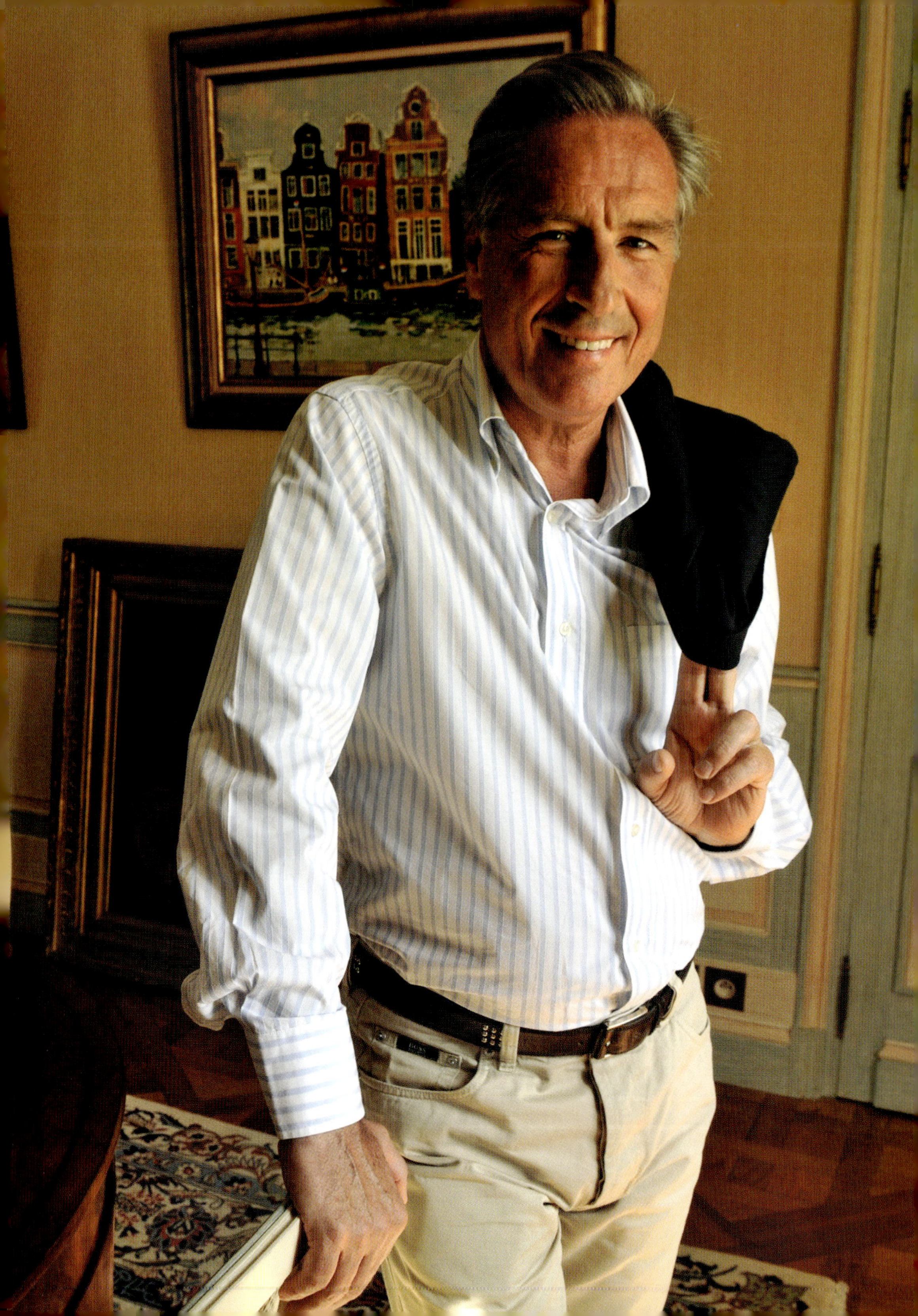

する能力に優れており、そうなるためには、ボトルの中に豊かさと実質がなければならない。私はパヴィの1929をテイスティングしたが、それは想像を超えて素晴らしいものだった。私の夢は、2005のようなワインが、その後60年という"時間"の中でも、その素晴らしさを維持していける、そんなワインを造り出すことだ。」

ワインづくりの設備は彼の好みではなかった。そこですべてが新しく造り変えられた。1923年に造られた醸造室は壊され、新しい醸造室が建てられ、300hℓのコンクリート槽に代わって、20基の温度調節機能付きのオークの大桶が並べられた。新オークがこれほどの量でいっぺんに使われたので、再出発となった1998にはそれが明確に表れているように、私には思える。そのオークは今でも抽出され、ワインに辛口の風味を添えている。古い樽貯蔵庫は、石灰岩の斜面に洞窟を掘って造られたものであったが、冷たく湿度が高すぎるとして、新しいセラーが醸造室の隣に建てられた。

ワインづくりの方法は、現代的である。選果の後、果粒は自重式送り込み装置で発酵槽に入れられ、必要ならば、果液はセニエ法で濃縮される。発酵前低温浸漬が行われ、抽出のためにピジャージュ（櫂入れ）とルモンタージュ（果液循環）が行われる。ワインはその後まっすぐ新オーク樽に詰められ、そこでマロラクティック発酵を行い、澱の上で熟成させられる。3～5カ月ごとにラッキングが行われ、熟成期間は合わせて18～24カ月である。

ペルスは、ほどほどに満足するということがない。私の直近の訪問時に明らかになったが、ペルスの次の計画は、新しい複合ワイナリー施設を2012年までに完成させるというものである。設計図には、葡萄畑を見下ろす600m四方の大会議室、テイスティング室、予備のセラー、貯蔵スペースなどが含まれていて、すべてが既存のワイナリーと連結している。それは野心的なものだが、またしても賛否両論が巻き起こるのは避けられそうにない。

左：過去の偉大なパヴィを復活させるためにはいかなる出費も惜しまない、と豪語する完璧主義者のジェラール・ペルス。

極上ワイン

Château Pavie
シャトー・パヴィ

パヴィの現在のブレンド比率は、メルロー70％、カベルネ・フラン20％、カベルネ・ソーヴィニヨン10％である。2009年3月に、1998からのすべてのヴィンテージをテイスティングすることができたが、その時感じたのは、2005からワインづくりはより明確に定義されたものになっている、ということだった。1998は過抽出のようで、オークが前面に出すぎていた（前述したように、20基の新しいオークの大樽が原因だろう）。1999は進化しつつあり、甘かったが、香りは弱々しかった（難しい年の影響だろう）。2000は量塊感のあるワインで、甘く堅牢で、過抽出の手前ぎりぎりの線にとどまった感じだ。明らかに酸の低さが、重量感と量塊感を強めている。2001もまた、良く熟れて、フルで、プラムやチョコレートが感じられ、タンニンの骨格は力強かった。2002はそれよりも軽く、しなやかな触感で、赤果実が感じられた。2003はしなやかで丸みがあり、甘かったが、精妙さに欠け、タンニンが後味に収斂味を残した。2004は豊かで触感も良かったが、オークが目立ちすぎた。2005★は、素晴らしいワインで、精妙な香り、口当たりも良く、後味は深く、終わりがないようであった。バランスも素晴らしかった。2006は、豊かでしっかりした構造をしているが、その時点では厳しさが感じられた。2007★は、パヴィにしては繊細で、スタイルは開放的だが、香りも高く調和も取れていた。2008は樽からのテイスティングだったが、力強く果実の深みがあり、バランスも後味の長さも良かった。

1998 ルビー色。男性的なワインで、抽出は重く、オークが目立つ。後味に辛さを感じた。

2001 大きく、どっしりとした肩幅のワイン。良く熟れた香りが立ち昇り、西洋スモモやチョコレートが感じられる。豊かで酒躯はフル、しっかりした口当たりで、タンニンの骨格は力強い。

2006 暗い赤紫色。精妙でスパイシーな黒果実の香り。豊かで、抽出はぎりぎりまで行われ、その背後に新鮮な酸が控える。骨格は力強いが、やや禁欲的。長熟用。

Château Pavie
シャトー・パヴィ

総面積：40ha　葡萄畑面積：37ha
生産量：グラン・ヴァン8～9.6万本
セカンドワイン　3.5～5万本
33330 St-Emilion　Tel：+33 5 57 55 43 43
www.vignoblesperse.com

ST-EMILION

Troplong Mondot トロロン・モンド

2006年、シャトー・トロロン・モンドはサン・テミリオン・プルミエール・グラン・クリュ・クラッセに昇格することができ、クリスティーヌ・ヴァレットは長年の夢を実現することができた。この聖なる地位に辿り着くのに26年を要したが、その間彼女は、そのワインの質とスタイルの革命を先導した。

葡萄畑はサン・テミリオンの中でも最も高い場所にあり、近くに不格好な貯水塔（村の所有）が立っているので、遠くからでもすぐ分かる。その貯水塔は、18世紀に建てられた魅力的な邸館を見下ろすようにヌッと立っている。葡萄畑 (33ha) の場所は、1850年当時、シャトー・モンドと名乗っていた時の所有者であったレイモン・トロロンが開いた時のままである。彼の後継者の甥のエドゥアルドが、モンドの前に叔父の名前を付け加え、現在のシャトー名になった。1921年にそれを買ったのが、ベルギーの商人ジョルジュ・ティエンポンで、彼はその後1930年代に、ヴァレットの祖祖父のアレクサンドルに売却した。

1980年、どん底の状態にあったシャトーに投げ入れられた、まだ若年の女性であったヴァレットは、すでにコンサルタント醸造家として契約していたミシェル・ロランに助言を求めた。ロランは彼女に、トロロン・モンドはもっと高いところを目指すべきだし、そこに到達することができる素質があると説得した。その葡萄畑は、粘土－石灰岩台地にあり、粘土が厚く堆積しているところもあれば、シャトー・トロットヴィエイユの近くの、表土が浅いところもある。そこは晩熟の畑であったが、彼女の下した第1の決断は、葡萄をもっと良く成熟させるために収穫を遅くし、収量を少なくするということであった。この方針は今も貫かれている。2008年にメルローを収穫したのは、10月9日で、その時の平均収量は34hℓ/1haであった。もう1つの重要な決断が、1985年からのセカンドワインの導入であった。「それは理性的な決断だった。というのは、それは葡萄畑内に品質のばらつきがあることを自覚することを意味していたから」とヴァレットは言う。

1990年から、彼女の夫クサヴィエ・パリエンテが経営に参加し、微調整は続いている。新生トロロン・モンド

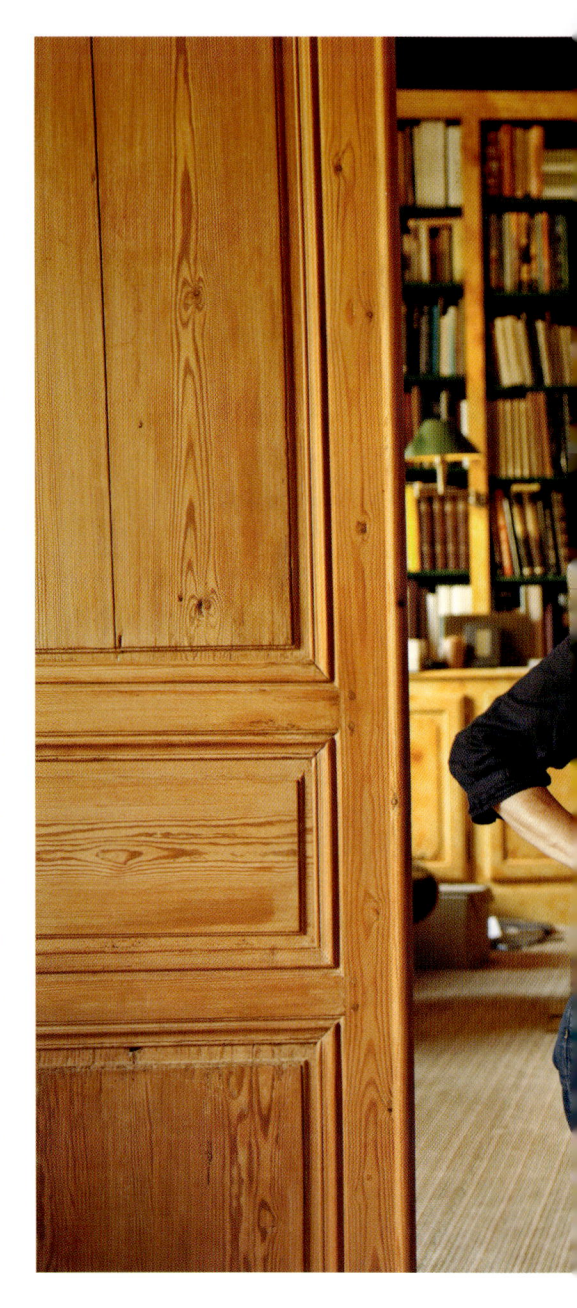

右：2006年にトロロン・モンドをプルミエール・グラン・クリュ・クラッセに昇格させることに成功したクリスティーヌ・ヴァレットと夫のクサヴィエ・パリエンテ。

204

2006年に、シャトー・トロロン・モンドはサン・テミリオン・プルミエール・グラン・クリュ・クラッセに昇格することができ、クリスティーヌ・ヴァレットは長年の夢を実現することができた。その期間彼女は、ワインの質とスタイルの革命を先導した。

TROPLONG MONDOT

のスタイルは明らかだ。深い色調、豊かで凝縮されていて、力強く、骨格はしっかりとしており、若い時はぎこちないが、瓶熟させると本物になる。

葡萄畑には、1926年、1947年、1948年に植樹が行われた古い区画が残っているが、1990年代と2000年代に大規模な再植樹が行われ、現在の葡萄樹の平均樹齢は35歳となっている。再植樹は現在も継続中である——というのも、現在ワインに使用できる葡萄畑は、22haしかないからである。メルローが圧倒的に支配的な品種であり、栽培面積で90％を占め、多くの場合ブレンド中でも同じ比率を占める。残りは、カベルネ・フランとカベルネ・ソーヴィニヨンが5％ずつである。「2010年に、トロット・ヴィエイユの近くのメルローの区画にカベルネ・フランを接ぎ木するつもりだ。しかしブレンド中のカベルネの比率を15％を超えるまでに増やしたいとは思わない」と、パリエンテは言う。

セラーへの投資も継続中で、醸造室は1990年と2008年の2回にわたり現代的に改築され（新しいステンレス槽の設置とマロラクティック発酵室の新設）、2003年には新しい樽貯蔵庫が完成した。ワインづくり（1980年代初期から醸造室長を務めているジャン・ピエール・タレーソンが監督している）は、発酵前低温浸漬や、果醪へのマイクロ酸素注入法など現代的手法を用いる準備はできているが、スケジュール的にではなく、状況を見て判断する。マロラクティック発酵は樽内で行い、熟成は新樽比率75～100％で、必要と思われる場合は伝統的なラッキングを行いながら、14～22カ月行う。

極上ワイン

Château Troplong Mondot
シャトー・トロロン・モンド

そのワインは確かに豊かで力強く、テロワール由来のバランスのとれた新鮮さがあり、2000からは果実の純粋さも加わった。最高のヴィンテージのものは、真に壮大。2006年9月に行った垂直テイスティングでは、現在までの進歩の跡を確認することができた。1985は新鮮で、味わいは長かったが、アロマ的にはぼやけていた。たぶん少し酸化しているのだろう。新スタイルはまだ地歩を固めていない。1989は、豊かで非常に熟れており、酸の低さが甘さを際立たせ、芳醇にしているが、重く感じる。1998★は、しなやかで力強く、しかも落ち着いている。1999はそれほど目立っていず、タンニンに少し角があった。2000は大きく、重々しく、果実の量塊感があり、タンニンの骨格は力強い。2001も豊かでしっかりしており、魅惑的である。2002はこの年にしては良い出来で、しなやかでスパイシー。2003はどっしりとしており、大柄でまろやか、タンニンはやや粗いが、後味は新鮮。2004はより上品な魅力が際立つ。2009年に2008★を樽からテイスティングしたが、陶然となるような魅力を感じた。色は濃く、豊かで、異国情緒に溢れ、均整が取れ、美しい。

1995 中心部は暗い色調で、グラスの縁はレンガ色。ヒマラヤスギ、砂糖漬け果物、ミネラルの魅惑的な香りが立ち昇り、口に含むと豊かでバランスが取れ、タンニンはきめ細かく緻密である。後味は新鮮。まさに完成されている。

2003 ルビーのような赤色。南仏的なスタイルで、プラムやカラントの香りがある。まろやかでしなやかな口当たりで、1995よりも簡潔だが、バランスは取れている。後味にタンニンがざらついたのが惜しい。

2005★ 豊かで酒躯はフルで力強く、巨大な潜在能力を感じさせる。タンニンの骨格は堅牢で、現在はまだその殻に閉じこもっている。後味に黒果実とスパイシーなオークを感じる。

2006 濃密で、堅固で、抑制されている。これもまた素晴らしい潜在能力を感じる。芳醇な触感の後、堅牢さと長さを感じ、後味に、酸がミネラルの新鮮さを高めている。

左：ワインの質における革命は起きたが、18世紀のシャトーは今も変わらない。

Château Troplong Mondot
シャトー・トロロン・モンド
総面積：33ha　葡萄畑面積：22ha
生産量：グラン・ヴァン6.5～8万本
セカンドワイン　1～3万本
33330 St-Emilion　Tel: +33 5 57 55 32 05
www.chateau-troplong-mondot.com

ST-EMILION

Valandraud ヴァランドロー

今後もサン・テミリオンに、ジャン・リュック・テュヌヴァンの記念碑が建立されることはないと思うが、彼のことがこの町の年代記に記されることは間違いないだろう。限られた資金で、あまり恵まれていない葡萄畑から、極上のワインを造り出すという彼の野望は、彼の知らないうちに、1991年から始まるガレージワイン興隆の始まりを告げるものとなった。彼はその時、そのワインがボルドーに大きな動揺を惹き起し、その後20年でサン・テミリオンに10haの葡萄畑を持つようになり、ヴァランドローというワインの名前が論争の焦点となり、これほど有名になるとは思ってもいなかった。

サン・テミリオンの年代記にテュヌヴァンのことが記されるのは間違いない。限られた資金で、可能な限り極上のワインを造り出すという彼の野望は、彼の知らないうちに、ガレージワイン興隆の始まりを告げるものとなった。

アルジェリア生まれのテュヌヴァンは、ワイン・ショップのオーナー、ディスクジョッキー、銀行員など、さまざまな職業を転々としていたが、1980年代半ばに、ついにサン・テミリオンの地に天職を見出した。彼が今でも大きな喜びとしているネゴシアン業がきっかけとなり、彼と妻のミュリエルは、サン・テミリオンの近くの小さな谷間の0.6haの畑と、サン・シュルピス・ド・ファレランの平地の1.2haの畑を手に入れることができた。「2つのメルローの区画を入手することができたが、資金は少なく、設備はまったく無いに等しかった。しかし僕らは、ル・パンやテルトル・ロートブフ、オー・マルビュゼなどを手本に、人をあっと言わせるようなワインを造りたかったんだ」と、テュヌヴァンは語る。

最初の年、わずか1280本のヴァランドロー（その名前は、谷を表すvallonの"val"と、ミュリエルの旧姓のAndraudを合成したもの）が出来上がった。葡萄畑を霜が襲ったが、テュヌヴァンはグリーンハーベストを行い、最良の葡萄だけを残した。そのワインは、サン・テミリオンの彼らの家の近くの、空き家になったばかりの貿易商の倉庫で造られた。除梗機などなかったから、手で除梗し、発酵中は、果液循環させるポンプもなかったから、手で櫂入れ（ピジャージュ）を行った。とはいえ、マロラクティック発酵と熟成のための一握りの数の新オーク樽は購入した。こうしてボルドー初のガレージワインが誕生した。

1992年には生産量は4500本に増え、さらにセカンドワインのヴィルジニー・ド・ヴァランドロー（娘の名前を取った）も1万2000本造った。1992は酷い年で、降雨に悩まされたが、テュヌヴァンは、風を通し、収穫量を30hℓ/1haに減らすため、除葉に多くの時間を費やした。その結果そのワインは、その年に生まれた数少ない上質ワインとして有名になり、批評家から好意を持って迎えられた。さらにテュヌヴァンが、そのワインをプラス・ド・ボルドー市場に、ラフィットやマルゴー、ムートン・ロートシルトと同じ最低価格で上場すると、ヴァランドローの名は一躍注目の的となった。

しかし、そのワイン、その造り方、価格、そして彼の虚勢——これらすべてが、それから数年間ボルドーに波紋を起こし続けた。またそれ以外のガレージワインも舞台に登場してきた。投機筋が介入し、ヴァランドローの価格はメドックの第1級を追い越して、2000ユーロまで急騰した。静観していたボルドーの既成勢力は、怒りのうなり声をあげた。その一方で、テュヌヴァンのワインづくりの方法、その剛胆さを称賛するものもおり、自分自身のドメーヌで彼の栽培方法や醸造法を真似るものも出てきた。「彼はわれわれの目を醒まし、ボルドーに革命を起こすきっかけをつくった」と、2007年に、ランシュ・バージュのジャン・ミシェル・カーズは私に語った。

そのワインはその後も常に賛否を二分する。過剰すぎると酷評するものもいれば、現代的な熟成感と深奥さの超絶技巧だと絶賛するものもいる。テュヌヴァンの個人的好みは、豊かで、濃密な、芳醇なスタイルのワインで、多くのヴィンテージがそれを表現している。しかしそのワインは、単純な1次元的凝縮感から離陸し、いま進化しつつある。1995は主に、新たに購入した砂利層の土壌の小区画からの葡萄を使い、カベルネ・フランを一定量含んでいる。2007年にテイスティングしたが、それはまだ新鮮で、バランス良く、しなやかな触感を示していた。1998で、ヴァランドローはさらに1段飛躍した。同じように力強さと凝縮感があったが、同時にグラン・ヴァンにしか期待

207

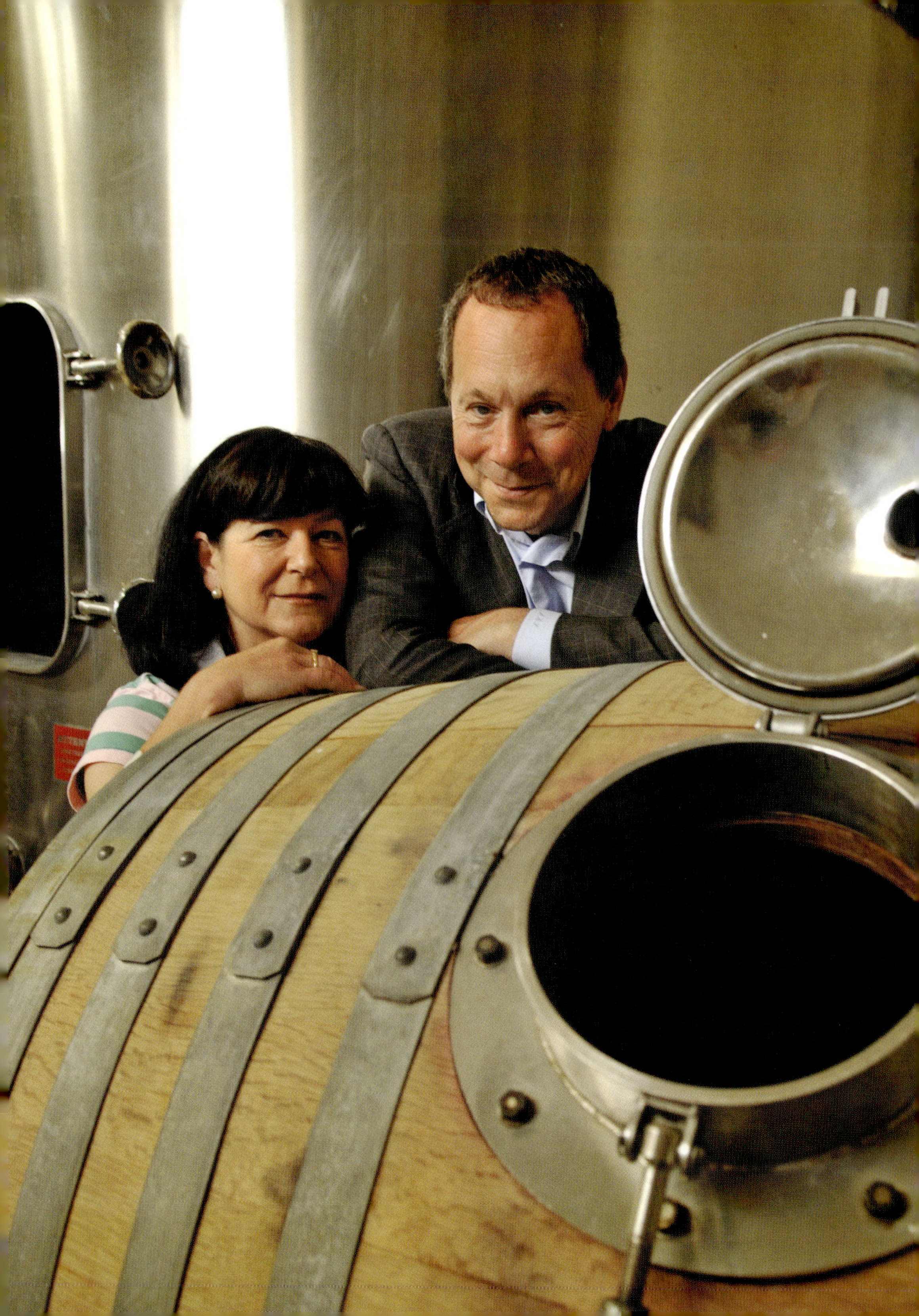

できない独特の精妙さがあった。またそのワインはしっかりした骨格を持ち、長熟する力もある。

　テュヌヴァン夫妻の仕事場は、1991年の職人的な作業場からは程遠いものになった。葡萄畑は現在、アペラシオン全体に、合わせて24haの広さで点在し、醸造場は3カ所にある。さまざまな区画からの葡萄が入手できることで、ヴィンテージごとに多様な選択肢が生まれるが、将来の格付けのことを考えて、現在ヴァランドローは、概して、1999年に購入したサン・テミリオン・ド・リセの8haの葡萄畑（以前はシャトー・ベル・エール・ウィ）の選ばれた小区画と、フォンガバン渓谷の象徴的な小区画からの葡萄から造っている。またヴィルジニー・ド・ヴァランドロー（現在平均3万本）も選ばれた小区画からの葡萄を使い、セカンドワインという位置付けではなくなっている――実際、ヴィンテージによってはヴァランドローに近い酒質を持っている。2003からは、白ワインのブラン・ド・ヴァランドローも参戦した。

　葡萄畑の作業は昔と変わらず緻密で、葡萄果房は完全な成熟を待って遅く収穫され、特に晩熟のサン・テミリオン・ド・リセの粘土-石灰岩土壌の畑では特に遅い。2008年には、そこのメルローは10月15～20日に収穫されたが、それはここ以外の畑にとっては遅刻に等しいものであった。醸造は、伝統的なものと現代的なものを組み合わせた形で、果汁はセニエ法によって濃縮され、濃縮器を使う時もある。その後、発酵前低温浸漬される。ヴァランドローも、ヴィルジニー・ド・ヴァランドローも、マロラクティック発酵と熟成は、すべて新オーク樽で行い、必要な場合は古典的なラッキングを行い、瓶詰め前に最終的なブレンドを行う。

　ガレージワインの潮流は衰退したと言えるかもしれないが、ヴァランドローはすでに既成のブランドとなっている。価格は以前ほど投機的ではなく、ヴィンテージごとに上下動しているようだ（2005の卸売価格は165ユーロであったが、2004は75ユーロだった）。おそらく格付けが、一流の仲間入りの最終的な証明となるだろうが、このサン・テミリオンの"問題児"の振り上げた拳が降ろされることはないだろう。

左：2人で、ボルドーの新時代を象徴するワインを創造し、進化させているジャン・リュックとミュリエルのテュヌヴァン夫妻。

極上ワイン

Château Valandraud
シャトー・ヴァランドロー

　最近のヴァランドローの基本的なブレンドは、メルロー70%、カベルネ・フラン30%で、時おりカベルネ・ソーヴィニヨンが少量加えられることもある。

2001★　深く鮮烈な色。鼻からの香りに深さと濃密さがある。黒果実の香りがするが、サクランボの種も感じられ、やや厳しさも感じられる。まろやかな、快感を刺激する口当たりで、芳醇さが際立つ。その後新鮮な酸が広がる。タンニンは熟し、よくこなれている。存在感と魅惑の両方を兼ね備えている。2000より良い。

2003　深奥な色調。過熟果実の熟れた香り。オーク由来のチョコレートの微香もある。まろやかでしなやかな口当たりだが、新鮮さが気分を高揚させる。後味にタンニンが少しざらついた。すでに飲み頃だが、このヴィンテージの、たるんだ、加熱したような感じは避けることができている。

Virginie de Valandraud
ヴィルジニー・ド・ヴァランドロー

2005　暗い紫ルビー色。オーク由来のスパイシーな、チョコレートのような香りが立ち昇り、その後に、柑橘系の果実味がある。甘く熟れた口当たりで、バランスのとれた新鮮さもあり、タンニンはきめ細やか。現代的で、明確に構成され、オークはまだ存在感を示している。このヴィンテージのワインの多くと同様に、瓶熟の必要がある。

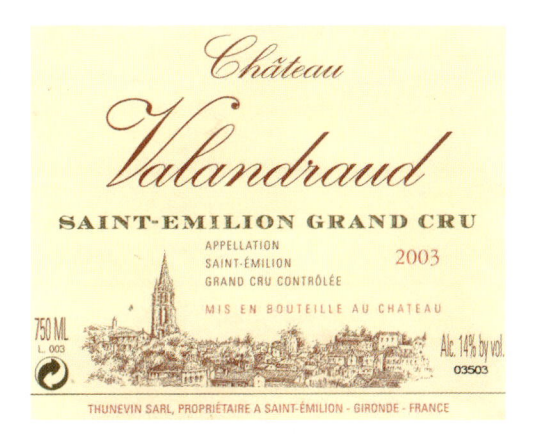

Château Valandraud
シャトー・ヴァランドロー
総面積：10ha　葡萄畑面積：10ha
生産量：グラン・ヴァン1.5万本
BP88, 6 Rue Guadet, 33330 St-Emilion
Tel: +33 5 57 55 09 13　www.thunevin.com

ST-EMILION

Canon-la-Gaffelière　カノン・ラ・ガフリエール

　格付けの中に格付けがあるとしたら、おそらくカノン・ラ・ガフリエールは、サン・テミリオン・グラン・クリュ・クラッセの筆頭の地位にあるだろう。それは1989年頃から今日まで通して言えることだ。なぜこのシャトーが、最高位であるプルミエール・グラン・クリュ・クラッセに入れなかったのかは、いまだに謎のままだ。なぜならこのワインには、その格付けに入る十分な資質が備わっていたからである。そのワインは、現代的な濃密さと果実の表現があり、同時にかなりの比率を占めるカベルネ・フランの古樹に由来するエレガントさと、独特の精妙な風味がある。

葡萄畑の質と健康状態は、いまでもフォン・ネッペールの主要な関心事である。「私の願いは、生き生きとした葡萄畑にすることだ」と彼は宣言する。

　その葡萄畑は、サン・テミリオンの南向きの斜面の、わりと分かりやすい場所にある。町へ上っていく曲がりくねった道路に入るとすぐに、道路沿いにワイナリーと邸館があり、道路はその葡萄畑を二分する鉄道の上を跨ぐ格好になる。丘陵斜面の下のピエ・ド・コートの土壌は複雑で変化に富んでおり、粘土－石灰岩土壌と砂質粘土層が入り混じり、斜面の上の方は粘土の割合が高く（その場所にカベルネ・フランが植えられている）、斜面を下っていくに従って、砂の割合が多くなっていく。その葡萄畑は緻密な管理と、耕作者の敏感な手先を必要とするが、それを監督し自ら実践しているのが、耕作者というよりは都会的に洗練された50代前半の紳士といった感じの、ステファン・フォン・ネッペール伯爵である。彼の手腕は近年ますます磨きがかかってきている。

　ドイツのヴュルテンベルク出身の貴族地主の子孫であるフォン・ネッペールが正式に家業を継いだのは、1985年のことであった。彼はそれまでパリとモンペリエで、経済学と農学を学んでいた。クロ・ド・ロラトワール、ラ・モンドット、シャトー・ペイローとともに、カノン・ド・ガフリエールがフォン・ネッペール家のものになったのは1971年のことで、彼が経営を受け継ぐまでは、ある支配人によって管理運営されていた。葡萄畑とワイナリーを精査した後、彼が下した結論は、シャトーは慎重に運営されてはいるが、ワインの質は明らかに1964年以降落ちている、というものであった。

　彼は、問題の根本原因は、葡萄畑にあると考えた。現在もそうであるが、葡萄畑の心臓部は、1953年以前に植えられた古樹のある区画（カベルネ・フランが7ha、メルローが4.5ha）であった。しかしそれだけではなく、1956年の壊滅的な霜害の後に植えられた多くの若樹によって生み出されたバランスの悪さもあった。それらは、すべてが最上の台木や株を使ったものというわけではなかった。もう1つの大きな問題は、1960年代から70年代の大量の化学肥料の使用で、それによって過剰な収量が生じ、土壌のバランスも崩れていた。

　葡萄畑の質と健康状態は、いまでもフォン・ネッペールの主要な関心事である。「私の願いは、生き生きとした葡萄畑にすることだ」と彼は宣言する。彼はホリスティック医学的な手法を導入し、葡萄畑のバランスを着実に回復させつつある。除草剤、殺虫剤、化学肥料の使用を完全に止め、土壌の活性化はすべて自然堆肥によって行っている。排水システムも改善され、樹勢を抑制するために草も植えられている。発想と実践はビオディナミの方向を向いているが、いまのところはまだ、時々、抗ボトリティス菌剤の散布とウドンコ病に対する特殊な予防措置は行っている。

　カベルネ・フランの古樹（ブレンド中45％を占めることもある）が、今でもこのワインの酒質とフィネスの鍵を握っている。それはまた、新世代の葡萄樹のためのマサル・セレクションの貴重な原資となっている。現在再植樹は、1万本/1haの植栽密度で行っており、樹勢の弱いリパリア台木に居接ぎ（台木を畑に植えたまま接ぎ木をする）を行っている。カベルネ・ソーヴィニヨンの古樹も、暖かい、砂の多い土壌の上で、申し分のない完熟を達成している。全体として収量は、主に厳しい剪定によって抑制され、グラン・ヴァンのための葡萄は、30hℓ/1haに抑えられている。

　葡萄畑のバランスに重点を置いている間、ワインづくりの哲学の変革がなおざりにされていたわけではない。ステファン・フォン・ネッペールは、進取の気性に富む人で、常に新しい考えを取り入れる用意ができており、決まり切ったやり方に固執することは決してない。葡萄畑の

改善は、1988の果実から顕著に現れるようになり（しかしフォン・ネッペールは、1989年は遅く収穫しすぎたようだと考えている）、ワインづくりの技術の改善は、1990年代半ばから感じられるようになった。建物は修復され、醸造室も新設され、オークの大桶と自重式送り込み装置も設置された。

　新しく行われるようになった手法には、ピジャージュとマイクロ酸素注入法も含まれている。それらはステファン・デュルノンクールの協力によって導入したものだが、彼とフォン・ネッペールは、葡萄畑の感受性という話になると、まるで同志のように見える。ステファン・デュルノンクールは1996年から1999年まで、カノン・ラ・ガフリエールの醸造長を務め、その後醸造コンサルタントとして独立した。フォン・ネッペールはすでに樽の中でのマロラクティック発酵を導入し、1990年からは澱の上での熟成を実験していた。その2つの手法は、1990年代半ばから飛躍的な進歩を遂げた。ワインは今、新オーク樽（80～100%）の中で澱の上に寝かされ、ほとんどラッキングは行われず、クリカージュ（樽熟成中のワインへの酸素注入）も限定的に行われるだけである。

極上ワイン

Château Canon-la-Gaffelière
シャトー・カノン・ラ・ガフリエール
　ブレンドは、メルロー55%、カベルネ・フラン40%、カベルネ・ソーヴィニヨン5%ぐらいで調整されている。1960～70年代の希釈された感じのワインは、熟れて凝縮されたものに変わりつつあり、1996以降は、生き生きとした果実味と触感のフィネスが際立つワインになっている。

1998★　かなり深い色。クリュの特徴を良く表現した崇高なワイン。プラムとスパイスの香りが、素晴らしいワインであることを実感させ、口に含むと魅惑的な果実味、精妙なミネラルも感じられる。フルボディーで、深遠。きめ細かなタンニンがしっかりした長い後味を生み出している。いま飲んでも美味しいが、まだまだ長熟する。

2000　深遠な色。またしても果実の高揚した香り。黒チェリーとスミレの香り。口に含むと芳醇な果実味で、純粋で、まろやか、ヒマラヤスギの微香もある。甘いがバランスが取れている。いまようやく本来の力を発揮し始めたところ。

2004　深い赤紫色。赤果実のアロマがあるが、やや複雑さに欠ける。ミディアムボディで柔らかなシルクのような触感。純粋な果実味と新鮮さが感じられるが、最高のヴィンテージの深さと力強さまではいかない。もう少し瓶熟させる必要がある。

上：フォン・ネッペール家の紋章。その貴族の血統は、ボルドーにもたらされた新しい血液の中で最も歓迎されているものの1つである。

Château Canon-la-Gaffelière
シャトー・カノン・ラ・ガフリエール
　総面積：19.5ha　葡萄畑面積：19.5ha
　生産量：グラン・ヴァン5～7万本
　セカンドワイン0.3～1.2万本
　BP34, 33330 St-Emilion
　Tel: +33 5 57 24 71 33　www.neipperg.com

ST-EMILION

Le Dôme　ル・ドーム

ジョナサン・マルテュスはサン・テミリオンの謎ともいうべき人物である。「異端者であることを幸せに感じる。なぜならそれは独立の一形態だから」と彼は言う。彼はサン・テミリオンでは"ビジネスマン"と呼ばれているが、村人たちの言うことはまんざら間違ってはいない。彼の起業家的能力は、平均的な葡萄畑ばかりのドルドーニュ平地を、年間30万本もの上質なワインを送り出す一大産地にした。その中には一連の単一葡萄畑ワインがあり、そのなかで最も有名なワインが、ル・ドームである。

技術者として各地を転々としながら生活していた英国人のマルテュスは、1992年に妻のリンとともにフランスへ向かった。カオールにいる友達を手伝っている時に彼はワインの虫に取りつかれ、1994年にサン・テミリオンの5.5haのシャトー・テシエを買った。

しかしすぐに、テシエだけでは経営が行き詰まることが明らかになった。当時はガレージワイン運動が進行中で、彼はル・パンのような限定販売ワインの成功に勇気づけられた。マルテュスは銀行から融資を受け、シャトー・アンジェリュスの西手横の砂質土壌に3区画の畑を有するル・ドームを購入した。「私はテロワールを信じており、平地に育つ葡萄樹からガレージワインが出来るなんて少しも考えたことはない」と彼は言う。その葡萄樹は1956年と1970年に植えられたもので、栽培比率は、めずらしくカベルネ・フラン75％で、残りがメルローである（ブレンド比率も同じ）。

最初のヴィンテージが1996であった。収量はその時もそれ以降も、注意深い剪定とグリーンハーベストによって、1葡萄樹当たり4果房しか残さないという徹底した低収量に抑えられている。その果房は手で摘まれた後、カゲットに入れられ、テシエのワイナリーに運ばれ、ミストラルを含む複合選果テーブル・システムで再度選別される。ワインづくりは現代的であるが、日々進化している。「われわれにとって意味があり、良いワインを造り出すことに役立つなら、喜んで最先端の科学技術を取り入れる」と彼は断言する。

最初の2つのヴィンテージはステンレスタンクで発酵を行ったが、それ以降は木製の大桶を使っている。技法は、発酵前浸漬、ピジャージュ（櫂入れ）、デレスタージュ（液抜き静置法）などで、発酵温度は以前は31℃と高めであったが、現在は28℃に抑えられている。マロラクティック発酵は新オーク樽の中で行われるが、1998から2001までのヴィンテージでは、そのワインは熟成のため、別の新オーク樽にラッキングされた（新樽比率200％ということになる）。ワインは澱の上で、バトナージュを受けながら6カ月を過ごし、次に通常のラッキングを受けながら熟成される。最後に、マルテュス好みの鮮やかな輝きのあるワインにするために、卵白による清澄化を受ける。

私はル・ドームをアン・プレムールでしかテイスティングしたことがないが、そのワインは常に、濃密な色で、豊かで、純粋な触感があり重厚であったが、元気の良さがあまり感じられなかった。新樽比率200％というのは、おそらく1998から2001までの重厚なスタイルのために使われたのだろう。しかし発酵温度を抑えたことによって表現力が増しているように思える。というのは、2004以降のヴィンテージは、より生き生きとして、柑橘類の爽快感が感じられるからだ。

ル・ドームは、10年間、ロンドンのジャステリーニ＆ブルックス社を通じた限定販売でしか入手できなかった。現在はマルテュスの個人的な販売網で取り扱われるようになった。ル・ドームの成功によって、シャトー・テシエは財政的に立ち直り、現在は単一葡萄畑ワインを出している。その中には、ヴュ・シャトー・マゼラ、レ・ザステリ、ル・キャレ、白のクロ・ナルディアンがある。マルテュスは現在、オーストラリアのバロッサ・ヴァレー（コロニアル・エステート）、ナパ・ヴァレー（ワールド・エンド）でも同様の展開を行っている。

極上ワイン

Le Dôme
ル・ドーム
2000　深奥な色調。豊かでフルで、肉のような香り。濃縮された果実の口当たりで、凝縮され、重厚で、堂々とした骨格とスタイル。
2004★　深く、暗いが、鮮烈な色。芳香性があり、優美な香りが漂い、スミレ、柑橘類、スパイスが感じられる。触感は優美で、タンニンは滑らか。口に含むと再びスミレの香りがあり、長く新鮮な後味が続く。

Vieux Château Mazerat
ヴュー・シャトー・マゼラ
ル・ドームに葡萄を供給している葡萄畑の名前である。そのワインは、4haの砂質の粘土-石灰岩土壌に育つ葡萄から造られる。最初のヴィンテージは2008★で、メルロー65％、カベルネ・フラン35％の構成である。アン・プレムールのテイスティングでは、芳香

上：その起業家的なひらめきで、一連の多様で感動的なワインを生み出し続けるジョナサン・マルテュス。

性、重厚さ、フィネスが感じられた。その最高の仕上がりのものは、ル・ドームに匹敵するものになるかもしれない。

Les Astéries
レ・ザステリ
　石灰岩の岩盤の上の薄い粘土土壌のこの畑からは、それを象徴するミネラルが感じられる。メルローが70％の1.1haの畑から、わずかに3600本しか生産されない。
　2004　ガーネット色。中心部はさらに暗い。赤果実の香りが立ち昇り、スミレも感じられる。骨格はしっかりしており、ミネラルの風味が秀でている。長く新鮮な、線のような後味。チョコレートも感じられる。

Le Carré
ル・キャレ
　メルローが支配的な小区画で、シャトー・カノンに属する。レ・ザステリと同じ造り方。
　2005　濃く鮮やかな色調。豊かで熟れた香り、過熟の寸前。プラム、ブラック・チェリーの香りがする。口に含むと堅固な触感で、やや禁欲的にさえ感じる。タンニンも少し角張った感じ。

Château Laforge
シャトー・ラフォルグ
　マルテュスが"エステート・ワイン"と命名したもの。サン・テミリオンのまわりに点在する小区画の葡萄から造ったワイン。
　2004　豊かな、プラムのような香り。ミディアムボディで、しなやかで滑らか。しかし後味が細すぎる感じがする。

Château Teyssier [V]
シャトー・テシエ [V]
　マルテュスの生み出す食卓ワイン。果実味が豊かで、しっかりとした骨格もある。早飲みから中期熟成用。良好な年には、20haの畑から、18万本も生産されることがある。

Le Dôme
ル・ドーム
　総面積：2.8ha　葡萄畑面積：2.8ha
　生産量：0.9〜1.2万本
　Vignonet, 33330 St-Emilion
　Tel: +33 5 57 84 64 22　www.maltus.com

ST-EMILION

Figeac フィジャック

シャトー・フィジャックは、サン・テミリオンらしくないシャトーである。その18世紀に建てられた邸館と、その隣の木立に囲まれた公園や庭園は、メドックと錯覚するほどである。そしてその葡萄畑も砂利層の土壌で、こちらもメドックに似ている。同じことが、ある程度までワインについても言える。特に、ブレンド中のカベルネの比率が高い。

その葡萄畑の歴史は古く、遠くガリア時代まで遡ることができる。18世紀には150haを超える広大な葡萄畑になっていたが、19世紀に分割され、一部はラ・コンセイヤントとボールガールとなり、30ha以上がシュヴァル・ブラン創設の基となった。現在のオーナーであるテリー・マノンクールは、快活な人で、1947年にこのシャトーを継承したが、彼の祖先がここを手に入れたのは1892年のことであった。彼は1995年に、50番目のヴィンテージを出して祝福されたが、現在もワイン大使として元気に世界を飛び回っている。シャトーの方は、1988年から娘婿のエリック・ダラモンが采配をふるっている。

フィジャックの土壌は特別である。ガンジアン地層の尾根が3本、北から南に向かって走り、最も高い標高38mの地点からなだらかに西の砂の多い土壌へと下っている。葡萄畑の東側の角に粘土の含有量の高い土壌があり、そこがカベルネ・フランに最適な区画となっている。その砂利層の小高い山は、メドックの一流の畑と直接比較対照することができる——その主な理由は、カベルネの栽培比率が高いことである。現在の栽培面積比率は、ブレンドも同じであるが、カベルネ・フランとカベルネ・ソーヴィニヨンがそれぞれ35％ずつで、30％がメルローである。「これ以上メルローを増やすと、ワインが豊満になりすぎる」とダラモンは言う。

この比率は、マノンクールが1947年に定めたブレンド比率に近いが、彼の場合はカベルネ・フランの比率がやや低く、その代わりマルベックが含まれていた。その品種は、ダラモンによって抜根された。誰もが、カベルネ・ソーヴィニヨンが尾根の一番高いところに植えられていると予想するだろうが、必ずしもそうではない。マノンクールは将来の機械化のことを計算に入れて、1940～50年代に、尾根を横切るように、東西の線に沿って葡萄樹を植えていた。ようやく1980年代に入り、小区画ごとの管理という考え方から、新しい区画が南北の線に沿って植えられ、カベルネ・ソーヴィニヨンが最良の区画を与えられた。

機械化のために行われていたもう1つの方策が、葡萄樹を低く広くすることで、畝幅は1.5mであったが、株間は、1ha当たり5500本の植栽密度を満たすため、1.2mと広く取られていた。トレリスも高くしつらえられていたが、それは現代の先取りであった。現在は、株間は1.1mで、植栽密度は1ha当たり6000本を少し超えるくらいである。葡萄樹の平均樹齢は45歳である。ダラモンは1ha当たりの収量を45hℓにしたいと言ったが、2006、2007、2008は、それぞれ37、32、26hℓとそれを十分下回った。

2002年に、一家はアクサ・ミレジムから2カ所の小さな葡萄畑を買った。シャトー・プティ・フィジャック（1.5ha）と、ラ・フルール・プーレ（4.5ha）である。歴史的に言って、プティ・フィジャックは元々フィジャックの一部であり、そのためINAOは2006年に、その畑をシャトー・フィジャックが併合することを了承した。しかしシャトー・プティ・フィジャック（年間1万2000本）というブランド名は残り、"ジュニア"フィジャックという位置付けのワインにするために、シャトー・フィジャックと同じブレンド比率で、シャトーの葡萄畑全体から選び出した小区画から造られている。セカンド・ワインのラ・グランジュ・ヌーヴ・ド・フィジャックは若樹の葡萄から造られ、ブレンド比率はヴィンテージごとに違う。

砂質と砂利の土壌、カベルネ種を多く含む、この2つの特徴が、フィジャック独特のフィネスを生み出し、多くの隣人たちの、肩幅の広いどっしりしたワインからは一歩距離を置いたものにしている。最近のフィジャックはあまり進化してないという人もいるが、決してそうではない。ダラモンが言うように、「1990年代にわれわれは、重量感、豊饒感、色調を強調し始めた——しかしフィジャックの伝統的なエレガントさは維持したままだ」。

他のシャトー同様に、葡萄畑での作業はより緻密になり、収穫の方法が再検討されている。以前は、主な摘み手は渡り労働者で、収穫の時期はシャトー内でテント生活をした。これは見直され、現在では地元の会社から必要な日に摘み手を派遣してもらい、より成熟した葡萄を摘果することができるようになった。選果、選別も改善された。

醸造法はかなり伝統的なものであるが、ここでも微調整が行われている。1995年に、発酵前低温浸漬が導入され、2000年からピジャージュを行っている。こうするこ

上：独特のエレガントさを残したまま、シャトー・フィジャックを進化させるのに大きな力を発揮しているエリック・ダラモン伯爵。

とによって、圧搾ワイン（新型の垂直圧搾機により造られる）の量を全体の2〜3%に減らすことができるようになった。1990年代末に、古い木製大槽を新しいものに置き換え、1971年に導入されたステンレス槽は、貯蔵、ブレンド、そしてセカンドワインのために使われている。シャトー・フィジャックは新樽比率100%で、18〜22カ月熟成され、その期間伝統的なラッキングが行われる。

極上ワイン

Château Figeac
シャトー・フィジャック

　フィジャックのスタイルは、若い時のブラインド・テイスティングでは、メルローが支配的な隣人の陰に隠れやすい。またこのシャトーは、困難な年（暑熱と乾燥の2003、雨の多い1992と1993）にぎごちないワインを造ることもある。しかしそれは、このシャトーが、長熟する能力に秀でた素晴らしいワインを生み出す実力を有しているということを否定するものではない。2009のワインエクスポでテイスティングした1964は、感動的な若々しい香りがあった。口に含むと驚くほど豊かで、この上なくエレガントな触感があった。

1998★　鼻からの香りはメルローの表現があった。ゆったりとしていて、ブラックベリーやプラムが感じられた。口に含むと芳醇な果実味が広がり、甘くしなやかで、酸としっかりしたカベルネの骨格が感じられ、長い線のような後味へと続いた。とても美しいバランス。いま進化し始めたところ。

2001★　暗く新鮮な色調、ミントの光もある。ブラックベリーとブラックカラントが感じられ、焦げたオークの微香もある。きめの細かい新鮮な口当たりで、黒果実の香り。重量感が舌の中央でしっかりと感じられ、後味は長い。魅力いっぱいのワインだ。

2005　暗く抑制された濃密な色。口に含むと芳醇な果実が広がるが、すべてが落ち着いている。タンニンはしっかりしてきめが細かい。今はまだ閉じているが、大きな期待を抱かせるワインだ。

Château Figeac
シャトー・フィジャック
総面積：54ha　葡萄畑面積：40ha
生産量：グラン・ヴァン12万本
セカンドワイン2.4〜3.6万本
33330 St-Emilion　Tel: +33 5 57 24 72 26
www.chateau-figeac.com

ST-EMILION

La Mondotte　ラ・モンドット

　夜にして無一文から大金持ちになった人の物語のように、ラ・モンドットも一夜にして有名になり、またしてもフランスワイン界の権威INAOに対してステファン・フォン・ネッペールが放った反乱の一矢となった。当時シャトー・ラ・モンドットと呼ばれていた4.5haの小さな葡萄畑を、シャトー・カノン・ラ・ガフリエールに統合したいという申し入れをINAOによって拒否されたフォン・ネッペールは、世間の耳目を集めるために、1996年、そのワインを再洗礼し、名前を変えて売り出すことに決めた。

　その葡萄畑は、トロロン・モンドに近い、サン・テミリオン台地の南東部に位置している。ネッペールがそれを手に入れたのは1971年のことであったが、その起源は19世紀に遡ることができる。葡萄畑は、台地特有の地層で、石灰岩の岩盤の上に、粘土-石灰岩土壌が40〜80cmほど堆積したものである。葡萄樹は2つの大戦の間に植えられたもので、ネッペールは1988年にさらに小区画を買い足して拡張し、その結果葡萄樹の平均樹齢は50歳ほどになった。

　1996年の大変身まで、(シャトー) ラ・モンドットはどちらかといえば2流のワインにとどまり、醸造と熟成はカノン・ラ・ガフリエールの別のセラーで行われ、フォン・ネッペールの厩舎で飼われている預り馬的な存在であった。INAOの決定は、最終的にラ・モンドットに独自のセラーを作ることを促し、それならば特別のワインを創造してやると、フォン・ネッペールに決意させた。収量は20hℓ/1haまで低減され (2008のように15hℓまで下げられることもある)、葡萄畑の管理はさらに緻密になり、収穫はさらにぎりぎりまで遅らされた (メルローは通常10月初め)。

　ラ・モンドットは生産量が少ないことから、ある程度の実験が可能で、現在ネッペールの他のワイナリーで行われているいくつかの最新技術、技法は、まずここで試験されて導入される。葡萄果粒の自重式送り込み装置、果粒の破砕の軽減、円錐形の木製大桶、ピジャージュなどがそれである。28〜35日間の醸造過程の後、樽の中でマロラクティック発酵が行われ、熟成は100%新オーク樽で、微細な澱の上で18カ月間行われる。

　よく言われることだが、タイミングが重要で、ラ・モンドットの最初のヴィンテージは、ちょうどガレージワイン運動が最盛期を迎えた時で、市場の注目を集めた。ラ・モンドットは一躍ワイン界の寵児となり、マスコミと投機の焦点となった。ネッペールは当時を回顧して「ラ・モンドット1996はあっという間に売り切れてしまった。リリース時の価格は、市場が開くとたちまち10倍に跳ね上がった。翌年はさらにそれを上回った。」

　ガレージ運動が衰退した後も、ラ・モンドットが数少ない堅実なブランドとして残っているという事実は、そのワインの質が本物であったことの証である。メルロー主体 (80%) で、カベルネ・フランがそれを補完して造られるそのワインは、深く凝縮され、力強く、果実の良く熟れた、豊かな血液が充満している。バランスとテロワールの特徴が上質の酸と低いpH指数に支えられ、それは疑いもなく長熟する能力を示している。難しい年でも、そのワインは見事な成功を収めている。

極上ワイン

La Mondotte
ラ・モンドット

1997　ルビー色で、老化の兆候は少しも見られない。胡椒味でスパイシー、北部ローヌの香り。新鮮な果実の口当たりで、タンニンは少し角張っているが、このヴィンテージにしては素晴らしいワイン。2015年くらいまでは美味しく飲めるはず。

2001★　深奥な色。豊かで濃密だが、バランスも美しく、独特の精妙さもある。鼻からの香りはちょうど開き始めたところ。まろやかで愛撫されるような口当たり。しかし後味はすごく新鮮で、長く、いつまでも口に残る。

2003　赤紫色。大きく力強いワインで、過熟寸前で止まっている。プラムと黒チェリーの香りが際立つ。酒躯(ボディ)はフルで、まろやかで、しなやかな口当たり、タンニンの骨格はしっかりしている。3.48という低いpH指数が、長い後味を生み、長熟の可能性を物語っている。

右：颯爽として、鋭い洞察力を持つステファン・フォン・ネッペール。彼はモンドットの潜在能力を誰よりも早く認識していた。

Vignobles Comtes von Neipperg (La Mondotte)
ヴィノーブル・コンテス・フォン・ネッペール (ラ・モンドット)
総面積：4.5ha　葡萄畑面積：4.5ha
生産量：グラン・ヴァン0.5〜1.3万本
BP34, 33330 St-Emilion
Tel: +33 5 57 24 71 33　www.neipperg.com

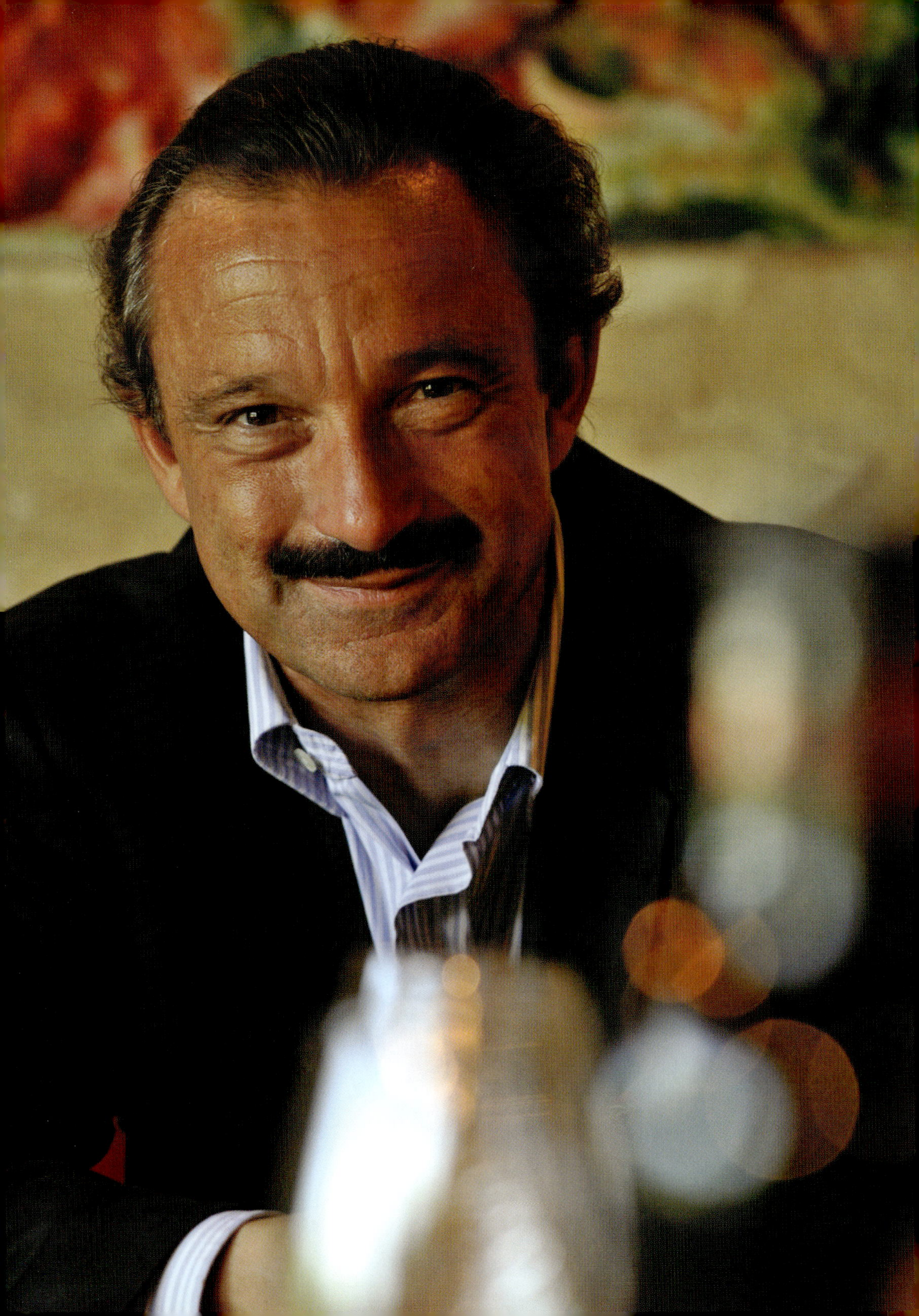

ELIANE

ST-EMILION

Pavie Macquin　パヴィ・マカン

2006年のサン・テミリオンの格付けには、1つの大きな驚きがあった。パヴィ・マカンがプルミエール・グラン・クリュ・クラッセに昇格したのである。それは多くの人にとって意外なことだった。なぜなら1990年代半ばまで、このシャトーはまったく目立たない存在であったからである。しかし現在、ニコラ・ティアンポンとステファン・デュルノンクールによって先導されたワインの質と一貫性は誰の目にも明らかであり、現在その昇格が正解であったことが証明されている。特にそのテロワールの素晴らしさに注目が集まっている。

マリーズ・バール夫人が管理運営していた1986年から1994年まで、葡萄畑にビオディナミが導入され、醸造長に、現在はコンサルタントの若きステファン・デュルノンクールが雇われた。1989は成功したが、1993年には、葡萄樹の3分の2がウドンコ病にやられた。その窮地を救ったのが、支配人として雇われたニコラ・ティアンポンである。彼はすぐに、より伝統的な方法への回帰を打ち出した。

パヴィ・マカンの名前は、19世紀末のフィロキセラ禍の後、アメリカ産の台木に葡萄樹を接ぎ木する方法を開発してサン・テミリオンを救ったアルベール・マカンから取っている。現在彼の子孫のコール・マカン家が所有者となっている。かつてこの農園の1本の樫の木が立っている場所で、よく悪人が絞首刑にされたという伝説があり、それが2本の樫の木とその間に縄の結び目のある奇抜なデザインのラベルになっている。

葡萄畑はすべて石灰岩台地の上、東にトロロン・モンド、南にパヴィを望む場所にある。表土は粘土質の割合が高く、岩盤の上の厚さは20cmから1.5mまでまちまちである。この土質を反映して、パヴィ・マカンのワインは自然の力強さがあり、骨格がしっかりしている（酸は高く、pHは低い）。そのため、フィネスを加えることが必要条件となっているが、これを達成するのが、果実の質と、優しい果実の取扱いである。

葡萄畑はチリひとつないほどに清潔に保たれ、ビオディナミの線に沿って管理されている。しかし病害が予想される時には、実践的な対応が取られている。収量はグリーンハーベストで抑制され、30hℓ/1haに抑えられている。摘果日は最高の成熟度が達成されるぎりぎりまで延ばされている（2008年のメルローの摘果日は10月18～23日であった）。

果粒はセラーで徹底的に厳しく選別され、2009ヴィンテージからは光学式果粒選別システムが使われている。果粒は、破砕されないまま発酵槽に入れられる。発酵槽は、コンクリート槽とオークの大桶の2種類を使い、ピジャージュで修飾を受ける。それらの発酵槽には、なんとなく詩的であるが、アグラエ、ベルト、エリアンナなど、少女の名前が付けられている。

マロラクティック発酵は樽内で行い、その後ワインは、新樽比率70％で、澱の上で最低限のラッキングを受けながら、最長で18カ月間熟成される。セカンドワインのレ・シェーヌ・ド・マカンの導入によってセレクションが計画的に行えるようになったが、2008年は、その代わりにロゼが造られた。

極上ワイン

Château Pavie Macquin
シャトー・パヴィ・マカン

ブレンドは、メルロー84％、カベルネ・フラン14％、カベルネ・ソーヴィニヨン2％である。現在、カベルネ・フランを植栽密度2万5000本/1haで植える実験が進行中である。このワインは8～10年瓶熟させる必要がある。2007年に1996をテイスティングしたが、それはまだ健在で、若々しい色をし、果実の深み、堂々とした力強さ、ミネラルの新鮮さがあった。

2000　暗いルビー色。黒チェリーとサクランボの種の香りが広がり、しっかりしたタンニンの骨格が、黒い熟れた果実を包み込んでいる。滑らかで芳醇な口当たりで、力強く長い後味が続く。

2001　黒果実のアロマ、しかしそれ以外に精妙な香りがあり、それはこの年カベルネ・ソーヴィニヨンが5％に増やされていたことに起因するものと思われる。最初しなやかな果実味が広がるが、後味のタンニンは少しざらつきがあった。

2004　深奥な色。サクランボの種とスパイスのアロマ。口当たりは最初率直で直接的である。ミディアムボディで、新鮮で純粋。ミネラルも感じられる。

2006★　深い紫色。2004と同系であるが、こちらの方がより豊かな感じ。力強い骨格が自然な酸によって高揚させられている。ミネラル風味の後味が長く続く。

左：パヴィ・マカンとラルシュ・デュカッスの酒質を高めている冷静な頭脳の持ち主であるニコラ・ティアンポン。

Château Pavie Macquin
シャトー・パヴィ・マカン
総面積：15ha　葡萄畑面積：15ha
生産量：グラン・ヴァン5万本
セカンドワイン0.5～1万本
33330 St-Emilion　Tel: +33 5 57 24 74 23
www.pavie-macquin.com

ST-EMILION

Trottevieille　トロットヴィエーユ

　サン・テミリオンの町の東、石灰岩台地の上にぽつんと孤立して立つ宝石のように美しいシャトーをひと目見ただけで、誰もが、ここから素晴らしいワインが出来るに違いないと感じる。日照に恵まれた10haの葡萄畑は、周囲を石垣の塀で囲まれ、広々とした単一の区画となっている。粘土−石灰岩の表土は浅く、石灰岩の岩盤の上をわずか30〜40cmの厚さで覆っているだけである。今とても几帳面に管理されているその葡萄畑は、葡萄樹の平均樹齢が60歳と古く、カベルネ・フランが高い比率を占めている。石灰岩とカベルネ・フランの組み合わせからは、当然のことながら、新鮮さとフィネスに秀でた、かなり長熟するワインが想像される。

　トロットヴィエーユという名前の起源については、どこか民話風な言い伝えがある。その昔この辺りに、ある元気のいいお婆さんがいた。彼女は、前の道路を走る駅馬車に気付くと、すぐに家から"小走りで出てきて(トロット・アウト)"、最新のニュースをせがんだ。そこから"小走りのおばあちゃん（トロットヴィエーユ）"という名前が付いたらしい。1949年、マルセル・ボリーは一目見ただけでこのシャトーに惚れ込み、魅惑的な邸館とともにすべてを購入した。現在はその子孫で、ネゴシアンのボリー・マヌー社を経営しているカステージャ家が所有し、マルセルの孫のフィリップ・カステージャが支配人をしている。「祖父はサン・テミリオンの景観と、1943ヴィンテージにすっかり心を奪われてしまったんだ」とカステージャは話す。

　トロットヴィエーユが、サン・テミリオンのプルミエール・グラン・クリュ・クラッセという地位にふさわしいワインを造り続けてきたかといえば、常にそうであったわけでなない。1950年代から60年代初めのヴィンテージは上質であったが、その後は平凡な時期が続き、シャトーが再び上昇に転じたのはようやく1980年代半ば頃からであった。とはいえその頃でもトロットヴィエーユの評判は、他のシャトーの進歩の陰に隠れて芳しくなく、また、トロットヴィエーユに不可欠のフィネスの輝きが感じられないという声が多かった。

　しかし2000年以降、事態は変わりつつある。そのワインは長く継続する新鮮さがあり、同時にエレガントさと果実味の純粋さを増している。ドニ・デュブルデュー教授とジル・パケはコンサルタントにとどまり、ある種の微調整が行われている。葡萄畑での作業の緻密さは倍加さ

上：聡明な管理運営で、再びトロットヴィエーユをその恵まれたテロワールにふさわしい栄光の座に戻しつつあるフィリップ・カステージャ。

れ、摘果の日時と手順もより正確なものになっている。収穫は低く抑えられ――2008のグラン・ヴァンのための葡萄は、25hℓ/haしかなかった――、2000年に導入されたセカンドワインのラ・ヴィエイユダーメ・ド・トロットヴィエーユがさらに厳しいセレクションを可能にしている。

　2004年には、アメリカの様に接ぎ木されていないカベルネ・フランの古樹だけから造られる興味津津のボトルも出された。その3200本の古樹は19世紀末に植えられたもので、若樹と一緒に混植された畑から、1房ずつ選びながら摘果され、毎年135本だけ生産される。

サン・テミリオンの町の東、石灰岩台地の上にぽつんと孤立して立つ宝石のように
美しいシャトーをひと目見ただけで、誰もが、ここから素晴らしいワインが出来るに違いないと感じる。
今とても几帳面に管理されているその葡萄樹の平均樹齢は60歳と古い。

極上ワイン

Château Trottevieille
シャトー・トロットヴィエーユ

　栽培面積比率は、メルロー50%、カベルネ・フラン45%、カベルネ・ソーヴィニヨン5%。ワインは新樽比率100%で、18〜24カ月熟成される。

1955★　中心はかなり深い色で、グラスの縁はレンガ色。まだ信じられないくらい若々しく、生き生きとした果実の香りが広がる。後味は長く新鮮で、ミネラル風味が感じられる。感動を覚える。

2000　豊かで熟れて力強く、雄大な果実味としっかりしたタンニンの骨格が感じられる。後味の冷ややかな新鮮さがそれとバランスを取っている。長熟することは間違いない。

2003　甘くまろやかで、飲みやすい。しなやかな果実味が口中に広がる。後味のタンニンが少し粗いのが残念だが、新鮮さがあり、それがこの難しい年にもかかわらずバランスをもたらしている。

2004★　深奥な色。エレガントで控え目な黒果実の香り、繊細な燻香もある。熟れて芳醇で新鮮な口当たりで、オークがよく統合されている。良く調和が取れている。きめ細かなスタイルというシャトーが今向かっている方向をよく示すワイン。中期から長期瓶熟できる。

Château Trottevieille
シャトー・トロットヴィエーユ

総面積：10ha　葡萄畑面積：10ha
生産量：グラン・ヴァン3.6万本
セカンドワイン3000本
33330 St-Emilion　Tel: +33 5 56 00 00 70

ST-EMILION

Clos Fourtet　クロ・フルテ

サン・テミリオンを訪れる人は、いやでもクロ・フルテが目に入る。"家庭的な"暖かい雰囲気の18世紀の邸館を持つそのシャトーは、町のはずれ、ロマネスク様式の参事会教会と、町を囲む城壁跡の隣に位置している。葡萄畑の大半は、石灰岩台地の上の四方が見渡せる場所にある。その地下の見えないところには、総面積12haの石灰岩切り出し用の採掘抗が地下3階まで掘られており、現在はその一部が樽貯蔵庫に使われている。

2001年7月クロ・フルテは、新しいオーナーであるフランス人実業家のフィリップ・キュヴリエを迎えた。現在息子のマチューが管理運営し、1991年から醸造長を務めるトニー・バリュをはじめとする強固なチームが彼を支えている。購入したその年に、ステファン・デュルノンクールと、ペトリュスなどのムエックス社のシャトーで40年以上も醸造長を務めてきたジャン・クロード・ベルーエの2人が、コンサルタントして就任した。

そのワインは石灰岩台地産特有の、新鮮さ、ミネラル風味、そして長熟する能力を備えている。新体制はそれに、より深遠な果実味とさらに多くのフィネスを加味し、より一貫性のあるものにするよう努力している。バリュは、「フィリップ・キュヴリエはわれわれに前進するための手段をすべて与えてくれた」と語る。

クロ・フルテの前オーナーは、ルシアンとアンドレのリュルトン兄弟である。1973年に、彼らが父フランソワからこのシャトーを受け継いだ時、葡萄畑は衰弱した状態であった。すぐに再植樹計画が立ちあげられ、現在も継続中で、90%近くが完了している。邸館のまわりの15haの1区画がグラン・ヴァンのための中心的な果実を供給している。その他ずっと北の、フォンロックとカデ・ピオラの間に5haの畑があり、そちらはセカンドワイン（クロズリー・ド・フルテ、2006から）に使っている。

リュルトン兄弟が所有していた時期に実施された改革には、その他、株間を草で覆う（1991）、樽の中でのマラクティック発酵（1995）、セラーに換気装置を設置する（1997）などが含まれていた。新オーナーになってからの改革はさらに重要である。ミストラル（p.37参照）を含む選果テーブルが導入され、選果はより精密になり、デュルノンクールの指導により抽出工程はより優しいものに

なった。それには人の手によるピジャージュも含まれている。現在ワインは、新樽比率75%で、澱の上で熟成され、最小限のクリカージュ（樽熟成中のワインへの酸素注入）を受ける。

現在、これまでのワインのスタイルを変えることなく、"よりソフトに"という思想の下、微調整が行われている。価格も理性的に設定され、過度の引き上げをしないようにしている。これは投機のためのワインではなく、セラーで熟成させ、飲むためのワインである。そして今、ほぼ半世紀にわたって人が住んでいなかった邸館は、キュヴリエがパリからここに移り住む日のために修復されている。

極上ワイン

Clos Fourtet
クロ・フルテ
　ワインはメルローが85%。リュルトン兄弟はカベルネ・フランの株が満足できるものではないと考え、その葡萄樹の多くを抜根し、その比率は5%まで減らされていた。今後数年で、より上質な株を植えていく予定である。カベルネ・ソーヴィニヨン（10%）は、成熟を促進させるため、台地の上部に植えられている。

1989　明るいルビー色で縁はレンガ色。森の下草が感じられる熟成の進んだワインで、鄙びた感じも少し受ける。バリュは、当時は少し行き過ぎた抽出を行っており、ラッキング、酸素注入、瓶詰めの前の濾過も行き過ぎていたと指摘している。しかし口当たりは新鮮で、満足できる。

2001 ★　明るいルビー色。果実主導の香り。口に含むと予想していた通りの芳醇さ。最初まろやかでしなやか、果実味のほど良い深みがあり、タンニンはきめ細やかで、ミネラルが新鮮。クリュの良さがよく出ている。

2001 [V]　このヴィンテージにしては成功している。軽めだがとても上質で、果実味の表情が良く、タンニンは繊細で、後味は長くバランスが良い。エレガントでよく調和が取れている。今でも飲めるが、まだ6、7年は瓶熟させることができる。

Clos Fourtet
クロ・フルテ
総面積：20ha　葡萄畑面積：18ha
生産量：グラン・ヴァン4.8万本
セカンドワイン2.8万本
1 Chatelet Sud, 33330 St-Emilion
Tel: +33 5 57 24 70 90　www.closfourtet.com

222

ST-EMILION

Larcis Ducasse　ラルシ・デュカッス

2005 のアン・プレムールでニコラ・ティアンポンは、ラルシ・デュカッスの最低価格をシャトー・フィジャックと同じ60ユーロに設定したが、それはかなり大胆な挑戦であった。ネゴシアンたちは陰口を叩いたが、そのワインは売れた。それ以降価格は20ユーロを少し上回るところまで下がったが（2008は25ユーロ）、それでも1990年代後半の13～14ユーロをはるかに上回っている。品質は毎年上昇しており、市場もそれにならって上昇曲線を描いている。

確かにここには潜在能力があり、実際1960年代半ばまで、ラルシ・デュカッスの評判は高かった。当時ジャン・ピエール・ムエックスが好んで飲んだワインの1つだった。1970年代は、他の多くのシャトー同様にあまり良くなかった。1980～90年代に多くの改良が行われたが、ワインは古いスタイルのままで、軽く、ミネラル風味が感じられる爽やかな風味であったが、深奥さと個性に欠けていた。

2002年に、オーナーで、ロレアルの元役員であるジャック・オリヴィエ・グラティオ（彼の一家は1世紀以上もこのシャトーを所有している）は、ニコラ・ティアンポンを総支配人に、コンサルタントにステファン・デュルノンクールを招き、変革が始まった。「テロワールが良いのだから、あとは、ワインづくりと葡萄栽培を引き締めれば、ワインは自ずと語り出す」とティアンポンは言う。

葡萄畑を一目見れば、ラルシ・デュカッスが、語るべきものを持っていることがすぐ分かる。シャトー・パヴィに隣接する南向きの斜面に位置するその畑は、石灰岩台地の上から、下の砂質−粘土のピエ・ド・コートへと下っている。台地の上には、その他、隣人のパヴィ・デュカッスとトロロン・モンドの数区画もある。とはいえ、葡萄畑の多くが粘土−石灰岩のコートの上にあり、その多くがテラス状になっている。

葡萄畑の"引き締め"は多方面にわたっている。というのも、やるべきことが多くあったからである。排水施設はすべて点検修理され、必要な場所は草で覆われた。樹冠の覆いを改善するために、トレリスは高く持ち上げられた。コートの葡萄畑では、多くの葡萄樹が傷んでおり、植替えが行われ、区画によっては植栽密度が5500本/haから7500本/haに引き上げられた。伝統的に、コートの葡萄樹と葡萄果実の不足を、斜面の下の畑の葡萄樹の数を増やすことで補ってきたが、それは今度は、前向きな意味で合理的なことと見なされている。成熟度を向上させるため、除葉、芽摘み、グリーンハーベストなどが精力的に行われている。

現在収量は全般的に低めで、30～35hℓ/haに抑えられ、セニエ法による濃縮が行われている。セカンドワインはないが、"セニエで抜きとった"ワインと軽い果醪は、ロゼ（7500～1万本）のために使われている。醸造はティアンポンとデュルノンクールの好む方法で行われている。全房発酵、ピジャージュ、必要な場合の浸漬中のマイクロ酸素注入法、樽内でのマロラクティック発酵、新樽比率60％で澱の上での16～20カ月の熟成、2回のラッキング、そして最低限のクリカージュなど。

極上ワイン

Château Larcis Ducasse
シャトー・ラルシ・デュカッス

ラルシ・デュカッスの現在のブレンド比率は、メルロー85％、カベルネ・フラン15％であるが、ニコラ・ティアンポンは、最終的には後者を25％まで持っていきたいと考えている。自然なエレガントさとクリュの魅力を維持しながらも、重量感と果実味、それに熟成感を加えるためである。

1998　良い年に生まれた古いスタイルのラルシ・デュカッス。赤色。イチゴなどの赤果実の香り。軽く新鮮で、空を飛んでいるような爽快な気分になる。満足感はあるが、深さと長さが物足りない。

2004　深奥な色。熟したプラムのような香り。口当たりは優しい果実のようで、ミネラル風味の新鮮さがある。重量感はないがきめ細やかで、今飲み頃。

2005★　暗い紫色。非常にコクのあるワイン。アン・プレムールの時のネゴシアンの陰口がいかに的外れであったかが分かるはずだ。チェリー、プラム、サクランボの種のアロマ。熟れているが、きめ細かく、調和の取れた口当たり。ミネラル風味が長く感じられ、タンニンは大きく、熟れている。しかしまだ微かに角がある。

2007　深奥な色。オークがまだ鼻から感じられる。しかし楽しくなるボトルであることは間違いない。果実味がよく抽出され、触感もタンニンも、シルクのよう。早飲みでも感じられる魅力がある。

Château Larcis Ducasse
シャトー・ラルシ・デュカッス
総面積：11ha　葡萄畑面積：9ha
生産量：グラン・ヴァン3.5万本
33330 St-Emilion　Tel: +33 5 57 24 70 84
www.larcis-ducasse.com

9｜最上のつくり手と彼らのワイン

ポムロール Pomerol

畏敬の念さえ覚える村、ポムロールは、その評判の大きさとは裏腹に、小さな村である。葡萄畑の総面積は約800haで、ほぼ平坦な、名もない土地に広がっている。生産者は、葡萄畑の平均面積が5haと、いずれも規模は小さく、つつましやかで、メドックのような、そしてサン・テミリオンでもときどき見られる、あの華麗な建築によって装飾されてもいない。最も名の通ったエグリーズ、クリネ、ラフルール、ペトリュス、ル・パンでさえも、外観は質素である。目印となる建物といえば、村の教会の尖塔くらいである。

メルローが、この地区のワインの質の高さを担っている主要品種である。1956年の大冷害以前は、カベルネ・フラン、カベルネ・ソーヴィニヨン、そしてマルベックさえも大きな栽培比率を占めていたが、それ以降はメルローがほぼ80%を占めるようになった。言うまでもなく、これがワインのスタイルに大きな影響を与えているが、同時にそのワインは、気候状況によって、メルローに有利な年(1998)と不利な年(1996)の間で大きく振り子が揺れるということも意味している。

早熟の品種であるメルローは、早熟に向いたテロワールに植えられ、それによって、そのワインの、豊かで、豪華な酒質を創り出す。この地区でもっとも標高が高いところでも40mほどで、その起伏は、丘とは呼べないくらいになだらかで、そのため斜面と日照は葡萄の成熟にあまり影響しない。しかしその斜面が、場所によっては良好な排水をもたらしている。ポムロールで最も重要な要素は土壌であり、それがいくつかの一流シャトーのワインの特質を説明する。

サン・テミリオンとは違い、ポムロールには石灰岩はない。砂利、砂、そして粘土である。数千年前の第4紀に、地元ではアイル河と呼ばれているドルドーニュ河によって、何層にも沖積層が造られ、それが河岸から緩やかに隆起する数段の河岸段丘をを形成している。土壌構成は複雑であるが、簡単に言えば、ワインの質は上に行けば行くほど良い。一番高い段丘のポムロール台地が、砂利と粘土の比率が高く、最も古くから葡萄栽培が行われてきた場所である。

ポムロール台地の最も高い場所では、青灰色の密度の高い粘土が地表に露出しているところが3〜4haほどあり、いわゆるペトリュスの"ボタン穴"を形成している。水分をよく貯留するその粘土からは、深奥な色の、力強い、量塊感のあるワインが生まれるが、それを最も良く表現しているのがペトリュスである。その粘土成分の多い土壌は、東に向かって扇型に広がり、その上に、ヴュー・シャトー・セルタン、レヴァンジル、ラ・コンセイヤントの葡萄畑が広がり、そのままポムロールとサン・テミリオンの境界を超えて、シュヴァル・ブランの畑の一部へと連なっている。

ポムロール台地のそれ以外の場所では、さまざまな土壌が組み合わさった複雑な構成になっているが、概ね、粘土と微細な砂利、砂利、粘土がほぼ同率で含まれている場所、砂利を多く含む粘土の場所、砂質粘土の場所、の3つに大別できる。これらの土壌からは、タンニンの骨格のしっかりした、瓶熟に向いたワインが生まれる傾向がある。その例としては、レヴァンジル、ラ・コンセイヤント、そして比較的最近設立されたオザナがある。ラフルール、ヴュー・シャトー・セルタンもこの系統に含めるべきだろうが、それらのワインの場合は、土壌の性質というよりも、カベルネの含有率の高さが大きく影響している。北東の角にあるトロタノワ、ル・パン、ラ・ヴィオレットは粘土層の上に厚く砂利層が堆積した土壌である。トロタノワはこれ以外にも、粘土層が厚く堆積した土壌の畑も持っており、その両者の組み合わせにより、凝縮されているが新鮮で、しかも長熟するワインを造り出している。

台地中央より西の低い段丘もまた、早熟の場所である。しかし土壌は砂質が多く、砂利層もきめが細かい。そのワインは概ね、魅力的な果実の熟成感があり、骨格もしっかりしているが、台地中央のものに比べると力強さと量塊感に劣り、ブーケの精妙さも弱い。さらに西と南に行くと、土壌は砂の含有量が多くなり、表土は砂質-粘土になる。地下水の水位は高く、地元でクラッセ・ド・フェールと呼ばれる鉄分の多い砂の脈がより規則的に現れるようになり、ワインにある特有の風味をもたらす。とはいえこれはまだ科学的に説明されているわけではない。そのワインは軽い構造で、新鮮なスタイル、そしてたぶん、あまりポムロールらしくないものである。

ポムロールが高い国際的評価を得るようになったのは、1人の人物の努力によるところが大きい。その人物が、ジャン・ピエール・ムエックスである。第2次世界

右：平坦な村の上に高く聳える教会の尖塔。その牧歌的な外観にもかかわらず、ポムロールの名声はますます広まっている。

224

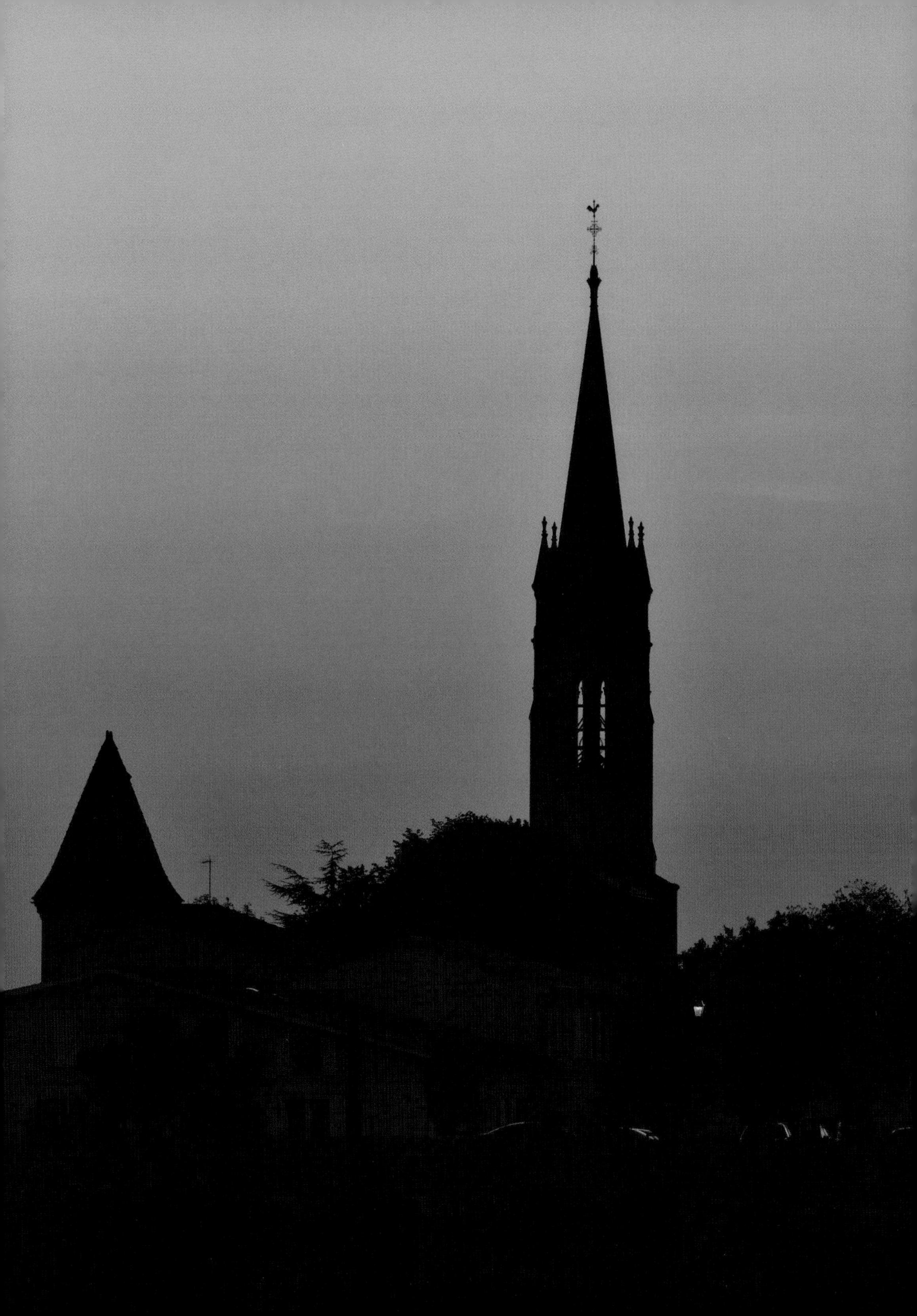

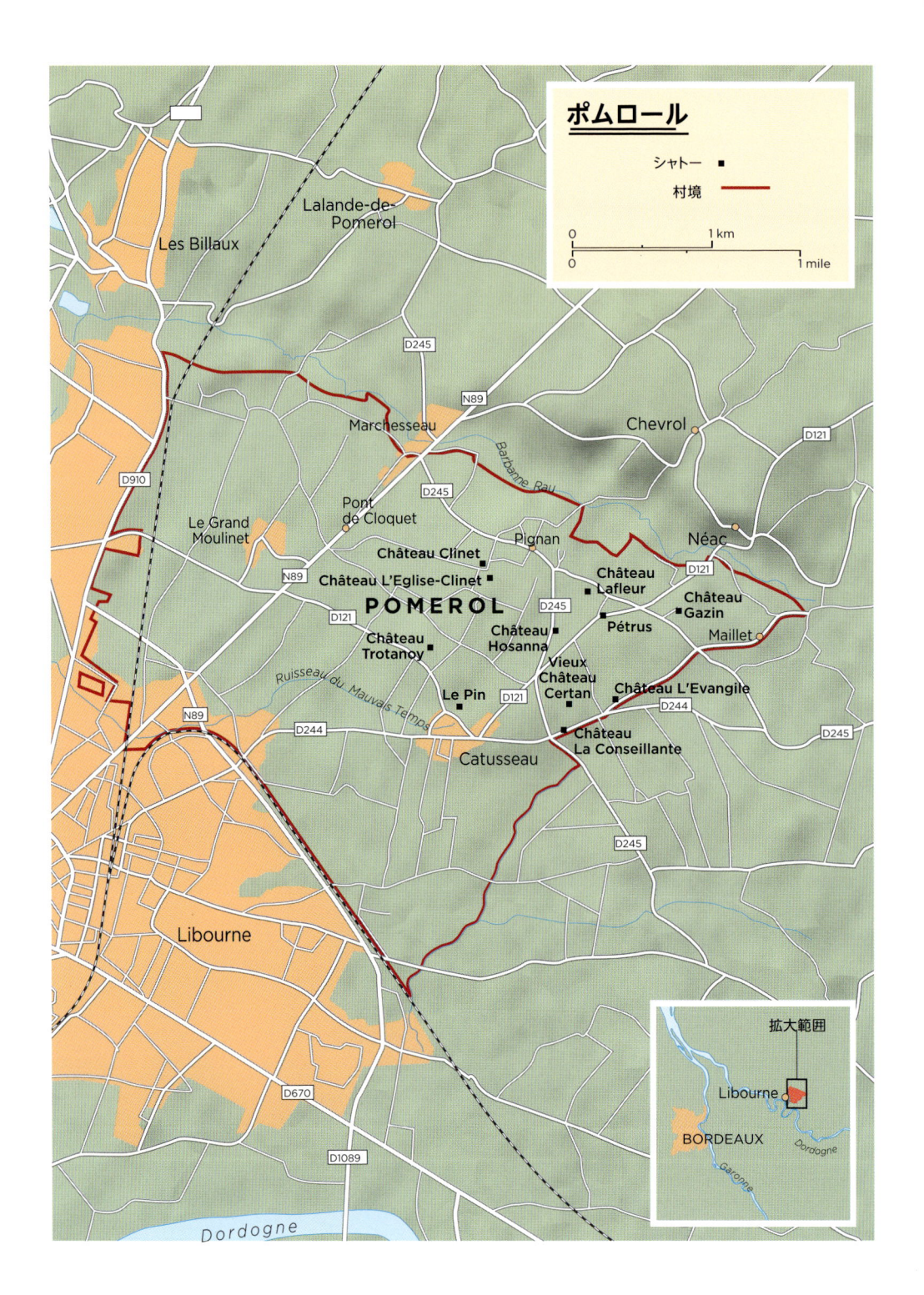

ポムロール

最上のつくり手と彼らのワイン

上：ポムロールはサン・テミリオンに近接しているが、アペラシオンの規模ははるかに小さい。しかしその評価の高さは、面積の狭さと伝統の欠如を補って余りある。

大戦前、ポムロールのワインは、古くからの北フランスとベネルクス諸国の市場以外にはあまり知られていなかった。ムエックスは1937年、ネゴシアンのエタブリスマン・ジャン・ピエール・ムエックス社をリブールヌで設立し、1950年代にこの地区の葡萄畑に積極的に投資を始め、現在有名になっているシャトーを海外市場に売り出した。彼のネゴシアン・ハウスは、傘下におさめている一流シャトー（ペトリュス、トロタノワ、ラ・フルール・ペトリュス、オザンナなど）と、その品質の高さで、現在もポムロールの主要な原動力となっている。

最近はポムロールへの投資は限定的で、企業よりも個人からの投資が多い（ル・ゲとラ・ヴィオレットのカトリーヌ・ペレ・ヴェルジュ、クロ・レグリーズのシルヴィアーヌ・ガルサン・カティアール、ネナンのレオヴィル・ラス・カスのデロン家など）。とはいえ、アクサ・ミレジムはプティ・ヴィラージュを、そしてラフィット・ロートシルト・グループはレヴァンジルを所有している。極上の畑の地価は高く（新世紀に入ってから、1ha当たり380万ユーロと噂されている）、所有権の移動はそれほど起こりそうにない。

それ以外の場所では、多くの畑が地元の自家栽培醸造家によって所有され、その酒質もさまざまである。近隣のアペラシオンに畑を持っていて、それをポムロールで醸造しているところもある。これは2019年に禁止される予定で、最近制定された法律では、施行日からそのようなワインは、ポムロールの特別に定められた地区でしか生産できなくなる。

227

POMEROL

Lafleur ラフルール

ラフルールがボルドーの最も偉大なワインの1つであることは言うまでもないが、それをポムロールで1番のワインと宣言したら、軽率と言われるだろうか？ 古いヴィンテージは伝説となり、1982からのものは至高で、その葡萄畑はまるで庭園のようにいつくしまれて管理され、そのオーナーは率直に自らを自家栽培醸造家と呼ぶ。ポムロールでラフルールと競うことができるのは唯一ペトリュスくらいで、実際、オークション市場では価格の高さを競っている。しかし残念なことにラフルールの生産量は極めて少なく、それを味わうことのできる人はほんの一握りの人に限られている。

評判の高いボルドーのシャトーは、ボルドー以外の地に住む所有者も含めて、すべて富裕な人々によって保持されているという一般に流布されている見解が嘘であることを、ラフルールは証明している。ジャックとシルヴィのギノドー夫妻とその息子のバティスト、そしてそのパートナーのジュリー・グレシアクの4人は、1年中葡萄畑を動き回り、そのテロワールを隅から隅まで知っている。「僕らは独自のやり方を持った農民だ。僕らの目的は、葡萄樹を従わせることではなく、導いてやることだ」と、バティストは説明する。彼らの偉大な財産は、ポムロール台地の上の、まわりをペトリュス、ラ・フルール・ペトリュス、ル・ゲ、オザンナ、そしてヴュー・シャトー・セルタンに囲まれた小さな1区画である。

ラフルールがボルドーの最も偉大な
ワインの1つであることは言うまでもないが、
それをポムロールで1番のワインと宣言したら、
軽率と言われるだろうか？

その長方形の4.5haの葡萄畑の南東の角は、粘土と微細な砂利の土壌で、南西部は砂利と粘土が半々の土壌である。この南側の部分にカベルネ・フラン（栽培比率の50%を占める）の大半が植えられている。北西の角はトロタノワヤル・パンと同じ砂利の多い粘土層で、北東部は砂と砂利の土壌である。これらの複雑な土壌構成から、ラフルールの精妙さと骨格の確かさが生まれている。この畑の中央部には、シルトと砂が厚く堆積した三日月型の帯が走っており、そこの葡萄は、セカンドワインのパンセ・ド・ラフルールに使われている。

バティストの祖父の祖父であるアンリ・グローがこの畑を取得したのは1872年のことであった。すでに隣の畑のル・ゲを所有していた彼は、ここを別のシャトーとして運営することに決め、その名前を小地区の名前ラフルールから取った。住居とセラーが建てられ（訪問客はル・ゲでもてなされた）、また同様の建物が道路を渡ったところにも建てられた。そこが現在のラ・フルール・ペトリュスになっている。

ラフルールはその後1888年に、グローの息子のシャルルに相続され、次に1915年、それを従兄弟のアンドレ・ロビンが買った。1946年に、ロビンの娘のマリーとテレーズがそれをル・ゲと共に相続した。ラフルールはその時までにすでにある程度の評価を固めていたが、姉妹が管理運営していた38年の間に、そのワインは国際的に名前が知られるようになった（1947、1950、1955、1966、1975、1979が特に有名）。

姉妹は2人とも結婚せず、1984年にテレーズが亡くなり、マリーはその畑を、又従兄弟のジャック・ギノドーに貸した。彼はその時すでに、自身のシャトー・グラン・ヴィラージュ（ボルドー・シュペリエール）を持っており、ワインづくりの基盤はできていた。J・P・ムエックス社のジャン・クロード・ベルエが1982、1983、1984と指導したが、1985からはジャックとシルヴィの2人でワインを造っている。2001年にマリーが他界すると、ギノドー夫妻はシャトーを単独所有するために資本の持ち分を増やした。その後、バティストとジュリーが隊列に加わった。

バティストはギノドーの時代を3期に区分する。「僕の両親が経営を受け継いだ時、葡萄畑には40年近くも手が入れられていなかった。そこで2人は、1985年から1990年までの間に、約8000本の葡萄樹を植替え、土壌のpHを改善し、トレリスを改良し、排水設備を整えた」。1956年の大冷害以前の葡萄樹は10%しか残っていなかったため、残りはそのすぐ後に植えられたものであった。2人は2つの小さな区画を再植樹したが、その多くが

右：細部に対する几帳面な気遣いによって最高のワインを生み出しているジャック・ギノドー。

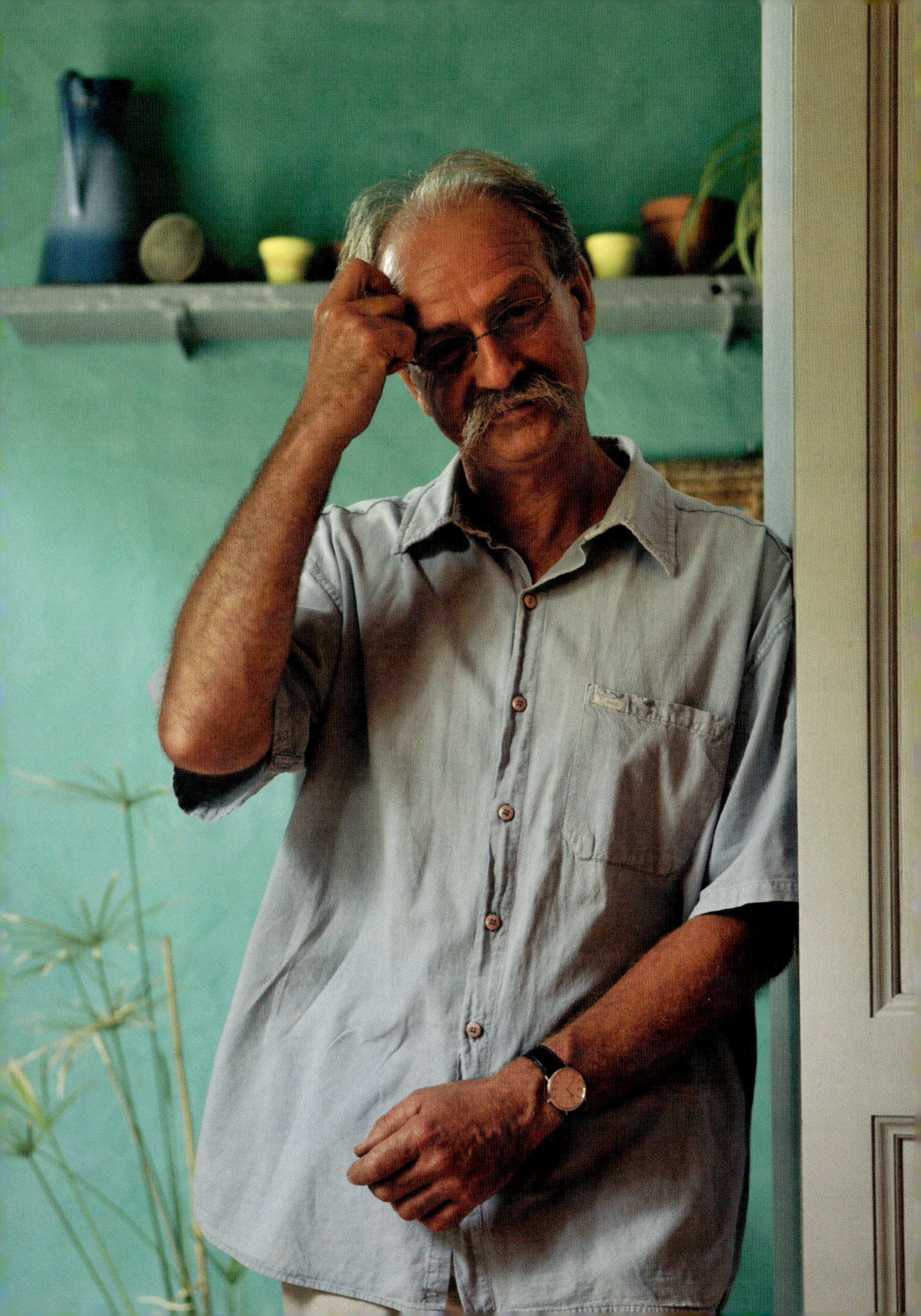

混植であった。新しいカベルネ・フランの苗は、自家苗のマサル・セレクションによるものであった。この時期のヴィンテージは、例外的と呼べる上質なワインであった。

　ギノドー時代の第2期は、土壌の理解と若樹の管理、収量の抑制に費やされた。「僕らはいつも、1ha当たりの収量を重要視した。平均収量は38hℓ/haだが、2005～2008は、32hℓ/haだった」とバティストは言う。葡萄畑が小さく、働き手は主に家族だけ（彼らはラフルールとグラン・ヴィラージュを行ったり来たりしている）という状況は、葡萄樹1本1本に他では見られないほどの注意と愛情が注がれているということを意味する。第3期は1990年代に終わった。葡萄畑はバランスのとれた状態が維持できるようになり、経験と知識も十分蓄積された。

　このワインが、葡萄畑で造られるワインであることは明らかで、そのため醸造は自然な方法で行われる。小区画ごとの成熟度を注意深く精査して収穫日が決定され、ブレンド比率は大部分葡萄畑で決定される。というのも、ワイナリーには発酵槽が7基しかないからである。選果もまた葡萄畑で行われるが、ここは選別テーブルがないことで有名である。醸造室では、葡萄は除梗され、軽く破砕されて、温度調節機付きのコンクリート槽に入れられる。「酵母を追加することもあるが、長い浸漬は避けている。理由は、ヴィンテージが抽出の度合いを指示するからだ」とバティストは言う。

　1991年に樽内でのマロラクティック発酵が導入され、熟成には40%だけ新樽が使われる。そしてその新樽は、あらかじめグラン・ヴィラージュで白ワインを使って洗い流され、"準備"される。ブレンドは早めに実施され、グラン・ヴァンとセカンドワインのブレンドは2月末には終えている。ワインはそれからさらに15カ月間熟成される。ラッキングは4～5カ月おきに行われ、瓶詰め前に卵白を使って清澄化される。

下：すべての努力の焦点となっている葡萄畑の前に誇らしげに並ぶ、ジャックとシルヴィのギノドー夫妻とその息子のバティスト、そしてそのパートナーのジュリー・グレシアク。

上：美しくつつましやかに佇むラフルールの19世紀の建物。ラ・フルール・ペトリュスにも同じ建物がある。

極上ワイン

Château Lafleur
シャトー・ラフルール

　ラフルールの特徴の1つは、ブレンド中のカベルネ・フランの比率が高いことで、平均40％を占め、残りがメルローである。この組み合わせから精妙さが生まれ、土壌由来のミネラル風味が表現される。2005年10月に、グラン・ヴィラージュでラフルールのテイスティング会が開かれ、1986以来のヴィンテージの一貫性と濃密さを感じることができた。ヴィンテージの多くが驚異的な長熟能力を有し、どのワインも瓶熟させる必要がある。1986は、トリュフとタバコの熟成した香りがあり、口に含むとまだ酒躯はフルで、しっかりとしており、力強いタンニンに支えられている。1988はかすかに厳しさも感じられるが芳醇なワインで、ミネラル風味の新鮮さがたっぷり感じられ、後味も長い。1989★は、大きく堂々としており、力強く、プラムとイチジクの温かく熟れた香りが鼻腔に広がり、口に含むとフルボディで、限りない深奥さと濃密さが感じられ、今後さらに20年瓶熟する能力がある。それと比較したかったが、1990はなかった。1995★はフレーバーの濃密さが偉大で、またしても力強い骨格と長さを感じる。1996は、それに比べてやや細身で、禁欲的で、ミネラル風味が前面に出ている。1998はチョコレートやカシスが感じられ、飲みやすい仕上がりとなっており、口に含むと滑らかで、ミネラル風味が感じられ、タンニンがそれをしっかりと支えている。しかし期待した濃密さはなかった。1999は、難しい年にしては異常なほど力強く、凝縮され、タンニンは鉄のように堅固。2000★は、偉大な年の力強さ、凝縮感、精妙さを持ち、熟れたエキゾチックな香りが広がり、口に含むと、豊かで、美しい果実味が幾重にも押し寄せ、後味は驚くほど長く、新鮮。2001★は、同じ血統で、男らしく、力強く、熟れた果実味の核があるが、まだ断固として閉じている。2002は、細くやや厳しさがあるが、"古典的"で、調和が取れ、焦点が絞られている。2003はそれとは反対に、開放的で、豊穣で、まろやかで熟れており、しかも高揚感をもたらす新鮮さも感じられる。
2000★　暗く濃密な、落ち着いた色調で、熟れた果実とミネラル風味が感じられるが、まだかなり閉じている。口に含むと、触感はきめが細かく、濃密で、独特の風味があり、タンニンは堅牢。新鮮でバランスのとれた後味が驚くほど長く持続するが、さらに瓶熟する必要がある。

Pensées de Lafleur
パンセ・ド・ラフルール

　このセカンドワインのブレンド比は、ラフルールと同じ。ただ2003だけはメルロー100％だった。最高の年（2005、2000、1995）は、感動的なワインになり、グラン・ヴァンの濃密さがあり、20年以上熟成する力がある。ラフルールに比べ、価格満足度が高く、2004や2006は特にそうであるが、残念ながら、すでに品薄である。

Château Lafleur
シャトー・ラフルール

総面積：4.5ha　葡萄畑面積：4ha
生産量：グラン・ヴァン1.2万本
セカンドワイン6000本
33500 Pomerol　Tel: +33 5 57 84 44 03

POMEROL

Pétrus　ペトリュス

あの伝説的な人物を祀る寺院のような邸館を期待してきた人は、がっかりするかもしれない。ペトリュスの建物は、どれも簡素で地味である。最近行われた改修工事でいくらか輝きを増し、外壁のペトリュスの文字もくっきりと浮かび上がって見えるが、主要な建物の中の、今われわれのいる接客室とセラーで話されていることは、ワインづくりの基本に関わることばかりである。とはいえここで最も重要な存在は、建物を囲む葡萄畑であり、ペトリュスの比類なき力強さと長熟する力を生み出す源泉である粘土質土壌である。

しかし葡萄畑の中に立ったとしても、ペトリュスの優位性を発見するには、鋭い観察眼がいる。葡萄樹の列が几帳面に手入れされていることは誰でも気づくが、高さ40mの地点から斜面がなだらかに下っていることに気づく人はほとんどいない。その自然が生み出した良好な排水は、1970年代初めに出来た人工の設備によってさらに改善されている。

この畑の土壌は、ペトリュスの"ボタン穴"と呼ばれる有名な青灰色の粘土で、クラス・ド・フェル（鉄の垢）という2層の粘土層からなっている。数100万年前に、粘土のような底土が、地表の粘土−砂利層を突き破って露出したもので、独特のテロワールを形成している。「雨が降った時、粘土は膨張して水を排出し、葡萄樹が水を過剰に摂取するのを防ぐ。一方乾季には、亀裂によって根が深くまで侵入するのを促して水分を供給し、水分ストレスから葡萄樹を守る」と、高名なクリスチャンの息子で、次世代のエタブリスマン・ジャン・ピエール・ムエックス社の顔であるエドゥアルド・ムエックスは説明する。

密度の高い粘土土壌はペトリュス固有のものではない──近隣のガザン、ヴュー・シャトー・セルタン、レヴァンジル、ラ・コンセイヤントも一部含んでいる──が、ペトリュスの場合はほぼ全体をその土壌が覆っている。そのため、ここではメルローが圧倒的に優勢を占め、また残りの5％のカベルネ・フランも、グラン・ヴァンに使われることはめったにない（最近では、1998、2001、2003だけに含まれている）。

葡萄畑は、1956年の大冷害の後に植え替えられたもので、古い葡萄樹の樹齢は50歳前後である。それ以降も、すべての区画で計画的に植替えが行われ、いくらか混植も行われているが、クリスチャン・ムエックスは、小区画の全体を一度に植替え、ローテーションしていく方法を好んでいる。1973年に、風の通りを良くし、収量を抑制するためにグリーンハーベストを導入したのは彼であり、1980年代後半以降、それは計画的に実施されている。現在では、7月に除葉と同時にグリーンハーベストを行い、その後ヴェレゾン（顆粒着色）の後に、ムエックスがトワレタージュ（整理整頓といった意味）と呼ぶ、第2幕が始まる。

ムエックス家がペトリュスと関係を持つようになったのは1940年代からで、当時のオーナーであったマダム・ルパが、ジャン・ピエール・ムエックスにワインの独占販売権を与えたことに始まる。彼は1960年代には株式の大半を所有するようになり、同時に既存の葡萄畑を補完するものとしてシャトー・ガザンから4.5haを買い入れた。それは現在では7haに広がっている。その頃からつい最近まで、ジャン・ピエールの息子のクリスチャンと、醸造家のジャン・クロード・ベレエがワインづくりの指揮を執った。2009年以降、新体制が取られ、クリスチャンの兄のジャン・フランソワが正式なオーナーとなり、ワインづくりの総指揮とシャトーの支配人を、以前シュヴァル・ブランにいたジャン・クロード・ベレエの息子のオリヴィエが務めることになった。販売は引き続き、ムエックス社が独占的に行う。

1年のうちで最も重要な決断が、収穫日の決定である。ムエックス社は、企業全体として遅い収穫を奨励しているわけではない。逆に、それによってワインのフレーバーの中に、プルーンとジャムの香りが入り込むのを嫌う。しかし土壌が基本的に低温の粘土であることから、早熟の地域にありながらも、ここでは葡萄果粒のフェノールが完全に成熟するには時間が必要である。2007年に、ジャン・クロード・ベレエとクリスチャン・ムエックスは、38年間の共同作業のなかで初めて収穫日について意見が違った。そして、それはベレエの最後のヴィンテージ（彼自身の44回目のヴィンテージ）となった。彼はもっと待つべきだと主張したのである。2008年、最も遅い収穫日の部類に入るが、ペトリュスは10月の最初の数日に収穫を行った。ペトリュスが恵まれているのは、いったん収穫日が決

右：体に釣り合わない大きさの天国の門の鍵を持ち、同じく釣り合わない小さな船に乗っているペトリュスの聖ペテロ像。

PETRUS

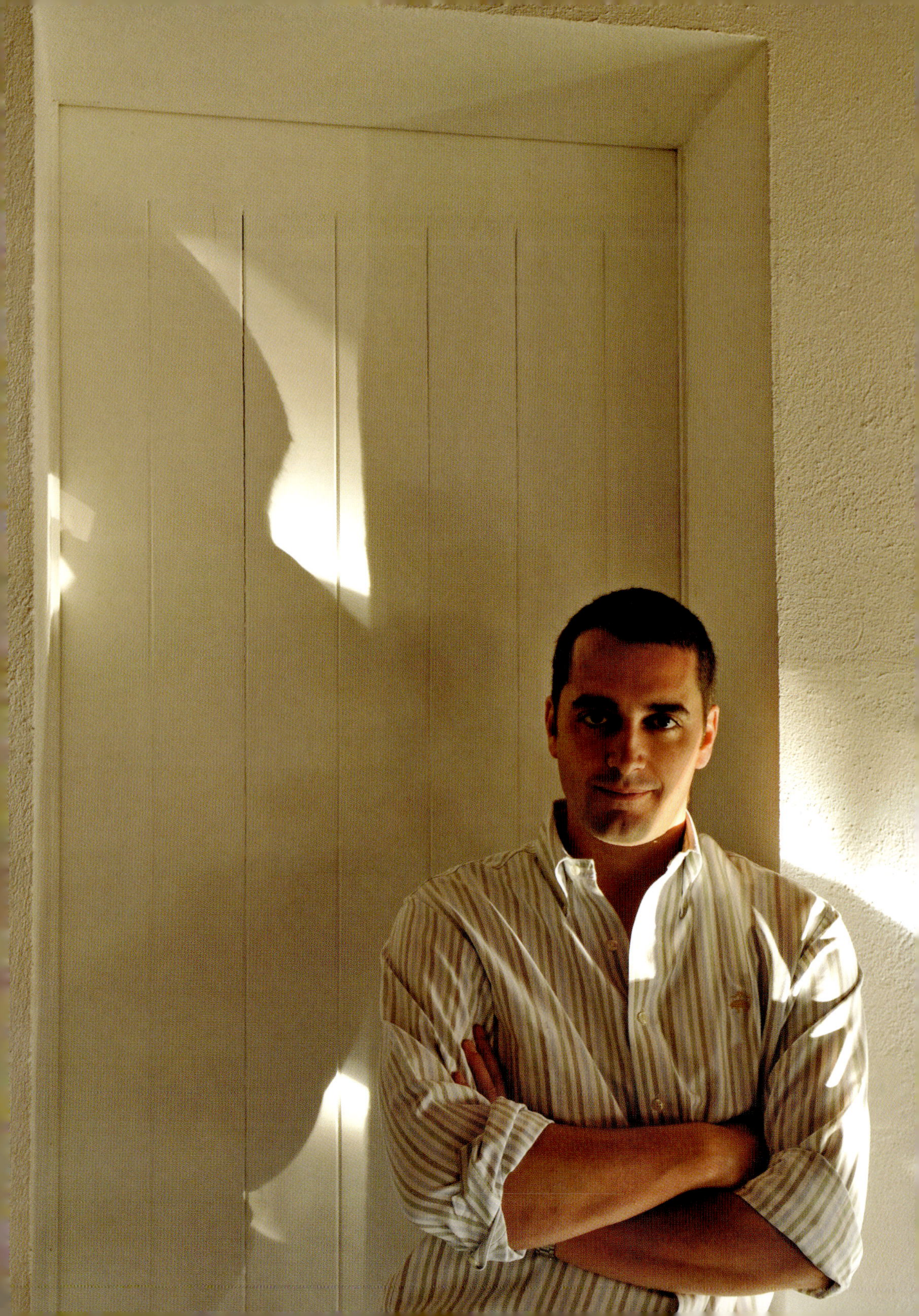

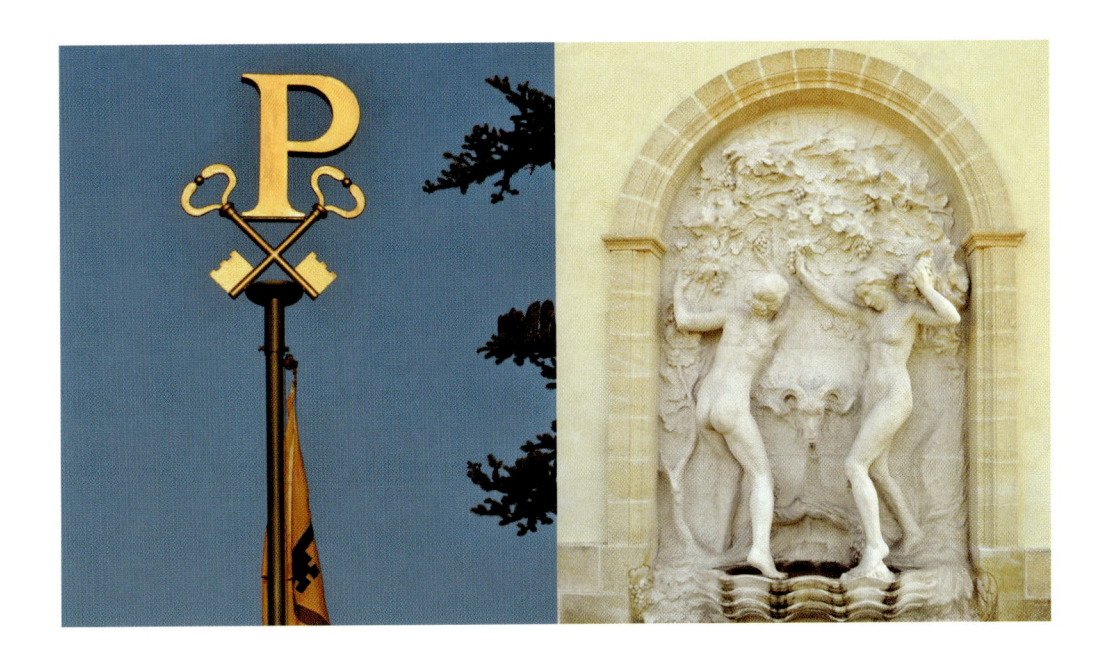

定されると、ムエックス社が派遣する150名の摘み手によって、2日間、それも午後だけですべてを摘み取ることができるということである。

それに続く醸造工程は、簡潔で、伝統的である。発酵は、抽出のためのルモンタージュを伴いながら、コンクリート槽（全部で15基あり、それ以外にステンレス槽が4基ある）で行い、最初は発酵温度をわりと高く設定している。マロラクティック発酵も槽内で行うが、2008では、アン・プレムールのために一部を樽内で行った。熟成は合わせて18カ月行い、その間3カ月おきにラッキングをし、最初は100％新オークで行うが、ヴィンテージの質を見ながら、新樽比率をそのまま維持するか減らすかを決める。

極上ワイン

Pétrus
ペトリュス

ペトリュスが最も重要視している要素が、力と強さで、若い時そのワインは、中心核の周りにしっかりと巻きつけられ、なかなかほどけず、沈鬱な感じさえ与え、タンニンの保持力も抑制されている。凝縮感があるが、けっして重くも巨大でもなく、過度でもない。偉大なヴィンテージの精妙さは、メルローを最適な瞬間に摘果することから生まれ、その果粒の成熟感と躍動感がワインに更なる次元を付け加えている。その凝縮感と濃さにもかかわらず、ペトリュスは現代的というレッテルを貼られることを拒む。色は濃いが、けっして青黒い色ではなく、アロマに過熟の気配が感じられることのないように、そして口に含んだときに、厚ぼったく、だらけた感じにならないように注意が払われている。そのワインは確かに偉大ではあるが、最近の価格は、それを所有できるのは億万長者だけに限られるということを示唆している。例外的なヴィンテージとしては、1998、2000、2001、2005、2008が挙げられるが、私個人としては、1998が好みだ。

2001★　力強く、魅力に溢れ、フィネスもある。酒躯（ボディ）はフルで香り高く、芳醇。ブラックカラントなどの黒果実、コーヒーが感じられる。口に含むと果実に愛撫されている感触があるが、核はしっかりとしており、タンニンは熟れて良く研磨されている。濃密で豊饒であるが、バランスも良く、後味は長く落ち着きがある。いまでも花の香りが少し感じられるが、まだまだ長く熟成することは間違いない。

2005★　貴族的ではあるが、同時にまどろんでいるような感覚もある。凝縮され、ぼやけたところがない。スパイス、砂糖漬け果実、黒果実の香りが漂い、エキゾチックな印象も受ける。酒躯（ボディ）はフルで芳醇で巨大ではあるが、成熟したタンニンの骨格の上に極上の滑らかな触感がある。後味は新鮮で長い。力強くバランスも取れている。今後50年以上も長く熟成するだろう。

左：父ジャン・クロードの跡を継ぎ醸造長になっているオリヴィエ・ベルエ。
上：キリスト教とディオニソス教のシンボルが並んでいる。

Pétrus
ペトリュス

総面積：11.5ha　　葡萄畑面積：11.5ha
生産量：3万本
33500 Pomerol　　Tel: +33 5 57 51 17 96

POMEROL

La Conseillante　ラ・コンセイヤント

イギリスの輸入商やワイン愛好家は、シャトー・ラ・コンセイヤントに弱い。それはミネラル風味に満ちた黒果実の風味と骨格があり、彼らの好きなメドックのワインを思い起こさせる。しかし、これは奇妙なことだ。なぜならそのワインは、伝統的なポムロー・ブレンド（メルロー85％、カベルネ・フラン15％）で出来ているからだ。

このワインもまた葡萄畑で造られるが、その境界は1871年からずっと変わっていない。その年、現在のオーナーの祖先であるニコラ家がこのシャトーを買い取り、前のオーナーの名前、カトリーヌ・コンセイヤントから、シャトー名をもらった。その葡萄畑はヴュー・シャトー・セルタンの南にあって、地続きの1区画をなし、一部をペトリュスとレヴァンジルに接し、そこからさらに南に広がり、県道244号線を超え、実質的にはサン・テミリオン村に属しているがポムロールの一部となっている約4.5haの部分にまで広がっている。そこでは、シュヴァル・ブランやボールガールがお隣になる。

*シャトー・ラ・コンセイヤントは
ミネラル風味に満ちた黒果実の風味と
骨格があり、メドックのワインを思い起こさせる。
このワインもまた葡萄畑で造られる。*

この広い葡萄畑を北から南へ走るように2種類の土壌が走っている。東側が灰色の粘土層で、西側が砂の多い砂利層である。どちらも、地面から下2mのところは、ほとんどがクラス・ド・フェルである。「石の多い砂利層に育つカベルネ・フランは、ワインにミネラル感をもたらし、砂利層のメルローはフィネスを、そして粘土層に育つメルローが力強さをもたらす」と、醸造長で支配人のジャン・ミシェル・ラポルトは言う。

葡萄樹の平均樹齢は32歳前後で推移しており、最も古い区画は樹齢57歳になるが、ここ数年のうちに抜根され、再植樹が行われることになっている。最近新しく植えられた葡萄樹は、植栽密度7500本/haであるが、それ以前のものは6000本/haである。1990年代にラ・コンセイヤントが経験した一貫性のなさは、多収量が原因であったことが分かり、2001年以降の収量は、38～40hl/haに抑えられている。そのため、葡萄樹はタイユ・ボルドレーゼ式で剪定され、樹冠も改良されている。

このシャトーは、あらゆる意味で古典的であり、ニコラ家は方向変換することも、船を揺らすことも望んでいない。しかしながら、ニコラ家の家族の1人が醸造長を務めた1990年代に激しい品質の揺れを経験したため、ニコラ家は専門的な醸造家を招くことが必要だと感じた。2004年に、支配人の業務を引き継ぐために1人の専門家がやってきた。明晰な頭脳を持つ有能な醸造家、ジャン・ミシェル・ラポルトである。彼の微調整はワインの質を向上させているが、彼は伝統的なムエックス派の醸造法を信奉しているため（実際その下で働いたこともある）、ラ・コンセイヤントのスタイルは変わっていない。

収穫は、以前はシャトー内に寝泊まりする季節労働者の摘み手によって行われていたが（その方式を採った最後のシャトーの1つ）、2009年以降は、摘果専門の業者に依頼することによって、現在では一般的になっている小区画ごとのより選択的なきめの細かい摘果が可能となっている。葡萄果実はその後セラーで選果され、2003年に購入したエグレヌールと呼ばれる除梗機で優しく除梗される。

醸造法はかなり古典的で、1971年に導入したステンレス・タンクを使って行われる。「僕の哲学では、アルコール発酵が起こる前の果醪から仕事が始まる。だから低温浸漬を行う。その後で酵母を加え、中位の濃密度が出るまで、かなりの回数ルモンタージュを行う」とラポルトは説明する。ここでは、人工的な濃縮、ピジャージュ、マイクロ酸素注入法は行われず、マロラクティック発酵はタンク内で行う。2008ヴィンテージでは、ラポルトは、マロラクティック発酵を促進するために乳酸菌を植菌した。最終ブレンドには、6～7％の圧搾ワインが加えられる。

熟成は、新樽比率80～100％で、18カ月以上行われる。古典的なラッキングを行い、必要なら、卵白による清澄化と、濾過を行う。ラポルトは、新樽の焼き具合を、"低

右：伝統的な垂直圧搾機のワインで染まったマットの壁掛けの横に腰掛ける、ラ・コンセイヤントの有能な若き醸造家ジャン・ミシェル・ラポルト。

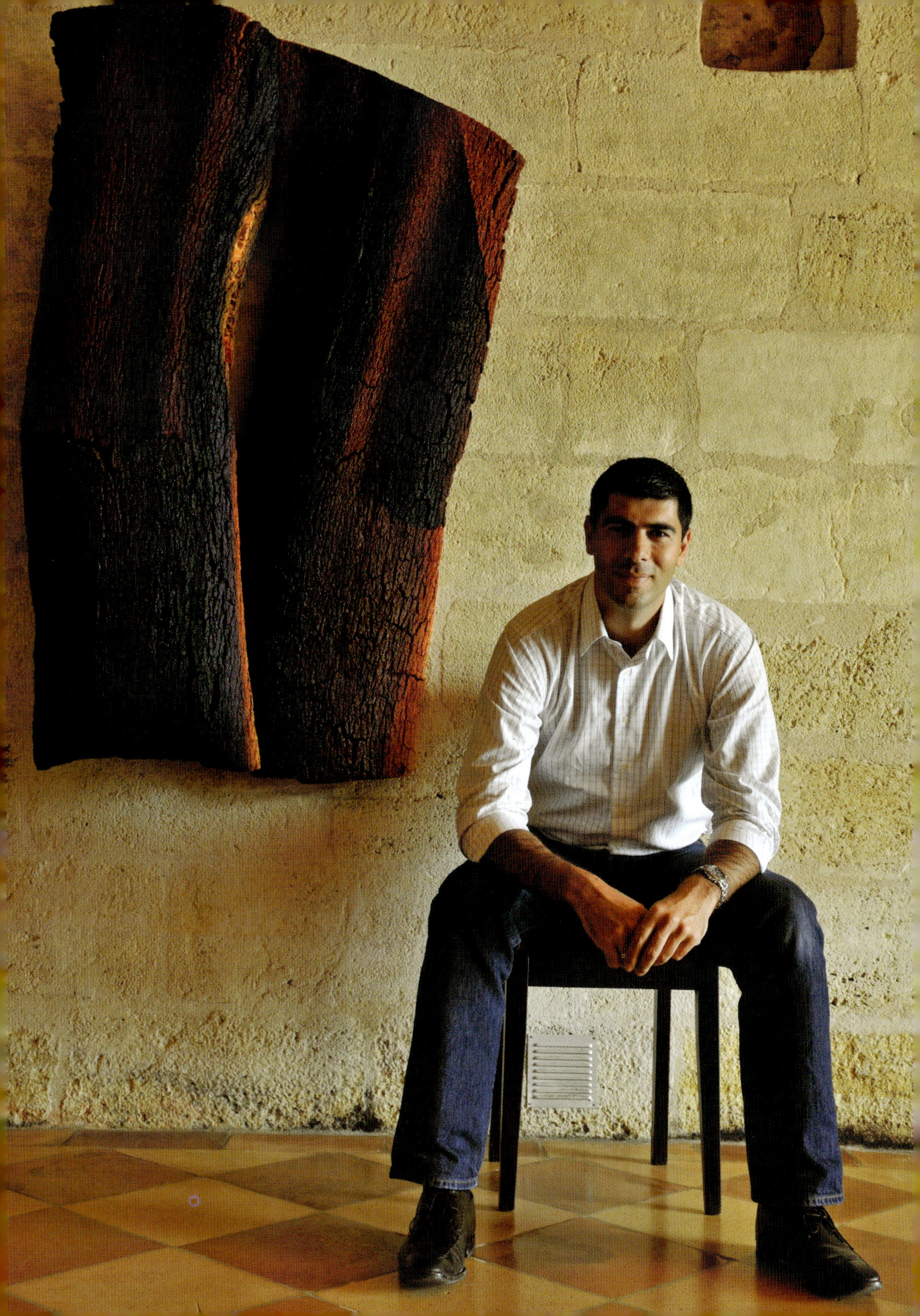

温で、長時間の焼き"――樽業者の言う"ショッフ・ブルギニョン（ブルゴーニュ風の火入れ具合）"――に切り替えた。もう1つの変化は、2007ヴィンテージからの、セカンドワインのデュオ・ド・コンセイヤントの導入である。これはシュヴァル・ブランに近い砂質土壌の小区画の若樹から出来るワインである。以前は、グラン・ヴァンに使えないワインは、ネゴシアンに樽売りしていた。

新しい醸造室の建設が始まろうとしていた矢先に、2009年の世界金融危機が起こった。そのため建設は2010年まで延期せざるを得なかったが、その設計図を見せてもらうと、ステンレス・タンクに代わって小型のコンクリート・タンクが楕円形の形に並べられることになっている。

最近訪問したとき、彼は特に2001と2006をテイスティングしてほしいと言ったが、それは彼から見ると、それらがラ・コンセイヤントのスタイルを象徴しているからである――たとえば2005は、それらよりも豊かで、より力強い。新世紀に入ってからのラ・コンセイヤントは絶好調である。

2001★　暗い色調。ミネラル、黒果実、ミント、スミレのメドック風の香り。最初、清らかで新鮮な口当たり、次いで、芳醇な果実味が口中に広がり、バランスのとれた酸がそれに伴う。長くしっかりした後味で、非常にきめが細かい。

2006　濃密な色。やや抑制された香り。しかしクリーミーなオーク、カシスの新鮮さが感じられる。口に含むとミネラル風味が豊かで、新鮮さと酸が際立つ。滑らかで濃密。タンニンは堅牢で、すべすべしており、よく統合されている。後味は長く、長熟する力を秘めている。

上：門柱に彫られた控え目なシャトー名は、ワインの抑制された味わいを良く表している。また古いヴィンテージを包む包装紙の色も、このワインによく似合っている。

極上ワイン

Château La Conseillante
シャトー・ラ・コンセイヤント

私はラ・コンセイヤントの古いヴィンテージを、限られた回数しか経験したことがなく、ジャン・ミシェル・ラポルトもそうであった。なぜならドメーヌには数少ない貴重なボトルが残っているだけだったからだ。しかし彼は1928、1949、1959は素晴らしく、1970と、1980年代のすべてのヴィンテージはどれも秀逸だったと断言した。

Château La Conseillante
シャトー・ラ・コンセイヤント
総面積：12ha　葡萄畑面積：12ha
生産量：グラン・ヴァン5万本
セカンドワイン4000本
33500 Pomerol　Tel: +33 5 57 51 15 32
www.la-conseillante.com

POMEROL

L'Eglise-Clinet レグリーズ・クリネ

ここは、そのワインの酒質と価格の高さを知らなければ、ちらっと見ただけで通り過ぎてしまうようなシャトーの1つである。地元の道標的存在になっているクリネ教会（レグリーズ・クリネ）と、墓地の横にひっそりと佇む農家風の建物とセラーを眺めると、古き良き時代が偲ばれる。しかしここは、機知に富んだ、明敏な自家栽培醸造家ドニ・ドラントンと、その妻で画家のマリー・レイヤックがそれぞれの作品を生み出す作業場であり住まいである。

ドラントンがこのシャトーを継いだのは1983年のことで、それ以来そのワインの質は着実に向上し、名声は高まるばかりである。最初の頃、資金が限られていたため、彼の努力は主に葡萄畑の改良に向けられた（そして今も）。その葡萄畑は、ワイナリーのすぐ近くの台地の、粘土と粘土－砂利の土壌の数区画と、隣のシャトー・クリネのワイナリーの向かい側の数区画からなっている。ワインの中核となる葡萄は、1935年に植えられたカベルネ・フランからのもので、それらは1956年の大冷害を生き延びてきた古樹である。

残りの半分の葡萄畑は、1956年以降に植替えられたものであるが、ドラントンはそれらを計画的に植替えている。「もっと早く植替えを始めるべきだった。というのも、当時の台木と株はあまり良いものではなかったから。しかし資金の余裕もなかったし、また先祖の仕事を尊重したいという気持ちもあったから、自分を抑えたんだ」と彼は説明する。現在までに合わせて2.5haの植替えが完了し、その中には植栽密度8000本/haで植えられているところもある。その若樹の果実もグラン・ヴァンに入る。

土壌のバランスを回復させるため、1989年に化学肥料の使用は中止され、現在は調整のために有機堆肥が時々使われるくらいである。除葉とグリーンハーベストが計画的に行われ、収穫日は、"過熟（シュルマテュリテ）"を避けて決められる。「気温が上昇すれば、メルローは24～48時間で変化し、アロマが消えてしまう。だから迅速な決断と行動が要求される。なぜなら前に戻すことはできないからね」とドラントンは言う。選果は大半、葡萄畑で行われ、さらにセラーで2台の選果テーブルを使って最後の確認をする。

ドニ・ドラントンは、風貌と気質とは裏腹に、醸造に関してはニューウェーヴに属さず、低温浸漬や、マイクロ酸素注入法、さらには樽内でのマロラクティック発酵さえも

下：慎ましやかなレグリーズ・クリネの農家風のワイナリー。その姿は、本物でありながらも威張ることなく、またちやほやされることもないそのワインの姿勢と共鳴している。

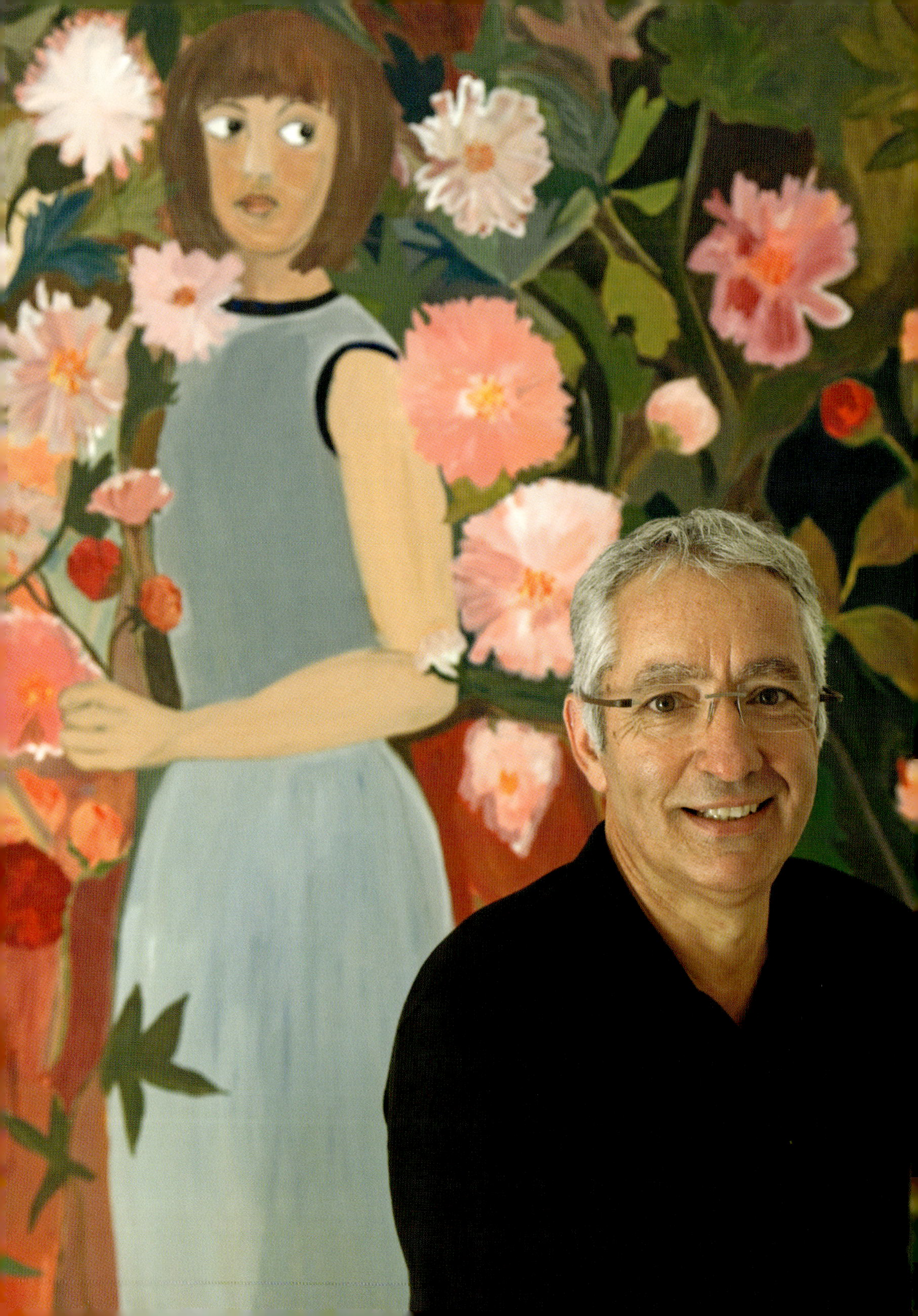

POMEROL

行わない。彼はむしろ、比較的低温 (26〜29℃) での、長くゆっくりとした発酵を好む。「アルコール発酵は少なくとも7日間は続けなければならない」と彼は断言する。ワイナリーで見ることのできる現代的手法を示す設備といえば、小区画ごとの醸造をするために2000年に購入した小型のステンレス・タンクくらいである。

もう1つの大きな変化が、新オーク樽の使用である。1980年代後半、ドラントンは新樽を30％しか使わず、1989にはまったく使用しなかった。しかし1995から新樽を50〜65％使うようになり、2000、2005、2008のようなヴィンテージでは、80％またはその近くまで引き上げられた。ワインは、伝統的なラッキングを行いながら、最長18カ月熟成され、卵白による清澄化を受ける。

明らかにオークの使用によって、すでに深奥さと濃密さのあったワインに、さらなる優美さと精妙さが、そして比類なき個性が加えられている。ポムロール特有の果実味の豊かさだけでなく、骨格の確かさと酸がバランスをもたらしている。それを象徴するかのように、1990年代初めにはアン・プレムールの価格で1本8ユーロしかしなかったそのワインは、1995以降毎年、螺旋階段を昇るように上昇している。

ドラントンは、ラ・プティ・エグリーズというワインも造っているが、それをレグリーズ・クリネのセカンドワインと呼ぶ人もいる。しかし本当は違う。そのワインは、別の1.3haの砂礫土壌の畑に育つメルローから造られるもので、価格が異なっているため、比較的お買い得なワインとなっている。

極上ワイン

Château L'Eglise-Clinet
シャトー・レグリーズ・クリネ

ドニ・ドラントンが、ボルドーで2年に1回行われる2009年のワイン・エクスポで、このダブル・マグナムによるテイスティングを開催してくれたことに深く感謝している。招待された人々は、特別なワインを賞味することができた。ブレンドは、大半がメルロー85％、カベルネ・フラン15％だが、2005はメルローが90％まで増やされた。カベルネ・フランは、他では見られない古樹からのものである。

1985★ 至高のワイン。このテイスティングの目玉。赤色で、縁はレンガ色。初香は最初控え目であるが、徐々に開いて豊饒になり、さまざまな赤と黒の果実、トリュフが乱舞する。口に含むと、甘く、緻密、肯定的で、後味は濃密で長い。すべすべした触感が官能的で、カシスの微香もある。まだ少し熟成の余地がある。

1988 出されたワインのなかで最も酸が強く、pHは3.5くらいではないかと推測する。若々しい赤色で、ミネラルや森の下草の香りが漂い、口に含んでも同じ香りが広がる。最初少し甘さが感じられ、その後、より軽い酒躯と新鮮さが感じられる。酸がくっきりとしており、後味に少し辛さを感じる。

1989★ 力強く精妙で、究極の繊細さ。中心は赤色で縁はレンガ色。芳香性があり、豊かなアロマが広がる。上質のブルゴーニュのようで、スミレ、スパイス、コーヒーの香り。素晴らしい口当たりで、芳醇さの極み、退廃的な雰囲気さえ漂う。骨格は大きく、しかも緻密で、タンニンはよく成熟している。

1990 豊かで芳醇、しかし1989の精妙さと威厳には欠ける。グラスの中心部は暗く、縁はレンガ色。トリュフと赤果実の香りが広がり、口に含むと、まろやかで甘く、べとつくような触感がある。しかしタンニンはその前の年よりも少し元気が良すぎる。

1995 軽めで、わりと印象が薄い。鮮やかな若々しい赤色、しかし縁は輝きが弱い。ミディアムボディで、森の下草の香り。甘さはあるが、タンニンは少し角があり、後味にわずかではあるが辛さを感じた。

1998★ より古典的なスタイル。深く鮮烈な色。濃密で芳醇であるが、同時に新鮮で、落ち着いている。赤果実の香りと触感が愛らしい。タンニンは堅牢で緻密。後味は素晴らしくバランスが取れ、長く続く。

1999 このヴィンテージにしては、大きな成果。深い赤色。初香は1998よりも単純で、黒と赤の果実の香り。口に含むと、驚くほど豊かで、オーク由来のバニラの微香が感じられる。タンニンは自信に満ちている。飲み頃に入り始めているが、まだ少し置いた方が良い。

2000 力強いワイン。出されたもののなかでタンニンの量が最も多い。濃密だがエレガントさもある香りが広がり、クリーム・ド・カシス (カシスのリキュール) の香りがする。オークがエキゾチックな雰囲気を加えている。口に含むと、熟れて、甘く、精妙。タンニンの骨格は大きく、長熟する能力を感じさせる。

2005★ 現代的で、エキゾチックであるが、とても洗練されている。深暗色。退廃的で、スパイシーで、クリーミーな香り、果実のリキュールの香りがする。口に含むとオークが依然として健在で、チョコレートとバニラの微香がある。しかしそれらは、果実の背後にこじんまりとまとまっている。滑らかなベルベットのような触感。タンニンは力強いが、2000よりもフィネスが感じられる。

左：妻で画家のマリー・レイヤックの壁画の前で微笑む、躍動的で、独立心旺盛なドニ・ドラントン。

Château L'Eglise-Clinet
シャトー・レグリーズ・クリネ

総面積：5ha　葡萄畑面積：4.5ha
生産量：グラン・ヴァン1.5〜1.8万本
33500 Pomerol　Tel: +33 5 57 25 96 59
www.eglise-clinet.com

POMEROL

Le Pin　ル・パン

　ジャック・ティエンポンは、まだどこか当惑しているように見える。ベルギーを基盤とする実直なネゴシアンの趣味の1つとして始まったものが、見る見るうちに神話的なワインとなり、その価格も伝説的なものになった。今では彼も、価格決定要因を考慮するようになってはいるが、それでも、目も眩むような価格が付けられるのは市場のせいであり、ワインの稀少性のためだと主張する。ガレージワインの先駆けとなったという世間の評価に対しては、ただ首を横に振り、微笑むだけである。

　真実は概略以下のとおりである。1970年代のこと、あまり魅力的でない建物と2本の松（松はフランス語でル・パン）のある1haの小さな葡萄畑が売りに出された。ジャックの叔父で、当時ヴュー・シャトー・セルタンの支配人をしていたレオンが、この畑の質の高いことを認め、それが自分自身の葡萄畑に近いことも考慮して、ヴュー・シャトー・セルタンをさらに強力にするためにそれを買い取ることを提案した。ティエンポン家全体で検討したが、売値が高すぎるという結論になった。しかし叔父のレオンとジェラールにしつこく勧められたジャックは、ついに1979年、自分の口座から金を引き出してその葡萄畑を購入した。

　それまでジャックは、レオンとの小規模なワインづくり夢中になっていたが、今回は自分一人でやってみる良い機会だと考え、チャンスを掴んだ。最初のヴィンテージ1979のための設備や道具は、本当に初歩的なものしかなかった。家屋の地下の土間が作業場で、ステンレス・タンクは1基しかなく、ポンプと圧搾機は手動で、マロラクティック発酵（それ以外に特別なことは何も行われなかった）と熟成のための樽は、ヴュー・シャトー・セルタンの使用済みのものを譲り受けた。

　1978年に畑の40％の植替えを行い、1981年になってようやくル・パンのために1haの区画全部が使えるようになった。1984年と1986年に、新たに葡萄畑を購入した。最初の区画は、ル・パンの隣の、元は野菜畑であったところで、ジャックは購入後葡萄樹を植えた。2つめは、地元の鍛冶屋が所有していた0.5haの葡萄畑である。

上：傑出したベルギーの商人ジャック・ティエンポン。彼が趣味として造り始めたワインは、見る見るうちに記録的な価格を付けた。

ベルギーを基盤とする実直なネゴシアンの趣味の1つとして始まったものが、見る見るうちに神話的なワインとなった。ガレージワインの先駆けとなったという世間の評価に対しては、彼はただ首を横に振り、微笑むだけである。

葡萄畑はすべてポムロール台地の一番高いところにあり、砂利層は土地が低くなっていくにつれ、砂の含有量が多くなっている。1956年以前の葡萄樹もいくらかあるが、再植樹が行われ、現在の平均樹齢は28歳で、すべてメルローを植えている。収量は30hℓ/haである。3分の1ヘクタールが2008年に抜根され、2010年に植え替えられた。

ル・パンが有名になりだしたのは、1980年代半ばからである。1982年にロバート・パーカーが高得点を付け、スイスのワイン商レネ・ガブリエルと、フランスの雑誌編集者ジャック・リュクセがそのワインを絶賛した。特に後者は、そのワインを、"ポムロールのロマネコンティ"と評した。ワイン蒐集家も関心を持ち始め、その新しく生まれたカルト・ワインへの需要は着実に高まっていった。またル・パンの稀少性と、オークション市場の動きがそれに拍車をかけた。2008年に、2000のマグナムが6300ドルで売れ、1982は1ケース2万ポンド前後で売れた。

セラーと設備は改善されたかもしれないが、伝統的なワインづくりのスタイルは今も変わらないままである。「自然に好きなようにやらせること、そして事故が起きないように見守ってやること、それがわれわれの仕事だ」とジャックは言う。葡萄果実は約1日半かけて手摘みされ、葡萄畑で選果される。醸造は今でもステンレス・タンクを使い、発酵は天然酵母を使う。濃縮が必要な時は、タンクから液抜きを行う。1981年から、マロラクティック発酵と熟成に、セガン・モローの新オーク樽を使う。グラン・ヴァンのためのセレクションが行われ、それから脱落したものは、ベルギーのネゴシアンに樽売りされる。

新ワイナリーのための設計図が2009年に仕上がり、2011年にはお披露目となる予定である。奇妙な古い家屋は、規模は小さいが現代的でスマートな建物に代わるかもしれないが、2本の松はそのまま残される予定だ。

極上ワイン

Château Le Pin
シャトー・ル・パン

私のル・パンの経験は、主にアン・プレムールでのテイスティングに限られているが、その時私は、しばしばブルゴーニュのワインを思い出した。ジャック・リュクセも同じことを言っている。それはワインの洗練された芳香と、絹のような触感、そしてヴィンテージによっては時折見られる活力によるものだ。そのワインは常に果実の凝縮感があるが、スタイルは決して奇をてらったようなものではない。エキゾチックな微香が、新オーク樽から派生している。今このワインは、以前のものよりもずっと洗練され、強引なところが少なくなっているように、私は感じる。このワインは、砂利層に育つメルローだけから造られるため、気候の状況が大きく影響する。乾燥しすぎる年には、ル・パンは最高の実力を発揮できないようだ。そのためか、ジャック・ティエンポンは2003ヴィンテージは造らなかった。また、洗練された澄明な2006★の方を、豊かで凝縮されているが、どちらかといえば一次元的な2005よりも好んでいる。私も同意見だと敢えて言っておきたい。2008★も、もう1つの特筆すべき極上ヴィンテージである。ル・パンに向けられた批判の1つに、長熟する能力に疑問が残るということがあるが、2008年にロサンジェルスで開かれた回顧テイスティング（1979～2006）では、古いヴィンテージはどれも良く熟成を保っていた。

2001★ 上質な、消化に良さそうなル・パンである（2006、2008も同様）。ガーネット色で、凝縮した果実の香りが広がるが、同時に高揚感と空を飛ぶような爽快感がある。赤果実のアロマ。柔らかく、なめらかで、肉感的な口当たり、しかし酸とタンニンの骨格が後味の新鮮さと長さをもたらしている。8年経って、少し開き始めているが、まだまだ長く熟成させることができる。

上：劇的と言えるほどにありふれた外観の住居とワイナリー。それは建て替えられることになっているが、2本の松は残される。

Château Le Pin
シャトー・ル・パン

総面積：2.2ha　葡萄畑面積：1.9ha
生産量：グラン・ヴァン6000本
33500 Pomerol　Tel：+32 5 57 51 33 99

POMEROL

Vieux Château Certan ヴュー・シャトー・セルタン

ヴュー・シャトー・セルタンは、疑いもなくポムロールの指導的なシャトーである。その歴史は古く、少なくとも19世紀半ばまで遡ることができる。葡萄畑は、ポムロール台地の心臓部に位置し、ペトリュスやラ・コンセイヤント、レヴァンジルと同じ並びにあり、秀逸なワインを生み出す潜在能力があることを感じさせる。そしてそのワインは、予想を裏切ることなく、深遠で、堅牢で、きめが細かく、姿勢が良く、感動的なほど長熟する。スタイル的には、ポムロールの肉感的な、豊潤なものではなく、どちらかと言えばメドック的な雰囲気がある。

このシャトーをベルギーのネゴシアンのジョルジュ・ティエンポンが購入したのが1924年のことで、その後、最初はジョルジュによって、次に息子のレオン、そして現在の、孫のアレクサンドルと3代にわたるティエンポン家によって几帳面に管理されてきた。この一家の系譜が、ヴュー・シャトー・セルタンの高いレベルでの一貫性に大きな役割を果たしてきたことは間違いない。これほどの広さの葡萄畑が、このように完璧な状態に維持され、最初から非常に遠くを見据えた視野の下に運営されているのは、あまり例を見ない。

その葡萄畑は、最終的にこのワインの特性が生まれ育まれる場所である。そこには3種類の土壌――重い粘土層、粘土－砂利層、砂利層――があり、土壌によって植えられている品種が異なっている。全栽培面積中の60％を占めるメルローは、重い粘土層に植えられ、最近35％まで増やされたカベルネ・フランは粘土－砂利層に、そして最後に、現在5％を占めているカベルネ・ソーヴィニヨンが砂利層に植えられている。化学肥料が最後に使われたのは、今から20年前のことで、薬剤散布は最小限に抑えられれている。

1956年の大冷害の後、葡萄畑の3分の2が植え替えられたが、1932年と1948年に植えられた古い区画もいくつか残っている。それ以外の区画は、ローテーションを守って計画的に、1967年、1982年、1988年、1990年（自家のマサル・セレクションによるカベルネ・フランを使用）、1998年に植え替えられ、平均樹齢40〜50歳の範囲内に維持されている。2010年と2011年には、1.3haが植え替えられる予定である。「植え替える小区画を選ぶのが難しい。なぜなら、すべての小区画が良いワインを生み出すからだ。でも将来のことを考えておかなければね」と、アレクサンドル・ティエンポンは説明する。新しく植樹された葡萄樹は、グラン・ヴァンに使われる日が来るまで待たなければならない。そのため、1982年に植替えられた小区画がグラン・ヴァンに入ることができたのは、2001からで、1998年に植替えられた葡萄樹は、その日が来るまでセカンドワインに使われることになる。

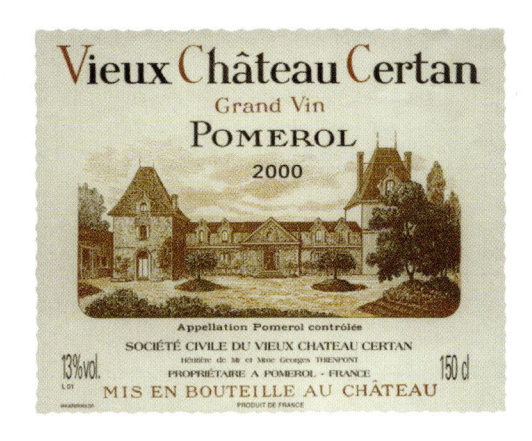

アレクサンドルは、初対面では、用心深く、神経質そうな印象を受けるが、彼が、土地に対して家族と同じ愛着を持ち、高い規準を達成する目と知性を持っているのはすぐに分かる。サン・テミリオンのシャトー・ラ・ガフリエールで支配人を経験し、1985年に父の跡を継いでこのシャトーの支配人となり、着実に前進させている。セカンドワインのラ・グラヴェット・セルタンを導入し、収量を減らし、栽培方法を緻密にした。彼はまた、計画的な摘芽を行い、グラン・ヴァンに100％新樽を使用することを決めた。

とはいえアレクサンドルは、クリュの特徴を維持することに関しては頑固である。「真に偉大なワインは、常に本物であり続け、それが生まれた場所を尊敬し、別の装いをしたり、人為的な操作を拒絶する」と言う。ワインづくりに対する彼の思想は、伝統的な方法を暗示するが、必要な場合に最新の技術を取り入れる実践家でもある。2003年にはセラーに空調設備を導入し、木製大桶には温度調節機を付けた。「重要なことはすべて葡萄畑でやっている。その後は、葡萄果汁を発酵させ、オーク樽で熟成させ、卵白で清澄化し、濾過するだけだ」と言う。

VIEUX CHÂTEAU CERTAN

POMEROL

極上ワイン

Vieux Château Certan
ヴュー・シャトー・セルタン

　砂利層の土壌とその上に育つカベルネの高い比率が、ワインのスタイルに大きな影響を与えているのは確かだ。しかしその表情はヴィンテージごとに変化し、ブレンド比率も同様である。メルローの年であった1998年には、メルロー85％、カベルネ・ソーヴィニヨン10％、そしてカベルネ・フランはたったの5％であったが、それはあまり成功したとは言い難い。反対に、困難な年であった2003ヴィンテージは、カベルネ・フラン80％から造られた（とはいえ生産されたのはわずか9600本）。ティエンポンはまた、1995と1996は同じブレンド比率（より古典的なメルロー60％、カベルネ・フラン30％、カベルネ・ソーヴィニヨン10％）で造られているが、表情が異なっているということを強調した。たとえば、洗練された1996ではカベルネが優勢で、1995はメルローが優勢であると。このシャトーが重要視しているのは、そのワインの真正さであり、ヴィンテージである。他の多くのボルドーのシャトーと同じく、このシャトーも1970年代は質が低下したが、1980年代には回復し、1982、1986、1988と偉大なワインを送り出した。最近のヴィンテージはどれも秀逸であるが、特に2005と2006が傑出している。

1998　ルビー色。精妙な赤果実と月桂樹の香り。熟れているが、けっして度が過ぎてはいない。果実味は開放的だが、まだ控えている感じも受ける。まろやかで肉感的な口当たりだが、それを堅固で緻密な構造が一体となって支持している。バランスは美しく、新鮮さとベルベットの触感が長く続く。

2000★　荘厳なワイン。ルビー色。濃密で、ミネラル風味に溢れる香りが広がり、スミレ、黒果実、コーヒーが感じられる。美しい果実の純粋さが口中に広がり、触感はきめ細かく、後味は長くいつまでも続く。本物の新鮮さ、精妙さ、エレガントさを感じる。長熟する力を秘めている。

> 重要視しているのは、そのワインの真正さとヴィンテージである。最近のヴィンテージはどれも秀逸であるが、特に2005と2006が傑出している。

左：知性的であり、感受性豊かなヴュー・シャトー・セルタンのアレクサンドル・ティエンポン。パソコンの画面のグライダーが、彼の志の高さを物語っている。

Vieux Château Certan
ヴュー・シャトー・セルタン
　総面積：16ha　葡萄畑面積：14ha
　生産量：グラン・ヴァン4.8万本
　セカンドワイン1.44〜1.8万本
　33500 Pomerol　Tel：+33 5 57 51 17 33
　www.vieuxchateaucertan.com

247

POMEROL

Clinet クリネ

19世紀後半から20世紀前半にかけての『コック・エ・フェレ』の『ボルドー・バイブル』で、高い評価を得ていたクリネは、その後あまり注目を集めることがなかった。しかし1980年代半ば、ジャン・ミシェル・アルコートが、義父でネゴシアンのジョルジュ・アウディから経営権を引き継ぎ、顧問にミシェル・ロランを迎えると、豪華で、超熟の、現代的スタイルのワインを送り出すようになり、世間の注目を浴びた。しかし1991年、そのシャトーはGAN保険会社に身売りされた。アルコートはそのまま支配人として残り采配をふるっていたが、1998年に、今度は現在のオーナーであるジャン・ルイ・ラボルドに所有権が移ると、翌年の1999年に引退した（アルコートは2001年にボート事故で亡くなった）。

アルコートが支配人をしていた時のクリネのスタイルに対しては、批評家の間でも、ワイン愛好者の間でも評価が割れた。その凝縮感は手に触れることができるほどで、快楽的であると評する者もいれば、それはやや過激に走りすぎ、長熟の能力にも疑問があるという者もいた。ともあれ、問題は、今後どちらの道を進むかということだ。新しい体制になってしばらく優柔不断の時期が続いたように見えたが、ジャン・ルイの息子で、2003年からクリネの支配人をしているロナン・ラボルドによると、「今考えていることは、ワインのフィネスをもっと大切にする」ということらしい。

それを確信することができるワインはまだ生み出されていないが、2008アン・プレムールで私は、そのワインは現代的な魅力があるが過度の抽出は受けていない、という印象を持った。ミシェル・ロランはまだ顧問にとどまっているが、以前よりも少し早目の摘果が行われ、2004からは、新樽比率が100%から60%に引き下げられた。それによって以前のような"過熟（シュルマテュリテ）"の印象は薄くなった。ロナン・ラボルドと新任の若い醸造長ロマン・デュコロム（2006年から）は、明らかにまだ学習曲線上にあり、今後は良くなるばかりだ、と私は思う。

実際、良いワインを造るための道具立ては揃っている。葡萄畑はいくつかの小区画に分かれているが、その大半は秀逸なテロワールにある。教会の近くには、粘土と砂利の土壌の1小区画があり、その同じ方向には、ラ・グランド・ヴィーニュと呼ばれている、1937年からの古樹が植わっている小区画もある。ヴュー・シャトー・セルタンの近くの小さな区画にはカベルネ・フランが植えられて

いるが、その品質は一定せず、どうやら使われている株があまり良くないようだ。その他、ワイナリーの背部の粘土－砂利の斜面と、ラ・ソウラの下側の、砂の多い斜面にも葡萄畑を持っている。葡萄畑の20%近く、1.5haが、2001年と2006年に植え替えられた。

2004年に、60hℓ入りのオークの槽9基と、最新式の垂直圧搾機を備えた新しいセラーが完成した。果粒は自重式送り込み装置で槽に入れられ、低温浸漬の後、人力のピジャージュとルモンタージュを受けながら発酵される。マロラクティック発酵は樽内で行い、熟成は16～18カ月間行われる。1997年に、セカンドワインのフルール・ド・クリネが導入されたが、2005ヴィンテージは造られなかった。それ以降そのセカンドワインは、クリネの葡萄をネゴシアンが買い、自社で醸造して販売するネゴシアン・ブランドとなっている。

極上ワイン

Château Clinet
シャトー・クリネ

クリネは、ポムロールにしてはめずらしく、カベルネ・ソーヴィニヨンの栽培比率が高く、10%を占め、さらに5%をカベルネ・フランが占める。残りがメルローである。ヴィンテージによっては、2003のようにカベルネが30%を占める時もあれば、2001のようにメルロー100%の時もあった。しかし2004から2008までは、ブレンド比率は栽培比率と同じになっている。

2005★ 葡萄果実は摘果された後、冷却され、このヴィンテージの場合は手で除梗された。熟成感が明瞭に感じられ、果実のリキュールの香りが広がる。豊かで芳醇な口当たり、その背後に新鮮さも広がり、魅力的な果実味もある。しかし後味はまだ少し堅固。

2006 濃密な色調。スパイスと赤実のコンポートの香り。オークが鼻からも口からも感じられるが、酸がブルゴーニュ風の新鮮さと微香をもたらしている。後味は新鮮だが、少し辛く感じる。

2007 しなやかで柔らかく、まろやか。心地良い果実味、しかしオークはもう少し統合させる必要がある。早飲み用。

右：クリネの看板は前の時代からのものだが、ワインのスタイルは1980年代以降急速に進化しつつある。

Château Clinet
シャトー・クリネ
総面積：9ha　葡萄畑面積：8.5ha
生産量：3.5万本
33500 Pomerol　Tel: +33 5 57 25 50 00
www.chateauclinet.com

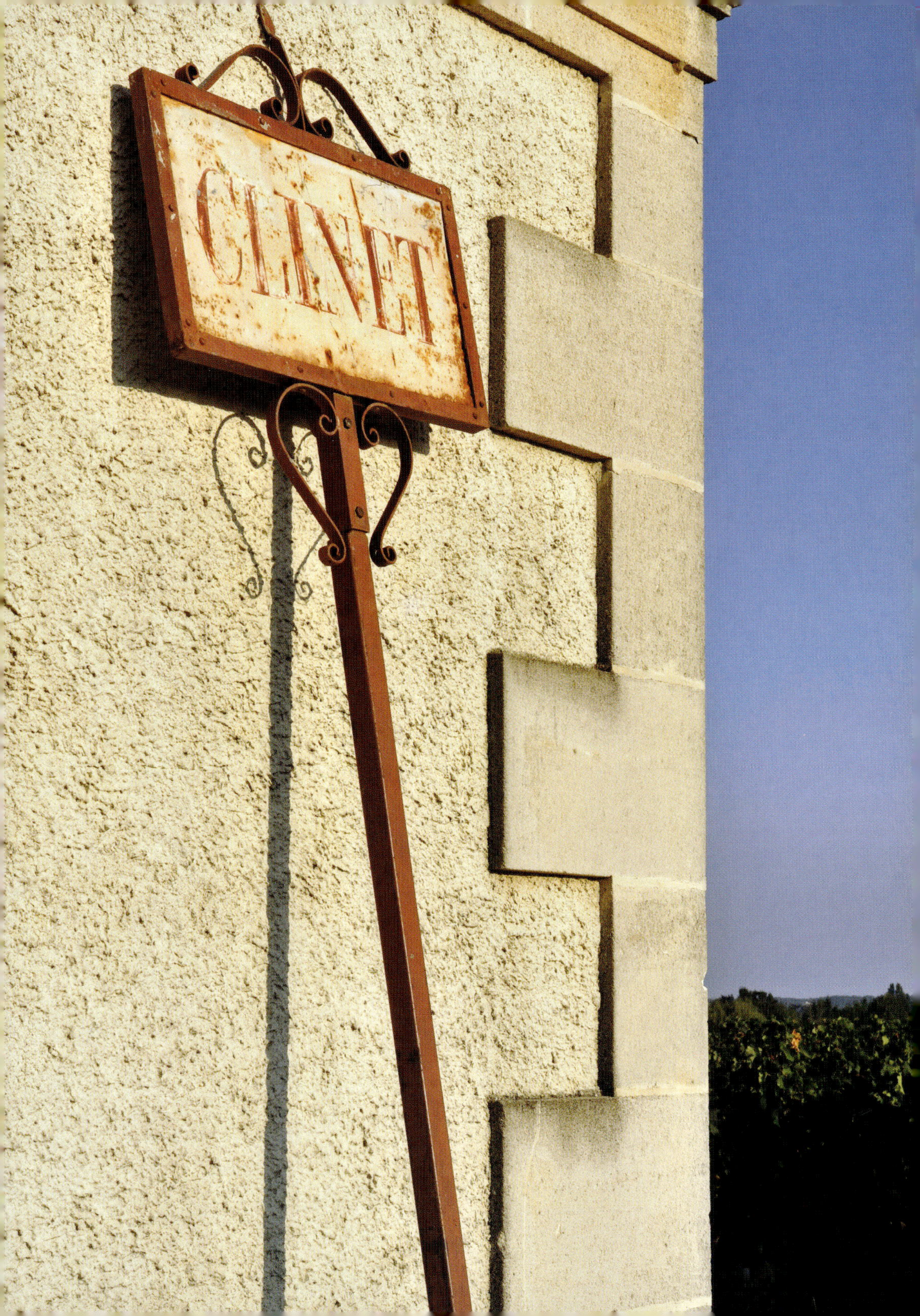
CLINET

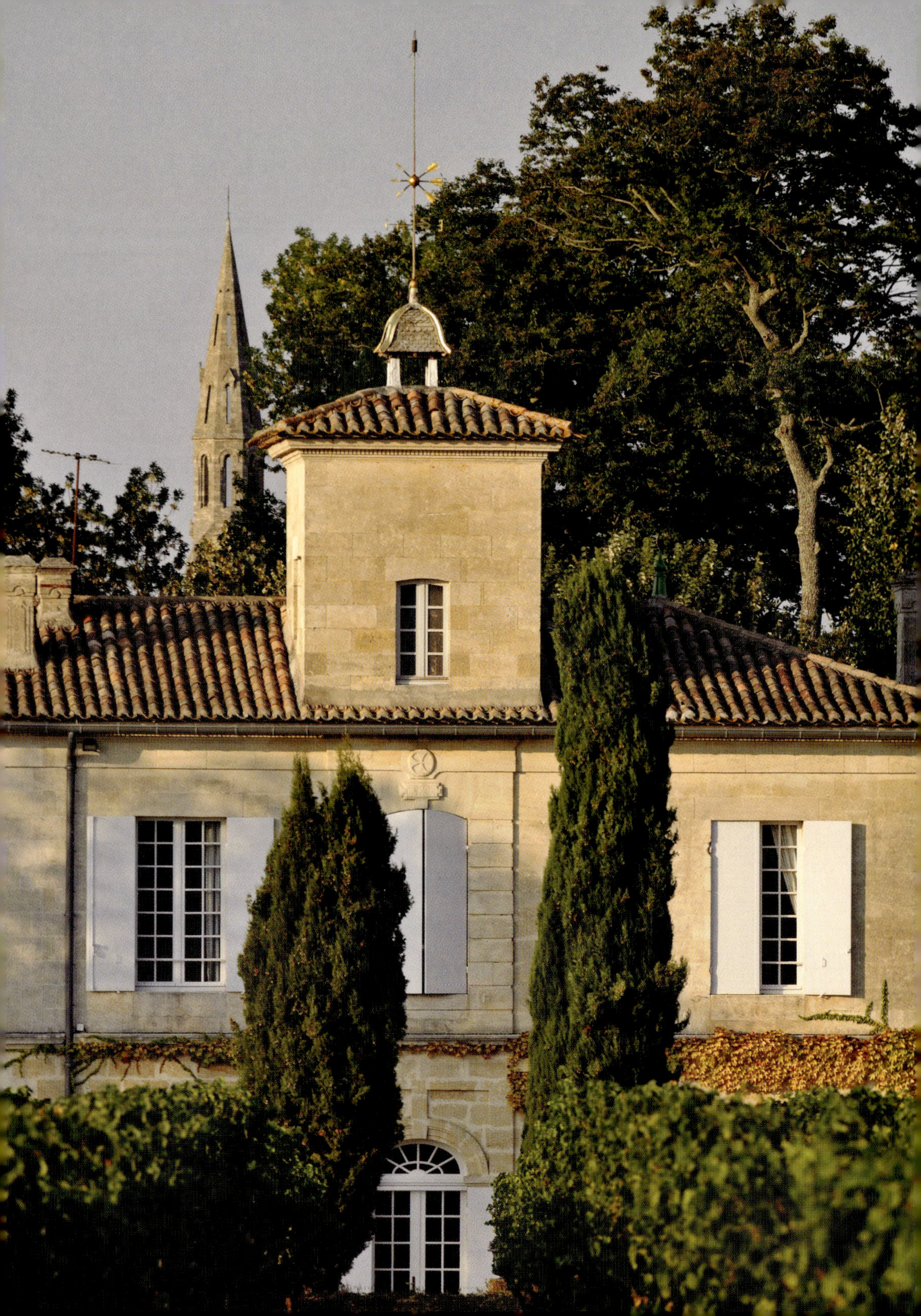

POMEROL

Gazin　ガザン

考え方は人によって違うが、ポムロールでお買い得のワインがあるとしたら、それはきっとガザンだろう。葡萄畑の広さと、適正な生産量がそれを可能にしているが、同時にオーナーの理性的な価格政策もそれを後押ししている。しかし、だからと言って、その割安な価格が、低い品質基準、テロワールの不良を意味すると勘違いしてはいけない。全栽培面積24ha中17haがポムロール台地の粘土と砂利の土壌の上にあり、ペトリュスやレヴァンジルに隣接しているのである。また1988年以降、品質向上に向けて大変な努力が払われている。

ガザンの歴史は古く、最初のワイナリーが造られたのは18世紀後半である。家庭的な雰囲気の邸館が造られたのは、それよりもやや遅く、19世紀前半である。現在のオーナーの祖祖父でネゴシアンのルイ・ソワレがこのシャトーを買ったのは1917年で、1946年に彼が死ぬと、その娘婿のエドゥアール・バイアンクール"クールコル"（クールコルというのは"短い首"を意味し、1214年に彼の先祖が国王フィリップ・オーギュストから戦功褒賞として授けられた綽名）が経営を引き継いだ。

しかし次の世代になると、相続問題が起こり、エドゥアルドの息子のエティエンヌは、1969年、ガザンの経営権を維持するために、ポムロール台地の4.5haをペトリュスのジャン・ピエール・ムエックスに売却せざるを得なくなってしまった。彼はまた、当時このシャトーに属していたラ・ドミニクも手放さざるを得なくなった。1970年代から80年代は、ガザンにとっては厳しい時代であった。邸館の下手の、あまり面白い土地とは言えない沖積層に植樹が行われ、収量も増やされ、機械摘みが普通になっていた。「便利さを追求していた時代で、品質はどこかに追いやられていた」と、1988年から支配人をしているニコラ・ド・バイアンクールは言う。

彼が支配人になってから、ガザンは着実に酒質を向上させている。手摘みが再導入され、収量も低減され（2006年は29hℓ/ha）、セレクションは厳しくなった。1996年には新しい醸造室が完成し、小区画ごとの栽培と醸造がより緻密に行えるようになった。1999年以降は、コンサルタント醸造家のジル・パケ（彼はシュヴァル・ブランとカノンも指導している）を招き、2006年以降は、以前クロ・エグリーズとバルド・オーにいたマイケル・オヴァーが醸造責任者になっている。

極上ワイン

Château Gazin
シャトー・ガザン

ガザンのワインづくりは、抽出のための人力によるピジャージュと、マロラクティック発酵を途中から樽で行うということを除けば、かなり伝統的なものだ。2009年には低温浸漬が試された。熟成は新樽比率50%で、最長18カ月行われる。ブレンドは、メルローが85〜95%で、残りはカベルネ・ソーヴィニヨンとカベルネ・フランである。ニコラ・ド・バイアンクールは、カベルネ・ソーヴィニヨンは最上の畑には植えていないが、良い年にはグラン・ヴァンに入れていると言う。将来はカベルネ・フランを増やす予定だとも言っている。概してガザンのワインは、酒躯（ボディ）はフルで、満足感があり、中期熟成できる十分な構造を持っている。1988、1989、1990の3連続ヴィンテージは成功であったが、その後やや落ち込み、1995以降は立ち直っている。2004からのヴィンテージは特に上質で、多くの人が過小評価している。2003も称賛に値するが、今飲んだ方が良いだろう。

1995　ミディアムボディで、まろやかで肉感的。魅惑的な果実の表現があり、森の下草の微香が近づいてきている。十分な熟成感が感じられるが、過度に凝縮しているわけではない。後味は少し痩せた感じがする。新鮮で、今が飲み頃。

2001　深い色調。黒果実の芳醇な表現。皮革やトリュフの微香。口に含むと、甘くフルで、タンニンはやや粗い感じはするがしっかりしている。酸がバランスを取っている。滑らかさがもう少し欲しいが、十分愉しめる。

2000★ [V]　間違いなくかなり洗練されている。深い紫色。愛らしい果実の純粋さ。ブルーベリー、チェリーが感じられる。オーク由来のチョコレート風味も感じられるが、よく統合されている。タンニンはきめ細かくしっかりしている。酸も心地よく、長熟する力を秘めている。

左：19世紀に建てられた魅力的なガザンの邸館。今そのワインは大きく品質を向上させ、ポムロールで最もお買い得なワインとなっている。

Château Gazin
シャトー・ガザン

総面積：26.5ha　葡萄畑面積：24ha
生産量：グラン・ヴァン4.5〜9.5万本
セカンドワイン2〜3.5万本
33500 Pomerol　Tel：+33 5 57 51 07 05
www.chateau-gazin.com

POMEROL

Trotanoy トロタノワ

目立った景観のないこの地区にあって、糸杉の並木がトロタノワの建物とセラーまで並ぶ景色は、思わず見とれてしまうほど美しい。ポムロール台地の西の端にあるトロタノワには、良きワインを造る自然の恵みが揃っている。排水の良さ、土壌の組み合わせ、日当たりの良さ——要するに素晴らしいテロワールなのだ。

ペトリュスがムエックス一族の王だとすれば、トロタノワは王位継承者を自認する王子と言える。ジャン・ピエール・ムエックスはこのシャトーを、1953年に手に入れた。そのワインは、あらゆる意味で濃密で深遠で、しかもクリームのような触感と、緻密さ、新鮮さ、そしてミネラル風味を備えており、100%近い比率でメルローから造られているという事実を忘れてしまうほどである。

最近のヴィンテージで、
トロタノワは最高の力を発揮している。
2007は、一族の威厳のある王であるペトリュスを
抜いたかもしれない。トロタノワがポムロールの
極上ワインの1つであることは間違いない。

その葡萄畑は、単一の区画から成っているが、明確に異なった2種類の土壌を有している。邸館の前の小高くなった部分は、粘土の上に厚く砂利が堆積した土壌で、メドックの一部で見られる石の多い土地である。ここはポムロールのなかでも指折りの早熟地帯で、砂利がワインに精妙さとミネラル風味をもたらしている。もう1つは、邸館の西側の厚い粘土層の斜面で、ワインに濃密さと堅固な骨格を付与している。

これらの保温力の高い土壌のおかげで、トロタノワは、1956年の壊滅的な大冷害を生き延びることができ、その後長い間、葡萄畑は古さを誇り、葡萄樹の平均樹齢は40歳を超えていた。しかし1985年から95年までの10年間に、大規模な植替えが行われ、これを書いている2009年には、平均樹齢は21歳まで下がっている。「それはわれわれにとっては良いことだ。なぜならポムロールの葡萄樹は、17歳から27歳の間が最も充実しているから」と、ク

リスチャンの息子のエドゥアール・ムエックスは説明する。

葡萄畑は、ムエックス家ならではの几帳面さで管理され、土壌は耕転され、平坦な場所は1列おきに草が植えられている。葡萄果実は、小区画ごとに日時を決めて、選果しながら手摘みされた後、除梗が行われ、伝統的な方法で醸造される。熟成は新樽比率50%で、16〜20カ月行われる。「トロタノワは構造がしっかりしているから、オークを使いすぎると乾いた感じになってしまう」とエドゥアルド・ムエックスは言う。

極上ワイン

Château Trotanoy
シャトー・トロタノワ

1960年代と70年代、トロタノワの評価は高く、1961、1967、1971、1975と偉大なヴィンテージを送り出した。しかし壮大な1982の後、少し陰りが見え、多くの批評家がそれは大規模な植替えのせいだと指摘した。しかしそれも、上質な1989の登場によって終わりが告げられた。最近のアン・プレムールのテイスティングからすると、トロタノワはいま最高の力を発揮しているように見える。2004は堅牢で堂々としており、2005は濃密で純粋で長く、2006は古典的なエレガントさがあり、2007は、あの威厳のある一族の王であるペトリュスを抜いたかもしれない。トロタノワがポムロールの極上ワインの1つであることは間違いない。

2001 暗いルビー〜ガーネット色。香りは少し抑え気味だが、新鮮なミネラル風味が感じられる。深く濃密な味わいで、触感は柔らかいが、それを堅固なタンニンが背後から支えている。黒果実が感じられるが、高揚感と新鮮さも飛び抜けている。全体として素晴らしいバランス。

2005★ 深く濃密な色。芳醇な芳香、胡椒とスパイスの微香。新鮮で、エレガントで、精妙。深く濃厚な口当たりで、よく統合されたオークが軽くキスをし、タンニンはよく熟れているがしっかりした骨格で、後味は長く、上質で、いつまでも続く。

右：頭脳明晰で、情熱家で、職人気質のクリスチャン・ムエックスとその息子のエドゥアール。2人はおそらく、ポムロール最強のコンビだろう。

Château Trotanoy
シャトー・トロタノワ
総面積：7ha　葡萄畑面積：7ha
生産量：2.5万本
54 Quai du Priourat, 33500 Libourne
Tel: +33 5 57 51 78 96
www.moueix.com

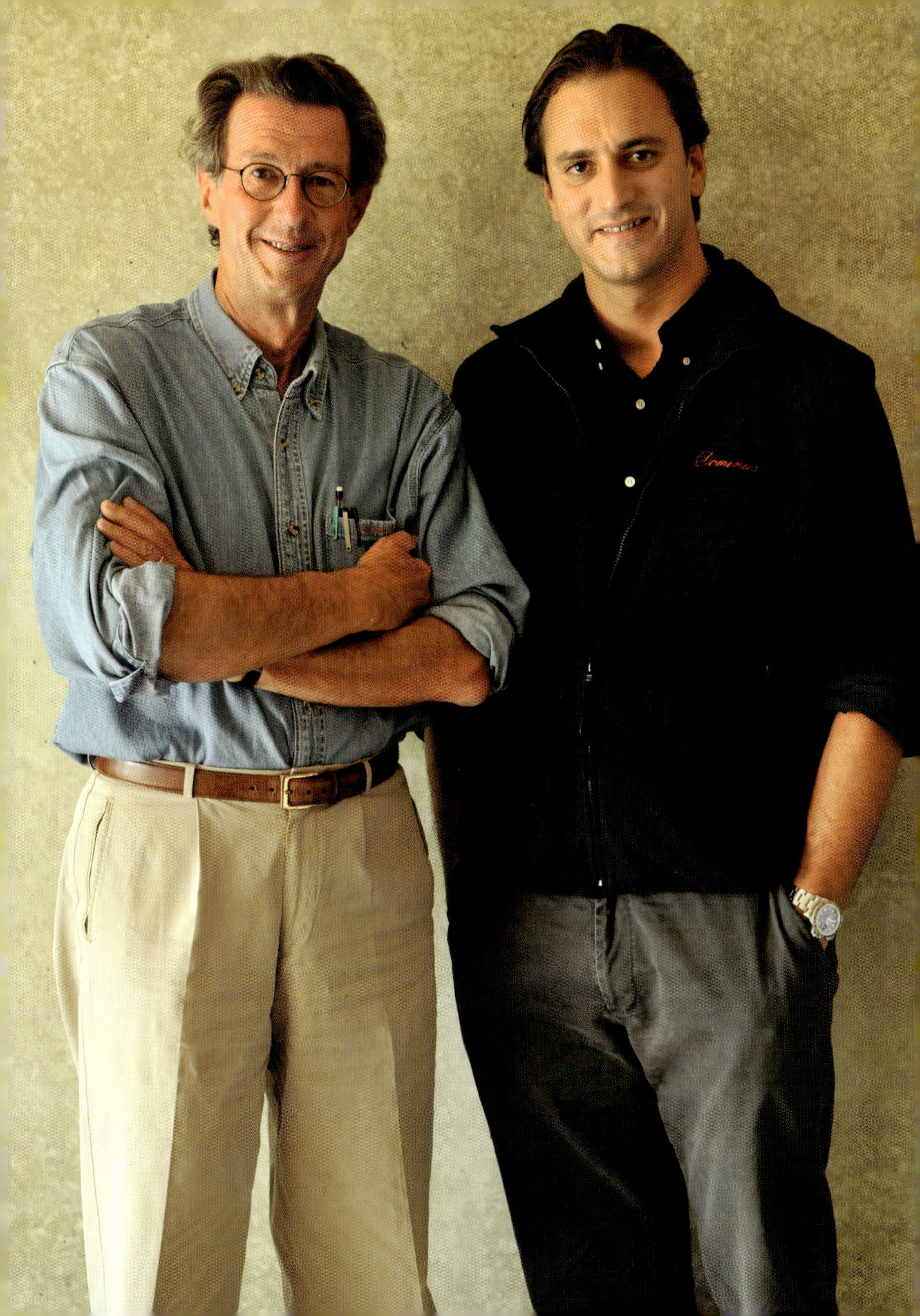

POMEROL

L'Evangile　レヴァンジル

　レヴァンジルが安定した水準を維持できるところまで戻るのに、わりと長い時間を要した。しかしロートシルト家（ラフィット）は今、レヴァンジルを最終的な仕上げの段階に到達させようとしている。ドメーヌ・バロン・ド・ロートシルトは1990年、デュカッス家から株式の70％を買い入れた。しかし残りの株式を保有していた女丈夫のデュカッス夫人は、事実上経営権を握ったままで、エリック・ド・ロートシルトと技術責任者のシャルル・シュヴァリエの提案を無視し続けた。デュカッス夫人が唯一認めたことは、セカンドワインのブラゾン・ド・レヴァンジルの導入だけだった。それ以外の変更はほとんど行われず、1990年代は最後まで落胆させる結果となった。この期間、投資がほとんど行われず、それが品質の低下を招いたからであった。

　1999年にロートシルト家が残りの株を手に入れると、修復と改革がいっきに加速された。その間、ラフィットから移籍されていた支配人は、2001年に、現在もその任にあるジャン・パスカル・ヴァザールと交代した。既存のセラーは解体することが決まり、新しい醸造室と円形の樽貯蔵庫（どことなくメドック風）が2004年に完成した。葡萄畑では、植替え計画が実施され、現在までに4.5haが抜根され、3ha近くが植え替えられた。

　その葡萄畑は、ポムロール台地の南東の角に位置し、いろいろな種類の土壌からなる多くの小区画から成っている。ペトリュスに近い小区画は粘土土壌で、一方ジャン・フォーレとシュヴァル・ブランに近い小区画は、砂と砂利が厚く堆積している。残りはガザンの近くにある砂利土壌で、シルトと砂の含有率が高い。その結果、セレクションとセカンドワインの存在（全体の30％を占める）が重要になっている。

　現在、小区画ごとの葡萄畑の管理はさらに緻密なものとなり、新しい醸造室の完成によってそれを最終ワインまで貫くことができるようになった。収量は平均38hℓ/haに抑えられているが、若樹は30hℓとさらに減少させられ、収量抑制のために草が植えられている。2003年に植えられた若樹の一部は、すでにグラン・ヴァンに使われている。

　醸造はかなり伝統的だが、特定のキュヴェは低温浸漬を行っている。マロラクティック発酵は樽内で行う。ワインは、最初は小区画ごとに分けて熟成させられ、その後徐々にブレンドされて、最終的に4月初めのアン・プレムール前に完成されることになっている。熟成は新樽比率75〜100％で、14〜18カ月間行う。新樽の60％は、ポイヤックにあるロートシルト家専属の樽製造者から供給される。

極上ワイン

Château L'Evangile
シャトー・レヴァンジル
　ロートシルト時代以前にも、このシャトーから、いくつかかなり上質なワインが生み出された——例をあげると1947、1966、1982、1989、1990など。テロワールの多くが秀逸で、最上の年にはそれが明白に示されている。ロートシルト家はそれを一貫性のあるものにするため、衰えつつあった葡萄畑を若返らせる作業を計画的に実施している。順調な年、ワインのスタイルはまさにポムロールそのもので、豊かでまろやかで、芳醇で、凝縮感と、非常に長く瓶熟する骨格を持つ。ブレンド比率は通常、メルロー85〜90％で残りはカベルネ・フランの古樹からのものである。
1998　いくらかエレガントさが感じられるが、この例外的な右岸の年にふさわしい豪華さはない。ベリー果実の香りが広がり、ハーブのような精妙な微香もある。口に含むと新鮮で、生き生きとしているが、雄大さがなく、タンニンも角がある。
2002　ガーネットの色調。酒躯はミディアムで、熟れた果実の濃密さが感じられる。まろやかでバランスも良いが、オークがほんの少しでしゃばりすぎている。努力が良く現れている。
2005★　紫色。最上の年の凝縮感と力強さを有している。豊かで、熟れており、芳醇。砂糖漬け果実、スパイス、バニラが感じられる。口に含むと、酒躯はフルで、凝縮しており、タンニンは堅牢で、きめが細かい。

Château L'Evangile
シャトー・レヴァンジル
総面積：16ha　葡萄畑面積：13ha
生産量：グラン・ヴァン4万本
セカンドワイン2万本
33500 Pomerol　Tel: +33 5 57 55 45 55
www.lafite.com

POMEROL

Hosanna オザンナ

　その名前はどこか気取った印象を受けるが、オザンナはその最初のヴィンテージの1999以来、感動を与え続けている。葡萄畑をちょっと眺めるだけで、その理由の幾分かが分かる。その葡萄畑はポムロール台地の1区画を占め、隣人には、ラフルール、ヴュー・シャトー・セルタン、ペトリュス、プロヴィダンスなど、錚々たるメンバーが居並んでいる。土壌の3分の1は、厚く堆積した粘土層で、残りは粘土とクラス・ド・フェルの上に砂利が堆積している。

　その畑は、以前のシャトー・セルタン・ジローの心臓部にあたる場所にあり、1999年にJ・P・ムエックスが購入し、名称をオザンナと変更した（残りの2小区画は、シャトー・ネナンが購入した）。セルタン・ジローの時のワインの品質の不安定さが、排水の悪さに原因があると考えたムエックスは、すぐさま排水設備を整え、余分な水をポンプで排出するための2基の井戸も掘った。

この宝石のような葡萄畑には、情熱が込められている。誰もがテロワールとワインに向けられた彼らの愛情を感じることができる。そのワインにはどこか近寄りがたい雰囲気があるが、市場では大きな成功を収めている。

　葡萄栽培の方法も見直され、土壌の鋤起こしを行い、樹冠も改善され、その畑は今、非常に几帳面に管理されている。栽培面積中70%を占めるメルローは、多くが1956年の大冷害以降に植えられたもので、カベルネ・フラン——栽培面積で30%を占めるが、ブレンドには20%しか含まれていない——は、1970年代に植えられたものである。約0.5haが2002年と2003年に植え替えられ、その若樹からの葡萄はすでに2007と2008のグラン・ヴァンに使われている。

　2008ヴィンテージまでオザンナは、ラ・フルール・ペトリュスのセラーで醸造されていたが、現在は、プロヴィダンスの近くに新しく建設した醸造室とセラーでも造られている。ムエックス所有の他のシャトーと同様に、ここのワインづくりも伝統的で、唯一見られる変化——こちらも2008年から——は、マロラクティック発酵を樽で行うようにしたことである。それはムエックスの新しい技術主任エリック・ムリザスコによって推奨されたもので、アン・プレムールの時のワインを、もっと"命中率の高いもの"にするためである。オザンナは最初、新樽比率50%で熟成させていたが、その後その比率は、ヴィンテージの様子を見て増減させられている。

極上ワイン

Château Hosanna
シャトー・オザンナ
　そのワインは、力強さ、芳醇さ、そしてエレガントさと後味の長さなど、最上のポムロールに備わっているすべての特性を有している。ムエックスの技術チームが率いていることから、その熟成感と凝縮感が過度になることはあり得ない。しかし果実の濃密さと純粋さ、そしてそれに加味されるオークが、そのワインに現代的な彩りを添えている。概してオザンナは、他のワインよりも、瓶内でオークが統合されるのに長い時間がかかるように見える。2002は満足できるものではなかったので、オザンナは生産されなかった。私の覚書は、多くがアン・プレムールからのものであるが、2004と2006は同様のスタイルで、濃密さがあり、同時に新鮮さとミネラル風味も充満している。2005は力強さと凝縮感がある。2007は重量感と骨格のどちらも軽い感じ。2008はエレガントさと濃密さとバランスが素晴らしく、今後さらに多くのものを獲得していくことを約束している。
2001　今開き始めたばかり。ルビー色。西洋スモモとスパイスの凝縮された香り。バニラの微香も漂う。口に含むと、熟れてしなやかで、丸みのある風味が広がり、タンニンのきめは細かく、ほっとさせる心地よい満足感を与える。
2005★　ルビーーーガーネット色。初香は抑制されているが、エレガントな赤果実が感じられる。オーク由来のバニラが明らか。芳醇な果実味が口中に広がり、その中心にしっかりした核がある。まさにポムロール。オークが統合するまでにはもう少し時間が必要。しかし長く瓶熟する力を感じさせる。

Château Hosanna
シャトー・オザンナ
総面積：4.5ha　葡萄畑面積：4ha
生産量：1.8万本
54 Quai du Priourat, 33500 Libourne
Tel: +33 5 57 51 78 96　www.moueix.com

その他の右岸地区 Rest of the Right Bank

サン・テミリオン、ポムロール以外の右岸地区も、それらと共通する点を1つ持っている。それは、ワインの主役がメルローで、その引き立て役が概してカベルネ・フランということである。土壌は変化に富んでいるが、サン・テミリオンの一部の区画よりも優れた土壌を持つ区画もある。発展を遅らせている1つの要素が経済的事情で、ワインの価格が低いため、生産者は費用と利益のバランスを取らざるを得ず、多くの場合、人と設備にあまり資金を投入できないという問題が重くのしかかっている。

フロンサックとカノン・フロンサック

18世紀から19世紀にかけて、フロンサックはサン・テミリオンを超える優れたワインを生み出し、プレミアム付きの高い価格を享受した。しかし現在、ここはボルドーで最も低く評価されている地区で、その名前を売り出すのに苦労している。ワインの水準は必ずしも高いとは言い難いが、最上のものは、ポムロールの力強さと芳醇さ、それに上質のサン・テミリオンの骨格、ミネラル風味と新鮮さを合わせ持ち、秀逸である。両地区はリブールヌ市の西に位置し、東のイール川、南のドルドーニュ河にはさまれた三角地帯を形成している。ここには2つのアペラシオン――800haを超す広さのACフロンサックと、その内部に含まれ、南側で1地区を形成している300haの小さなACカノン・フロンサック――があるが、どう見てもここは単一地区である。その地区のなかでも、やや高度の高い、起伏のある土地だけがアペラシオンに入り、平坦な河岸沖積層は、ジェネリック・ボルドーの産地となる。土壌構成は多様であるが、基本的には、モラッセ・デュ・フロンサデと呼ばれるきめの細かいローム質粘土の底土の上に、粘土と石灰岩が広がっているものである。ここは遅く成熟する地区で、"鄙びた"というレッテル――自然の酸の高さとpHの低さで強調される乾いた攻撃的なタンニン――が貼られるのを避けるためには、十分に成熟させるための注意深い手入れが要求される。最上の生産者は、収量を抑制し、成熟を促進させ、果房に十分な風を送るために除葉とグリーンハーヴェストを行っている。より洗練されたワインを生み出すためには、その他、選果テーブル、柔らかめの抽出、上質のオーク樽などの条件が満たされる必要がある。

ラランド・ド・ポムロール

1100haとかなり広い面積を有するACラランド・ド・ポムロールは、ポムロールのすぐ北に位置し、バルバンヌという小さな川が境界となっている。ここには2つの村――ネアック村とラランド・ド・ポムロール村――があり、それぞれ国道89号線の東側と西側に分かれている。土壌はかなり変化に富んでいるが、一部にメルローがわりとよく成熟する土地がある。その1つがネアック村のシュブロール台地で、川を挟んだ向こう側のポムロール台地の延長のように隆起し、標高は同じ（35～40m）である。土壌は粘土と微細な砂利の混合である。バルバンヌ川の河岸すぐ近くまで迫る小さなコトー（段丘）は、砂利と厚い粘土層で出来ており、また国道の両側の帯状の地帯は、石のような砂礫と粘土の土壌で、クラス・ド・フェルの脈がところどころに現れている。西に行くにつれて、土壌は砂を多く含むようになる。全体的に見て、ラランド・ド・ポムロール村の方が砂利が多く、ネアック村は粘土の割合が高い。長い間このアペラシオンは、ポムロールという接尾辞だけを頼りに、あまり世界に注目されることもなく取引されてきたが、最近では新たな投資が行われ、葡萄畑の管理もかなり改善されて、ワインの質は向上している。生産者の40%が、近隣のアペラシオンにも畑を持っており、ラランド地区の外側で醸造し、瓶詰めしている。

サン・テミリオン衛星地区

衛星地区の大部分が、サン・テミリオンの丘の斜面の北側に延びている。4つの村――リュサック、モンターニュ、ピュイスガン、サン・ジョルジュ――は、合わせて4000haの広さの葡萄畑を持ち、村名にサン・テミリオンを付け加える権利を与えられている。それぞれ良く似通っており、ワインはメルローが主体で、土壌は石灰岩、粘土、砂質の混合である。葡萄の質とワインのフィネスは、ヒトデ石灰岩のキャップロック（平頂峰：石灰岩台地の頂上の

右：フロンサック村の後背地の小高い丘。他の右岸アペラシオン同様に、品質は今確実に上昇している。

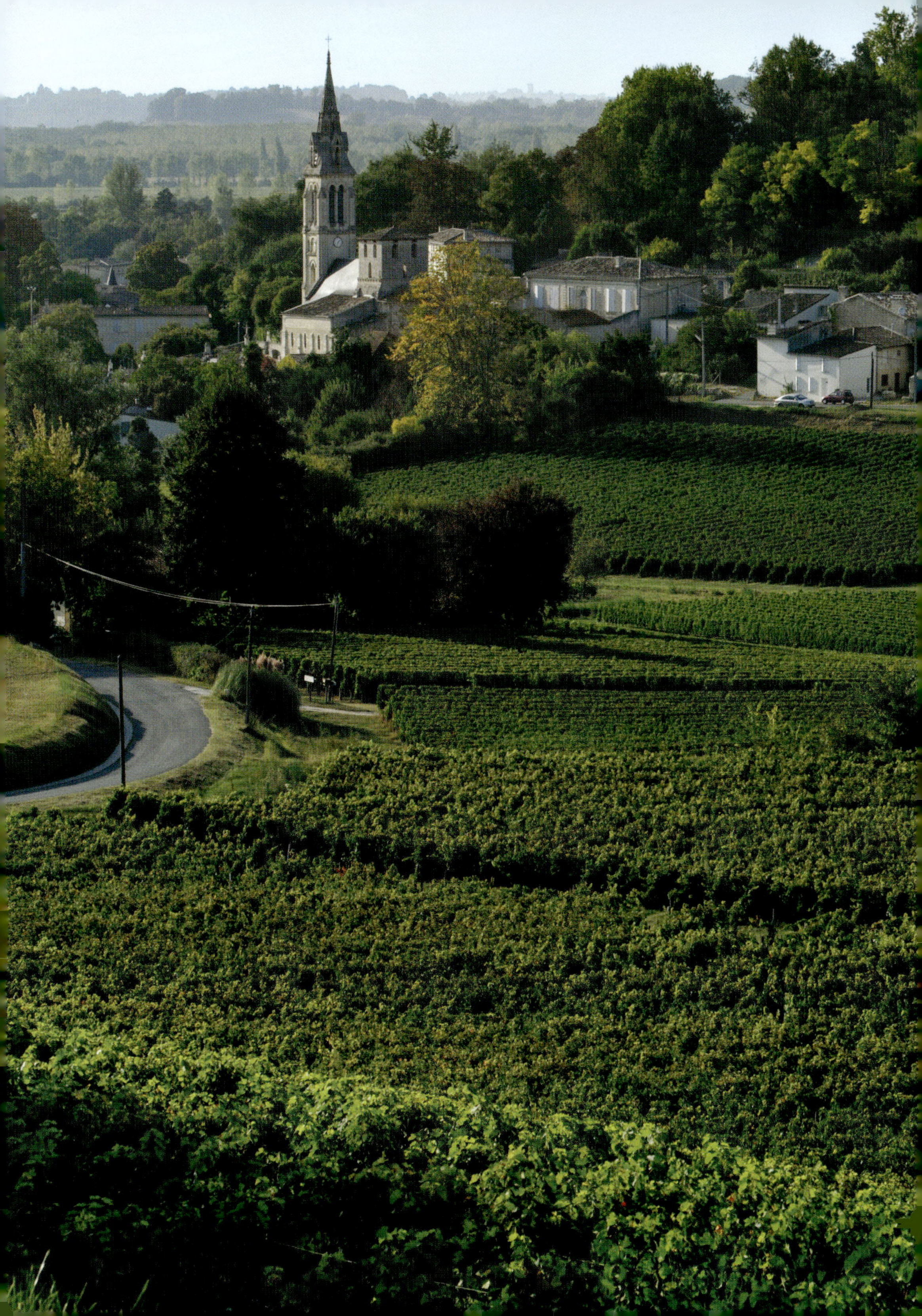

その他の右岸

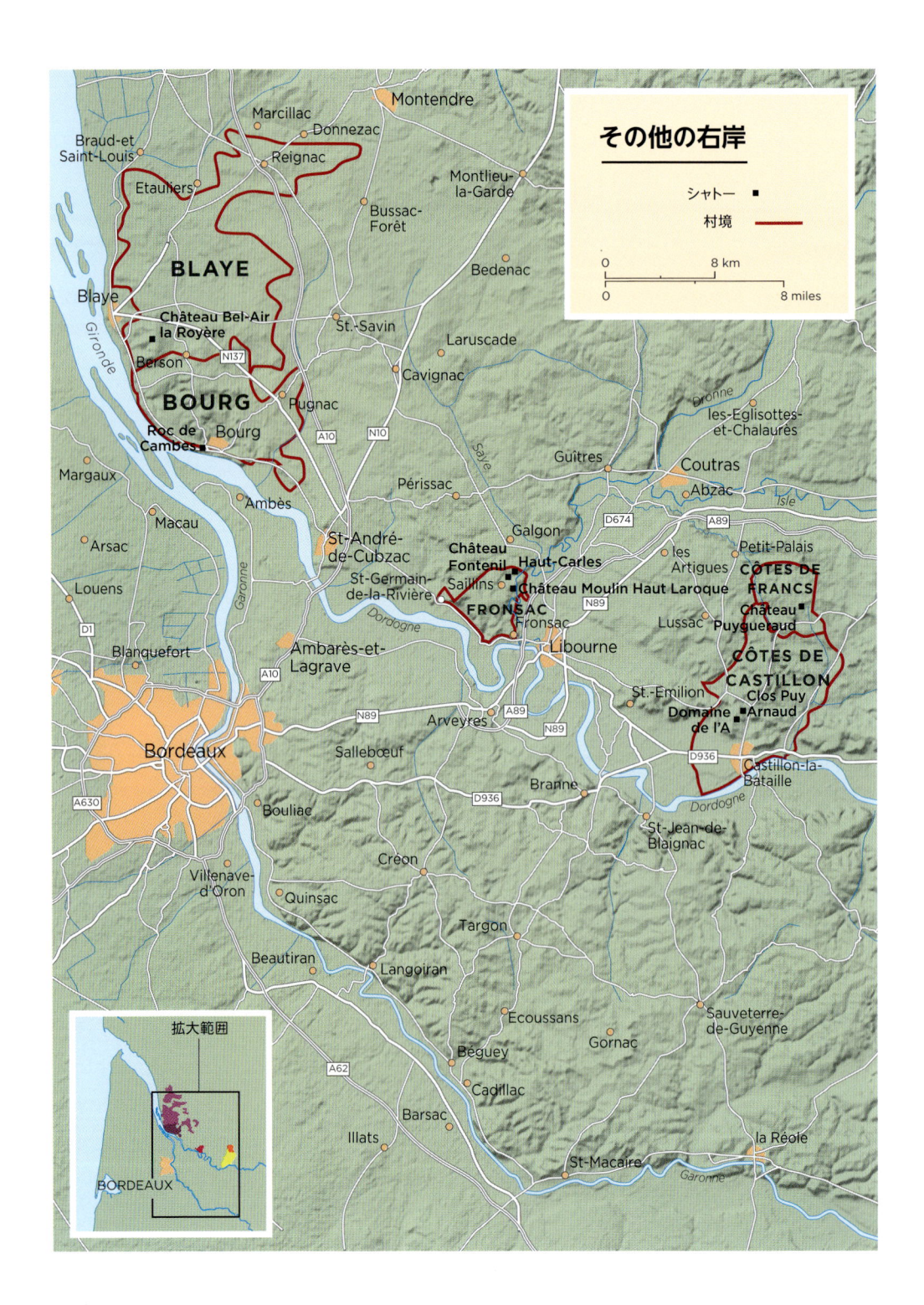

シャトー　■
村境　―

硬い岩層）が露出している場所で最高になる。200haの葡萄畑しかない、南向きの粘土−石灰岩の斜面に位置するサン・ジョルジュ村は、一番土壌が均一な村である。1600haの畑を持つモンターニュ村は、石灰質土壌の割合が高く、そのためフィネスを生み出す潜在的力に恵まれている。その他、重い粘土と砂の土地もある。ピュイスガン村は750haの畑があり、粘土−石灰岩の土壌の割合が高い。リュサック村には1470haの畑があるが、この4つの村の中では最も土壌に恵まれていない村で、村のまわりには石灰岩が露出しているが、それ以外の場所は重い粘土と肥沃な土壌である。この衛星地区で出来るワインの50%は樽売りされる（リュサック協同組合がこの地区で最も有力な団体である）が、残りのワインの多くが、直接国内の顧客に販売される（輸出されるワインは20%しかない）。

コート・ド・カスティヨンとコート・ド・フラン

　コート・ド・カスティヨンというAC名は、カスティヨン・ラ・バタイユという、のどかな川沿いの町から付けられたが、その町は、1453年に百年戦争とイギリスのアキテーヌ支配の終わりを告げる激戦が行われたところである。地区全体で3000haの葡萄畑が広がり、大部分がサン・テミリオンの丘の斜面の東側の伸展部にあたる。そして多くの点で、サン・テミリオンに似ている。葡萄畑の約30%がドルドーニュ平地に位置し、残りが石灰岩−粘土の斜面と、その背後の台地の上である。ここでは日照が重要な問題で、収穫は概ね、サン・テミリオンよりも優に1週間は遅い。果実味だけを前面に押し出した最も単純なワインも多いが、豊かで、酒躯（ボディ）がフルで、タンニンもしっかりした、後味の新鮮な上質のワインも生み出されている。1990年代の後半に、かなりの資本流入があり、ワインの質は向上したが、その資本の多くが、サン・テミリオンの既存の生産者からのものであった。隣のACコート・ド・フランは、コート・ド・カスティヨンとよく似た石灰岩−粘土土壌で、同じような酒質のワインを生み出している。しかし、ここではカベルネ・ソーヴィニョンとカベルネ・フランが葡萄畑面積のほぼ半分を占め、そのワインは、カベルネの強い影響を受け、より精妙で、堅固で、口当たりがほっそりとしている。少量の白ワインも造られている。ACカスティヨンとACフラン（コート・ド・ブライ、プルミエール・コート・ド・ボルドーとともに）は、新しいアペラシオンのコート・ド・ボルドーの一部となってきたが、最終的にはコート・ド・ボルドーに統一されることになっている。これらの地区の間では、地区を跨いだブレンドが許されているが、単一テロワールを維持したい生産者は、より限定的な呼称として、AOCコート・ド・ボルドーの後に、村の名前を付け加えて良いことになっている。

コート・ド・ブールとコート・ド・ブライ

　総栽培面積6500haのコート・ド・ブライ——主にAOCプルミエール・コート・ブライ——は、地図上ではかなり広い面積を占めているが、基本的には3つの地区からなっている。ブライの港の東側の後背部、北側のサン・シエに近いところ、そして南のサン・サヴァンである。コート・ド・ブライは、以前は主に白ワインを生産していた地区（今でもソーヴィニョンを主体にした白ワインを少量造っている）であるが、現在は圧倒的に赤が多い。ブライ港の後背地の小高い丘のまわりには、粘土−石灰岩の土壌が多く見られるが、それ以外の場所は、平坦な土地で、土壌は、砂、砂利、粘土の混ざったものである。ワインは、丸みがあり、爽快で、軽い骨格のものが多い。1990年代半ばからワインの質はかなり向上したが、それは新しい投資が注入され、また志気の高い若い世代が台頭してきたからである。ブライの南側、コート・ド・ブール（3900ha）は、堅実な生産者が多い。ワインはブライよりも重量感と存在感があり、土っぽい果実味と緻密なタンニンの骨格がある。ブライと同様、メルローが主体（70%）であるが、テロワールはブライとは異なっている。ここは粘土−石灰岩の土壌が多く、小高い丘の地勢で、ジロンド河の温かい水に近く、降水量は少ない。コート・ド・ブールは、ブライとは違い、わが道を行くことを決心したようで、新しいAOCコート・ド・ボルドーには入っていない。後者は2008ヴィンテージから適用される（左列のコート・ド・カスティヨンとコート・ド・フランを参照）。

CÔTES DE CASTILLON

Domaine de l'A ドメーヌ・ド・ラ

慌ただしかった1999年のことを、ステファン・デュルノンクールは忘れることができないだろう。その年彼は、彼自身のワイン醸造コンサルタント会社ヴィニュロン・コンサルタントを立ち上げ、クリスティーヌ（同じくワイン醸造者）と結婚し、ドメーヌ・ド・ラの最初のヴィンテージを送り出した。当時の彼は、現在の引っ張り凧の状況からは想像できないが、ほとんど無名であった。そこで彼は、彼の計画のための資金を、定期購入者を募ることによって集めるという新しい考えを思いついた。それは、750ユーロを支払えば、最初の4ヴィンテージまで毎回84本のボトルが配給されるというもので、200人がそれに応募した。応募者は実に良い投資をしたものだ。

デュルノンクールは最初、お気に入りのフロンサックで畑を購入する計画だった。サン・テミリオンの優れたテロワールは高すぎるからである。しかし彼の興味を引くような畑は見当たらず、次に彼はコート・ド・カスティヨンに目を向け、サント・コロンブに2.5haの畑を見つけた。「その場所は南向きで、石灰岩＝粘土の土壌はロワール地方のトゥフォーにちょっと似ている。さらに、前のオーナーは有機栽培をやっていたから、葡萄樹が化学肥料漬けということもなかった」とデュルノンクールは言う。

後の方は特に非常に重要な意味を持つ。というのも、デュルノンクールは最初からビオディナミを実行することができたからである。正式に認証されているわけではないので、必要な時には化学薬品を使う権利を保留している（2006年には抗ボトリティス薬剤散布を行った）が、デュルノンクールは通常、有機堆肥とハーブの使用、月齢による作業スケジュールなど、ビオディナミの原則を尊重している。

ドメーヌは、2000年、2003年、2004年、2006年と畑を買い増しし、現在は8haの畑を有している。それぞれの小区画は事実上1区画を構成し、すべて南向きである。「私は南向きであることを最も重要視している。というのも、カスティヨンは、サン・テミリオンの東に位置し、粘土の含有率が高く、晩熟の土地だからだ」とデュルノンクールは言う。葡萄樹の間植と混植によって植栽密度は

右：カスティヨンの地位を押し上げるのに大きな力を発揮している秀逸なワインを造り出すステファン・デュルノンクール。

多くの意味で、ドメーヌ・ド・ラは、
格付け畑で培われてきた作業実践と作業倫理の模範となるべき畑で、
4人の永久的スタッフによる管理という恵まれた環境にある。

7000本/haまで増やされた。

それ以外にも、畑の再活性化のために多くのことがなされている。計画的に鋤起こしが行われ、馬を使っている小区画もある。樹齢50〜70歳のものもある古樹の畑は、そのまま保持され、トレリスと樹冠が修正されて、仕立て直されている。収量は、いくつかの小区画ではかなり低いところもあるが、全体的には35hℓ/haに抑えられている。しかしグリーンハーベストは必要最小限にとどめられている。2003年に、パヴィ・マカン、レグリーズ・クリネ、ヴュー・シャトー・セルタンの株によるマサル・セレクションで育てられたカベルネ・フラン株が植えられた。多くの意味で、ドメーヌ・ド・ラは、格付け畑で培われてきた作業実践と作業倫理の見本となるべき畑で、4人の永久的スタッフによる管理という恵まれた環境にある。

ドメーヌ・ド・ラの最初の6ヴィンテージは、間に合わせの小さなセラーで醸造されたが、2005年に新しい醸造室が完成した。またブルゴーニュ様式の、アーチ工法の樽貯蔵庫も完成されたが、そこで使われている材料も、レンガ、石、石灰岩など自然環境に配慮したものが使われている。「自分の造りたいように造った」と、デュルノンクールは笑顔で語る。醸造工程と自宅から出る廃水は、水生植物が茂るプールで濾過・浄化されて排出される。

収穫は、反復的な摘果によって、3週間というかなり長い時間をかけて行われる。誰もが想像するように、醸造は、デュルノンクールが多くの顧客に推奨している方法で行われる。その中には、低温浸漬は行わない、発酵に関しては、葡萄果汁は破砕せず、上部が開放された木製大桶で行い、抽出のためにピジャージュを行う、などが含まれている。マロラクティック発酵は、アン・プレムールに出すものを除いて、春いっぱいをかけて自然にゆっくりと行われる。熟成は、通常新樽比率50％で、最低限のラッキングをしながら行われる。

極上ワイン
Domaine de l'A
ドメーヌ・ド・ラ

数種の品種の混植（手摘みのものにかぎらないので）により、栽培面積比率を正確に言うのは難しいが、ドメーヌ・ド・ラのブレンド比率は、概ね、メルロー70％、カベルネ・フラン30％である。デュルノンクールは、今後数年のうちに、カベルネ・フランの比率を40％に増やす予定だ。最初の数ヴィンテージでは、セカンドワイン（B・ド・ラ）も造られたが、2002から生産中止にされた。ワインのスタイルは、サン・テミリオンの石灰岩台地のものと同じで、酸とミネラル風味が秀逸である。触感とタンニンはきめ細かやかで、コート・ド・カスティヨンによく見られる鄙びた感じはない。抽出は決して過度になることはなく、オークも良く統合されている。

2005★ 深く鮮やかなガーネット色。熟れた、豊潤な果実の極上の香り。極めて精妙で、ブラックカラントやヒマラヤスギが感じられる。口に含むと、最初まろやかでしなやかさがあり、同時に生き生きとした爽快感もある。タンニンの骨格はしっかりとして緻密で、後味は長く線のように持続する。今でも十分愉しめるが、まだまだ熟成する。

2006 カスティヨンでは収穫期に長雨に見舞われ、難しい年になった。大量の液抜きを行ったにもかかわらず、ワインはその状況を反映して、色調は軽く、アロマもあまり秀逸ではなく、より禁欲的である。最初フルでしなやかな口当たりだが、中盤はやや細めで、後味は固く閉じている。まろやかになるにはまだ時間が必要だ。

2007★ [V] ヴィンテージにしては偉大な努力の成果が表れ、エレガントで滑らか。果実の純粋さが愛らしく、オークも良く統合されている。絹のような触感と中位の凝縮感。酸とミネラルが、高揚感と長く続く後味をもたらしている。ヴィンテージのスタイルとしては早飲み用だが、今後しばらくは熟成する構造も有している。

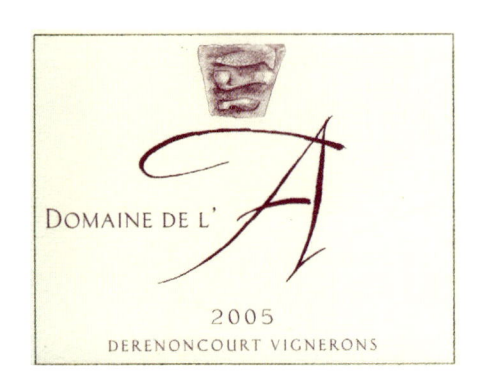

Domaine de l'A
ドメーヌ・ド・ラ
総面積：8ha　葡萄畑面積：8ha
生産量：2.5万本
33500 Ste-Colombe
Tel: +33 5 57 24 60 29
www.vignersconsultants.com

CÔTES DE CASTILLON

Clos Puy Arnaud　クロ・ピュイ・アルノー

「以前は、有機農法は馬鹿げていると考えられていた。しかし今、それは良いことだと考えられている、ただしボルドー人以外から」と、ピュイ・アルノーのオーナーのティエリー・ヴァレットは皮肉っぽく言う。最近はボルドーでも意識の変化が起きつつあるが、それでも有機農法はまだ少数派にとどまっている。ヴァレットが、シャトー・ベルヴァンシュ・ピュイ・アルノーを買ったのは2000年のことで、2001年には有機農法に切り変え、2005年からはビオディナミを実践している。そしてグラン・ヴァンの名前を、クロ・ピュイ・アルノーに変えた。

ヴァレットはシャトー・パヴィの家族持ち分を保有していたが、1998年に売却し、それを元手に彼自身のドメーヌを持った。彼は最初、音楽とダンスで身を立てるつもりだったが、1980年代にボルドーに戻り、パヴィ、テルトル・ロートブッフ、パヴィ・マカンで葡萄栽培と醸造法を学んだ。パヴィ・マカンにいる時に初めて彼は、マリーズ・バレと若きステファン・デュルノンクールにビオディナミの教えを受けた。「そこで僕は、普通の栽培法をやっていたパヴィと比較したときの、パヴィ・マカンの葡萄畑の優位性をじかにこの目で確かめることができた」と、彼は言う。

明らかに、その考えは彼の頭の中で形が出来上がっていた。なぜなら、彼はすぐさまクロ・ピュイ・アルノーに、最初は有機農法を、次にビオディナミの原則を導入することができたからである。また彼は、当初デュルノンクールをコンサルタントに迎えていた。ビオディナミへの転換はこれといった障害もなく進んだが、2007年に収穫の3分の1をウドンコ病にやられた。「ボルドーの気候が生み出すさまざまな困難に打ち勝つには、経験を積み、技術的能力を身につけ、良い人員を揃えることが必要だ。そのためには多少時間はかかる」とヴァレットは述懐する。

もちろん、優れたテロワールと、葡萄の品質を最優先する栽培法が彼の武器となる。葡萄畑の大半は、ベルヴェ・ド・カスティヨンの石灰岩台地の上にある。表土は薄く、ヒトデ石灰岩の露頭の上を20〜70cmほど覆っているにすぎない。この土壌から生まれるワインは、フィネスを前面に押し出したワインになる傾向があるが、ヴァレットは、ビオディナミによって、それに力強さを付け加えることができると考えている。さらに、サン・ジュネス・ド・カスティヨンの石灰岩（トゥフォー）－粘土の土壌の畑3haを追加することによって、ワインの骨格がより確かなものになった。収量は、30〜35hℓ/haの低いレベルに抑えられている。

醸造法は、誰もが想像するとおりデュルノンクールの影響を強く受けているが、発酵前低温浸漬だけは導入していない。葡萄は破砕せず、土着の酵母を使い、コンクリート槽と木製大樽に入れ、後者ではピジャージュを行う。熟成は、新樽比率30％で、最低限のラッキングをしながら、12〜14カ月行う。セカンドワインのキュヴェ・ペルヴァンシュ・ピュイ・アルノーは、2008から、オーク樽を使わない果実主導のものに切り替えた。

極上ワイン

Clos Puy Arnaud
クロ・ピュイ・アルノー

どのヴィンテージも表現力豊かであるが、以下の3つのヴィンテージがこのドメーヌの進化を象徴している。2001はティエリー・ヴァレットの2回目のヴィンテージで、有機農法に切り替えて間もない頃で、醸造コンサルタントとしてステファン・デュルノンクールが付き添っている。2004は、デュルノンクールがコンサルタントをした最後の年で、2005年からは、ビオディナミのスペシャリストのアンナ・カルデローニがコンサルタントとなった。"ビオディナミへの転換"を認める正式な認定証が交付されたのが2007年であった。スタイル的には、果実の芳醇さと純粋さを前面に押し出した形で、それにテロワール由来のミネラルがバランスを取っている。ブレンド比率は、たいていのヴィンテージで、メルロー70％、カベルネ・フラン25％、カベルネ・ソーヴィニヨン5％である。

2001　純粋で、細身で、長い味わい。赤果実のアロマ、精妙な微香もある。口に含むと、中盤に豊かな果実味が感じられ、後味は新鮮で、ミネラルに富み、バランスが取れている。今が飲み頃。
2004★[V]　このヴィンテージにしては秀逸。濃密で、表情豊かな果実、それに古典的なミネラルの新鮮さがある。ブラックカラント、甘草、燻香も感じられる。バランスが取れ、まろやかで、しなやかな口当たり。カベルネ特有のカシスが感じられる。しっかりした後味。
2007　ミディアムボディ。最上の年の濃密さはないが、バランスが良く、芳香が高く、純粋。チェリーなどの赤果実の香り。しなやかで新鮮だが、2004よりも早飲み用。

Clos Puy Arnaud
クロ・ピュイ・アルノー
総面積：14ha　葡萄畑面積：11ha
生産量：グラン・ヴァン2.5万本　セカンドワイン0.7万本
7 Puy Arnaud, 33500 Belvès de Castillon
Tel: +33 5 57 47 90 33

CÔTES DE FRANCS

Puygueraud ピュイグロー

ティエンポン家は、コート・ド・フランをほとんど一家の封土にしているかのようだ。現在彼らの畑は、このアペラシオン全体の葡萄畑面積500haのほぼ10%を占めている。シャトー・ピュイグローは、彼らの所有する葡萄畑の中で最も広く、最も有名で、ジョルジュ・ティエンポンが1946年に購入し、1983年からは息子のニコラが管理運営している（パヴィ・マカンとラルシ・デュカッスも参照）。1983年は、ニコラ時代の始まりを告げると同時に、このシャトーの再出発を記念する最初のヴィンテージでもある。というのも、1950〜60年代、古樹は抜根され、農地は混合農業（穀物栽培と牛の放牧）に転換させられ、葡萄樹の再植樹が始まったのはようやく1970年代のことだったからである。

ジョルジュ・ティエンポンは、ポムロールを代表する偉大なシャトーであるヴュー・シャトー・セルタンを敬愛し（彼は家族の1員として持ち分を持っていた）、同時にメドックのワインも称賛していたので、この葡萄畑にも高い比率でカベルネ・ソーヴィニヨンを植えた。この品種は、暖かい年には良く成熟したが、今振り返ってみると、それは間違いであった。というのも、ここは晩熟のテロワール（石灰岩台地の岩盤の上に、粘土－石灰岩の表土が堆積したもので、斜面には泥灰土も混ざる）だったからである。高標は117mと、ジロンド県では最も高い。ニコラ・ティエンポンは何年もかけて植替えを行い、2004年に最後のカベルネ・ソーヴィニヨンを抜根した。その結果現在では、栽培面積比率は、メルロー75%、カベルネ・フラン25%、マルベック5%になっている。カベルネ・フランの株のなかには、パヴィ・マカンのマサル・セレクションによって育成した苗も含まれている。

2000年にニコラ・ティエンポンは、1997年に亡くなった父ジョルジュの名誉を称えて、キュヴェ・ジョルジュの生産を開始した。そのワインは選ばれた年だけに生産されるもので、ブレンド中のメルローの比率が高いのが特徴である。ピュイグローのセカンドワインであるシャトー・ロリオールは、若樹と、あまり出来の良くなかった小区画から造られる。

またまもなく、白のピュイグローも生産されることになっており、2008年と2009年に、ソーヴィニヨン・ブランとソーヴィニヨン・グリが4haほど植えられた。

極上ワイン

Château Puygueraud
シャトー・ピュイグロー

まだカベルネ・ソーヴィニヨンがブレンドに加えられている時、その影響ははっきり出ていた。骨格がしっかりして緻密で、暖かい年には黒果実が豊かに感じられるが、冷涼な年にはやや鄙びた感じがして、ハーブの香りが強くなる傾向があった。マルベックが特有の胡椒の風味を添えている。メルローを増やすことによって、芳醇さが増し、酒質も安定するようになった。このワインは、長く熟成させるためのワインで、理想的には6〜7年瓶熟させたい。新樽比率も変えられ、現在は25%になっている。

2000★ 暗いガーネット色。果実の濃密さと深奥さがよく表現されている。しっかりした後味が長く続く。口に含むと精妙で、スパイス、ミント、胡椒が感じられる。カベルネがよく熟れて、存在感を主張している。

2004 難しいヴィンテージで、カベルネ・ソーヴィニヨンがブレンドに含まれた最後の年。口に含むと清明な感じを受け、スタイル的には細身で、カシスが感じられる。しかしグリーンペッパーの香りが鼻腔に感じられ、タンニンは砂のように粗い。

2006 紫ガーネットの色調。スパイス、赤果実、胡椒風味が鼻腔に漂い、口に含むと中盤にしなやかな果実味が感じられ、タンニンはしっかりしてきめが細かい。酸の強さが後味の新鮮さと長さをもたらしている。調和が取れているが、完全に溶融するまでにはもう少し時間が必要。

Château Puygueraud Cuvée George
シャトー・ピュイグロー・キュヴェ・ジョルジュ

これは選ばれた年だけに、選ばれたキュヴェだけをブレンドして、5000〜1万本しか造られない稀少ワインである。2000、2001、2003、2004ヴィンテージは、マルベック35%、カベルネ・フラン35%、メルロー20%から造られ、2006と2007は、マルベック50%、カベルネ・フラン30%、メルロー20%である。

2004 明らかに普通のキュヴェよりも一段上の酒質。口に含むとしなやかな果実味が感じられ、タンニンは長く洗練されている。ペッパーとスミレが心地よい。

2006★ 濃密だが控えめ。口中にスミレの香り。堅固で緻密な骨格。今はまだいくぶん禁欲的だが、瓶熟させれば濃艶になる。

Château Puygueraud
シャトー・ピュイグロー

総面積：60ha　葡萄畑面積：35ha
生産量：グラン・ヴァン12万本
セカンドワイン3万本
33570 St-Cibard　Tel: +33 5 57 56 07 47
www.puygueraud.com

FRONSAC

Fontenil フォントニル

世界で最も有名なワイン・コンサルタントの、ダニーとミシェルのロラン夫妻についてはほとんど紹介する必要はないと思うが、2人のフロンサックのドメーヌについては、少し説明する必要があるだろう。シャトー・フォントニルは、彼らの住まいであると同時に、現在もワインを市場に送り出しているドメーヌであり、また彼らの実験場であり、ワインづくりに関するロランの哲学のすべてが発見され、実証される場所である。

それは運命的な出会いであった。最初ロランは、葡萄畑ではなく、住まいを探していて、このサイヤン村のドメーヌに出会った。「私たちは家を探していたが、前の所有者は最初から、8haの葡萄樹も一緒に買わなければ売らないと言い張った」とダニーは説明する。結局、1986年に2人はまず葡萄畑を購入し(ミシェルは1970年代のコンサルタント業を通じて、フロンサックについての詳細な知識を得ていた)、次いで1990年に家を購入した。しかしロランが実際に住み始めることができたのは、1997年のことであった。

世界で最も有名なワイン・コンサルタントの、
ダニーとミシェルのロラン夫妻については
ほとんど紹介する必要はないと思うが、
2人のフロンサックのドメーヌについては、
少し説明する必要があるだろう。

その間にセラーはしっかりと改修され、フォントニルの生産が始まった。その名前は葡萄畑の小区画の1つから取った。葡萄畑は村で一番高いところにあり、リブールヌ市とポムロール村が見渡せる。土壌はこの地区特有の石灰岩−粘土土壌で、その下は石灰岩・粘土・砂岩が混ざったモラッセ・デュ・フロンサデの底土である。土壌は均質であるが、畑の向きがいろいろで、5haが南向きで、残りが、東、北東、北に傾いている。

葡萄樹の年齢は高く、平均40歳ほどである。誰もが想像するように、葡萄畑は、現在では知らぬ人はいない低収量と最大限の成熟度というロラン原則に基づき管理されている。トレリスは高く持ち上げられ、グリーンハーベストと除葉は、どちらも計画的に行われている。2008年は20hℓ/haと、これまでで最低の収量となった。メルローが主要品種で、カベルネ・ソーヴィニヨンが少量含まれている。「その品種は最初からここに植わっていたけれど、一番悪い場所を占めていて、ほとんどブレンドには入らない」とダニーは説明する。

改修された石積み造りのセラーには、いろいろな種類の設備が揃っている。ステンレス槽、木製大桶(ピジャージュ用)、オーク樽(フォントニルの新樽比率は60%)、オクソライン・システム(樽をローラー付きのラックに載せ、そのままの位置で回転させる)、選果テーブル、最新式の垂直圧搾機など。「この醸造室は、私たちのドメーヌには大きすぎる」とデニーは言う。デニーの言葉には、どこかあきらめの感情が含まれているように感じたが、彼女の言葉の意味がより鮮明になったのは、2008年以降、フォントニルの一部と、ル・デフィ・ド・フォントニルのすべてが、"樽"で発酵させられているということを聞いた時であった(低温浸漬を行うためにドライアイスが使われている)。

ル・デフィ・ド・フォントニルの誕生には、ある秘話がある。1999年、ロラン夫妻はある考えを実際に試してみることにした。それは収穫前の葡萄樹を雨から守るため、ある1小区画の葡萄樹の根本をビニールシートで覆うというものであった。フランス農務省は最初のヴィンテージは黙認したが、2000年には、その小区画からの葡萄をアペラシオンに入れることを認めなかった。ロランはそれを鼻であしらって、そのボトルを、ただのヴァン・ド・ペイで送り出した。こうしてル・デフィ・ド・フォントニルの最初のヴィンテージが生まれた。シートは、2001年と2004年にも使われたが、2005年からは、そのワインはスーパー・キュヴェとして、また実験用ワインとしての性格を持つものとして生産されている。

極上ワイン

Château Fontenil
シャトー・フォントニル
このアペラシオンの指導的なワイン。熟れた芳醇なスタイルだが、決してジャムのようではない。メルローの芳醇さに生来の新鮮さがバランスを取り、タンニンはよく研磨されていて滑らか。ワインは、最初だけ澱の上で寝かされた後、15カ月間熟成し、清澄化も濾過も受けず瓶詰めされる。

265

FRONSAC

2000 成熟感は極限まで押し進められているが、過熟の1歩手前で食い止められている。赤果実とプラムの香りが鼻腔に漂い、口に含むと豊かで凝縮されていて、新鮮さがバランスを取っている。柔らかな触感、しかし長熟する骨格がある。
2001★[V] 私の琴線を震わせるワイン。成熟感、魅惑度、精妙さが絶妙で、スパイス、ミネラル、赤果実が香り、口に含むと最初清涼感があり、中盤に果実の豊かさが感じられ、素晴らしいバランスの後味へと続く。
2003 燻香とカラントの香りが、暑く乾燥したヴィンテージを思い起こさせる。しかしワインは秀逸。酒躯(ボディ)はフルでまろやか、しなやかな口当たり、タンニンはしっかりとしているが乾いていず、気品のある長い後味をもたらす。
2005[V] 豊かで芳醇だが、今のところはまだ抑制されている。魅惑的な果実味と、よく統合されたスパイスが感じられる。しっかりとした骨格で長い後味。力強い、長熟に向くワイン。

Le Défi de Fontenil
ル・デフィ・ド・フォントニル

　明らかにこれは万人向けのワインではない。濃密で、豊かで、凝縮されて、香り高く、オークは明らかで、古典的なボルドーのアンチテーゼ。しかしその濃密さと骨格は、年月が経てば荘厳な雰囲気を醸し出すことを示唆している。非常に古い樹（50歳を超える）から造られ、同時に醸造は現代的手法を駆使して行われている。毎年3000〜5000本しか造られない稀少なワイン。
2000 瓶熟の時間のせいか、あるいは技法と葡萄果実の成熟度のどちらもそれほど過激でなかったせいか、同時にテイスティングした他のヴィンテージに比べ、良く調和が取れていると感じる。凝縮され骨格もしっかりとしており、しかも良く編み込まれている。
2001 濃く、豊かで、果実味が口中に長くとどまる。オークがまだ感じられ、チョコレートやモカの香りがする。タンニンはまろやかで滑らか、酸が新鮮さを添えている。
2005 一歩遠くへ進みすぎたか？　黒に近い色。甘く、成熟から過熟のぎりぎりの線、砂糖漬けの果実と過剰なオークのクリーミーな触感、豊かな量塊感と凝縮。堅固でよく研磨された骨格。時間が語ってくれるであろう。

右：フォントニルの自宅でくつろぐデニーとミシェル・ロラン。2人は、コンサルタント業の成功にもかかわらず、地に足を付け、ワインづくりを心から楽しんでいる。

Château Fontenil
シャトー・フォントニル
総面積：12ha　葡萄畑面積：9ha
生産量：グラン・ヴァン3.5〜4万本
セカンドワイン1.5万本
33141 Saillans　Tel: +33 5 57 51 52 43
www.rollandcollection.com

濃密で、豊かで、凝縮されて、香り高く、オークは明らかで、
古典的ボルドーのアンチテーゼ。しかしその濃密さと骨格は、
年月が経てば荘厳な雰囲気を醸し出すことを示唆している。

FRONSAC

Haut-Carles オー・カルル

歴史的、建築学的意味で、そして今ではワインづくりの面で、オー・カルルは実に興味深いシャトーである。15世紀に建てられたその城館は、要塞化された塔を備え、周囲に聳える糸杉がどことなくトスカナ地方を連想させる。建物内部に足を踏み入れると、モザイクタイルで描かれた北アフリカの風景が、さらに異文化的な驚きをもたらす。しかしこの書にとってもっと重要なことは、そのグラン・ヴァンであるオー・カルルが、今ではフロンサックの先導者となり、サン・テミリオンの最上級クリュに近づきつつあるということである。

オーナーのコンスタンスとステファンのドルーレ夫妻はステファンが銀行業を営んでいるパリにまだ住んでいるが、2人は直接このシャトーの管理運営に関わっている。コンスタンスの祖祖父である、貴族院のギョーム・シャストネ・ド・カスティンがこのシャトーを手に入れたのは1900年のことで、それ以来一家の所有が続き、このシャトーには強い一貫性が保たれている。彼らの意気込みと投資は決然としたものである。「造りたいのは、ボルドーで最高のワインであって、右岸で最高のものなんかではない」とステファンは言い切る。

1980年代、シャトー・ド・カルルは、堅実であるが例外的とは言えないワインを造り、それをJ・P・ムエックス社が販売していた。ある時、ドルーレ家の友人の、レストラン、タン・ディンの経営者であるロベール・ヴィフィアンが、特注のキュヴェを造ってくれないかと持ちかけた。そして1994年、特別な注意が払われて2haのメルローが育てられ、そこからオー・カルルの最初のヴィンテージが生み出された。それが出発点となり、それ以降すべての葡萄畑が、グラン・クリュのレベルで管理されることとなった（徹底的な葡萄畑管理が行われ、収量は30hℓ/ha、新しい植栽密度は1万本/haなど）。そしてオー・カルルのための特別な小区画が選ばれた。

2003年には最新式の自重式送り込み装置が導入され、衛生状態は最高に保たれ、ポンプの使用は禁じられた。現在、オー・カルルは、一部を樽で、大部分をステンレスタンクで発酵させ、マロラクティック発酵（樽内での）の後、微細な澱の上で18カ月間熟成させる。樽の3分の2が新樽で、ラッキングは最低限に抑えられている。セカンドワインのシャトー・ド・カルルは、より果実味主導のあまり凝縮させないスタイルである。2006年以降、ジャン・フィリップ・フォールとアラン・レイノー博士が専門家として技術指導を行っている。

極上ワイン

Haut-Carles
オー・カルル
　このワインはメルロー（日当たりが良く、台木も優れている）を主体に、非常に古いマルベックの古樹を風味付けに用いている。カベルネ・フランも育てているが、グラン・ヴァンに入ることはめったにない。しかしそれがグラン・ヴァンに入らないのは残念だ。なぜならアロマの精妙さを出すのに、この品種は大きな力を発揮するからだ。世紀の変わり目からそのワインは、単なる飲みやすいワインから変身し、2003に大きく進化した。それは果実の純粋さの際立つワインであったが、さらに2006で、もう一段高いところに飛躍した。そのワインは、魅惑的な果実の深奥さを表現し、信じられないほどの触感の精妙さがあり、明らかに極上ワインの質とスタイルを身に付けつつあることを示している。それは間違いなく長く熟成するワインである。

2001　生き生きとしてバランスが取れ、果実の凝縮感が秀逸。プラムと赤果実のアロマ。後味のタンニンがしっかりしている。
2002　2001と同じスタイルであるが、果実味がやや軽く感じる。後味のタンニンも少し乾いているよう。
2003　まろやかで、滑らかで、しなやか。完熟したプラムと、その年の暖かさが感じられる。よく統合されたチョコレート風味のオークが香り、酸が新鮮な風を送り込む。タンニンは堅牢で、滑らか。
2005　熟しているが、決して過熟ではない。芳醇でスパイシー。以前のものよりもアロマの精妙さが際立つ。滑らかで力強く、濃密な口当たり、後味はしっかりしていて長い。
2006★　長足の進歩、2005からでさえかなり飛躍している。深奥な色。果実の凝縮感が秀逸。独特のモカの風味と黒果実が香り、触感のフィネスと果実の芳醇さが進化を感じさせる。タンニンは力強いが滑らかで、酸が後味の長さを倍加させている。
2007　瓶詰めして間もないことから、まだ少しぼやけた感じ。しかし触感とタンニンは秀でている。2006に比べ、力強さでは劣るが、エレガントさでは超えている。まだまだ美味しくなるはず。

Château de Carles
シャトー・ド・カルル
総面積：20ha　葡萄畑面積：20ha
生産量：グラン・ヴァン2.5～3万本
セカンドワイン5万本
33141 Saillans　Tel: +33 5 57 84 32 03
www.haut-carles.com

FRONSAC

Moulin Haut Laroque　ムーラン・オー・ラロック

1977年に家業を継いだジャン・ノエル・エルヴェは、それ以降、フロンサックのワインを認知させるための戦いの最前線にいる。実はムーラン・オー・ラロックは、宣伝が少しばかり下手だったと言わざるを得ない。というのも、そのワインは一分の隙もなく成熟し、その一貫性は揺るぎなく、その長熟する能力がワインのすべてを表現しているからである。

しかし常にそうであったわけではない。「最初の頃、ワインの質はあまり良いとは言えず、投資する余裕もなかったから、とても苦しかった。しかしミシェル・ロランの一言が勇気を与えてくれた」とエルヴェは、熱情を込めてさらに雄弁に話す。「ロランは言った。『仕事のやり方を改善すれば、未来はきっと明るい』とね」。こうして勇気づけられたエルヴェは、1980年代を通して葡萄畑の改良に取り組み、トレリスを高く持ち上げ、植栽密度を6700本/haまで引き上げた。次の大きなステップは1990年代の終わりで、樹勢を抑えるために葡萄畑に草を植えた。

*ムーラン・オー・ラロックは一分の隙もなく成熟し、その一貫性は揺るぎなく、その長熟する能力がワインのすべてを表現している。
しかし常にそうであったわけではない。*

葡萄畑は2つの区画に分かれている。オー・ラロックと名付けられた区画は、オー・カルルの葡萄畑の近く、このアペラシオンの中でも高い場所にあり、19世紀後半から一家が所有していたものである。土壌は、粘土の中にマグネシウムの鉱脈がある。そこは、このシャトーで最も古い畑で、第2次世界大戦前に植えられたカベルネ・フランが栽培されている。そこから生まれる果実が、ムーラン・オー・ラロックの中枢を担う。

ムーランと名付けられた区画は、台地の上から、邸館とセラーの前まで下る斜面に広がる。「ここの土壌は石灰岩―粘土の土壌だが、モザイク状になっており、粘土の深さがさまざまだ」とエルヴェは説明する。どちらの区画も古く、風格がある。マルベックは80歳で、メルローとカベルネ・ソーヴィニヨンの一部は40歳を超え、カベルネ・フランは70歳を超えている。

1999年に新しい醸造室が完成し、さらに効率良く醸造が出来るようになった。葡萄果粒は、自重式送り込み装置でステンレスタンクへ入れられ、ポンプの使用は最低限に抑えられている。醸造技法は基本的には伝統的なものであるが、人力による軽いピジャージュが行われている。またエルヴェはよく、若いメルローに古樹からのマルベックを少量混ぜて一緒に醸造することがある――それによってバランスが良くなると彼は考えている。グラン・ヴァンとセカンドワインへのセレクションは、純粋にテイスティングで決められ、エルヴェが納得しないキュヴェは、ネゴシアン行きとなる。

極上ワイン

Château Moulin Haut Laroque
シャトー・ムーラン・オー・ラロック

エルヴェは、アロマの表現よりもワインの骨格に重点を置いていることを認めている。「19世紀まで遡る古いヴィンテージをテイスティングする機会に恵まれたが、そこで素晴らしい感銘を受け、長く熟成するワインを造ろうと心に誓った」とエルヴェは告白する。4種類の葡萄品種が使われているが、どのヴィンテージも同じ小区画を使うというわけではない。ワインは新樽比率30～40%で、最長で18カ月間熟成される。

1999　ミディアムボディで、しなやかで新鮮だが、少し禁欲的と言えるかもしれない。偉大な精妙さはないが、良く構築されている。
2001★ [V]　ほど良い成熟感の新鮮な果実味。生き生きとして調和が取れ、濃密な口当たりで、タンニンはきめが細かく、長い。非常に魅惑的なワイン。
2003　どこかぎこちない感じもするが、同様の骨格。プラムの表現をオークのクリーミーさが包み込んでいる。口当たりは豊かでフル、力強く、くらくらする濃厚さ、しかしバランスと長さをもたらす新鮮さも少し感じられる。
2005★　今はまだ閉じているが、グラン・ヴァンの濃密さと構造がある。口に含むと豊かで凝縮され、果実味が口いっぱいに広がる。タンニンの骨格は雄大で、後味は非常に長く持続する。
2006★ [V]　2005ほど凝縮されていないが、それよりも潑剌として、ワインが踊っているよう。口に含むと、味わいは途切れることなく線のように続き、本物の存在感があり、果実味が秀逸で、後味は長い。

Château Moulin Haut Laroque
シャトー・ムーラン・オー・ラロック
総面積：18ha　葡萄畑面積：16ha
生産量：グラン・ヴァン5万本
セカンドワイン1～2万本
33141 Saillans　Tel: +33 5 57 84 32 07
www.moulinhautlaroque.com

CÔTES DE BOURG

Roc de Cambes　ロック・ド・カンブ

フランソワ・ミジャヴィルは、1988年にコート・ド・ブールのロック・ド・カンブを手に入れたが、そこにはある事情があった。彼はすでにその時サン・テミリオンに、小さいが名の通ったドメーヌ、テルトル・ロートブッフを所有していたが、その財政的脆弱性を心配し、何らかの解決策を模索していた。そんな時ある友人が、ブールに売りに出されているドメーヌがあることを彼に教えた。「11月の薄曇りのある日、妻のミローと2人でその葡萄畑を見に行った。見るなりすぐに、2人とも叫んでいた。『ここは私たちの土地だ。』なぜならそこは私たちが10年間働いてきた土地と同じテロワールだったからだ」とミジャヴィルは当時を振り返る。

　その12.5haの葡萄畑は、要塞のようなブールの段丘の端に、ジロンド河を見下ろす円形劇場のように広がり、土壌は石灰岩＝粘土で、南から南西を向き、風から守られていた。その葡萄畑は、テルトル・ロートブッフと同様にメルロー主体 (75%) であるが、カベルネ・フランの代わりに古いカベルネ・ソーヴィニヨンが脇役 (20%) となり、マルベック (5%) が彩りを添えている。ミジャヴィルは、マルベックにあまり確信が持てないことを認めているが、それはまだ抜根されてはいない。ロック・ド・カンブは、費用を気にせず、その兄弟畑と同じ方法で栽培され、醸造されている。ここにはセカンドワインはない。もちろん収穫は遅いが、こちらの方が面積が広いため、3日ほど長くかかる。摘果は、ヴィンテージによって、テルトル・ロートブッフの先になったり後になったりする。

　ここを手に入れるために銀行から融資を受けているため、ミジャヴィルは最初から、コート・ド・ブールの経済的限界を突破するという意気込みを持っていた。人、テロワール、素晴らしいワインが揃えば、既成のアペラシオンの位階制に関係なく愛好者に受け入れられると、ミジャヴィルは確信していた。しかしその賭けが実るのに20年近くの歳月が必要だった。そのワインの酒質に愛好者の"目を開かせる"のにこんなにも長い時間がかかったことに、ミジャヴィルは少し落胆していたが、幸いなことに愛好者は、今このワインに向けて目を開きつつある。

極上ワイン

Roc de Cambes
ロック・ド・カンブ

　2008年に、テルトル・ロートブッフで以下のワインのテイスティングを行った。ロック・ド・カンブがサン・テミリオンの極上のワインと同じ地平にあり、時間、人の力、投資があれば、コート・ド・ブールも素晴らしいワインを生み出す力を秘めていることを、このテイスティングで確信することができた。そのワインは深奥で、濃密。果実味は芳醇で、それは2004のような"古典的"ヴィンテージでも変わらなかった。エキゾチックで、きめ細かく、絹のような質感、エレガントで新鮮で、長い後味。

1988　（最初のヴィンテージ。すべて古い樽で熟成）ルビー色。古典的スタイルの熟れたボルドー。鼻にも口にも、幽かなブラックカラントの香り。新鮮で持続的だが、少し厳しく禁欲的に感じる。

1990★　まだそれ自身をしっかり保っている。ルビー色で、グラスの縁はレンガ色。その年の暖かさと成熟感がアロマの中に溢れている。黒果実の中に、カラント類やトリュフの微香が感じられる。酒躯（ボディ）はフルで新鮮で、長い味わい。優美な触感。

1991　グラスの縁はレンガ色。鼻からも口からもミネラルが香る。禁欲的で緻密で、硬ささえも感じる。しかしこの霜の多い年でも、ヴィンテージが出せることをこのテロワールは実証した。

1995　濃いルビー色。力強い存在感。濃密でフル。赤果実、スパイス、燻香のアロマ。口に含むとミネラルが豊かで、骨格はしっかりとし、新鮮で、長い味わい。コーヒーも感じられる。後味にタンニンがやや粗く感じた。

2004　緻密なルビー色。黒果実、スパイス、コーヒー、トースト、オレンジなどの柑橘類のエキゾチックなアロマ。オークも現れるが、良く統合されている。しなやかな口当たりで、果実の凝縮感が秀逸。砂糖漬け果実も感じられるが、新鮮さもあり、調和が取れ、フィネスを感じる。

2005★　印象の鮮明なワイン。スタイルは現代的だが、豊かで、長く、エレガントな味わい。深奥な色。スパイス、燻したオーク、黒果実のエキゾチックな香り。口に含むと良く熟れた芳醇な味わい。触感は滑らかで、力強いが上品なタンニンがそれを支えている。後味は新鮮さと長さの極致。本物のグラン・ヴァン。

2006　深奥な色。深さと濃密さに圧倒される。芳醇な口当たりで、触感はとても洗練され、骨格は堅牢でほっそりしている。バニラの微香もあるが、オークは良く統合されている。クリーミーな熟れた果実が口中に広がるが、新鮮さがそれとバランスを取っている。大きな潜在能力を秘めている。

Roc de Cambes
ロック・ド・カンブ
総面積：13.5ha　葡萄畑面積：12.5ha
生産量：グラン・ヴァン6万本
33710 Bourg-sur-Gironde　Fax: +33 5 57 74 42 11
www.roc-de-cambes.com

CÔTES DE BLAYE

Bel-Air La Royère ベレール・ラ・ロワイエール

ボルドーの多くの生産者が古いマルベックの株を抜いてしまったが、ロリオー夫妻は、彼らの最上級ワイン、ベレール・ラ・ロワイエールを、この品種を主体に造っている。「マルベックはこの土地の魂です」と、コリーヌ・ロリオーは言う。確かにその品種で造られるワインは、コート・ド・ブライでも独特のもので、この地区にその品種を復活させるきっかけとなった。

コリーヌとクサヴィエのロリオー夫妻は、1992年にカーズ村の9haの畑を購入したが、その後、借地と買い増しによって、その畑は現在23.5haまで拡張されている。しかし今でも、最初の5.5haが、ベレール・ラ・ロワイエール専用の畑である。「土壌はモラッセ・デュ・フロンサデに少し似ていて、石灰岩、砂岩、そして高い比率で粘土を含んでいる」と、クサヴィエは説明する。「排水も良く、水の吸収も抑制し、その結果樹勢も抑えられる」。

そこはマルベックの古樹が生育する場所で、1947年、1949年、1953年、1965年に植えられ、さらに2009年には、傷んだ葡萄樹に代えて新しい葡萄樹が植えられた。植栽密度は、6000本/haと高い。ロリオー夫妻は最初、彼らの生まれ故郷であるシャラントからこの畑まで通い、ワインをネゴシアンに樽売りしていたが、1995年にこの地に移り住み、それを機に、マルベック主体でベレール・ラ・ロワイエールを造ることを決意した。

その5.4haの畑は厚遇され、葡萄樹にはより多くの手間がかけられている。マルベックの収量は25hℓ/haで、メルローは35～40hℓ/haである。収穫は、フェノールの十分な成熟を待つため、遅く行われる。ベレール・ラ・ロワイエールの名前を一躍有名にした1997ヴィンテージでは、2人はこの地域のほとんどの生産者よりも10日も遅く収穫した。「近所の連中は、『あそこはワインを造る金がないから、今年は収穫しないらしい』と言っていた」とクサヴィエは笑いながら語った。

ワインづくりは熟成も含めてかなり伝統的である。マロラクティック発酵を樽内で行い、その後ワインは澱の上で熟成させられ、春に最初のラッキングを受ける。ワインは全体で20カ月間樽の中で過ごすことになるが、最終ブレンドの新樽比率は80％である。

極上ワイン

Château Bel-Air La Royère
シャトー・ベレール・ラ・ロワイエール

ブレンド中のマルベック（最大で30％）が、このワインに独特な風味をもたらしている。色は当然ながら深く濃く、若い頃は黒に近く、黒果実、スパイス、ペッパーの香りが立ち込める。口に含んだ時の最大の特徴は、その刺すような酸で、時には痛いほどに感じる時もある――その酸に肉付けをし、バランスを取るために、果粒の成熟度を最大限にまで押し進め、芳醇さを引き出す必要がある。

1996 深く濃密な色。年齢をごまかされるほど。落ち着いたアロマで、胡椒、スパイス、サクランボの種が感じられる。ゆったりとした口当たりで、新鮮さもあり、タンニンは丸みがある。独特の酸がやや硬さを感じさせ、後味に厳しさが感じられる。

2002 [V] 暗い色調。豊かで凝縮された香り。燻香、焦げ臭さが感じられ、クリーミーな黒果実の香りもある。しなやかで肉感的な口当たりで、タンニンはよくこなれている。マルベックの新鮮さが際立つ。後味は少し厳しめだが、この困難な年にしては素晴らしい出来。

2005 ★ 力強く、重厚で、まだ時間が必要。黒に近い色。鼻からの香りは強烈だが、落ち着いており、控え目なバニラとチョコレートも感じる。口に含むと、重量感と深さが感じられ、その背後に酸が控えている。タンニンはまろやかだが、後味は緻密で堅牢。

2007 紫から黒の色調。まろやかで、しなやかで、歳のわりには良く熟成している。魅惑的なブルーベリー、オーク由来のバニラが香る。柔らかく軽い構造で、酸がピリッとした刺激を与える。早飲み用のワイン。

Château Les Ricards [V]
シャトー・デ・リカール [V]

セカンドワインのシャトー・デ・リカールについては、特別にテイスティングしたことはないが、レストランで口にするときは、いつも食欲を刺激し、とても得た気分になる。ベレール・ラ・ロワイエールよりも近づきやすいが、それでも途切れることのない、長く続く新鮮な後味が印象的。

Château Bel-Air La Royère
シャトー・ベレール・ラ・ロワイエール

総面積：23.5ha　葡萄畑面積：19ha
生産量：グラン・ヴァン2万本
セカンドワイン4.5万本
Les Ricards, 33390 Cars　　Tel：+33 5 57 42 91 34

ソーテルヌとバルサック Sauternes and Barsac

ボルドーの甘口白ワイン地域は、ボルドー市の南40kmのガロンヌ河の両岸に広がる。右岸（実質的にはアントル・ドゥー・メールに入る）には、下位のアペラシオンであるカディヤック、ルーピヤック、サント・クロワ・デュモンがある。左岸に位置するのが、ソーテルヌ、バルサック、そしてそれほど有名でないセロンである。フランス人はその白ワインをリコルーと呼ぶが、そこには、そのワインがただ単に甘く濃縮されているというだけでなく、貴腐葡萄によって生み出される独特の個性を持っていることが含意されている。

ソーテルヌとバルサックは、その周囲の大部分をグラーヴ地区の葡萄畑に囲まれた2200haほどの地区で、温かいガロンヌ河に冷たい水を送り込んでいる、川幅の狭いシロン川が両地区をの境界になっている。この冷たい水と温かい水の交わりが早朝の霧を発生させる原因となり、ボトリティス・シネレアによる貴腐の発生のための完璧なシナリオを用意する。また、粘土土壌の多いソーテルヌの湿度の多い気象条件は、多くの泉があることと合わさって、カビの胞子の発芽を促進する。それに昼間の太陽と風が果粒を乾燥させて濃縮を進め、悪性の病害から果粒を守ることができれば、理想的な環境が整う。

ソーテルヌという地区名を名乗れる村は、5つもある。バルサック、ボム、ファルグ、プレニャック、そしてもちろんソーテルヌである。バルサックの生産者は、そのワインをバルサックでもソーテルヌでも、どちらか好きな方の名前で瓶詰めする権利を与えられている（両方の村名を使う生産者もいる）。ソーテルヌ、ボム、ファルグの周りは、起伏の多い地形で、一番高い丘で標高80mほどである。土壌は多様で、砂、砂利、粘土が混ざり、6mの厚さで粘土が堆積しているところもあれば、岩盤が露出しているところもある。排水が非常に重要な問題で、優秀な生産者の多くが、人工的な排水設備を通している。

プレニャックの葡萄畑は低地にあり、土壌は砂と砂利が主で、粘土の割合が少ない。バルサック台地は同様に低地ではあるが、土壌は石灰岩の岩盤の上を、赤い粘土のような砂が薄く覆っている。ワインに繊細さと、新鮮味、ミネラル風味をもたらす酸を生み出すのがこの土壌である。度合いこそ違うが、力強さと芳醇さがソーテルヌの特徴であり、また凝縮感は、太陽と風にさらされることによって、そして粘土と砂利の土壌から生み出される。

ソーテルヌ地区では3つの葡萄品種が栽培されている。セミヨン、ソーヴィニヨン・ブラン、ミュスカデルである。セミヨンが最も重要で、その薄い果皮は貴腐菌の付着を招きやすく、その胞子が果粒中の水分を吸収し、脱水作用によって果粒内の糖と酸、グリセリン酸を濃縮させる。生産者は葡萄果粒が最終的にこのような状態になるように葡萄畑を整備し、セミヨンはア・コット（若芽剪定の方法の1つで、2個の新芽の付いたケーン（主幹）を3〜4本残す方法）で剪定し、グリーンハーベストと除葉を行う。シャトー・ギローの共同経営者で支配人であるクザヴィエ・プランティは、これ以外の剪定法では貴腐菌はあまり成長しないと教えてくれたが、それを科学的に説明する理論は示さなかった。

収量は最大でも25hℓ/haに抑えられ、最上の生産者ほど低くなる。収量を低く抑える理由は、秋にボトリティス菌が発生する前に、最終アルコール濃度が12〜14%までなるぐらいまで糖分濃度を高くして、"黄金色の成熟"を達成するためである。栽培者たちは、ボトリティス菌は葡萄の花が咲く頃に付着し、それから葡萄が生理的に熟成するまでの間、じっと休眠して待っていると信じている。

そのワインの生産にとっては、収穫時期が鍵を握る。貴腐は無作為的に発生するため、生産者たちは果粒を選択的に摘果する方法に磨きをかけてきた。理想的には、摘み手がアルコール濃度21%になる可能性のある貴腐葡萄を見つけ出して摘果し、それを醸造して出来たワインが、アルコール濃度13.5〜14度、残存糖分含有量が120g/ℓになることが望ましい。効率的な摘果方法には、忍耐、反復摘果、経験を積んだ摘み手などが不可欠な要素である。最初の選択的摘果は、多くの場合、悪性の灰色カビ病（プリチュール・エグル）に侵された果房や、貴腐菌は成長しているが行き過ぎたものあるいは不良のものさえも摘果し、選択的摘果のための下準備をする。その後収穫は、2週間で済む場合もあれば、3カ月もかかる場合もある。もちろん雨も、収穫とワインの質に大きく影響し、2000ヴィンテージはそれを如実に示した。

右：貴腐を祈念するシャトー・イケムの飾り板。貴腐はソーテルヌにとっての生命線で、偉大な資産ともなればリスクともなる。

pourriture noble

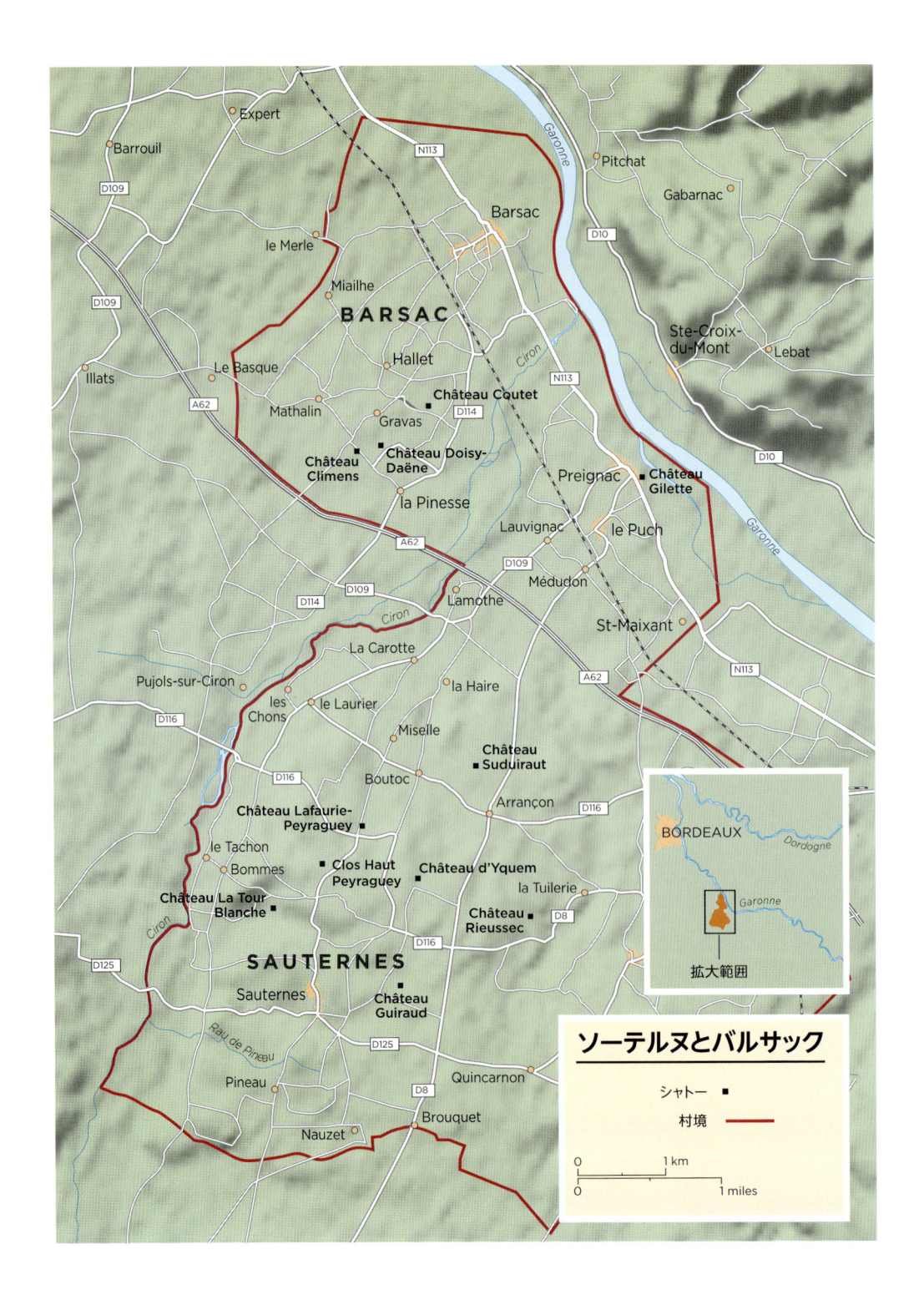

ソーテルヌとバルサック

シャトー ■
村境 ―――

最上のつくり手と彼らのワイン

上：甘口白ワインの首都である、のどかなソーテルヌ村の入り口で、葡萄樹が訪問者を出迎えている。

　ワイナリーでは、摘果日、畑、圧搾の度合いによって、果汁はグループ別に保存され、最終的なセレクションを待つ。優れた生産者は、ワインの発酵にオーク樽を使う。この方法は、投資が途絶えた1960〜70年代には行われなかったが、1980年代後半以降に復活した。ソーテルヌは、明らかに費用のかかるワインで、その小売価格は、生産に必要な労働力と投資を考えれば、そして言うまでもなく、全面的に自然に頼らなければならないというリスクを考えれば、決して誇張されたものではない。新世紀に入って、自然は例外的にソーテルヌに優しく、2001、2003、2005、2007、2009と素晴らしいワインが生み出された。ソーテルヌとバルサックのワインも、1855年に格付けされた。イケムが別格のプルミエール・クリュ・シュペリエールに格付けされ、残りの20の生産者（分割されたものがあって、その数は現在25になっている）が、第1級と第2級に格付けされた。

SAUTERNES AND BARSAC

Yquem イケム

メドックの1級の中で最終的に特級と呼べるシャトーを1つ選ぶとしたらどこか、という問題に関しては、喧々がくがくの議論が行われるかもしれない。しかしソーテルヌに関してはそんなことはあり得ない。シャトー・ディケム（イケム）が他のシャトーをはるかに凌駕しているからである。しかも18世紀後半から一度たりともその座を譲ったことがない。アメリカ合衆国大統領ジェファーソンの賛辞や、1855年の格付けで、唯一のプルミエール・クリュ・シュペリエールに選ばれたことなどがその偉大さを裏付けているが、時が磨き上げた数々のボトルは、世界に神の味覚を味わう特権をもたらした。そのワインの高い酒質がほんのわずかでも低下することさえめったになく、ライバルたちが懸命に追いつこうと拍車をかけている時でさえ、イケムは真の到達点として屹然としている。

イケムの偉大さの基盤となっているものの1つが、その歴史的一貫性であり、それは時代を超えて受け継がれてきた家系による所有によってもたらされたものである。ソヴァージュ家がイケムの部分所有権を取得したのが1593年のことで、徐々に葡萄畑を併合し、18世紀の初めには、完全な所有権を手に入れた。1785年に、ジョセフィーヌ・ド・ソヴァージュ・ディケムがルイ・アメデー・ド・リュル・サリュース伯爵と結婚し、イケムを嫁資にした。それ以降、リュル・サリュース伯爵の子孫がこのシャトーを継承し、管理運営してきた。しかし1999年に、モエ・ヘネシー・ルイ・ヴィトンが株式の過半数を取得し、当時すでにグループのためにシュヴァル・ブランを経営していたピエール・リュルトンが、2004年から支配人となっている。

ソーテルヌの第1級の頂点に君臨するものにふさわしく、イケムは高台の中心に位置し、そこから四方数キロを睥睨している。イケムの広大な葡萄畑には3つの大きな起伏があり、標高30〜75mの間を波のようにうねっている。最も険しい斜面は、北向きで、ガロンヌ河に落ち込んでいる。土壌は基本的には、石灰質粘土の上を砂質の砂利が覆っているもので、深さ6mのところには灰青色の

右：最近古い外壁を修復したばかりのシャトー・ディケムの城館。それは文字通り、そして隠喩的に、近隣のシャトーを睥睨している。

メドックの1級の中で最終的に特級と呼べるシャトーを1つ選ぶとしたらどこか、という問題に関しては、喧々がくがくの議論が行われるかもしれないが、ソーテルヌに関してはそんなことはあり得ない。
シャトー・ディケム（イケム）が他のシャトーをはるかに凌駕しているからである。
しかも18世紀後半から一度たりともその座を譲ったことがない。

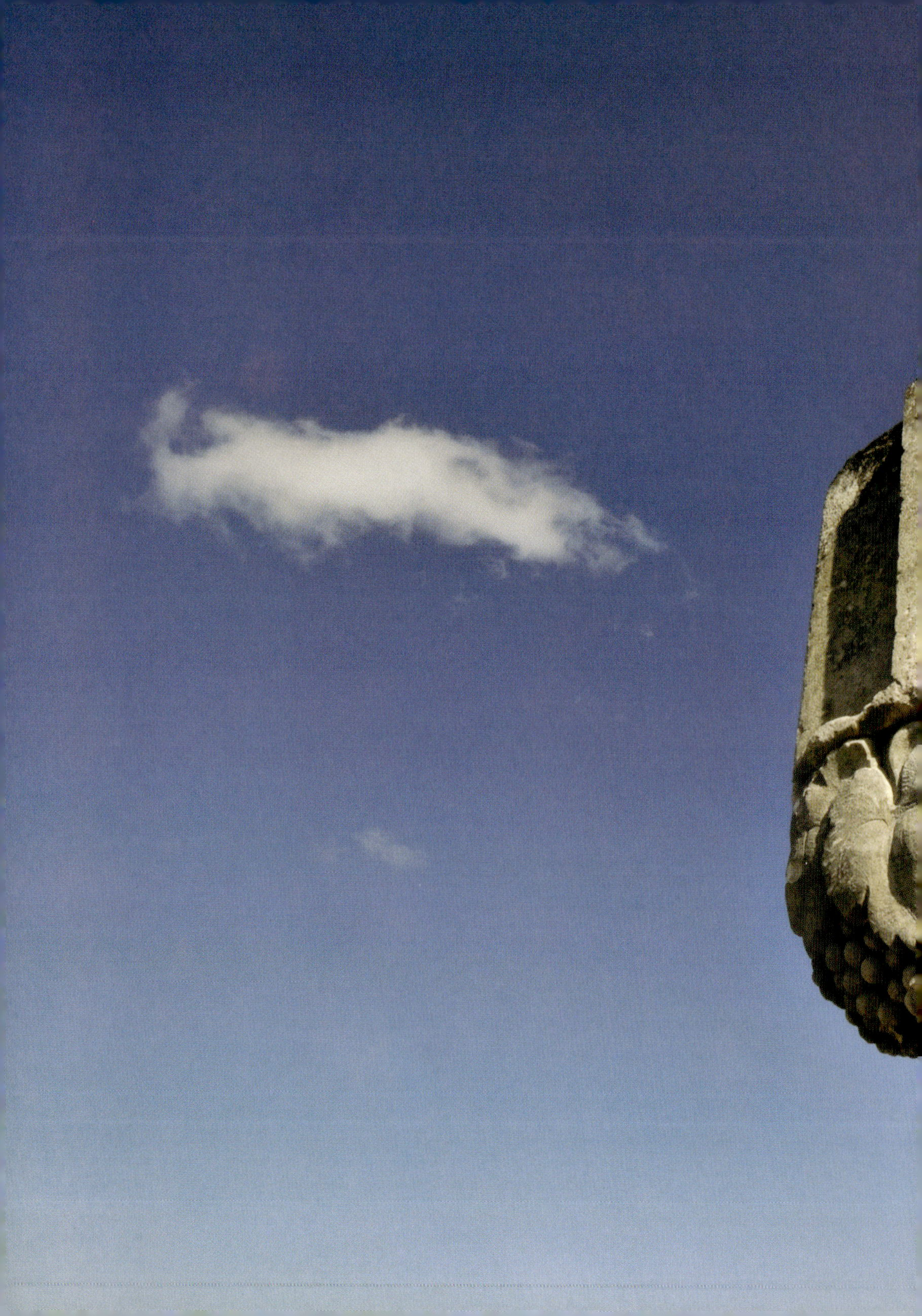

AD
TAM
PER
VITEM

粘土もあるが、それは畑全体に均一に分布しているわけではない。こうした土壌の複雑さがイケムの精妙さの1つの要因で、さまざまな土壌がワインに多彩な風味をもたらし、多くの年でグラン・ヴァンに許される選択の多様性をもたらしている。

底土が粘土で、数多くの泉が存在していることから、ここでは排水が非常に重要な問題となる。そしてすでに19世紀から、100kmにも及ぶ排水設備が整備されてきた。言うまでもないことだが、葡萄畑は非常に入念に手入れされ、土壌は耕転され、葡萄樹はソーテルヌ方式の、ア・コット（若芽剪定の方法の1つで、2個の新芽の付いたケーン〈主幹〉を3〜4本残す方法）で剪定され、除葉とグリーンハーベストが計画的に行われている。「その理由は、貴腐菌が発芽する前に、少量の葡萄果粒を完熟させておくためだ」と、ピエール・リュルトンは説明する。イケムの格言は、"1杯のグラスに1本の葡萄樹"である。毎年2〜3haの葡萄樹──1992年から、自身の畑からのマサル・セレクションで苗を育成──を植え替え、葡萄樹の平均樹齢を30歳に維持している。

微気象的に、イケムの葡萄畑には場所的変化がある。北向きの斜面の低い場所は冷涼で、冬は霜の害を受けやすいが、ところが夏は逆に一番暑い場所となる。またイケムの畑は、風通しの良い方向を向いており、東風が、成熟期と、貴腐菌が発芽を始めた時の水分の蒸発、果粒の濃縮を促進する。

イケムにおける選択的摘果には長い歴史があり、非常に正確に行われている。160人の摘み手が4チームに編成され、150余りの小区画に柔軟に対応している。通常の年は、数回にわたる反復摘果が行われる。「もし必要なら、1日に80樽を収穫する人員と設備を用意している」とリュルトンは説明する。その設備には、4台の空圧式膜圧搾機、3台の現代的な垂直籠型圧搾機が含まれている。

毎日収穫した果粒は、最終的なブレンドまたは脱落まで、別々に取り扱われる。セカンドワインはなく、脱落したものは樽売りされる。ピエール・リュルトンが支配人になって以降、彼と醸造主任のサンドリーヌ・ガーヴェイは、ドニ・デュブルデュー教授のアドバイスを受けながら、少しずつワインづくりの方法を変化させている。それに

上：二酸化硫黄の濃度をはじめとして、無数の細かいチェックを怠りなく行っているイケムの醸造主任サンドリーヌ・ガーヴェイ。

は、果醪中の窒素含有量の調整、不安定な揮発性の酸の障害なしに高温で発酵を続けさせるための酵母を助けるチアミンの添加などが含まれている。熟成期間中は、衛生管理、二酸化硫黄の調節、窒素ガスによるラッキングなどによって、酸素管理には非常に大きな注意が払われ、同時に瓶詰め工程も改善が行われている。発酵はまだ100％新樽で行われているが、熟成での新樽比率は、

SAUTERNES AND BARSAC

40％から30％へと減らされている。
　これらの小規模な調整は、ワインの純粋さをさらに高めるために行われている。イケムの力強さと芳醇さについては非の打ちどころがないが、現在それに、さらなる新鮮味、純粋性、アロマの正確性を加味することを目指して努力が積み重ねられている。ブレンドのためのセレクションも、この方向で進められている。

極上ワイン

Château d'Yquem
シャトー・ディケム

　イケムは非常に厳格な品質基準の下に造られているため、まったく生産されない年もある。1910、1915、1930、1951、1952、1964、1972、1974、1992がこれに該当する。セミヨンがブレンド中80％前後を占め、ソーヴィニヨン・ブランがそれを補完する。アルコール度数が13.5度、残存糖分含有量が125g/ℓが理想的とされている。イケムの長熟能力は伝説的なもので、私は古いヴィンテージをそれほど多くテイスティングしているわけではないが、伝説

上：イケムの長寿伝説を示すボトルたち。右端の淡い黄金色から暗い琥珀色の1896まで、色が微妙に変化している。

的なワインをいくつかテイスティングする幸運を得た。2003年にシャトー内で行われたテイスティングに出されたワインは、どれも至高のものばかりだった。1921★は、まだ味わいが長く、いつまでも続き、ドライフルーツの風味が口いっぱいに広がる。1929★は、濃厚な色で、豊潤で良く凝縮されているが、秀逸な酸が良くバランスを取っている。1937はオレンジがかった琥珀色で、依然として濃密で、調和が取れ、完璧であった。1949★は、濃厚で精妙で、素晴らしい果実味の深みがあった。1955もまた豊かで、ドライフルーツの味わいがあり、後味にアルコールが感じられた。1962はまろやかで、上品であったが、後味のバランスがやや劣っていた。より近いヴィンテージで印象に残ったのが、美しくエレガントな1990★、調和のとれた1983★であった。2007年のテイスティングでは、力強く、クリーミーで、しかもバランスの良い1989★と、精妙で新鮮で、ピリッとした風味のある1996★に大きな感銘を受けた。

1988 今でも極上の味わい。アロマは高く、調和が取れ、長い。パン・ドゥピス（スパイス風味のパン）、オオムギ水飴、キャラメルの香りが漂う。口に含むと上品な味わいで、フルで、後味の新鮮な酸が心地良い。

1997★ 蜂蜜の黄金色。豊かで精妙で、まさにボトリティス菌のなせる業。燻香が香り、口に含むと芳醇、濃密で、砂糖漬け果実とキャラメルが感じられ、その後柑橘類、苦いマーマレードの後味が続く。

2006★ 鼻からの香りは、今のところまだ非常に堅く閉じられている。少し空気を入れてやると、バニラ、パイナップルが感じられる。上品で、純粋、正確、濃密であるが、非常にきめ細やかで、美しく均整が取れている。

Y
イグレック

イケムの辛口白ワインで、読み方は"イグレック"という。昔は不定期に、乾燥した、部分的に貴腐になった果粒から造られ（最初のヴィンテージは1959）、独特の個性を持っていた。フルボディで力強く、ソーテルヌと同じ香りがあるが、後味が辛口である。現在の体制になってからは、より一貫性のあるものとなり、2004以降は毎年造られるようになった（5000～1万本）。ワインづくりもより洗練された方向を目指しており、新鮮さを強調し、酸化やオークの影響を少なくしようとしている。現在のブレンドは、ソーヴィニヨン・ブラン50～60％で残りがセミヨンである。ソーヴィニヨンは収穫期の初めに摘果され、セミヨン（粘土土壌からの）は過熟段階で収穫される。発酵は樽内で行われ、新樽比率は100％から33.3％へと劇的に減らされた。熟成期間も、18カ月から10カ月へとかなり短縮された。ワインは澱の上に寝かされ、時々バトナージュされる。体制が変わって初めてのヴィンテージの2004は、超辛口（4g/ℓ）であったが、それ以降は、個性を生かしながらもフルな後味になるように修正され、残存糖分含有量は10g/ℓになった。

1966 黄金のような琥珀色。長熟のソーテルヌのような香りで、クリームブリュレやキャラメルの風味がある。しかし驚いたことに、予期せぬ辛口の後味。

2006 以前に比べてはるかに生き生きとした純粋な香り。洋ナシやマンダリンの香りが広がり、ミネラルの震動が煌めく。口に含むと、最初の切れ味が良く、やがて滑らかでフルな味わい、その後辛口とは思えないまろやかさが少し感じられ、後味へと続く。現在の疑問は、いつぐらいまで長熟するだろうかということである。

Château d'Yquem
シャトー・ディケム
総面積：190ha　葡萄畑面積：100ha
生産量：グラン・ヴァン12万本
33210 Sauternes　Tel: +33 5 57 98 07 07
www.chateau-yquem.fr

SAUTERNES AND BARSAC

Climens　クリマン

1992年、リュシアン・リュルトンはその資産を10人の子供に譲渡したが、一番下の娘のベレニスには、シャトー・クリマンを継がせた。その時ベレニスは、大学を卒業したばかりの22歳であったが、最初その資産は、喜びを与えるどころか、彼女を怖気づかせた。特に天候は、1992年、1993年、1994年と3年連続してヴィンテージを造ることを許さず、ようやく造った1994も、出来が良くなかった。また甘口白ワインの市場も、不安定以外の何ものでもなかった。「それは私を謙虚にさせる経験だった。というのも、すべては天候に依存しているという冷厳な事実を教えてくれたから」と、ベレニス・リュルトンは振り返る。

クリマンは今、バルサックの筆頭シャトーとしての地位を揺るぎないものとして固めつつあり、ソーテルヌの中でその上に立つものは、絶対的な君主であるイケムだけである。

　それから20年近くが経過するが、クリマンは今、バルサックの筆頭シャトーとしての地位を揺るぎないものにしつつあり、ソーテルヌの中でその上に立つものは、絶対的な君主であるイケムだけである。言うまでもなく、力強さと芳醇さという点に関しては、クリマンは他と競い合う立場にあるが（同じことがリューセックやラ・トゥール・ブランシュについても言える）、バランス、若々しさ、精妙さという点では、右に出るものはなく、同時にその長熟する能力も傑出している。

　葡萄畑は、バルサック台地の最も高い位置（とはいっても標高16m）にある17世紀に建てられた簡素な田舎風建物（18世紀に、両翼に2つの三角形の尖った屋根を持つ塔が加えられた）の周りに、地続きの1区画をなして広がっている。砂質粘土の表土は浅く、比較的痩せており、その下にどっしりと控えている石灰岩の岩盤が、ワインのバランスにとって欠くことのできない酸の源泉となって

右：18世紀に塔が増築されたとはいえ、その簡素なシャトーから、黄金に輝くあのように素晴らしいワインが生みだされるとは、すぐには信じがたい。

283

CLIMENS

いる。全部で20の小区画に分かれており、その大部分が、自然な排水を促進させるために、さらに小さく区分されたり、草で覆われたりしている。ここではセミヨンだけが栽培されており、最近一部の畑で、1970年代と80年代に植えられたあまり良くない株が植え替えられた。ベレニス・リュルトンは、自分が継いだ後もこれといった大きな変化はない、と言う。「どれだけ良く観察し、どれだけ葡萄と親しくなり、いかに最適な方法を適用するか、それが問題」と彼女は言う。これを具体的な言葉で表すと、ボトリティスの質と純粋性に対して常に細心の気を配り、収穫の精度をより高くするということに尽きる。摘み手の籠には、後で検証ができるように番号が打たれ、選果台が葡萄畑に持ち込まれ、最終的な報奨金は、各人の作業の質を見て決定される。これらすべてを監督しているのが、1998年からこのシャトーで技術主任として働いているフレデリック・ニヴェルである。

葡萄は小区画ごとに選択的に摘果され、その日の（あるいは半日の）収穫は、別々に分けて醸造される。酵母は土着のものだけを使い、ワインは新樽比率3分の1のオーク樽で発酵させ、20〜22カ月熟成させる。多くのキュヴェを少しずつブレンドし、完成するのに約1年かかる。そのため、ワイン鑑定士や評論家が4月のアン・プレムールでテイスティングできるのは樽からのワインだけである。グラン・ヴァンのためのブレンドが完成すると、次にセカンドワインのシプレ・ド・クリマンのブレンドが行われ、残りは樽売りされる。

極上ワイン

Château Climens
シャトー・クリマン

「昔は凝縮感が課題だった。でも今はそれを抑える傾向にある。なぜならそれは比較的簡単に手に入るから」とベレニス・リュルトンは説明する。確かにクリマンの凝縮感と芳醇さはバルサックでも傑出しており、特にライバルのクーテに勝っているが、それはまた、バランスのとれた新鮮さとフィネスをもたらす生き生きとした酸によって補完されている。またクリマンには品質が安定しているという強みがあり、それは20世紀の初めから変わらず、またその長く瓶熟する能力は折紙つきである。ベレニス・リュルトンは、クリマンが真価を発揮するためには時間が必要だと言っている。

1978 深い金色、しかし生き生きとした輝きもある。柔らかく甘美で、それでいて新鮮な香り、チョコレートやハシバミの実が感じられる。口に含んでも新鮮さは変わらず、後味に少し苦みを感じる。偉大な年の凝縮感と精妙さには欠けるが、まだ十分力を保持している。
2002★ [V] とても美しく構築されたワイン。純粋で、味わいは長く、洗練されている。非常に上質な、スパイス、砂糖漬け果実の香り。口に含むとバランスが絶妙で、酸が新鮮さと飲みやすさをもたらす。しかしまだまだ熟成させた方が良い。

Cyprès de Climens
シプレ・ド・クリマン

1984年に初めて造られたセカンドワインで、逆にクリマンはこの年造られなかった。収穫とワインづくりの緻密さはクリマンと同様で、ただブレンドが違うだけである。シプレ・ド・クリマンはクリマンよりも力強さで劣るが、若い時のアロマの表現力はこちらの方が優れている。

2006 [V] 正真正銘のクリマン・スタイル。純粋で長い味わい。後味の新鮮さが際立つ。果実というよりも花の香り。ミディアムボディで、豊かだが、重くはない。セカンドワインにしては非常に真摯である。

左：まだ22歳という若さで跡を継いだベレニス・リュルトンは、それ以降着実にクリマンの酒質と名声を高めている。

Château Climens
シャトー・クリマン

総面積：30ha　葡萄畑面積：30ha
生産量：グラン・ヴァン2.5万本
セカンドワイン1万本
33720 Barsac　Tel: +33 5 56 27 15 33
www.chateau-climens.fr

SAUTERNES AND BARSAC

Guiraud　ギロー

　周囲を森と道路に囲まれたシャトー・ギローは、どこか孤島のような雰囲気を漂わせている。南西の角でシャトー・フィローと接し、西にソーテルヌの集落を望むばかりである。同じくソーテルヌ村にある北のイケムと違い、このシャトーの名前が歴史的文献に登場することはあまりないが、ここも長い歴史を有している。見事なプラタナスの並木がギローの入り口まで続いているが、それは古代のローマ街道の一部である。

　1766年、ピエール・ギローは、ギローの前身であるメゾン・ド・ノーブル・ド・ベールを買った。ギローの支配人を27年間続け、2006年からは共同経営者になっているクサヴィエ・プランティによると、ピエール・ギローはその結果、同じくギローを欲しがっていたリュル・サリュース家と反目し合う間柄になったらしい。後者は当時フィローとイケムを所有しており、その間にあるこのシャトーをどうしても手に入れたかったのである。両家の反目は3世代にわたって続き、リュル・サリュース家はようやく1846年にギローを手に入れることができた。しかし同家は最終的に、この畑を競売にかけ、投資家連合に高値で売った。1855年の格付けでは、このシャトーはシャトー・ベイルの名前で第1級に格付けされている。

　その後20世紀に入ると、シャトー・ギローは、1932年から1981年までポール・リヴァルによって所有され、その後カナダ人実業家のフランク・ナービィが所有し、甘美なワインの復活に取り組んだ。そしてつい最近の2006年、ナービィ家はギローを投資家グループに売った。その中には、実業界の大物ロベール・プジョーや、ドメーヌ・ド・シュヴァリエのオリヴィエ・ベルナール、シャトー・カノン・ラ・ガフリエールのステファン・フォン・ネッペールがいたが、当時のガロの支配人であったクサヴィエ・プランティも名を連ねた。彼はひき続き支配人としてとどまったが、今度は共同経営者としてより大きな役割を担うことになった。

　支配人となった1983年から、クサヴィエ・プランティが主に取り組んできたことは、ライバルであったリュル・サリュース家が残した負の遺産を払拭することだった。「畑は第2次世界大戦後に復旧されたが、そのやり方は滅茶苦茶だった。葡萄樹は、低い植栽密度で、それも南北ではなく、東西の線に沿って植えられ、赤ワインのための品種も植えられていた。ソーテルヌに自信がなかった

上：樽で熟成中の2009ヴィンテージの出来に喜びを隠せない、ギローの共同経営者クサヴィエ・プランティと娘のローラ・プランティ。

のだろう」とプランティは言う。

　少量の粘土を含む砂の多い砂利層にあるその葡萄畑は、現在までに70%ほど修復が完了し、排水設備が整えられ、植栽密度6660～7200本/haで植え替えられている。とはいえ、プランティの最大の自慢であり、喜びは、葡萄苗の育苗である。彼は自分の畑の葡萄樹と他のシャトーの葡萄樹からマサル・セレクションで苗を育てている。それは植替えに用いられ、2002年からは混植に使われている。

そのワインは芳醇で、凝縮感があり、燻香が漂い、アロマは精妙で、同時に後味は新鮮で、ピリッとした風味もある。2000年以降ギローは、発酵をすべて新樽で行い、それによってワインに更なる純粋さが付け加えられたように思える。

プランティはまた、ギローを着実に有機栽培の方向に向かわせている。1996年に除草剤の使用を止め、殺虫剤の使用も2000年に止めた。2009年は、ギローが正式に有機栽培の認証を受けて2年目になる。また生態系のバランスを回復するために、数kmにわたる生垣が造られている。その生垣には多くの昆虫が生息し、その中には赤グモなどの害虫を捕食するものもいる。「われわれは単一作物栽培による弊害を無くそうとしている」とプランティは言う。

葡萄栽培に関するプランティの理論の1つが、ボトリティス菌は葡萄の花が咲く頃に付着し、それから葡萄が生理的に熟成するまでの間、じっと休眠して待っている、というものである。そのため、花の咲く時期は、葡萄樹に対するすべての処置が中断される。その結果、多くのシャトーよりも早く収穫することができ、その中には貴腐菌が他よりも良く成長したソーヴィニヨン・ブランも含まれると彼は言う。

85haほどの畑が、シャトー・ギローとセカンドワインのドーファン・ド・ギローのために、さらに15haが、辛口ボルドー白ワインのG・ド・シャトー・ギロー（ソーヴィニヨン・ブラン70%）のために使われている。

極上ワイン

Château Guiraud
シャトー・ギロー

　このシャトーは、例外的にソーヴィニヨン・ブランの栽培比率が高く、35％を占め、残りがセミヨンである。この比率はブレンドでさらに高くされることがあり、2001の場合は、ソーヴィニヨン・ブランが45％も占めた。それにもかかわらず、そのワインは芳醇で、凝縮感があり、燻香が漂い、アロマは精妙で、同時に後味は新鮮で、ピリッとした風味もある。2000年以降ギローは、発酵をすべて新樽で行い、それによってワインに更なる純粋さが付け加えられたように思える。補糖と低温抽出は首尾一貫して行わないことになっている。

2000　大半のソーテルヌのシャトーがヴィンテージを出さなかったが、ギローのソーヴィニヨン・ブランは長雨の前に収穫されており、ブレンドでは例外的に70％を占めている。軽くほっそりとした口当たりで、明らかにマーマレードなどの柑橘類の香りが主体。残存糖分含有量は120g/ℓと驚くほど多く、それにもかかわらず、それほどの凝縮感は感じられない。あまり長く瓶熟するようには思えないが、この年にしては傑出している。

2001　深奥な色で、濃密さ、豊かさ、力強さを感じる。蝋、果実の砂糖漬け、燻香の香りが広がる。口に含むと重量感と凝縮感が感じられるが、少し行き過ぎのような気もする。

2002★[V]　鮮明な黄金色。精妙さ、フィネス、バランス、どれをとっても例外的。フルで、上品な触感で、黄桃、チョコレートが感じられ、ミネラルのようなハッカがいつまでも続く。長く爽快な後味。

2007★　淡黄色。素晴らしく純粋な香りで、くっきりとした、柑橘類、マンダリンが感じられる。豊かで、凝縮され、バランスが取れ、エレガント。残存糖分量は125g/ℓと2001と同じ。後味にマンダリンの新鮮さがある。一言で言って、美味しい。

上：光栄なる孤立を愉しむシャトー・ギロー。最も近い隣人は、南のフィロー、北のイケムである。

Château Guiraud
シャトー・ギロー

総面積：128ha　葡萄畑面積：85ha
生産量：グラン・ヴァン12万本
セカンドワイン3.6万本
33210 Sauternes　Tel: +33 5 56 76 61 01
www.chateauguiraud.com

SAUTERNES AND BARSAC

Lafaurie-Peyraguey ラフォリー・ペイラゲイ

正直言って、私はシャトー・ラフォリー・ペイラゲイに弱い。アン・プレムールで初めて1983を口にした時、その果実風味、芳香、絶妙なバランスに心を奪われ、思わず1ケース買ってしまった（まだ数本残っている）。それ以降も、他の秀逸なヴィンテージをテイスティングしたが、ラフォリー・ペイラゲイは驚くほどの一貫性を維持し続けている。とはいえ、私を長期にわたるファンにしたのは、やはり1983であった。

ボム村にある、18世紀に建てられたその邸館は、13世紀に建造された要塞のような正門の壁を今なお残しながら、ぽつんと孤立して立っているが、その葡萄畑は、ボム、ソーテルヌ、プレニャック、そしてファルグの各村に散在している。邸館とセラーの周囲にある11haの壁に囲まれた畑、アンクロの土壌は、粘土のような砂利層で、そこから少し上った、クロ・オー・ペイラゲイの向かい側にある中腹の棚地の5haの畑は、粘土土壌である。またそこからソーテルヌ村に向かって広がる5haの畑は、石灰岩まじりの粘土－砂利層である。それ以外にも、イケムとスデュイローの間に多くの小区画を持ち、さらにリューセックの近くにも0.5haほどの畑がある。これらはすべて砂質の砂利層である。

「土壌の多様性と、本当に恵まれているが、畑の向き、これがラフォリー・ペイラゲイの強さを支えているものの1つだ。それらはワインに、絶妙なバランスと精妙さをもたらしてくれる」と、支配人のエリック・ララモナは言う。さらに葡萄畑が分散していることによって、ワインの一貫性が保たれやすくなっている。2006年、アンクロ内の葡萄の質が不良であったが、他の葡萄畑からのワインがブレンドの大部分を占めることによって、それをカバーすることができた。

ラフォリー・ペイラゲイは、1984年からスエズ・グループが所有している。その前は、およそ70年間、ネゴシアンのコルディアが持っていた。葡萄畑は今日まで変わることなく良く管理され、全面的に活用するために混植が行われている（毎年5000本が植え替えられている）。平均樹齢は40歳である。セラーと邸館は、1998年から

下：畏敬の念さえ覚える古いヴィンテージの琥珀－黄金色のボトルやマグナムが、シャトーのセラーで静かに熟成を続けている。

ワインのスタイルは偉大なソーテルヌそのもので、芳醇で凝縮され、同時に調和とバランスの良さがエレガントさを漂わせている。アロマ的には、このワインは非常に純粋である。

2004年までかけて完全に改修された。

　1980年からミシェル・ラポルトがワインづくりの責任者を務めてきたが、その後、息子のヤニックがそれを引き継いだ。エリック・ララモナは2006年に支配人となったが、彼はそれ以前は、ベルナール・マグレのシャトー・パプ・クレマンで働いていた。「偉大なワインを造るために非常に緻密な作業が要求される世界から来たが、ここはそれ以上にリスクが大きく、さらに大きな緊張を強いられる」と彼は語る。

　貴腐菌の付いた果粒を選びながら、摘果が行われ（3〜7回の反復摘果で）、その後、圧搾されるが、最初の2回は空圧式圧搾機を使い、3回目と4回目の圧搾は、古い垂直籠型圧搾機を使う。「古い圧搾機を使うのは、圧搾の度合いが高く、最高に豊かな果液が得られるから

SAUTERNES AND BARSAC

極上ワイン

Château Lafaurie-Peyraguey
シャトー・ラフォリー・ペイラゲイ

　ワインのスタイルは偉大なソーテルヌそのもので、芳醇で、凝縮され、同時に調和とバランスの良さがエレガントさを漂わせている。残存糖分含有量は、通常125g/ℓで、アルコール濃度は13.5%である。そのため、ほど良い力強さがある。アロマ的には、このワインは非常に純粋である。セミヨンが主体（90%）で、ソーヴィニヨン・ブランがそれを補完し、ひとつまみのミュスカデルが風味を添えている。平均収量は18.5hℓ/haで、セカンドワインのラ・シャペル・ド・ラフォリー・ペイラゲイの存在によって、セレクションがさらに厳格になっている。

1983★　私のセラーから持ち出してきた。26年経つが、ピリッとした爽やかな表現とバランスはいっこうに衰えていない。蜂蜜のような黄金色。生き生きとした表情豊かな香りが漂い、砂糖漬け果実、黄桃、オレンジが感じられる。まだ非常に若々しい香り。口に含むと、調和が取れ、甘く、滑らかで、爽やかな酸がそれとバランスを取っている。

1997　深い黄金色。クリーミーな、キャラメル、クレーム・ブリュレの香りが広がる。口に含むと、魅惑的な果実の結晶のような味わいで、またしてもキャラメル、そしてチョコレートの香りが口中に広がる。後味はいつも通り、新鮮で、調和が取れている。

2005　2006や2007に比べ、明らかに豊かで凝縮されている。とはいえ、残存糖分含有量（123g/ℓ）は実質的に2006と同じ。力強く、長熟用。砂糖漬け果実の香りがあるが、アロマ的にはまだ抑えている。私の印象では少し重すぎる。

2006　表現力豊かな生き生きとした香り。黄桃やパイナップルが感じられる。重量感はほどほどであるが、非常に純粋な味わい。愛らしい果実味があるが、独特の後味の長さを生む、生き生きとした酸が少し足りないように感じる。

2007★　9月13日から11月9日まで、7回にわたって摘果が行われた。黄金色。柑橘類やパイナップルが感じられるが、香りはまだ全体として控えめ。滑らかでクリーミーな口当たりで、ある種の芳醇さも感じるが、濃密さと重量感は中程度。最初と後味に、躍動感を感じる。非常に純粋で緻密なワイン。

左：壁に囲まれた葡萄畑の中に孤独に佇むシャトー・ラフォリー・ペイラゲイ。葡萄畑はここ以外にも各地に分散されており、それがワインに更なる精妙さをもたらしている。

だ」とララモナは説明する。発酵は、新樽（30%）、1年物、2年物の樽を使い、収穫時のロットごとに樽が割り当てられる。熟成は18〜20カ月間行い、ラッキングは2006年以降は、計画的に実施せず、テイスティングによって行うかどうかを決めることにしている。

Château Lafaurie-Peyraguey
シャトー・ラフォリー・ペイラゲイ
総面積：47.5ha　葡萄畑面積：36ha
生産量：グラン・ヴァン6.5万本
セカンドワイン2.5万本
33210 Bommes　Tel：+33 5 56 76 60 54
www.lafaurie-peyraguey.com

SAUTERNES AND BARSAC

Clos Haut-Peyraguey　クロ・オー・ペイラゲイ

　マーティン・ラングレ・ポーリーは、2007年にグラン・ヴァンの名前から"シャトー"を外した。その結果、その商標名はより現実に近くなった。ここは簡素なワイナリーと、壁に囲まれたクロを持つ小さなドメーヌだからである。1879年まで、この畑は、1855年の格付けで第1級とされた偉大なシャトー、ラフォリー・ペイラゲイの一部であった。最近このドメーヌは、ソーテルヌでも指折りの洗練されたワインを造り出すことで知られるようになった。

　クロ・オー・ペイラゲイは、元のシャトーの葡萄畑の高い位置にあった区画で、残りが今のシャトー・ラフォリー・ペイラゲイである。1914年に、マーティン・ラングレ・ポーリーの父親の祖祖父の、すでにシャトー・オー・ボムを持っていたユージン・ガーヴェイがここの8haのクロを買った。1930年代には、道路を挟んでワイナリーの向かい側にある、シャトー・ディケムと境界を接する4haの畑を追加した。ちなみにオー・ボムは、クロ・オー・ペイラゲイのセカンドワインではなく、5haの畑を持つ独立したシャトーである。

　テロワールは、おそらくソーテルヌでも1、2を争う極上のもので、葡萄畑は標高80mを少し切る小高い丘の頂上にある。追加した4haの畑は、それよりも低い位置にある。畑の向きは北東で、土壌は粘土の底土の上を砂の多い砂利が覆っているが、その砂利は、場所によっては小石に近い大きさがある。この土壌と畑の向きが、このワインに常に内在する天性の新鮮味をもたらしている。

　マーティンの父親のジャック・ポーリーがこのドメーヌを継いだのは1969年であったが、彼がこのドメーヌの質を向上させ、有名にした。エミール・ペイノーの指導を受けながら身に付けてきた葡萄畑の管理とさまざまな技法が実を結び、1980年代にそのワインは、批評家から絶賛されるまでになった。1990年代には、収穫をさらに精密にし、新オーク樽の比率を増やすことによって、さらに酒質が向上した。

　2002年に、何事にも献身的に取り組むエネルギッシュなマーティンが父の跡を継いだ。「テロワールが優秀なことは前から分かっていたが、この畑はまだその能力のすべてを表現しきれていない」と、その時彼女は確信していた。彼女の言葉通り、それ以降畑の隅々まで注意が向けられることによって、ワインの質がさらに向上した。樹勢が強すぎると思われる小区画は草で覆い、除草剤の使用は止め、収穫は精密を極め、反復摘果の回数も増やした。ワインは樽で発酵させられるが、新樽の比率（50～80％）は、圧搾された果液の濃度によって決められる。

極上ワイン

Clos Haut-Peyraguey
クロ・オー・ペイラゲイ
　「テロワールがワインに自然な新鮮さとエレガントさを与えてくれるから、特にブレンドにソーヴィニヨン・ブランを入れなければならないということはない。今は豊かさと、よりしっかりした骨格を出すことに重点を置いている」とマーティン・ラングレ・ポーリーは説明する。2009ではセミヨンが栽培面積の92％を占めていたが、2010ではもっと上がっているかもしれない。このワインは、ソーテルヌで最も均整のとれたワインの1つと言える。その力強さは、常に新鮮さによってバランスが取られ、凝縮感と果実味の純粋さは、1990年代半ばから確実に向上し、2001からはさらに飛躍している。

1989　最近のヴィンテージほど凝縮感と酒躯(ボディ)のフルの感じはない（残存糖分含有量92g/ℓ）。ややパンチ力に欠ける。新鮮で柔らかい触感、後味は弱々しい。カラント、キャラメル、砂糖漬け果物の風味がある。

2003　このクリュの強みである素晴らしい調和が前面に出たワイン。これまでに比べ、大きく、豊かで、力強く（アルコール濃度13.5度、残存糖分含有量152g/ℓ）、後味の酸がそれとうまくバランスを取っている。砂糖漬け果実の香りが広がり、口当たりは凝縮されているが、きめ細やか。

2007★　淡黄金色。まだ瓶詰めから回復中で、鼻でかいだ時の香りは控えめ。しかし愛らしい果実の純粋さを感じる。時間が経つとパイナップルが現れてくる。口に含むと凝縮されているが美しく均整が取れている。酸が後味の新鮮さと長さをもたらしている。非常に精妙で純粋なワイン。

右：満面の笑顔で歓待してくれるマーティン・ラングレ・ポーリー。彼女の細部にわたる気遣いが、特権的なテロワールの能力を最大限に発揮させている。

Clos Haut-Peyraguey
クロ・オー・ペイラゲイ
総面積：12ha　葡萄畑面積：12ha
生産量：グラン・ヴァン0.8～2.8万本
33210 Bommes　Tel: +33 5 56 76 61 53
www.closhautpeyraguey.com

VIN ELEVE ET MIS EN BOUTEILLE PAR LE VIGNERON RECOLTANT

SAUTERNES AND BARSAC

Rieussec リューセック

ラフィットのロートシルト家が、アルベール・フレール男爵（シャトー・シュヴァル・ブランの共同所有者）との共同所有で、シャトー・リューセックの持ち分の過半数を手に入れたのは1985年のことであった。その後男爵がその持ち分をロートシルト家に売却したので、今ではドメーヌ・バロン・ド・ロートシルトの単独所有となっている。1985年からシャルル・シュヴァリエが支配人として采配をふるっていたが、彼は1994年に、ロートシルト家の、ラフィットをはじめとするいくつかのボルドーのシャトーの支配人になった。彼は今でもリューセックを近くから見守っているが、日常の業務はフレデリック・マグニスが監督している。

*感動を呼び起こす豊かさと芳醇さのある
シャトー・リューセックは、現在、
力強さと凝縮感の面でもイケムに
近づきつつある。*

リューセックはイケムの東側の、同じように小高い丘の上（標高78m）にあり、そのため比較的早熟の畑となっている。大部分が邸館とワイナリーを囲むように広がっているが、さらに東のシャトー・ド・ファルグの近くに別の区画がある。土壌は、粘土の底土の上を、いろいろな割合で混ざった砂と砂利が覆っている。丘の下の方に行くと砂利が少なくなり、ところどころに底土が露出している場所がある。そのため排水が重要な問題となり（畑内に4つの泉がある）、いくつかの小区画では排水設備が整えられている。

リューセックはその後、新たに買い入れたり借地契約を結んだりして、葡萄畑をかなり積極的に拡張し、最初は62haであったが、現在は92haとなっている。1993年以降35haを植え替え、葡萄樹の平均樹齢は25歳である。

基盤が整備され、リューセックは着実に前進し、さらに最近は急角度で上昇している。シュヴァリエはその要因をいくつか挙げてくれた。「収穫をより組織的に行うようになったため、待機する時間も長くとれるようになり、必要に応じて反復摘果を行い、摘み手の人数も増やした——120人まで。また、より選択的な摘果を行い、果粒を傷めないようにするため、カゲット（浅いプラスチックのトレイ）も用意した」。

セラーでも改善が行われ、2000年以降、全面的に樽で発酵させるようにした（1996年から一部樽、一部ステンレスタンクで発酵させていた）。グラン・ヴァンとセカンドワインのセレクションは、全部で40前後のキュヴェをテイスティングした上で決定される。ワインは、新樽（60％）と、1年物の樽で30カ月熟成させる。それらの樽は、ラフィットの樽工場から送られてくるもので、弱火で長く焼いた、"リューセック仕様"にされている。

ボトリティス菌が発芽し始める前に摘んだ葡萄から、辛口白ワインのR・ド・リューセックも造られている。

極上ワイン

Château Rieussec
シャトー・リューセック

　感動を呼び起こす豊かさと芳醇さが特徴のシャトー・リューセックは、現在、力強さと凝縮感の面でもイケムに近づきつつある。ロートシルト家によって買い取られたばかりの初めの数年と比べると、格段の進歩が見受けられ、それは2009年1月に行われたテイスティングでも如実に示された。果実の純粋さは増し、より洗練され、濃密さと持続性は驚くほどで、セミヨン（2001年ブレンド比率は96.5％）の凝縮感がさらにそのワインを生き生きとしたものにしている。特に2001と2005は、これまでのリューセックの中でも最高のワインであろう

1967（マグナム）　オレンジー琥珀色。アロマ的にはやや弱くなっており、鼻からよりも口からの方が強く香る。ハーブティー（ライム）のような香りがあり、新鮮で（通常よりもソーヴィニヨン・ブランが多く使われた）、繊細な甘さがある——しかし最高の時は過ぎた。

1975　1967よりも深く暗い琥珀色。ランシオ香やレーズンが感じられる。口に含むと、地中海風のスタイルで、プルーンやドライフルーツの風味が広がる。まだとても豊かで生き生きとしている——ソーヴィニヨン・ブランが18％を占めている。

1988★　リューセックの基準となるヴィンテージ。収穫は11月18日にようやく終わった。美しくエレガントなワイン。新鮮でバランスが良く、果実味が純粋で、ほっそりとしている。繊細な調和の取れた口当たりで、果実味と貴腐がまだ明らかで、酸が躍動感と長さを加えている

1989　明らかに1990よりも優れている。深い黄金色。果実味の深さと凝縮感が感動を呼び起こす。最初少し硫黄の匂いがするが、すぐに消え、その後からイチジク、黄桃、蜂蜜の香りが広がる。ほど

良い重量感で、バランスが良く、触感も心地よい。酒躯(ボディ)はフルで、後味は長い。

1990 退化した色。蝋、キャラメル、ドライフルーツの香り、そして燻香も。口に含むと甘いが、強さがなく、果実味もバランスも失せている。

1997 豊潤で凝縮されていて、飲み心地が良い。精妙さが前面に出ているというよりは、フルボディの力強さを感じる。クリーミーなキャラメル、クリームブリュレの香り、燻香もある。口に含むとどっしりとした重量感があり、後味のバランスも良い。

2001★ まさにグラン・ヴァン。深く鮮やかな黄金色。神秘的で精妙な香り。オレンジ系の柑橘類と蜂蜜が感じられ、新鮮さも加わる。上品な洗練された口当たりで、美しい果実味の触感があり、後味は長くいつまでも続く。純粋で調和が取れ、残存糖分含有量が145g/ℓもあるとは感じさせない。

2002★ [V] ヴィンテージの評価があまり良くなかったにもかかわらず、素晴らしい出来で、このテイスティングで最も驚かされた。重量感と存在感はさほどでもないが、緻密で、新鮮でバランスが秀逸。ミディアムボディで、砂糖漬け果実や蜂蜜の香りが広がる。

2003 豪華な黄金色。甘く妖艶で芳醇なスタイル。アロマは実に精妙で、砂糖漬け果実、蝋、フルーツドロップの香りがその年の夏の暑さを思い起こさせる。口に含むと、酒躯(ボディ)はフルで、豊満で、ねっとりとした触感。このシャトーが造った最も豪華なワインの1つ。残存糖分含有量は151g/ℓ。

2005 力強いワインだが、まだまだ多くの力を秘めている。長熟する能力は巨大であろう。鼻からの香りはずいぶんと控えめだが、清明で、純粋で、濃密。空気を通すと蜂蜜の香りがする。まろやかで芳醇な口当たり。重量感、力強さ、バランスの三拍子そろった真のリコルー。時間と忍耐が必要。

2007 樽からのテイスティング。しかし純粋さ、豊かさ、長さは明白。質の良いオークがまだ健在。

右：貴重な壊れやすい、収穫直前の貴腐葡萄。丁寧に扱えば扱うほど、その極上の質がさらに高まる。

Château Rieussec
シャトー・リューセック
総面積：137ha　葡萄畑面積：92ha
生産量：グラン・ヴァン11万本
セカンドワイン6.7万本
33210 Fargues de Langon
Tel: +33 5 57 98 14 14　www.lafite.com

SAUTERNES AND BARSAC

Suduiraut　スデュイロー

　支配人のピエール・モンテギュは、「スデュイローはソーテルヌの中で最もお隣のバルサック的なワインだ」と言う。彼の言いたいことは良く分かる。ほとんどのヴィンテージで、そのワインには、極上の酸と、潜在的なミネラル風味があるからだ。もちろんスデュイローも、ソーテルヌの最上のワインと同様の力強さと凝縮感を持ち、特に暑い年には、その芳醇さは傑出している。

　その葡萄畑は、それぞれの地区で一番高い丘の頂上付近を占める第1級葡萄畑の多くと比べると、やや低い位置（標高50m）にある。そのためここは、たとえばリューセックやイケムなどよりも葡萄の成熟が遅い。土壌は主に砂の多い砂利層で、底土の一部は石灰岩であるが、粘土はほとんどない。例外は、イケムの近くの少し小高くなった10haほどの小区画である。そこは数年間休閑地とされていたが、1998年と2004年に再植樹が行われた。

　葡萄畑の大半は、17世紀に建てられた壮麗な雰囲気の漂う邸館と、ル・ノートルの設計した庭園の周囲に広がっている。一見、森に囲まれた平坦な台地のように見えるが、よく見ると緩やかに起伏しており、いくつか盛り上がっているところが見られる。グラン・ヴァンは通常、その盛り上がった小区画のさまざまな樹列から造られ、低地の砂の多い小区画からは、セカンドワインのカステルノー・ド・スデュイローが造られる。

　このように選別が行われるようになったのは、1992年にアクサ・ミレジムがこのシャトーを取得してからである。当初同社は、取得して良かったのかどうか迷ったに違いない。というのも、1992年は不作の年（セカンドワインの生産を始めた）で、1993年はスデュイローは造られず、1994は10～15％しかグラン・ヴァンにならなかったという、悲惨なヴィンテージが連続したからである。しかし最近になって、着実な進歩が遂げられ、特に1997年以降は、一貫して高い酒質を維持することができるようになった。「選粒摘果は大幅に改善され、収穫もより遅くすることができるようになり、そのため、補糖の必要はまったくなくなった」とモンテギュは説明する。平均収量も、1992年以前の18～22hℓ/haから、15hℓ/haまでに減少した。

　セラーでも改善が行われ、圧搾機の台数が増やされ、精密な熱交換システムも導入された。それによって発酵中の樽の温度管理を、樽ごとにきめ細かく行うことができるようになった。発酵は最初ステンレスタンクで始まり、その1～2日後に、ラッキングで樽（新樽比率30％）に移される。熟成は18～24カ月行われる。低温抽出のための保冷庫もあるが、その使用はできるだけ控えられ、そこで出来たワインは、セカンドワインに組み込まれる。

　2004年に、辛口白ワインのS・ド・スデュイローが導入された。こちらは通常はソーヴィニヨン・ブラン主体で、部分的に樽発酵を行い、新鮮でアロマの高いスタイルとなっている。

極上ワイン

Château Suduiraut
シャトー・スデュイロー

　セミヨンがスデュイローの栽培面積の90％を占めるが、グラン・ヴァンのブレンド比率ではさらに高く、95～99％を占める。2001からは、セレクションはさらに厳格になった。以前は収量の60～70％がグラン・ヴァンに使われたが、現在はわずかに50％である。ごく最近のヴィンテージは、貴腐果粒の豊かな凝縮感が素晴らしく、オレンジ系の柑橘類の香りが充満し、ミネラルの後味が驚くほど長く続く。

1999　深い金色。キャラメルの香りがするが、アロマ的にはやや後退している。口に含むと、豪華で、バランスも良く、まだ若々しい。酸が極めて秀逸。どんな食事に合うだろうかと考えた（アジア風ショウガ風味蒸しサーモンに良く合うだろう）。

2001　芳醇で、凝縮感のあるワインで、残存糖分含有量は150g/ℓ。スデュイローの力強さが明確に表現されている。黄桃、ミネラル、砂糖漬け果実の香りが広がる。後味に酸が心地よいひねりを与え、長熟する力を感じる。

2007★　2001に比べ少し力が弱い。しかしバランスとエレガントさはこちらの方が優れているように思える。果実の純粋さが美しく、後味は長く新鮮。極限まで洗練されている。今はマンダリンやパイナップルの表現が主体。

右：美しく設計された庭園と葡萄畑の中に壮麗な雰囲気を漂わせるスデュイローの17世紀の邸館。

Château Suduiraut
シャトー・スデュイロー
総面積：200ha　葡萄畑面積：92ha
生産量：グラン・ヴァン3～12万本
セカンドワイン3～9万本
33210 Preignac　Tel: +33 5 56 63 61 90
www.suduiraut.com

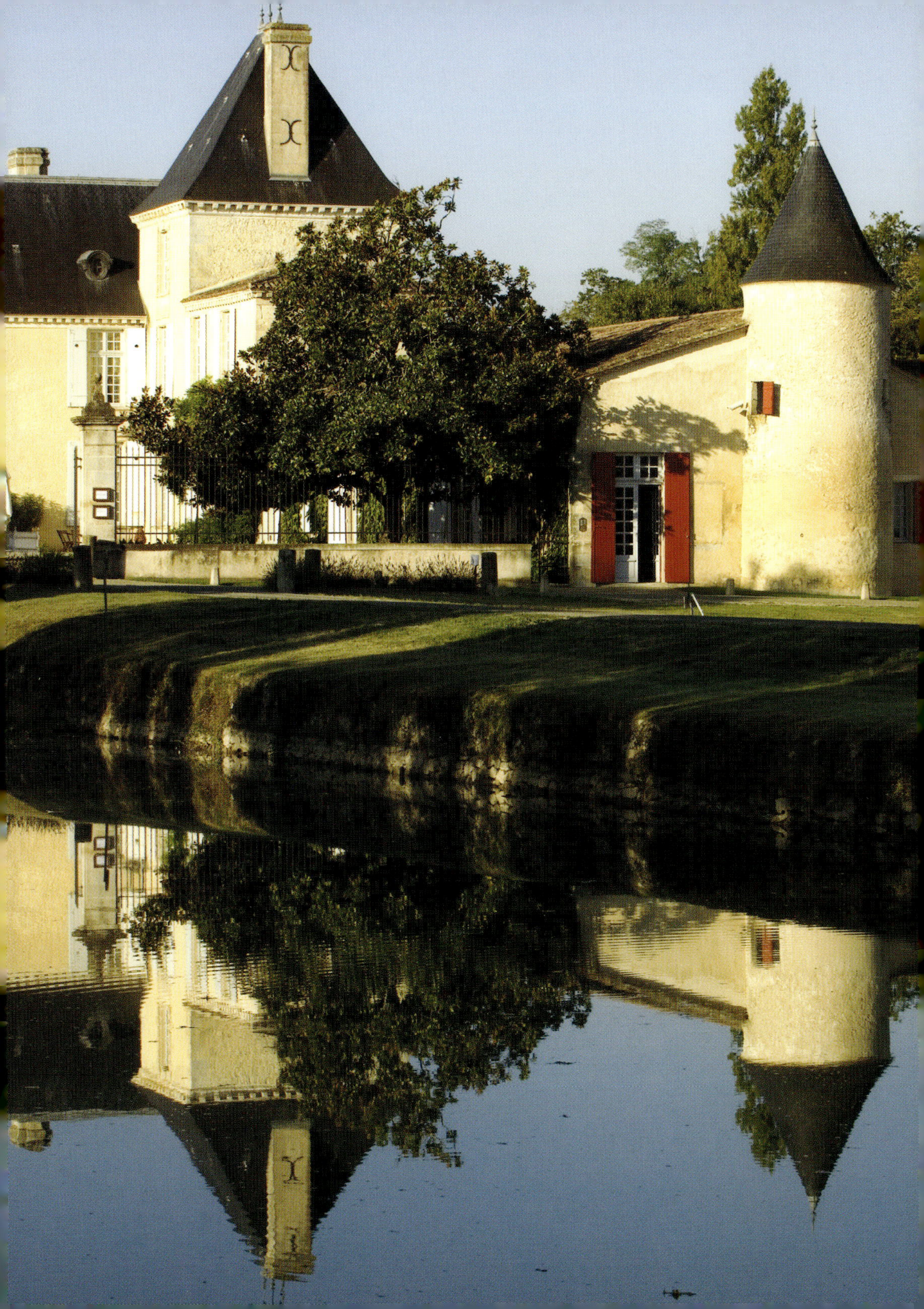

SAUTERNES AND BARSAC

Coutet クーテ

ワイン農園としてのクーテの歴史は古く、17世紀まで遡ることができる。1807年から、高名なイケムのリュル・サリュース家が所有していたが、1922年にリヨン出身のワイン圧搾機メーカーのルイ・ギュイ・ミタルに売却した。ルイ・ギュイ・ミタルが死ぬと、その娘のローラン夫人が跡を継ぎ管理運営していたが、1977年に現在のオーナーである、アルザス出身のバリ家に売った。現在シャトーは、フィリップ・バリとその姪の、アメリカ育ちのアラインが管理運営している。

その葡萄畑はバルサックでも1番の広さを誇り、邸館とセラーの周りを地続きの1区画で囲い、ただ1本の国道がその間に通っているだけである。表土は浅く（20〜50cm）、亀裂の入った石灰岩の岩盤の上を、主にシルトと砂が、そして部分的に粘土が覆っている。これはバルサックによく見られるテロワールで、ワインに繊細さ、新鮮さ、ミネラル風味をもたらす。

1970年代から80年代にかけてのクーテのヴィンテージは、概して軽く、面白みに欠けた。バリ家は最初の数年を、葡萄畑の植替えと再構築、そして管理方法の改善に費やした。1988年以降、努力が実を結び始めた。1994年には、ワインの販売に関してバロン・フィリップ・ド・ロートシルト社と契約を結んだが、その協力関係には、技術支援も含まれていた。それにより、最初はパトリック・レオンが、次いでムートン・ロートシルトで彼の後任を務めていたフィリップ・ダルワンがコンサルタントとして迎えられ、特にブレンドを指導した。1996年以降、酒質は確実に向上し、業績も上がっている。

栽培比率は、セミヨンが75%で、ソーヴィニヨン・ブランが23%、ミュスカデルが2%であるが、ブレンド比率は84：14：2と聞いている。ただ2005は例外的に、セミヨンが90%まで増やされた。ワイナリーでは、まだ古い垂直圧搾機が現代的な空圧式圧搾機とともに使われ、発酵も熟成もすべて新樽で行われ、18カ月間熟成される。セカンドワインは、ラ・シャルトリューズ・ド・クーテという。

極上ワイン

Château Coutet
シャトー・クーテ

クーテはしばしばクリマンと比べられ、バルサックではライバルと見なされている。1980年代後半まで、クリマンに軍配を上げるものが多かったようだが、それ以降クーテは酒質を向上させている。両者とも、石灰岩のテロワール由来の柑橘系の新鮮さが特徴であるが、強さという点ではクリマンの方が若干優れ、柑橘系のピリッとくる爽やかさという点ではクーテが優れているようだ。クーテはソーヴィニヨン・ブランを15%加えているが、その違いが出ているのだろう。2005★は、ソーヴィニヨン・ブラン8%で、セミヨンが90%であったが、クーテははっきりとこれまでよりも力強く、リコール的なスタイルになっていた。

1989★ 蜂蜜のような金色。鼻にも口にも、キャラメル、クリームブリュレ、ジンジャーブレッドの香りが広がる。いくらか退化し始めているようにも見えるが、重量感と触感はまだ心地よく、後味に特有の新鮮さが感じられる。

1998 2006年にもテイスティングしたが、その時は、ぼやけて、閉じているように思えた。今は、マーマレードと砂糖漬け果実の風味がはっきりと現れている。ミディアムボディで、バランスが良い。

2003 淡い金色。芳醇で、まろやかでねっとりとしている（残存糖分含有量150g/ℓ）が、後味の柑橘系の新鮮さがそれをうまく制御している。あのような力強い年にしては非常にバランスが良い。

2004 緻密で調和が取れている。今はまだ鼻からの香りは控えめだが、凝縮感があり、後味は新鮮で、ミネラルが感じられる。口に含むとオレンジや南国の果実の風味がある。

Cuvée Madame
キュヴェ・マダム

1922年にローラン夫人の名誉を称えて初めてこの特別キュヴェが造られた。それ以降今日まで、1943、1949、1950、1959、1971、1975、1981、1986、1988、1989、1990、1995と造られた。このワインを造るかどうかは、醸造家の判断に委ねられているようだ。造るときは、樹齢40歳を超える2つの小区画のセミヨンを使う。当然、生産量は限られている。私は1995をテイスティングしただけだが、それは信じがたいほど芳醇で、凝縮されており、キャラメル、モカが香るが、普通のクーテの颯爽とした感じはなかった。

Château Coutet
シャトー・クーテ

総面積：42ha　葡萄畑面積：38.5ha
生産量：グラン・ヴァン4.2万本
セカンドワイン5000本
33720 Barsac　Tel: +33 5 56 27 15 46
www.chateaucoutet.com

SAUTERNES AND BARSAC

Doisy-Daëne　ドワジィ・デーヌ

「父は、ボルドー大学醸造学部で研究している時も、コンサルタントとして指導している時も、そしてまた生産者としてワインを造っている時も、1人の醸造家としての本能に導かれている」と、ジャン・ジャック・デュブルデューは言う。事実ドニ・デュブルデュー教授は、シャトー・ドワジィ・デーヌを所有し運営してきた一家の3代目にあたる。いま彼の2人の息子、ファブリスとジャン・ジャックがこのシャトーの管理運営に参加している。

ドニの祖父、ジョルジュがこのシャトーを購入したのが、1924年のことで、その時は4haを少し超えるほどの広さしかなかった。父のピエールが、買い増しや、近隣の小区画との交換を通じて、現在の広さまでにした。彼はまた、1950年代から60年代にかけて大規模な植替えを行い、植栽密度を7000本/haまで高め、葡萄畑を現在みられるような最高の状態にした。ピエールは2000年に引退し、その後をドニが継いだ。

葡萄畑は、隣人のドワジィ・デュブロカやドワジィ・ヴェドリーヌよりも少し高いところにあり、土壌は石灰質の底土の上に、バルサック特有の粘土のような砂が堆積している。土壌は鋤起こされ、除草剤は使用しない。「何年も観察してきて分かったことだが、ボルドーでは9月の15～20日あたりに雨が降る。だから葡萄はその日までに"黄金の成熟"に持って行かせる必要がある。そうすればボトリティス菌が発芽することができ、早く収穫することができる。それがここのやり方だ」とジャン・ジャック・デュブルデューは説明する。

極上ワイン

Château Doisy-Daëne
シャトー・ドワジィ・デーヌ

　いつもドワジィ・デーヌは、芳醇で重量感があるというよりは、純粋でエレガントである。しかしこれは凝縮感がないということを意味しない。「われわれは残存糖分含有量140g/ℓ、比較的高い酸、低いpHを目指している。そして酸化を避けるために樽熟は長すぎないようにしている。なぜならそれは長熟の妨げになるから」とジャン・ジャック・デュブルデューは明言する。ドワジィ・デーヌはセミヨン主体で、ソーヴィニヨン・ブランを10～15％加える。発酵は樽（新樽比率3分の1）で行い、樽で12カ月熟成させた後、さらに6カ月、槽に寝かせる。

1997　芳醇で、ねっとりとしているが、ドワジィ・デーヌのスタイルからは少し離れている。深い金色。精妙な香りで、アンズ、燻香、ブラック・チョコレートが感じられる。口に含むと甘く、酒躯はフル。後味の酸が鮮明。

2006★ [V]　ドワジィ・デーヌの真髄。明るい金色。純粋なアロマで、柑橘類、マーマレードが現れ、レモンシャーベットの爽やかさもある。芳醇で、濃艶な（残存糖分含有量140g/ℓ）口当たりだが、酸が爽やかで、後味は新鮮で、ピリッとした感じ。

L'Extravagant de Doisy-Daëne
レクストラヴァガン・ド・ドワジー・デーヌ

　1990年、ピエールとドニのデュブルデュー父子は、1855年当時と同じように、ソーヴィニヨン・ブランの割合を高めて甘口白ワインを造ってみることにした。凝縮感とアロマを際立たせるために、最初に辛口白ワインのための果房を選択的に摘果した後、葡萄樹1本につき2房だけを残して成熟させることにした。その果粒には信じられないくらいの糖分が濃縮され——アルコール濃度にして35％——、それを発酵させて普通のソーテルヌのアルコール濃度までにすると（その方法はまだ公開されていない）、残存糖分量はすさまじい値になった。こうして最初のヴィンテージが生まれ、その後1996、1997、2001、2002、2003、2004、2005、2006、2007、2009と造られた。ブレンド比率は通常セミヨンとソーヴィニヨン・ブランが半々で、100％新樽で発酵させる。残存糖分含有量は、最低でも220g/ℓある。価格は、ハーフボトルで、1本200ユーロ前後である。これはイケムに次ぐ高い価格で、生産量も2000本前後と稀少品になっている。

2005★（ハーフボトル）　巨大な凝縮感にもかかわらず、ワインの高揚感と躍動感は驚くばかり。淡い金色。新鮮で、ピリッとくるような爽やかさ。マンダリン系の柑橘類が鮮明に感じられる。豪華で滑らかで、凝縮された口当たり、しかし重たさはなく、フェンシングの剣のような鋭い酸がバランスを取っている。

Château Doisy-Daëne Sec
シャトー・ドワジィ・デーヌ・セック

　このシャトーは、ピエール・デュブルデューが造り始めた辛口白ワインでも有名である。これは収穫期の初めの、"黄金色"に色づいたソーヴィニヨン・ブランから造られる。発酵の後、オーク樽（新樽比率27％）で8カ月熟成される。キレが良くきめの細かいスタイルで、ミネラル風味の酸と落ち着いたグレープフルーツ／柑橘類のアロマとフレーバーが特徴。明らかに長熟する能力を備えている。

Château Doisy-Daëne
シャトー・ドワジィ・デーヌ

総面積：17ha　葡萄畑面積：17ha
生産量：グラン・ヴァン4万本

33720 Barsac　Tel: +33 5 56 62 96 51
www.denisdubourdieu.com

299

SAUTERNES AND BARSAC

Gilette　ジレット

　この極めて特異なワインの誕生には、運命のいたずらのようなものがある。第2次世界大戦が勃発したとき、レネ・メドヴィルは、1930年代からの数多くのヴィンテージを瓶詰めせず、コンクリート槽に保存したまま出兵した。戦争が終わってそのワインを見ると、見た目もアロマもまったく新鮮で、若々しかった。コンクリート槽による熟成で、酸化をまぬがれることができたのだった。彼は1934を瓶詰めし、こうして新しいスタイルのシャトー・ジレットの最初のヴィンテージが生まれた。

　そのシャトーは、1710年からメドヴィル家が所有しているが、同家はソーテルヌのシャトー・レ・ジュスティスも所有している。つい最近まで、シャトー・ジレットはレネの息子のクリスチャンが40年間管理運営してきたが、現在は娘のジュリー・ゴネ・メドヴィルと、その夫のクサヴィエが采配をふるっている。

　葡萄畑はプレニャック村の中心にあり、壁に囲まれたクロになっているが、壁に囲まれていることによって湿度が保たれやすくなり、乾燥した年——たとえば1978、1982、1985年——でも、ボトリティス菌が付着しやすくなっている。しかし反対に、雨の多い年にはこれが不利に作用する。土壌はもろい石灰岩の底土の上を、排水の良い砂と砂利の表土が覆っている。そこに育つ葡萄樹は古く、2009年の平均樹齢は50歳近くであった。葡萄樹の植替えは、混植で行われている。

　ソーテルヌのトップ生産者が皆そうであるように、このワインは"ヴァン・ド・ヴァンダンジュ（良い収穫年だけのワイン）"であり、選択的摘果がワインの成功のカギを握っている。レネ・メドヴィルは、最初いろいろなスタイルのシャトー・ジレットを造っていた。ドミ・セック、ドミ・ドゥー、ドゥー、そして最高級品のクレーム・ド・テットである。後者は、1963から造られ始めたユニークなワインであるが、毎年造られるわけではない。

　果粒は空圧式圧搾機で圧搾された後、ステンレスタンクに入れられ、低温（17℃）で、土着の酵母を使い発酵させられる。長い時間（10〜12カ月）をかけたアルコール発酵の後、ワインは二酸化硫黄で処理され、落ち着かせた後、濾過され、コンクリート槽にラッキングされる。そこでさらに16〜20年寝かされる。何年もの試行錯誤と観察を重ねて選択された経験的方法である。

極上ワイン

Château Gilette
シャトー・ジレット

　このワインは主にセミヨンから造られるが、葡萄畑にはソーヴィニヨン・ブランとミュスカデルがわずかではあるが見られる。「私たちは巨大な凝縮感を求めてはいません。だから残存糖分含有量は、100〜110g/ℓぐらいです」とジュリー・ゴネ・メドヴィルは説明する。奇妙なことではあるが、このような長い期間をかけた熟成を経ているにもかかわらず、このワインもしばらく瓶熟することを推奨したい。酸化されていないので、若々しさは失われていないが、アロマの発展はやや遅れている。2010年でも、最も新しく瓶詰めされたヴィンテージは1989である。以下のテイスティングは、2009年11月に行った。

1937★　古いソーテルヌ特有の琥珀色。しかし鼻につんとくる高揚感があり、甘いがピリッとした口当たり。アロマもフレーバーも、結晶化された柑橘系が支配的で、ハッカも感じられる。魅惑的な調和とバランス。70歳を過ぎているにもかかわらず、まだこんなに美味しいとは！

1953　27年間コンクリート槽に寝かされた後瓶詰めされた。オレンジ柑橘系のアロマ。口に含むとかなり量塊感がある。凝縮したレンガのようで、年齢を感じさせない。スタイル的には、1937よりも力強い。しかし酸は鮮明さに欠ける。もう少し瓶熟させる必要があるかも？

1975★　琥珀色。力強く、深遠で、精妙な香り。砂糖漬け果実とアーモンドのアロマ。上品でまろやかな口当たりで、砂糖漬け果実のフレーバーがあり、キャラメルがよぎる。バランスの良い酸が、長く、持続する後味を生み出す。落ち着いた調和のとれたワイン。

1979　黄金の琥珀色。キャラメル、チョコレート、クリーム・ブリュレ、リンゴなど、次から次に香りが押し寄せてくる。口に含むと豪華でクリーミーで、再びチョコレートやクリーム・ブリュレが広がる。やや短く甘い後味。

1983★　2000年に瓶詰めされた。深い金色。豊かで凝縮されていて、きめの細かい酸がバランスを取っている。調和のとれた、上品で豊満な口当たりで、後味は新鮮で長い。結晶化された果実とチョコレートの風味が長い余韻を残す。

1985　アロマ的には果実よりも花の香り。口に含むと豊かで、広がりがあるが、やや精妙さに欠ける。古いソーテルヌに時々感じる幽かな後味の苦さがあった。

1988★　純粋で、直接的で、長い味わい。しかしもうしばらく瓶熟させる必要がある。新鮮で若々しいが、まだ閉じている。明らかに、スタイルは1983と似ている。

Château Gilette
シャトー・ジレット
総面積：4.5ha　葡萄畑面積：4.5ha
生産量：グラン・ヴァン5000本
33210 Preignac　Tel: +33 5 56 76 28 44
www.gonet-medeville.com

SAUTERNES AND BARSAC

La Tour Blanche　ラ・トゥール・ブランシュ

ラ・トゥール・ブランシュの葡萄畑は、北にボム村の集落を眺める小高い丘の上に広がっている。そこから眺めると、シロン川が村の背後を抱くように流れ、11月には灰色の陽光が、その上にかかる朝霧をぼんやりと浮かび上がらせている。丘のふもとの低いところの砂の土壌に育つ葡萄樹は、霜によって葉がところどころ落ちてしまい丸裸になっているが、いずれにせよ、その葡萄がグラン・ヴァンに使われることはない。そこから丘を登るにつれて、土壌は砂利と粘土が多くなり、樹冠がまだ残っている。丘の反対側を眺めると、葡萄畑の斜面が緩やかにソーテルヌ村に向かってなだれ落ちている。

葡萄畑の近くに、ワイナリーといくつかの建物からなる施設が見えるが、それが国立の葡萄栽培醸造大学である。1907年、当時の所有者であったダニエル・イフラは、そこに大学を建てるという条件付きで、ラ・トゥール・ブランシュを国家に遺贈した。それ以降、このシャトーはフランス農業省が所有し、管理している。

1855年の格付けでは、ラ・トゥール・ブランシュはプルミエール・クリュの筆頭に選ばれ、その上にはイケムがいるだけだった。しかし、20世紀全体を通じて、そのワインの質はあまり誉められたものではなかったが、1988年以降、新たな発展の段階に入った。その発展を生む大きな原動力になったのが、1983年に新しい監督者として選ばれたジャン・ピエール・ジョスランであった。彼は引退する2001年までの間に、新樽による発酵、葡萄畑のより厳格な管理、選択的摘果を厳しくすることなどの改善策を導入した。またこの時期に、セカンドワインのレ・シャルミルユ・ド・トゥール・ブランシュが導入された。彼の後継者のコリーヌ・リューレットも良い仕事をしている。

極上ワイン

Château La Tour Blanche
シャトー・ラ・トゥール・ブランシュ

ラ・トゥール・ブランシュのスタイルは、全般に、力強く、豊かで、凝縮感があり、スパイスや南国の果物のアロマがある。これらはブレンド中の、ミュスカデルとソーヴィニヨン・ブランの比率の高さにより生まれてくるものである。栽培面積では、それぞれ5％、12％を占めているが、ステンレスタンクで一緒に醸造され熟成されて、最終的には、合わせてブレンド中17～21％を占める。しかし、2009では、それぞれの本当の個性を生かし、ブレンドにより高い精度をもたらすために、別々に発酵させられた。一方セミヨンは、発酵も熟成も新樽比率100％で行われ、16～18カ月熟成される。2001以降、培養酵母が計画的に使われるようになった。過去10年間の平均収量は13hℓ/haである。

1990　豊かで力強く、スモーキーでミネラル風味の後味がワインにバランスの良さをもたらしている。蜂蜜のような金色。香りに確かな凝縮感があり、トースト(オーク樽による熟成由来だろう)、イチジク、燻香が感じられる。酒躯(ボディ)はフルで豊満で、クリーミーな口当たり。キャラメル、クリーム・ブリュレのフレーバーが口中に広がり、後味にミネラル感に捕まえられ長く持続する。

2002　このヴィンテージにしては残存糖分含有量が157g/ℓもあり、少し驚いた。香り高く、南国の果実や黄桃が現れる。甘くまろやかな口当たりで、同様のアロマが口中に広がる。後味に少し胡椒風味がある。個人的にはもう少し躍動感が欲しいが、今でも十分美味しい。

2005　テイスティング前に2日もデカンティングした。それにもかかわらず、鼻からの香りはまだ控えめであるが、純粋さは伝わってくる。オークが少し感じられ、良く統合されていることが分かる。口に含むと、いっきに感動が広がる。豪華でねっとりとした感触があり、圧倒的な凝縮感。力強く、触感のきめも細かい。長くスパイシーな後味。絶対に瓶熟することを勧める。

Château La Tour Blanche
シャトー・ラ・トゥール・ブランシュ
総面積　：　70ha　　葡萄畑面積　：　37ha
生産量　：　グラン・ヴァン 4.5万本
セカンドワイン 2万本
33210 Bommes　　Tel: +33 5 57 98 02 73
www.tour-blanche.com

メドック＆グラーヴ1855格付け

アペラシオン

第1級
（プルミエール・クリュ）

シャトー・ラフィット・ロートシルト......ポイヤック
シャトー・マルゴー......マルゴー
シャトー・ラトゥール......ポイヤック
シャトー・オー・ブリオン......ペサック・レオニヤン
シャトー・ムートン・ロートシルト......ポイヤック

第2級
（ドゥジエーム・クリュ）

シャトー・ローザン・セグラ......マルゴー
シャトー・ローザン・ガシー......マルゴー
シャトー・レオヴィル・ラス・カス......サン・ジュリアン
シャトー・レオヴィル・ポアフェレ......サン・ジュリアン
シャトー・レオヴィル・バルトン......サン・ジュリアン
シャトー・デュルフォール・ヴィヴァン......マルゴー
シャトー・グリュオー・ラローズ......サン・ジュリアン
シャトー・ラスコンブ......マルゴー
シャトー・ブラーヌ・カントナック......マルゴー
シャトー・ピション・ロングヴィル・バロン......ポイヤック
シャトー・ピション・ロングヴィル・コンテス・ド・ラランド......ポイヤック
シャトー・デュクリュ・ボーカイユ......サン・ジュリアン
シャトー・コス・デストゥルネル......サン・テステーフ
シャトー・モンローズ......サン・テステーフ

第3級
（トロワジーム・クリュ）

シャトー・キルヴァン......マルゴー
シャトー・ディッサン......マルゴー
シャトー・ラグランジュ......サン・ジュリアン
シャトー・ランゴア・バルトン......サン・ジュリアン
シャトー・ジスクール......マルゴー
シャトー・マレスコ・サン・テグジュペリ......マルゴー
シャトー・ボイド・カントナック......マルゴー
シャトー・カントナック・ブラウン......マルゴー
シャトー・パルメ......マルゴー
シャトー・ラ・ラギューヌ......オー・メドック

アペラシオン

シャトー・デミライユ......マルゴー
シャトー・カロン・セギュール......サン・テステーフ
シャトー・フェリエール......マルゴー
シャトー・マルキ・ダレーム・ベッケー......マルゴー

第4級
（カトリエム・クリュ）

シャトー・サン・ピエール......サン・ジュリアン
シャトー・タルボ......サン・ジュリアン
シャトー・ブラネール・デュクリュ......サン・ジュリアン
シャトー・デュアール・ミロン・ロートシルト......ポイヤック
シャトー・プージェ......マルゴー
シャトー・ラ・トゥール・カルネ......オー・メドック
シャトー・ラフォン・ロッシェ......サン・テステーフ
シャトー・ベイシェヴェル......サン・ジュリアン
シャトー・プリュレ・リシーヌ......マルゴー
シャトー・マルキ・ド・テルム......マルゴー

第5級
（サンキエーム・クリュ）

シャトー・ポンテ・カネ......ポイヤック
シャトー・バタイィ......ポイヤック
シャトー・オー・バタイィ......ポイヤック
シャトー・グラン・ピュイ・ラコスト......ポイヤック
シャトー・グラン・ピュイ・デュカッス......ポイヤック
シャトー・ランシュ・バージュ......ポイヤック
シャトー・ランシュ・ムーサス......ポイヤック
シャトー・ドーザック......マルゴー
シャトー・ダルマイヤック......ポイヤック
シャトー・デュ・テルトル......マルゴー
シャトー・オー・バージュ・リベラル......ポイヤック
シャトー・ペデスクロー......ポイヤック
シャトー・ベルグラーブ......オー・メドック
シャトー・ド・カマンザック......オー・メドック
シャトー・コス・ラボリ......サン・テステーフ
シャトー・クレール・ミロン......ポイヤック
シャトー・クロワゼ・バージュ......ポイヤック
シャトー・カントメルル......オー・メドック

ソーテルヌ＆バルサック1855格付け

村 名

特別1級
（プルミエール・クリュ・シュペリエール）
シャトー・ディケム..ソーテルヌ

第1級
（プルミエール・クリュ）
シャトー・ラ・トゥール・ブランシュ..................ボム
シャトー・ラフォリー・ペイラゲイ......................ボム
シャトー・クロ・オー・ペイラゲイ......................ボム
シャトー・ド・レイヌ・ヴィニョー......................ボム
シャトー・スデュイロー..プレニャック
シャトー・クーテ..バルサック
シャトー・クリマン..バルサック
シャトー・ギロー..ソーテルヌ
シャトー・リューセック..ファルグ
シャトー・ラボー・プロミス..................................ボム
シャトー・シガラ・ラボー......................................ボム

村 名

第2級
（ドゥジエーム・クリュ）
シャトー・ド・ミラ..バルサック
シャトー・ドワジィ・デーヌ..................................バルサック
シャトー・ドワジィ・デュブロカ..........................バルサック
シャトー・ドワジィ・ヴェドリーヌ......................バルサック
シャトー・ダルシュ..ソーテルヌ
シャトー・フィロー..ソーテルヌ
シャトー・ブルーステ..バルサック
シャトー・ネラック..バルサック
シャトー・カイユー..バルサック
シャトー・シュオー..バルサック
シャトー・ド・マル..プレニャック
シャトー・ロメール・デュ・アヨ..........................ファルグ
シャトー・ラモット・デピュジョル......................ソーテルヌ
シャトー・ラモット・ギニャール..........................ソーテルヌ

サン・テミリオン 1955 格付け（再格付け 2006）

プルミエール・グラン・クリュ・クラッセ (A)
シャトー・オーゾンヌ
シャトー・シュヴァル・ブラン

プルミエール・グラン・クリュ・クラッセ (B)
シャトー・アンジェリュス
シャトー・ボー・セジュール・ベコ
シャトー・ボー・セジュール（エリティエ・デュフォー・ラガロース）
シャトー・ベレール・モナンジュ
シャトー・カノン
シャトー・フィジャック
シャトー・ラ・ガフリエール
シャトー・マグドレーヌ
シャトー・パヴィ
シャトー・パヴィ・マカン
シャトー・トロロン・モンド
シャトー・トロットヴィエーユ
クロ・フルテ

グラン・クリュ・クラッセ
シャトー・バレスタール・ラ・トネル
シャトー・ベルフォン・ベルシエ
シャトー・ベルヴュー
シャトー・ベルガ
シャトー・ベルリケ
シャトー・カデ・ボン
シャトー・カデ・ピオラ
シャトー・カノン・ラ・ガフリエール
シャトー・カプ・ド・ムーラン
シャトー・ショーヴァン
シャトー・コルバン
シャトー・コルバン・ミショット
シャトー・ダソー
シャトー・デスティユー
シャトー・フォーリー・ド・スシャール
シャトー・フルール・カルディナル
シャトー・フォンプレガード
シャトー・フォンロック
シャトー・フラン・メーヌ
シャトー・グラン・コルバン
シャトー・グラン・コルバン・デスパーニュ
シャトー・グラン・メーヌ
シャトー・グラン・ポンテ
シャトー・ガデ
シャトー・オー・コルバン
シャトー・オー・サルプ
シャトー・ラロゼー
シャトー・ラ・クロット
シャトー・ラ・クースポード
シャトー・ラ・ドミニク
シャトー・ラ・マルゼル
シャトー・ラ・セール
シャトー・ラ・トゥール・デュ・パン・フィジャック
シャトー・ラ・トゥール・デュ・パン・フィジャック（ジロー・ベリヴィエ）
シャトー・ラ・トゥール・フィジャック
シャトー・ラニオット
シャトー・ラルシ・デュカッス
シャトー・ラルマンド
シャトー・ラロック
シャトー・ラローズ
シャトー・ル・プリュレ
シャトー・レ・グランド・ミュライユ
シャトー・マトラ
シャトー・モンブスケ
シャトー・ムーラン・デュ・カデ
シャトー・パヴィ・ドセス
シャトー・プティ・フォーリー・ド・スータール
シャトー・リポー
シャトー・サンジョルジュ・コート・パヴィ
シャトー・スータール
シャトー・テルトル・ドゲイ
シャトー・ヴィルモーリーヌ
シャトー・ヨン・フィジャック
クロ・ド・ロラトワール
クロ・デ・ジャコバン
クロ・サン・マルタン
クーヴァン・デ・ジャコバン

グラーヴ1959格付け

村　名

格付け(赤)

シャトー・ブスコー	カドジャック
シャトー・オー・バイィ	レオニャン
シャトー・カルボニュー	レオニャン
ドメーヌ・ド・シュヴァリエ	レオニャン
シャトー・ド・フューザル	レオニャン
シャトー・ド・オリヴィエ	レオニャン
シャトー・マラルティック・ラグラヴィエール	レオニャン
シャトー・ラ・トゥール・マルティヤック	マルティヤック
シャトー・スミス・オー・ラフィット	マルティヤック
シャトー・オー・ブリオン	ペサック
シャトー・ラ・ミッション・オー・ブリオン	タランス
シャトー・パプ・クレマン	ペサック
シャトー・ラ・トゥール・オー・ブリオン	タランス

村　名

格付け(白)

シャトー・ブスコー	カドジャック
シャトー・カルボニュー	レオニャン
ドメーヌ・ド・シュヴァリエ	レオニャン
シャトー・ド・オリヴィエ	レオニャン
シャトー・マラルティック・ラグラヴィエール	レオニャン
シャトー・ラ・トゥール・マルティヤック	マルティヤック
シャトー・ラヴィル・オー・ブリオン	タランス
シャトー・クーアン・リュルトン	レオニャン
シャトー・クーアン	ヴィルナーヴ・ドルノン

Liv-ex* Bordeaux (2009)

ワイン	平均価格（ポンド）	2009 格付け	1855 格付け	2009 ランキング	1855 ランキング	変動
ラトゥール	4,620	1級	1級	1	2	＋1
ラフィット・ロートシルト	4,197	1級	1級	2	1	－1
マルゴー	3,773	1級	1級	3	3	0
ムートン・ロートシルト	2,941	1級	1級	4	5	＋1
オー・ブリオン	2,705	1級	1級	5	4	－1
ラ・ミッション・オー・ブリオン	2,225	1級	格付け外	6	格付け外	格付け外
パルメ	1,085	2級	3級	7	29	＋22
レオヴィル・ラス・カス	1,029	2級	2級	8	8	0
コス・デストゥルネル	804	2級	2級	9	18	＋9
パプ・クレマン	686	2級	格付け外	10	格付け外	格付け外
モンローズ	672	2級	2級	11	19	＋8
デュクリュ・ボーカイユ	664	2級	2級	12	17	＋5
ピション・ラランド	588	2級	2級	13	16	＋3
ピション・バロン	525	2級	2級	14	15	＋1
レオヴィル・バルトン	510	2級	2級	15	10	－5
ランシュ・バージュ	502	2級	5th	16	50	＋34
レオヴィル・ポアフェレ	458	3級	2級	17	9	－8
ポンテ・カネ	423	3級	5th	18	44	＋26
マレスコ・サン・テグジュペリ	394	3級	3級	19	26	＋7
ローザン・セグラ	386	3級	2級	20	6	－14
オー・バイィ	369	3級	格付け外	21	格付け外	格付け外
カロン・セギュール	357	3級	3級	22	32	＋10
ラスコンブ	348	3級	2級	23	13	－10
スミス・オー・ラフィット	329	3級	格付け外	24	格付け外	格付け外
ベイシェヴェル	329	3級	4th	25	41	＋16
カントナック・ブラウン	318	3級	3級	26	27	＋1
グラン・ピュイ・ラコスト	316	3級	5th	27	48	＋21
ブラネール・デュクリュ	311	3級	4th	28	36	＋8
クレール・ミロン	311	3級	5th	29	59	＋30
デュアール・ミロン	306	3級	4th	30	37	＋7
ジスクール	305	3級	3級	31	25	－6
ラギューヌ	305	3級	3級	32	30	－2
ディッサン	300	3級	3級	33	22	－11
サン・ピエール	295	4th	3級	34	20	－14
ランゴア・バルトン	292	4th	3級	35	24	－11
グリュオー・ラローズ	290	4th	2級	36	12	－24
ブラーヌ・カントナック	286	4th	2級	37	14	－23
キルヴァン	277	4th	3級	38	21	－17

* http://www.liv-ex.com

格付け

ワイン	平均価格（ポンド）	2009格付け	1855格付け	2009ランキング	1855ランキング	変動
タルボ	274	4級	4級	39	35	−4
マラルティック・ラグラヴィエール	266	4級	格付け外	40	格付け外	格付け外
ドメーヌ・ド・シュヴァリエ	265	4級	格付け外	41	格付け外	格付け外
オー・マルブゼ	254	4級	格付け外	42	格付け外	格付け外
ブリュレ・リシーヌ	250	4級	4級	43	42	−1
ラグランジュ	246	5級	3rd	44	23	−21
ボイド・カントナック	239	5級	3rd	45	28	−17
ソシアンド・マレ	233	5級	格付け外	46	格付け外	格付け外
フェリエール	226	5級	3rd	47	33	−14
マルキ・ド・テルム	219	5級	4級	48	43	−5
アルマイヤック	216	5級	5級	49	53	+4
カルボニュー	213	5級	格付け外	50	格付け外	格付け外
オー・バージュ・リベラル	209	5級	5級	51	47	−4
オー・バタイィ	208	5級	5級	52	46	−6
ラフォン・ロッシェ	208	5級	4級	53	40	−13
デュルフォール・ヴィヴァン	206	5級	2級	54	11	−43
テルトル	205	5級	5級	55	54	−1
ローザン・ガシー	204	5級	2級	56	7	−49
ドーザック	203	5級	5級	57	52	−5
コス・ラボリ	203	5級	5級	58	58	0
バタイィ	202	5級	5級	59	45	−14
グラン・ピュイ・デュカッス	201	5級	5級	60	49	−11

格付け基準

- 左岸だけを含む（メドックとペサック・レオニヤン）
- 最低生産量2000ケース（"スーパー・キュヴェ"の存在による歪曲効果を防ぐため）
- グラン・キュヴェのみ

ランキングの算定方法

- 平均ケース価格は2003〜2007の5年間の全適格ワインを計算
  （状態の良い、元の木製ケース入りの最低卸売価格。関税、消費税は除外）
- 価格は2008年12月31日のもの
- 最低平均ケース価格を200ポンドとした
- 等級は価格帯によって決定
  1級 ： 1ケース2000ポンド以上
  2級 ： 同500〜2000ポンド
  3級 ： 同300〜500ポンド
  4級 ： 250〜300ポンド
  5級 ： 200〜250ポンド

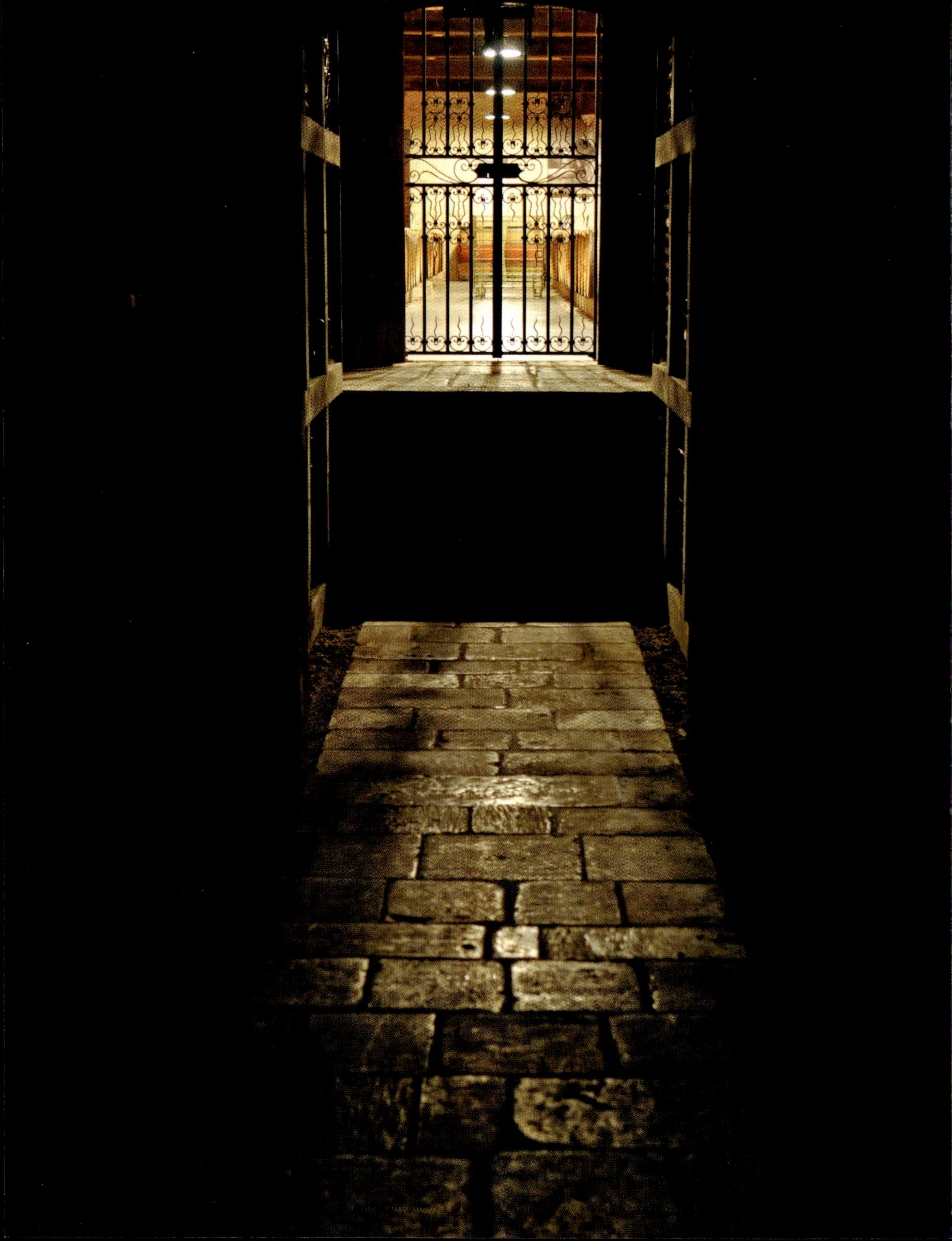

2009〜1982

ヴィンテージの成功の度合いを★印（★1個から5個まで）で示しているが、読者はそれだけで判断せず、その下の解説をよく読むこと。というのもその中にも大きな差異があるからである。

2009（予測★★★★から★★★★★）

本書を書いている時点では、まだテイスティングしていないが、前兆は非常に良い。暑く乾燥した夏の後、9月の必要な時に雨が降り、収穫時は好天に恵まれ、生産者は皆喜びに沸いた。ワインは明らかに、豊かで、アルコール度数はかなり高く、触感は滑らかで上品。問題は全体的なバランスとタンニンの含有量だ。成功は、赤、辛口白、ソーテルヌと全体に及んでいるはず。唯一気がかりなコメントは、5月に降雹を受けた生産者からのものだった。被害の多かったアペラシオンは、コート・ド・ブール、プルミエール・コート・ド・ブライ、コート・ド・カスティヨン、そしてグラーヴ、アントル・ドゥ・メール、マルゴー、サン・テミリオンの一部である。

2008★★★★

春に雨が多く、夏も曇りや雨の日が多かった（8月は特に陰鬱な天候だった）ので、2流のヴィンテージになると思えたが、9月半ばから10月末まで好天が続き、葡萄の質は思ったより随分良かった。花の付きが悪く、所によっては霜に襲われ、ウドンコ病も発生したので、収量は少なかったが、それが逆に幸いして、最後に上々の成熟をもたらした。上質の赤は甘い果実味があり、触感も滑らかで、さらに驚くことにタンニンの骨格がしっかりしている。辛口白は特に良い出来であった（しかし霜のせいで生産量は少ない）。ソーテルヌは、霜とボトリティス菌の不均等な広がりのため、難しい年になった。そのため、ソーテルヌの基準からしてもひどく収量の少ない生産者もあった。

2007★★★

2007と2008は、どちらも5、6、7、8月に異常気象を経験し、ウドンコ病の広がりもあったことで似ているが、どちらとも幸いに秋の小春日和に救われた。2007の4月は記録的な暑さであったが、2008年の7月は2007年の同月よりもわずかに暑く乾燥していた。そのためか、2008の方が骨格はしっかりしている。2007の赤は全般に、魅力的で、しなやかで、軽い骨格で、早飲み用のヴィンテージと言える。辛口の白は新鮮で、アロマが豊か、そしてソーテルヌ（このヴィンテージの数少ない成功者）は純粋で上質。

2006★★★から★★★★

状況は8月までは理想的（花の付きも良く、6月、7月は暑く乾燥していた）であったが、8月に入ると冷涼で雨が多く、9月に一時期大雨に見舞われた。腐れを恐れて早めに収穫した生産者もいた。右岸では、早熟のポムロールが一番うまく避けることができ、またペサック・レオニャンもまあまあの出来だった。しかしボルドー全体を通じて、作柄はまちまちであった。ただし極上の赤（非常に良く出来たワインもいくつかある）は、色も、凝縮感も、長熟能力も良いものができた。辛口の白は傑出している。ソーテルヌは例年並み。

2005★★★★★

2005ほど生産者にとって恵まれた気象はなかったのではないか。開花は早く、一斉に開いた。6月、7月、8月は暑く乾燥し（しかも過度ではない）、収穫月も同様であった。雨（暴風雨と軽いにわか雨）は必要な時に訪れ、葡萄樹は、たとえば2003と同様に、ほとんどストレスを感じなかった。どの範疇も、ワインは全体としてバランスが良く、凝縮感もあり、骨格はしっかりして芳醇で、長熟する能力も秀逸である。

左：多くのシャトーで見られる冷たく暗いコンクリートの貯蔵所。何十年も前に遡るヴィンテージを保管しているところも多い。

2004 ★★★から★★★★

全般に遅く、芳醇な年になるように思えたが、ワインはより"古典的"なものになった。収量は少なく、葡萄畑での作業は、順調に進んだ。発芽、開花、収穫はすべて遅かった。この年の気象的な長所としては、1つは6月が暑く乾燥していたことだったが、その後7、8月はあまり良くなかった。2つめは、9月と10月初めに乾燥した晴天の日が続いたことであった。赤はバランスも切れも良く、新鮮で、最上の年の凝縮感はないにしろ、投機買いがない分お買い得なヴィンテージとなった。明確に長熟する能力を持つワインもいくつか生まれた。

2003 ★★★から★★★★

激しい暑さと干ばつで、異常な年となった2003は、いくつかの例外的なワインも生み出されたが、大半がみずみずしさを失い、すでに退化しているものもある。8月は記録破りの月で、昼間の平均最高気温は32℃で、35℃を超えた日が連続11日も続いた。しかしフェノールの生成は、葡萄樹のストレスのため必ずしも順調ではなく、高いアルコール濃度と低い酸をどうするかが課題となった。南仏的なスタイルとなったワインもあり、またタンニンが粗くて、刺すような感じになり、全体としてバランスの悪いワインも生まれた。概して水の摂取がよく管理されている地区(サン・テステーフやポイヤック、サン・テミリオンのコートや石灰岩台地)からのワインが良く、芳醇で凝縮感もある。ソーテルヌは秀逸な年となり、貴腐菌は素早く発芽し、9月いっぱい続いた。

2002 ★★★

発芽が遅れ、着果も不良(特にメルロー)で、7、8月は冷涼で曇りの日が多かったため、あまり良い年になりそうになかった。それを唯一救ったのが、9月の晴天と乾燥だった。晩熟のカベルネ・ソーヴィニヨンがその恩恵を受け、堅牢で、やや禁欲的なスタイルのメドックのワインがこの年は良かった。右岸は全般に地味であった。ソーテルヌはいくつか良品が生まれたが、軽く新鮮なスタイルである。

2001 ★★★★

年の始めは2000と同様の経過を辿ったが、開花はかなり順調で、7月は冷涼で雨が多く、8月は暑かった。大きな違いを見せたのが9月で、この年は気温は上がらなかったが、雨は少なかった。そのため力強さと凝縮感はさほどでもないが、バランスとエレガンスと魅惑のあるワインが生まれた。この状況に一番恩恵を受けたのがメルローで、そのため右岸の年となり、2000よりも優れたワインがいくつか生まれた。逆にカベルネにとっては成熟が難しく、収穫期の最後に雨にたたられた。ソーテルヌは秀逸なヴィンテージとなった。

2000 ★★★★★

上で述べたように、年の始めは2001と同様であったが、例外はウドンコ病が深刻な被害をもたらしたことだった。8月は暑く乾燥し、それがそのまま9月まで続き、収穫は全般に晴天の中で完了した。雨が降ったのは10月の半ばになってからであった。ワインは、芳醇で、力強く、色は濃く、タンニンも緻密で、酸の高さが果実味を生き生きとしたものにしている。明らかに長熟する能力を授けられている。10月の雨のため、傑出したソーテルヌ・ヴィンテージとなることはできなかった。

1999 ★★★

豊かな実りの年になるかと思われたが、病害が広がり、収穫時に雨が降ったため、逆に困難な年となった。葡萄畑での作業を重視しているシャトーが全般に良い結果を出し、地域全体を通じて品質にばらつきが出た。最上のワインは、少し鄙びて、面白みに欠けるかもしれないが、堅牢で、多くが10年後から真価を発揮する。サン・テミリオンでは9月5日に降雹があり、500haが被害を受けたが、その中には石灰岩台地の有名な畑もいくつかあった。残った果実を救うために、早めの摘果が行われた。そのため平均的な赤のヴィンテージとなったが、ソーテルヌは良い年となった。

1998 ★★★
　明らかに右岸の年となり、メルローは完璧な形で収穫され、多くのシャトーで例外的なワインが生まれた。ペサック・レオニャンのワインもまた非常に良い。全般に順調な開花の後、7月は曇天が多かったが、8月は一転して暑くなった。メルローは9月半ばから後半にかけて完璧な状態で収穫され、カベルネの収穫は雨にたたられた。メドックのワインは堅牢であるが、全般に面白みに欠ける。

1997 ★★
　開花が遅れ、7月は冷涼で雨が多く、8月は高温多湿で、腐れの問題も生じ、9月に晴れ間が戻ったが、全般に不作の年となった。ほんの一握りのシャトーが、興味を引くワインを出すことができた。唯一ソーテルヌだけが、真に成功したヴィンテージとなった。

1996 ★★★★
　カベルネ・ソーヴィニヨンが1996の勝者であった。メドックでは、濃い色の、鮮烈な、骨格のしっかりしたワインが生まれ、現在ようやく開き始めている。順調な開花、7月後半の乾燥した暑い日々、8月の雨（特に北部メドックよりも内陸部の方が多かった）が、好結果を生んだ要因としてあげられる。9月初めの昼間の晴天と夜の寒さが、酸を残し、それがスタイルを決定づけた。右岸は品質にバラツキがあるが、最上のものは今愉しめるようになっている。ソーテルヌは豊饒で、上質の酸がバランスとフィネスをもたらしている。

1995 ★★★★
　6、7、8月に熱波と旱魃が続き、雨が望まれたが、収穫時に必要以上の雨が降り、傑出した年になるはずが、ややがっかりさせた。しかし、豊かで、肉感的な、フルボディのワインもいくつか生み出された。特に、右岸と、ポイヤック、サン・テステーフのものが傑出している。

1994 ★★★
　バルサック、グラーヴ、マルゴー西部、ムーリを4月の遅霜が襲った後、6月、7月（特に）、8月の天候は順調で、ヴィンテージに対する楽観論が広まった。しかし9月に雨が降り（1993や1992よりも少なかったが）、凝縮感が薄れ、ヴィンテージを占う材料であるタンニンは硬く、角が目立つ。それ以前の3年が悪かったため、成功するヴィンテージと期待されたが、最上のワインでも、大ぶりで壮健ではあるが、やや禁欲的である。左岸よりも右岸の方が品質は一定しており、魅惑的なワインが多い。とはいえ、それらのワインも、早く飲んだ方が良い。

1993 ★★
　7月と8月は温かく、乾燥し、約束されたヴィンテージになるように思えたが、8月末に1週間雨が降り続き、そのまま9月いっぱい続いた（過去30年で、1992年に続き2番目の降水量）。気温は低かったので、腐れの心配はそれほどでもなかったが、全般に凝縮感のない果実となった。最上のワインでも、早飲み用の魅惑があるぐらいで、もう飲んでしまっているべきだ。

1992 ★
　過去50年で最も雨の多い夏となった。6月から9月にかけての降水量は446mmにもなった。腐れと収量の多さが問題であった。全般に忘れてしまいたいヴィンテージ。

1991 ★★★
　4月20日の夜に遅霜が降り、収穫の3分の2が失われた。サン・ジュリアンやポイヤック、サン・テステーフの最上のシャトーだけが、なんとか健闘し、見せるべきワインを生み出すことができた。上質のものもあるが、量はそれほど多くない。

1990 ★★★
　開花は1989よりも早く（とはいえ一斉にではなく、長引いた）、夏の時期はやや暑く乾燥し、晴天が続いた（特に8月は旱魃となった）。葡萄は良い状態で収穫でき、ワインは、色が濃く、豊かで、雄大なスタイルとなった。しかし収量が多くなったところもあり、そこでは凝縮感に欠けるワインも造られた。全般的に長熟する能力を持ったワインが多かったが、後になってみると、1989ほどではなかった。

1989 ★★★★
　早い開花と早い収穫、そしてその間の暑く乾燥した夏、これがこのヴィンテージの特徴である。収量はこの年も多かった。芳醇で、力強く、しっかりした骨格のワインが造られ、アルコール度数は高く（13〜13.5度）、1990同様に酸は低かった。しかし味わいの長さがありバランスは良い。多くのワインで1989と1990を比較することができたが、1989の方がほぼ一貫して良く、長熟する力を持っているようだ。ソーテルヌは、1990、1988と同様に良い出来である。

1988 ★★★★
　遅い収穫の年であった。摘果が始まったのが9月28日であったが、1989の9月3日、1990の9月12日と比べると歴然としている。ワインは先行する2ヴィンテージの芳醇さと熟成感に比べれば劣るが、タンニンと酸は高く、しっかりしたボルドー・スタイルの、長熟するワインを生み出した。上質のワインは今が飲み頃。

1987 ★★
　8月と9月の熱波にもかかわらず、糖分濃度が低く、摘果は10月の雨の時期にずれ込んだ。ワインは軽く、飲みやすいが、すでに飲んでしまっているべきだ。

1986 ★★★★
　ボルドーでは、6月の半ばから9月半ばまで、暑く乾燥した日が続いた。雨はちょうど良い時期に降ったが、9月遅くに、必要以上にやや多めに降った。メルローは10月初めに収穫され、カベルネがすぐ後に続いた。この年も収量は多かった（1982、1985よりも多い）。最高のものはメドックからのものが多く、カベルネの酸とタンニンが高く、しっかりした男性的なスタイルを生み出した。最上のものは今ようやく和らぎ出したところで、少なくともあと10年ほどして飲んだ方が良いだろう。

1985 ★★★★
　明らかにこのヴィンテージは、果実味と魅惑の点では堅固な1986よりも勝っている。酒質はかなり一定し、ワインはきめ細やかで、バランスが良い。多くがすでに飲まれているべきだが、最上のものは依然として香り高く、果実味に溢れ、芳醇である

1984 ★
　収穫時期は穏やかであったが、生長期の気候が不順で、ワインは痩せて、青臭く、平板である。多くがすでに飲まれているべきで、ここで書くべきことはあまりない。

1983 ★★★から★★★★
　7月末と8月は暑くてどんよりとした曇りの日が多く、腐れとウドンコ病の恐れがあった。9月初めに雨が降ったが、収穫は好天の下に行われた（9月17日から10月13日まで）。ワインは健全であるが、1982のような堂々とした威厳に欠け、1985のバランスと魅惑も欠けている。マルゴーだけは例外的で、1982よりも良かったが、低い収量が奏功したのだろう。良いワインでも、すでに飲み頃である。ソーテルヌにとっては最高の年で、アペラシオンに低迷から抜け出すきっかけを与えた年となった。

1982 ★★★★★
　ボルドーの再浮揚のきっかけとなった年。特筆すべきは、事実上それ自身で生まれた最高のヴィンテージ（現在見られるような特別な醸造技法は何もなかった）

ヴィンテージ

上：貴重な伝統的ヴィンテージ。第2次世界大戦終結の年だけに、感慨深いものがある。

であるということであり、最高のシャトーでさえも多すぎる収量を得たということである（平均収量は70hℓ/ha）。早熟の年で、7月は暑く、8月は涼しかったが、9月6日から20日までは、特別暑く晴天の日が続いた。ワインは糖分とタンニンの含有量が多かったが、酸が低く、熟れて芳醇で、凝縮感のあるスタイルとなった。現在多くが最高の時期を過ぎているが、極上のワインはまだ頑健で、今なお美味しいものもある。

これより前では、1970、1966、1964（右岸）、1961、1959、1955、1953、1949、1945、1929、1928、1926、1921、1920、1900が秀逸である。

313

極上ワイン100選

14 | 上位10傑×10一覧表

生産者名およびワイン名は、各カテゴリーごとにアルファベット順に並べている
★印は、私が極上の中の極上、または最も注目に値すると思えるワイン

左岸シャトー10傑
シャトー・コス・デストゥルネル
シャトー・デュクリュ・ボーカイユ
シャトー・オー・ブリオン
シャトー・ラフィット・ロートシルト
シャトー・ラトゥール★
シャトー・レオヴィル・ラス・カス
シャトー・マルゴー
シャトー・ラ・ミッション・オー・ブリオン
シャトー・ムートン・ロートシルト
シャトー・パルメ

右岸シャトー10傑
シャトー・アンジェリュス
シャトー・オーゾンヌ★
シャトー・シュヴァル・ブラン
シャトー・レグリーズ・クリネ
シャトー・フィジャック
シャトー・ラフルール
シャトー・パヴィ
ペトリュス
シャトー・トロタノワ
ヴュー・シャトー・セルタン

セカンドワイン10傑
アルテル・エゴ(パルメ)
カリュアド・ド・ラフィット
シャペル・ドーゾンヌ
ラ・シャペル・ド・ラ・ミッション・オー・ブリオン
ル・クラランス・ド・オーブリオン
クロ・デュ・マルキ(レオヴィル・ラス・カス)
レ・フォール・ド・ラトゥール★
パヴィヨン・ルージュ・ド・シャトー・マルゴー
パンセ・ド・ラトゥール
ル・プティ・ムートン

辛口白ワイン10傑
シャトー・カルボニュー
ドメーヌ・ド・シュヴァリエ
クロ・フロリデーヌ
シャトー・クーアン・リュルトン
シャトー・オー・ブリオン
シャトー・ラヴィル・オー・ブリオン★
シャトー・マラルティック・ラグラヴィエール
シャトー・パプ・クレマン
パヴィヨン・ブラン・デュ・シャトー・マルゴー
シャトー・スミス・オー・ラフィット

ソーテルヌ10傑
シャトー・クリマン
クロ・オー・ペイラゲイ
シャトー・クーテ
シャトー・ドワジィ・デーヌ
シャトー・ギロー
シャトー・ラフォリー・ペイラゲイ
シャトー・リューセック
シャトー・スデュイロー
シャトー・ラ・トゥール・ブランシュ
シャトー・ディケム★

最も改善されたシャトー10傑(2000年〜10年)
シャトー・オーゾンヌ★
シャトー・カノン
シャトー・カロン・セギュール
シャトー・ジスクール
シャトー・ラ・ラギューヌ
シャトー・ラルシ・デュカッス
シャトー・マラルティック・ラグラヴィエール
シャトー・ムートン・ロートシルト
シャトー・パヴィ
シャトー・ポンテ・カネ

ベスト・バリュー格付け赤10傑
シャトー・ブラーヌ・カントナック
シャトー・カルボニュー
ドメーヌ・ド・シュヴァリエ
シャトー・ラグランジュ
シャトー・ジスクール
シャトー・グラン・ピュイ・ラコスト
シャトー・グリュオ・ラローズ
シャトー・レオヴィル・バルトン★
シャトー・レオヴィル・ポワフェレ
シャトー・マラルティック・ラグラヴィエール

コスト・パフォーマンス10傑
シャトー・シャス・スプリーン
シャトー・クラーク
クロ・フロリデーヌ(白)★
クロ・ピュイ・アルノー
シャトー・クーアン・リュルトン(白)
フィエフ・ド・ラグランジュ
　（シャトー・ラグランジュのセカンドワイン）
シャトー・フォントニル
シャトー・ムーラン・オー・ラロック
シャトー・ローラン・ド・ビィ
セグラ（シャトー・ローザン・セグラのセカンドワイン）

わくわくする特異なワイン10傑
ドメーヌ・ド・ラ
シャトー・ベレール・ラ・ロワイエール
シャトー・クーテ・キュヴェ・マダム
ル・ドーム
レクストラヴァガン・ド・ドワジー・デーヌ
シャトー・ジレット
ジロラット
オー・カルル
シャトー・ピュイグロー・キュヴェ・ジョルジュ
ロック・ド・カンブ

訪問すべきシャトー10傑
シャトー・アンジェリュス
シャトー・フィジャック
シャトー・ジスクール
シャトー・オー・ブリオン
シャトー・レオヴィル・バルトン
シャトー・ランシュ・バージュ
シャトー・ムートン・ロートシルト★
シャトー・ピション・ロングヴィル
シャトー・ポンテ・カネ
シャトー・スミス・オー・ラフィット

用語解説

アン・プレムール 収穫後6〜8カ月の樽熟成中のワインの取引を行うこと（瓶詰めはそれから1年近く後になる）。

ヴァンダンジュ 収穫のこと。

ヴィニュロン ワイン生産者のこと。

ウイヤージュ 樽熟成中にワインを補填すること。

エグレヌル ワイナリーで用いたり、機械摘みのときに使用する除梗機のこと。

エクルルシサージュ 収量を抑制し、残りの果房の通気と衛生状態を改善するために、出来の悪い果房を摘除すること。

エスカ 昔流行した真菌性の葡萄樹の病気で、治療法は発見されていない。

エルヴァージュ 発酵後の熟成のこと。

オイディウム 葡萄樹の緑色組織を侵す真菌性の病気で、ウドンコ病ともいわれる。

カゲット 収穫時に葡萄果房を入れる、摘み手が用いるプラスチック製の浅いトレイ。

ガレージスト 1990年代の造語で、限定量のワインを特別仕立てで念入りに生産する、ほぼ無名の歴史を持たない生産者のこと。

キュヴィエ／キュヴェリエ 発酵室のこと。

キュヴェ ブレンドされたワインまたはワインのセレクションのこと。

キュヴェゾン 果汁が発酵しているとき皮も一緒に仕込んでいる状態、やり方をさす。

グラ テイスティング用語で、"豊満"で豪華なワインを形容する言葉。

クラス・ド・フェル ポムロールの底土によく見られる鉄分の多い土壌。

グラン・ヴァン シャトーの主たるワインのことで、セカンドワイン／ラベル、サードワイン／ラベルと区別されるもの。

クリカージュ 樽で熟成中のワインにマイクロ酸素注入を行うこと。

クリュ "栽培"を意味し、葡萄が栽培されている場所、すなわちシャトーそのものをさす。

クリュール 天候不順などのせいで、葡萄果実の付きが悪く、果粒が小さいまま樹から枯れ落ちること。

クループ 小高くなった場所、円丘。

クルティエ ワイン取引において、生産者とネゴシャンの間に入って仲介する者。通常取引額の2%を手数料とする。

クロ／アンクロ 壁で囲まれていた葡萄畑のこと。実際は今でも壁が残っているわけでない。

混植 傷んだり、病害に襲われたり、枯れたりした葡萄樹を抜根し、新しい樹を植えること。

シェ セラーまたは貯蔵室。

シャール テイスティング用語で肉感的なこと。

シャルトリューズ 田舎の大きな民家で、通常は平屋造り。（シャルトリュースの言葉自体は修道院の一派）

シュクロシテ 甘さのこと。

シュルマテュリテ 葡萄果粒が過熟になった状態のこと。

新樽比率200% 出来立てのワインを新樽から別の新樽へラッキングすること。

スーティラージュ ラッキングのこと。

スーボワ テイスティング用語で、森の下草のような精妙な香りのこと。

スー・マール アルコール発酵後浸漬中に、果汁にマイクロ酸素注入法を行うこと。

セニエ法 発酵前の果醪の濃度を上げるために、槽内の果液の一部を抜き取る方法。液抜きともいう。

タイユ・ボルドレーゼ式 メドックとグラーヴ（現在は右岸も）で昔から行われてきた仕立て法で、ギュヨー法と似ているが、追加的な小さい若芽（スパーまたはコット）も除いている。

第4紀 260万年前から現在までの地学的時代で、更新世または氷河期を含む。

TCA 2・4・6 トリクロロアニソールのこと。ワイン中のカビ臭い匂いのもとになる成分で、通常はコルクの汚れが原因となる。

ティザーヌ 注入すること。

ティピシテ ワインがその出生地やスタイルを典型的に表していること。

デレスタージュ 発酵中の抽出法の1つで、ポンプを使ってワインを一旦槽の外に出し、再び果帽の上から散布する。液抜き静置法またはラック・アンド・リターンともいう

トリエ 選果、選別的摘果のこと。

バトナージュ 白ワイン（時には赤ワイン）を熟成させる間、風味を豊かにし、酸化を防ぐために、ワインと澱を撹拌すること。

バリック ボルドーで最も一般的に使用される容積225リットルの樽で、材料は一般にフランス産オーク。

パリュス 河岸沖積層土壌。

ビエン・ナショナル フランス革命の過程で国有化され（主に教会と貴族から没収）、競売にかけられた土地をさす。

ピジャージュ 発酵中に、人力または機械によって果帽をワインの中に沈めること、櫂入れともいう。

ビトデ石灰岩 中生代の甲殻類から出来た石灰岩

プリ・ド・ソルティ ワインをアン・プレムール市場に出すときに生産者が付ける最低価格。

ブルベーネ アントル・ドゥー・メールでシルト土壌のことをこう呼ぶ。

ブレタノマイセス "ブレット"というのは、ワインのアロマとフレーバーを損なう酵母菌のことで、"家畜"や"農場"の匂いをワインにもたらすが、低いレベルの場合、精妙さを付け加えることもある。

参考図書

プロフォンドゥール　ワインが深奥なこと。

ボトリティス・シネレア／ボトリティス菌　ある気象条件が整ったときに生ずるカビの一種で、葡萄果粒を乾燥・濃縮化して、"貴腐"の状態にし、偉大なソーテルヌのための原料にする。湿度が高すぎる場合は、逆に灰色カビ病を発生させ、果粒を台無しにする。

マロラクティック発酵　ワイン中のリンゴ酸（鋭い味）が、自然に乳酸（柔らかい味）に変化する過程。乳酸菌を加え、セラー内を暖かくすることによって促進させることができる。

ミルランダンジュ　葡萄果粒が不揃いになるように結実すること。

メートル・ド・シェ　醸造長のこと。

メリディオナル　ワインのスタイルが南仏的、地中海的なこと。

モラッセ・デュ・フロンサデ　きめの細かいローム質の粘土（フロンサックおよびサン・テミリオンの一部の底土）。

ユーティピオス　葡萄樹を枯らす真菌性の病気。カベルネ・ソーヴィニヨンとソーヴィニヨン・ブランがかかりやすい。

リコルー　貴腐葡萄から造られる甘口の凝縮された白ワインのこと。

リュー・ディ　畑の中の特によい区画に命名されているもの。

リュット・レゾネ　農薬の使用を極力控えて葡萄栽培を行う方法。

ルモンタージュ　液循環法ともいい、ポンプで果醪／ワインを汲み上げ、果帽の上から流し込む作業のこと。

レジスール　シャトーの支配人のこと。

ロティ　テイスティング用語で、貴腐葡萄によってもたらされる特有の焼けたような香り。

スティーヴン・ブルック
『Bordeaux:People and politics』(Mitchell Beazley, London;2001)

スティーヴン・ブルック
『The Complete Bordeaux』(Mitchell Beazley, London;2007)

オズ・クラーク
『Bordeaux (2nd edition)』(Pavilion Books, London;2008)

シャルル・コックス＆エドゥアール・フェレ
『Bordeaux et Ses Vins (18th edition)』(Editions Féret, Bordeaux; 2007)

ジャン・コルドー
『Cepages Rouges en Bordelais, Un Raisin de Qualite: De la Vigne a la Cuve (pp.67～76)；Journal International des Sciences de la Vigne et du Vin (Hors Serie)』(Vigne et Vin Publications International, Bordeaux; 2001)

ヒュー・ジョンソン
『ワイン物語：芳醇な味と香りの世界史』小林章夫訳、平凡社、2008

ジェイムズ・ローサー
『The Heart of Bordeaux』(Stewart, Tabori & Chang, New York; 2009)

コルネリス・ファン レーウェン
『Choix du Cepage le Bordelais, Un Raisin de Qualite: De la Vigne a la Cuve (pp.97～102)；Journal International des Sciences de la Vigne et du Vin (Hors Serie)』(Vigne et Vin Publications International, Bordeaux; 2001)

デューイ・マーカムJr
『1855：A History of the Bordeaux Classification』(John Wiley & Sons, New York; 1998)

ロバート・M・パーカーJr
『ボルドー（第2版）』美術出版社

デイヴィッド ペパーコーン
『ボルドー・ワイン』山本 博、山本 やよい（翻訳）、早川書房

ジャン・フィリップ・ロビー＆コルネリス・ファン レーウェン
『Plantation de la Vigne; Aspects Techniques et Qualite: De la Vigne a la Cuve (pp.177～28)；Journal International des Sciences de la Vigne et du Vin (Hors Serie)』(Vigne et Vin Publications International, Bordeaux; 2001)

アラン・レイノー
『Manuel de Viticulture (10th edition)』(Editions Tec & Doc, Paris; 2007)

ジェームズ・E・ウィルソン
『テロワール：大地の歴史に刻まれたフランスワイン』中濱潤子[ほか]訳；坂本雄一監訳、ヴィノテーク

索引 ★印は見出しワイン銘柄名

アクサ・ミレジム　15, 82, 83, 214, 227, 296
アラン&ジェラール・ヴェルテメール　15, 119, 121, 198〜200
アラン・レイノー博士　136, 268
アルノー3世・ド・ポンタック&フランソワ・オーギュス　140；ジャン　9, 140
アルフレッド&アンリ・マルタン　111
アルベール・フレール　15, 184, 294
アルベール・マカン　219
アレクサンドル・ファン・ビーク　124
★アンジェリュス、シャトー　26, 38, 192〜4, 304
アントル・ドゥ・メール　8, 9, 16, 138, 171
アンドレ、マリー&テレーズ・ロビン　228
アンドレ・メンチェロプーロス　112
アンリ・リュルトン　122, 123, 165
★イケム、シャトー　6, 276〜82, 292, 303, 314
エドゥアルド&レイモン・トロロン　204
エドゥアルド・バイアンクール・"クールコル"　251
エマニュエル・ボノー　136
エミール・ペイノー　45, 102, 112, 292
エリック・アルバダ・イェルヘルスマ　124
エリック・ダラモン　214, 215
エリック・ペロン　126
エリック・ムリザスコ　255
エリック・ララモナ　289, 290〜1
★オー・カルル、シャトー　268, 315
★オー・バイィ、シャトー　38, 150〜2, 305, 306
★オー・ブリオン、シャトー　9, 26, 34, 42, 140〜5, 302, 305, 306, 314, 315
オー・メドック　60, 131
★オーゾンヌ、シャトー　26, 50, 178〜83, 304, 314
★オザンナ、シャトー　255
オリヴィエ・ベルエ　232
オリヴィエ・ベルナール　162
★ガザン、シャトー　251
ガスケン家　165
カステージャ家　220；フィリップ　210〜11
カズ家：ジャン‐シャルル（父&孫）86, 87；ジャン‐ミシェル　82, 86, 87, 207；シルヴィ　86
カトリーヌ・ペレ・ヴェルジュ　227
★カノン、シャトー　198〜200, 304, 314
★カノン・ラ・ガフリエール、シャトー　26, 210〜11, 304
ガブリエル・ヴィアラール　150
★カルボニュー、シャトー　12, 164, 305, 307, 314, 315
カロリーナ・メンチェロプーロス　112, 114
★カロン・セギュール、シャトー　68〜9, 314
キース・ファン・リューヴェン　17, 21, 22, 29, 184
ギンドー家、バティスト　228, 230　ジャック&シルヴィ　228〜30
★ギロー、シャトー　286〜8
★クーアン・リュルトン、シャトー　34, 165, 305, 314, 315
★クーテ、シャトー　298, 303, 314, 315

クサヴィエ・パリエンテ　204
グラーヴ　16, 138, 166〜70
★クラルク、シャトー　13, 315
★グラン・ピュイ・ラコスト　93, 302, 306, 307, 315
クリスチャン・シーリー　84, 85
クリスティーヌ・デュルノンクール　260
クリスティーヌ・ヴァレット　204〜5
★クリネ、シャトー　248〜50
★クリマン、シャトー　45, 283〜5, 303, 314
クリュズ家　91, 124, 126；エマニュエル　126〜7
★グリュオ・ラローズ、シャトー　108, 302, 306, 307, 315
★クロ・オー・ペイラゲイ　292〜3, 303, 314
★クロ・ピュイ・アルノー　263, 315
★クロ・フルテ　222
★クロ・フロリデーヌ　166〜7, 314, 315
クロード・リカール　162
コート・ド・カスティヨン　259, 260〜2
コート・ド・プール　8, 16, 259
コート・ド・ブライ　8, 16, 259
コート・ド・フラン　259
コール・マカン家　219
★コス・デストゥルネル、シャトー　62〜4, 306, 314
コリーヌ&クサヴィエ・ロリオー　271, 315
コリーヌ・リューレット　301
コルディエ　108
コンスタンス&ステファン・ドゥーレ　268
サン・テステーフ　56, 59, 60, 94〜111
★サン・ピエール、シャトー　111, 302, 306
サンドリーヌ・ガーヴェイ　280
サンドレ家：ジャン　150；ヴェロニク　150, 151
ジェラール&ドミニク・ベコ　195, 197
ジェラール・ペルス　15, 201〜3
シシェル社　116
★ジスクール、シャトー　13, 15, 124〜5, 302, 306, 315
ジネステ家　113, 116；フェルナンド　63
★シャス・スプリーン、シャトー　128〜30, 315
ジャック&エリック・ボワスノ　45, 108
ジャック・オリヴィエ・グラティオ　223
ジャック・ペルシエ　124
ジャック・ポーリー　292
ジャック・メルロー　129；ヴィンセント　68, 69
シャネル社　15, 119, 198
シャルモリュー家 62；ルイ・ヴィクトワール　66
ジャン&ヘイレット・デュボワ・シャロン　178
ジャン・ギヨン　136, 137
ジャン・クロード・ベルエ　222, 228, 232
ジャン・ゴートロー　134〜5
ジャン・ジャック&カロリーヌ・フレイ　132
ジャン・ドミニク・ヴィドー　107
ジャン・ノエル・エルヴェ　269
ジャン・パスカル・ヴァザール　254
ジャン・ピエール・ジョスラン　301
ジャン・ピエール・タレーソン　206

ジャン・ファグエ　195
ジャン・フィリップ・フォール　268
ジャン・フィリップ・マスクレフ　145, 149
ジャン・ミシェル・コム　91〜2
ジャン・ミシェル・ラポルト　236〜9
ジャン・リュック&ミュリエル・テュヌヴァン　41, 207
ジャン・ルイ・トゥリオ　111
ジャン・ルイ・ラボルド　248
シュヴァリエ、シャトー　71〜2, 73, 254
★シュヴァル・ブラン、シャトー　26, 184〜7, 294, 304, 314
ジュリー・グレシアク　228
ジュリエット・ベコ　197
ジョージ・ウォーカー　119
ジョゼフ・オリヴィエ・ラリュー　144
ジョナサン・マルテュス　212
ジョルジュ・スミス　159
ジョルジュ・ブルネ　132
ジョルジュ・ポーリー　108
ジョン・コラザ　119, 120〜1, 198〜200
ジル・パケ　45, 184, 220, 251
シルヴィアーヌ・ガルサン・カティアール　227
ジルダス・ドロン　89
★ジレット、シャトー　300, 315
★ジロラット、シャトー　168〜70, 315
ステファン・デュルノンクール　41, 45, 161, 219, 222, 223, 260〜1
ステファン・フォン・ネッペール伯爵　210〜11, 216〜17
★スデュイロー、シャトー　296〜7, 303, 314
★スミス・オー・ラフィット　15, 37, 49, 150, 159〜61, 305, 306, 314, 315
セヴァストル、モンシュール　111
セグラ家　65, 70；ニコラ・ド　70；マルキ・ニコラ・アレクサンドル　69
ソヴァージュ家　276
★ソーテルヌとバルサック　16, 272〜301
★ソシアンド・マレ、シャトー　134〜5, 307
ダニー・ロラン　265〜7
ダニエル&フローレンス・カティアール　15, 159, 161
ダニエル・ローズ　82, 86
タリ家　13；ニコラ　124
ティエリー・ヴァレット　263
ティエンポン家　242, 264；アレクサンドル　245〜7；ジョルジュ　20, 245, 264；ジェラール　242；ジャック　52, 242〜4；レオン　242, 245；ニコラ　219, 223, 264
★ディッサン、シャトー　126〜7, 302, 306
ディディエ・キュヴリエ　110
ディディエ・フォレイ　124
ディロン家　144, 146；クラランス　144；ルクセンブルグ、ロベール王子　144〜5
デスパーニュ家：ジャン・ルイ　168；ティボー&バザリン　168〜70
テッサン家：アルフレッド　91, 92；ギュイ　91
デュカッス家　254；バロン・エリック&シモーヌ　254
★デュクリュ・ボーカイユ、シャトー　102〜4,

318

302, 306, 314
デュフォー・ラガロッス博士　195
デュブルデュー家；ドゥニ教授　42, 45, 132, 164, 166, 167, 184, 220, 280, 299；フローレンス　167；ファブリス　299；ジョルジュ　299；ジャン・ジャック　299；ピエール　299
★テルトル・ロートブッフ、シャトー　30, 34, 188～91, 263
デルマス家；ジャン・ベルナール　26, 65, 66～7, 145；ジャン・ユベール　96
ド・ペスカトーレ伯爵　124
ドゥニーズ・カベルン・ガスクトン　68
トーマス・デュロー　37, 38, 116, 118
トーマス・ド・チ・ナム　89
ドニ・ドラントン　239～41
トニー・バリュ　222
★ドメーヌ・ド・シュヴァリエ　162～3, 305, 307, 314, 315
★ドメーヌ・ド・ラ　260～2, 315
★トロツノワ、シャトー　252～3, 314
★トロットヴィエーユ、シャトー　220～1, 304
★トロロン・モンド、シャトー　204～6
★ドワジィ・デーヌ、シャトー　299, 302, 314, 315
ナサニエル・ジョンストン　102
ニコラ・グリュミニュー　66
ニコラ・コーポラン　184
ニコラス家　236
★パヴィ、シャトー　201～3, 263, 304, 314
★パヴィ・マカン、シャトー　26, 218～19, 263, 304
パスカル・バラティエ　145, 149
バタイユ、シャトー　74, 302, 307
パトリック・マロト　107
パトリック・レオン　81, 298
★パープ・クレマン、シャトー　9, 38, 156～8, 305, 306, 314
バリ家、アライン、フィリップ　298
バルトン家　12, アントニー＆リリアン　98, 99
★パルメ、シャトー　37, 38, 41, 116～18, 302, 306, 314
バロン・フィリップ・ド・ロートシルトSA　298
ピエール、クロード＆イヴ・シャルドン　116
ピエール・ジャン・マルキ・ド・ラス・カス　94
ピエール・モンテギュ　296～7, 314
ピエール・リュルトン　184, 186, 276, 280
★ピション・コンテス・ド・ラランド、シャトー　89～90, 306
★ピション・ロングヴィル、シャトー　82～5, 302, 315
ピション・ロングヴィル家；ジョセフ　82；ラオール　82, 89
★ピュイグロー、シャトー　264, 315
★フィジャック、シャトー　214～15, 304, 314, 315
フィリップ・ガルシア　154
フィリップ・ダルュアン　79～80, 107, 298
フィリップ・ブラン　105, 106
フーゴローサック家　184
フェビアン・テイトゲン　161
★フォントニル、シャトー　265～7, 315
★ヴァランドロー、シャトー　37, 41, 207～9, 314
ヴェルナデット＆クレア・ヴィラーズ　129

★ヴォーチュール家　178；アラン　179～80；セシール　178；ポーラン　182～3
ウォルトナー家；フレデリック　146；アンリ　146～7
★ヴュー・シャトー・セルタン　245～7, 314
★ブラーヌ・カントナック、シャトー　122～3, 302, 307, 315
ブライズ・アレクサンドレ・ド・ガスク　98
プラット家；ブルーノ　62；ジャン・ギョーム　62, 64
★プラネール・デュクリュ、シャトー　107, 302, 306
フランソワ・ピノ　15, 74
フルニエ家　198
フレデリック・アンジェラ　74, 77
フレデリック・マグニス　294
フロンサック　256
★ペイ・ラ・トゥール　171
★ペイシュヴェル、シャトー　42, 105～6, 302, 306
ペサック・レオニヤン　8, 16, 138, 140～69
★ペトリュス　6, 26, 39, 222, 232～5, 314
ペラン家　13；エリック＆フィルバート　164；マーク＆アントニー　164
ベルトラン・ブウティエ　116
ベルナール・アルノー　15, 184
ベルナール・マグレ　38, 156, 157
★ベレール・ラ・ロワイエール、シャトー　271, 315
ペレール家　12, 116；エミール＆イサーク　12
ベレニス・リュルトン　283～5
ポイヤック　42, 56, 59, 64, 70～93
★ボー・セジュール・ベコ、シャトー　195～7, 304
ポール・ポンタリエ　112
ボニー家；アルフレッド・アレクサンドル　15, 153、ジャン・ジャック＆セヴェリーヌ　153, 154
★ポムロール　16, 224～55
ボリー家；ブルーノ　102, 104；フランソワ・クサヴィエ　93.102；ジャン・ウジューヌ　93, 102
★ポンテ・カネ、シャトー　33, 91～2, 302, 306, 314, 315
マーティン＆オリヴィエ・ブイジュ　65, 66
マーティン・ラングレ・ポーリー　292～3
マシュー＆フィリップ・キュヴリエ　222
マダム・ド・バリト　12
★マラルティック・ラグラヴィエール、シャトー　15, 38, 153～5, 305, 307, 314, 315
★マルゴー　56, 59～60, 112～27
★マルゴー、シャトー　69, 112～15, 302, 306, 314
マルセル・デュカッス　109
ミアイユ家　116；エドゥアルド＆ルイ　89
ミシェル＆ヤニック・ラポルト　290
ミシェル・ベコ　195
ミシェル・ラウール　100
ミシェル・レーヴィエ　62
ミシェル・ロラン　41, 45, 110, 131, 154, 156, 161, 204, 248, 265～7, 269
ミジャヴィル、フランソワ＆ミロー　30, 34, 188～91, 210, 263
ミドヴィル家　300；クリスチャン　300；ジュリー・クサヴィエ；300　レネ　300
ミハエル・ジョルジュ　94～7
★ムートン・ロートシルト、シャトー　47, 78～

81, 302, 306, 314, 315
★ムーラン・オー・ラロック、シャトー　227, 232, 255, 269, 315
ムーリ　56, 60
ムエックスJP　226～7, 232, 255, 268
ムエックス家　232；クリスチャン　26, 232, 252；エドゥアルド　252, 253；ジャン・フランソワ　13, 223, 224, 232, 251, 252
メイ・エレーヌ・ド・ラングザン　89
メーラー・ベス家　116
メドック　7, 9, 56～137
メルロー家　62, 108
★モンローズ、シャトー　65～7, 302, 306
ヤン・ブッフヴァルター　131
ユージン・ガーヴェイ　292
ユベール・ド・ブーアル・ラフォーレ　26, 41, 192～4
★ラ・コンセイヤント、シャトー　236～8
★ラ・トゥール・ブランシュ　301, 303, 314
★ラ・ミッション・オー・ブリオン　9, 28, 49, 146～9, 305, 306, 14
★ラ・モンドット　216～7
★ラ・ラギューヌ、シャトー　132, 302, 306, 314
★ラグランジュ、シャトー　109, 302, 307, 315
★ラトゥール、シャトー　6, 13, 42, 74～7, 302, 306, 314
★ラフィット・ロートシルト、シャトー　33, 54, 70～3, 302, 314
★ラフォリー・ペイラゲイ、シャトー　289～291, 302, 314
★ラフルール、シャトー　228～31, 314
★ラルシ・デュカッス、シャトー　223, 304, 314
★ランシュ・バージュ、シャトー　38, 86～8, 302, 306, 315
リカルド・コタレラ　136
リストラック　56, 60
★リューセック、シャトー　294～5, 303, 314
リュシアン＆アンドレ・リュルトン　13, 37, 222, 283
リュル・サリュース家　298
★ル・ドーム　212～13, 315
★ル・パン、シャトー　242～4
ルイ・ガスパール・デストゥルネル　62
★レヴァンジル、シャトー　254
★レオヴィル・バルトン　98～101, 302, 306, 315
★レオヴィル・ポワフェレ　110, 302, 306, 315
★レオヴィル・ラス・カス、シャトー　37, 42, 94, 302, 314
★レグリーズ・クリネ、シャトー　239～41, 314
★ローザン・セグラ、シャトー　119～21, 302, 306, 315
ローザン家　89
ロートシルト家；70；バロン・エリック・ド　71；バロン・ジェームス・ド　12, 70, 78　バロン・ナサニエル・ド　12, 78　バロン・フィリップ・ド　78～9　フィリピーヌ・ド　78
★ローランド・ビィ、シャトー　136～7, 315
★ロック・ド・カンブ　270, 315
ロバート・G・ウィルマー　150

319

著　者：ジェイムズ・ローサー MW
　　　　（James Lawther MW）
　　　　1995年からボルドーに居住し、ワイン・ライターとして活動中。『Decanter』誌の編集者、『The World of Fine Wine』誌の寄稿者であり、主な著書に『The Heart of Bordeaux』がある。『Global Encyclopedia of Wine』など数冊のワイン関連書籍に寄稿している。
　　　　1993年にMW（マスター・オブ・ワイン）を取得。

監　修：山本　博（やまもと ひろし）
　　　　日本輸入ワイン協会会長、フランス食品振興会主催の世界ソムリエコンクールの日本代表審査委員、弁護士。永年にわたり生産者との親交を深め、豊富な知識をもとに、ワイン関係の著作・翻訳を著すなど日本でのワイン普及に貢献する。主な編著書に『ワインが語るフランスの歴史』（白水社）、『フランスワインガイド』（柴田書店）、監修書に『新版ワインの事典』（柴田書店）、『ワインの事典』『地図で見る図鑑 世界のワイン』『FINE WINE シャンパン』（いずれも産調出版）など多数。

翻訳者：乙須 敏紀（おとす としのり）
　　　　九州大学文学部哲学科卒業。訳書に『FINE WINE シャンパン』、共訳書に『死ぬ前に飲むべき1001ワイン』『地図でみる図鑑 世界のワイン』（いずれも産調出版）など。

THE FINEST WINES OF
BORDEAUX
FINE WINEシリーズ **ボルドー**

発　　行　2011年10月20日
発　行　者　平野　陽三
発　行　元　**ガイアブックス**
　　　　　　〒169-0074 東京都新宿区北新宿 3-14-8
　　　　　　TEL.03 (3366) 1411
　　　　　　FAX.03 (3366) 3503
　　　　　　http://www.gaiajapan.co.jp
発　売　元　産調出版株式会社

Copyright SUNCHOH SHUPPAN INC. JAPAN2011
ISBN978-4-88282-813-6 C0077

落丁本・乱丁本はお取り替えいたします。
本書を許可なく複製することは、かたくお断わりします。

Printed in China

Photographic Credits

All photography by Jon Wyand, with the following exceptions:
Pages 6–7: Claude Joseph Vernet, *Second View of the Port of Bordeaux Taken from the Château Trompette*, Musée de la Marine, Paris; Roger-Viollet, Paris / The Bridgeman Art Library
Page 8: Effigy of Eleanor of Aquitaine and Henry II, Fontevrault Abbey, France; The Bridgeman Art Library
Page 9: Anonymous, *Arnaud III de Pontac*, Château Haut-Brion; Domaine Clarence Dillon
Page 12: Léon Joseph Florentin Bonnat, *Isaac Peréire*; Château de Versailles, France; Lauros / Giraudon / The Bridgeman Art Library
Page 24: Merlot; P Viala & V Vermorel, *Traité Général de Viticulture: Ampélographie*, with illustrations by A Kreyder & J Troncy (Masson, Paris; 1901–10); The Art Archive / Alfredo Dagli Orti
Page 25: Sauvignon Blanc; P Viala & V Vermorel, *Traité Général de Viticulture: Ampélographie*, with illustrations by A Kreyder & J Troncy (Masson, Paris; 1901–10); The Art Archive / Alfredo Dagli Orti
Page 47: Anonymous, *The Palais de l'Industrie at the Exposition Universelle of 1855*, Musée de la Ville de Paris, Musée Carnavalet, Paris; Archives Charmet / The Bridgeman Art Library
Page 90: Château Pichon Comtesse de Lalande; Château Pichon Comtesse de Lalande
Page 137: Jean Guyon; Domaines Rollan de By
Page 163: The Vat Room at Domaine de Chevalier; Domaine de Chevalier
Page 297: Château Suduiraut; Château Suduiraut / Vincent Bengold

Original title: The Finest Wines of Bordeaux: A Regional Guide to the Best Châteaux and Their Wines.

First published in Great Britain 2010 by
Aurum Press Ltd
7 Greenland Street
London NW1 0ND
www.aurumpress.co.uk

Copyright © 2010 Fine Wine Editions Ltd.

All rights reserved. No part of this book may be reproduced or utilized in any form or by any means, electronic or mechanical, including photocopying, recording, or by any information storage and retrieval system, without permission in writing from Aurum Press Ltd.

Fine Wine Editions
Publisher　Sara Morley
General Editor　Neil Beckett
Editor　David Williams
Subeditor　David Tombesi-Walton
Editorial Assistant　Clare Belbin
Map Editor　Jeremy Wilkinson
Maps　Tom Coulson, Encompass Graphics, Hove, UK
Indexer　Ann Marangos
Production　Nikki Ingram